本书由以下项目资助

国家自然科学基金重大研究计划“黑河流域生态–水文过程集成研究” 培育项目

“黑河流域地表–地下水耦合模拟的不确定性问题研究”（91125021）

国家自然科学基金重大研究计划“黑河流域生态–水文过程集成研究”集成项目

“黑河流域中下游生态水文过程的系统行为与调控研究”（91225301）

“十三五”国家重点出版物出版规划项目

黑河流域生态–水文过程集成研究

# 黑河流域生态水文耦合模拟的方法与应用

郑 一 韩 峰 田 勇 等 著

科学出版社 龍門書局

北 京

# 内 容 简 介

本书是国家自然科学基金重大研究计划培育项目"黑河流域地表-地下水耦合模拟的不确定性问题研究"和集成项目"黑河流域中下游生态水文过程的系统行为与调控研究"的重要成果，系统介绍生态水文耦合模型 HEIFLOW（Hydrological- Ecological Integrated watershed- scale FLOW model）的开发及其在黑河流域的应用。全书共分为三篇，即绪论篇、上篇和下篇。绪论篇介绍黑河流域的生态水文概貌以及国内外生态水文模拟的研究进展；上篇介绍 HEIFLOW 模型的研发历程、模型框架和关键技术细节，以及与之配套的可视化建模平台 Visual HEIFLOW；下篇则详细描述所构建的黑河中下游 HEIFLOW 模型，并介绍模型在不确定性分析、生态水文过程解析、地表水-地下水联合灌溉优化、水-生态-农业系统关联分析和水资源调控等方面的应用成果。本书除了详细介绍 HEIFLOW 模型，梳理黑河流域中下游生态水文过程的系统行为外，也能在模型创新的思路、模型与管理实践的衔接等方面给读者带来启示。

本书可供水资源管理、生态环境保护等领域的科技工作者以及高等院校地理、生态、环境、水利等专业方向的师生阅读参考。

审图号：GS(2021)7162 号

图书在版编目(CIP)数据

黑河流域生态水文耦合模拟的方法与应用/郑一等著．—北京：龙门书局，2021.10

（黑河流域生态-水文过程集成研究）

"十三五"国家重点出版物出版规划项目　国家出版基金项目

ISBN 978-7-5088-5903-3

Ⅰ.①黑…　Ⅱ.①郑…　Ⅲ.①黑河-流域-区域水文学-研究　Ⅳ.①P344.24

中国版本图书馆 CIP 数据核字（2021）第 038863 号

责任编辑：李晓娟　王勤勤／责任校对：樊雅琼

责任印制：肖　兴／封面设计：黄华斌

科学出版社　龍門書局　出版

北京东黄城根北街 16 号

邮政编码：100717

http://www.sciencep.com

中国科学院印刷厂　印刷

科学出版社发行　各地新华书店经销

*

2021 年 10 月第　一　版　开本：787×1092　1/16

2021 年 10 月第一次印刷　印张：17 1/2　插页：2

字数：415 000

**定价：268.00 元**

（如有印装质量问题，我社负责调换）

## 《黑河流域生态-水文过程集成研究》编委会

《黑河流域生态水文耦合模拟的方法与应用》

撰写委员会

主 笔 郑 一

副主笔 韩 峰 田 勇

成 员 郑春苗 吴 斌 孙 赞

李 希 吴 鑫 杜二虎

# 总　　序

20 世纪后半叶以来，陆地表层系统研究成为地球系统中重要的研究领域。流域是自然界的基本单元，又具有陆地表层系统所有的复杂性，是适合开展陆地表层地球系统科学实践的绝佳单元，流域科学是流域尺度上的地球系统科学。流域内，水是主线。水资源短缺所引发的生产、生活和生态等问题引起国际社会的高度重视；与此同时，以流域为研究对象的流域科学也日益受到关注，研究的重点逐渐转向以流域为单元的生态–水文过程集成研究。

我国的内陆河流域面积占全国陆地面积 1/3，集中分布在西北干旱区。水资源短缺、生态环境恶化问题日益严峻，引起政府和学术界的极大关注。十几年来，国家先后投入巨资进行生态环境治理，缓解经济社会发展的水资源需求与生态环境保护间日益激化的矛盾。水资源是联系经济发展和生态环境建设的纽带，理解水资源问题是解决水与生态之间矛盾的核心。面对区域发展对科学的需求和学科自身发展的需要，开展内陆河流域生态–水文过程集成研究，旨在从水–生态–经济的角度为管好水、用好水提供科学依据。

国家自然科学基金重大研究计划，是为了利于集成不同学科背景、不同学术思想和不同层次的项目，形成具有统一目标的项目群，给予相对长期的资助；重大研究计划坚持在顶层设计下自由申请，针对核心科学问题，以提高我国基础研究在具有重要科学意义的研究方向上的自主创新、源头创新能力。流域生态–水文过程集成研究面临认识复杂系统、实现尺度转换和模拟人–自然系统协同演进等困难，这些困难的核心是方法论的困难。为了解决这些困难，更好地理解和预测流域复杂系统的行为，同时服务于流域可持续发展，国家自然科学基金 2010 年度重大研究计划“黑河流域生态–水文过程集成研究”（以下简称黑河计划）启动，执行期为 2011~2018 年。

该重大研究计划以我国黑河流域为典型研究区，从系统论思维角度出发，探讨我国干旱区内陆河流域生态–水–经济的相互联系。通过黑河计划集成研究，建立我国内陆河流域科学观测–试验、数据–模拟研究平台，认识内陆河流域生态系统与水文系统相互作用的过程和机理，提高内陆河流域水–生态–经济系统演变的综合分析与预测预报能力，为国家内陆河流域水安全、生态安全以及经济的可持续发展提供基础理论和科技支撑，形成干旱区内陆河流域研究的方法、技术体系，使我国流域生态水文研究进入国际先进行列。

为实现上述科学目标，黑河计划集中多学科的队伍和研究手段，建立了联结观测、试验、模拟、情景分析以及决策支持等科学研究各个环节的“以水为中心的过程模拟集成研究平台”。该平台以流域为单元，以生态–水文过程的分布式模拟为核心，重视生态、大气、水文及人文等过程特征尺度的数据转换和同化以及不确定性问题的处理。按模型驱动数据集、参数数据集及验证数据集建设的要求，布设野外地面观测和遥感观测，开展典型流域的地空同步实验。依托该平台，围绕以下四个方面的核心科学问题开展交叉研究：①干旱环境下植物水分利用效率及其对水分胁迫的适应机制；②地表–地下水相互作用机理及其生态水文效应；③不同尺度生态–水文过程机理与尺度转换方法；④气候变化和人类活动影响下流域生态–水文过程的响应机制。

黑河计划强化顶层设计，突出集成特点；在充分发挥指导专家组作用的基础上特邀项目跟踪专家，实施过程管理；建立数据平台，推动数据共享；对有创新苗头的项目和关键项目给予延续资助，培养新的生长点；重视学术交流，开展“国际集成”。完成的项目，涵盖了地球科学的地理学、地质学、地球化学、大气科学以及生命科学的植物学、生态学、微生物学、分子生物学等学科与研究领域，充分体现了重大研究计划多学科、交叉与融合的协同攻关特色。

经过连续八年的攻关，黑河计划在生态水文观测科学数据、流域生态–水文过程耦合机理、地表水–地下水耦合模型、植物对水分胁迫的适应机制、绿洲系统的水资源利用效率、荒漠植被的生态需水及气候变化和人类活动对水资源演变的影响机制等方面，都取得了突破性的进展，正在搭起整体和还原方法之间的桥梁，构建起一个兼顾硬集成和软集成，既考虑自然系统又考虑人文系统，并在实践上可操作的研究方法体系，同时产出了一批国际瞩目的研究成果，在国际同行中产生了较大的影响。

该系列丛书就是在这些成果的基础上，进一步集成、凝练、提升形成的。

作为地学领域中第一个内陆河方面的国家自然科学基金重大研究计划，黑河计划不仅培育了一支致力于中国内陆河流域环境和生态科学研究队伍，取得了丰硕的科研成果，也探索出了与这一新型科研组织形式相适应的管理模式。这要感谢黑河计划各项目组、科学指导与评估专家组及为此付出辛勤劳动的管理团队。在此，谨向他们表示诚挚的谢意！

2018 年 9 月

# 前　　言

我国西北内陆地区以各种赋存形态的水为纽带，形成了独特的“山水林田湖草”系统：上游高大山系（祁连山、天山、昆仑山等）降水相对丰沛，拥有冰川和高寒林草生态系统；中游绿洲灌溉农业发达，但无水便是荒漠；下游荒漠灌木、草地植被分布稀疏，地下水资源对生态系统意义重大；尾闾湖的进退兴衰则是流域系统演变的缩影。以创新驱动提升西北内陆河流域“山水林田湖草”系统的治理水平，保障该系统健康运行并实现生态服务功能改善，对我国西部地区的繁荣与稳定至关重要，也可为全球陆地面积约1/3、人口约占30%的干旱半干旱区可持续发展提供借鉴。

“山水林田湖草”系统治理须考虑各要素的集成以及与社会经济的互馈作用，而在内陆干旱半旱区，厘清“人-水”关系并进行合理调控是系统治理的关键。国际水文科学协会（International Association of Hydrological Sciences，IAHS）的Panta Rhei（“万物皆流”）十年科学计划（2013 ~2022年）推动了国际上关于“人-水耦合系统”的研究，社会水文学（socio-hydrology）应运而生，国内也发展了“自然-社会”二元水循环等理论。近年来，更具普遍意义的“人-自然系统关联”（human-nature nexus）成为可持续发展领域的新热点。这些学术进展为内陆干旱半干旱区“人-水”关系研究铺垫了很好的理论背景，但在定量方法与技术方面却还存在很大的“留白”。虽然水文领域的分布式水文模型、水利领域的水资源管理模型、气候与生态领域的陆面模式（land surface model）等已被用于研究“人-水”关系，但这些模型在处理干旱半干旱区“山水林田湖草”系统集成问题方面都存在短板。例如，未考虑地表水-地下水交互作用或仅加以粗略描述，水循环过程与生态过程耦合不紧密，未能有效表征人类活动及其与生态水文过程的互馈作用，在大尺度模拟中难以兼顾小尺度生态水文过程的精确表达，等等。

黑河流域是我国第二大内陆河流域，拥有我国西北内陆典型的“山水林田湖草”系统，中下游平原区灌溉农业历史悠久，但荒漠化、盐碱化等生态问题也十分突出。2012年起，我开始参与国家自然科学基金委员会的重大研究计划“黑河流域生态-水文过程集成研究”（简称“黑河计划”），主持培育项目“黑河流域地表-地下水耦合模拟的不确定性问题研究”（91125021），并作为子课题负责人参与郑春苗教授主持的集成项目“黑河流域中下游生态水文过程的系统行为与调控研究”（91225301），核心任务就是开发适用于干旱半干旱区的生态水文模型。在多年的“黑河计划”研究中，我和课题组成员对黑河流域“山水林田湖草”系统和“人-水”关系的认识不断加深，并将新的认识陆续植入所开发的 HEIFLOW 模型（Hydrological- Ecological Integrated watershed- scale FLOW model）。时至今日，HEIFLOW 模型已不仅仅是一个生态水文模型，更是一个能够多尺度精细刻画干旱半干旱区“人-水”关系的水资源-农业-生态集成模型。HEIFLOW 模型有幸成为整个“黑河计划”的代表性成果之一，是对我和课题组成员多年持续努力的最大肯定。

本书出版的主要目的之一是对 HEIFLOW 模型的开发工作以及 HEIFLOW 模型用于黑河流域中下游生态水文过程及其调控研究所产出的科学成果进行系统的梳理。在本书出版之前，这些内容分散在一系列的期刊论文和博士学位论文中，读者很难全面、深入地了解 HEIFLOW 模型的研发与应用。本书出版的主要目的之二是与地学领域从事建模工作的学者、学生分享一些经验和体会。地学领域建模工作者经常会遇到各种“灵魂拷问”：你的模型有那么多假设，不确定性那么大，可靠吗？为何不用现有的模型？这么复杂的过程模型，模拟精度却不比“黑箱”模型高，为什么还建？诸如此类。希望本书能给初入此道的年轻学者和学生一些启示，让他们在面对他人甚至自我质疑时能更加自信，工作时也能更有针对性。

本书分为绪论篇、上篇和下篇，分别回答关于黑河流域生态水文耦合模拟的“哲学三问”：是什么？从哪来？到哪去？绪论篇共两章，分别介绍黑河流域的生态水文概貌和流域生态水文模拟的研究进展，帮助读者了解本书所讨论的具体对象（回答“是什么？”）。上篇共五章，系统介绍 HEIFLOW 模型的研发历程（第 3 章）、模型框架（第 3 章）、关键技术细节（第 4 ~ 第 6 章）以及软件系统（第 7 章）；帮助读者了解 HEIFLOW 模型的来龙去脉、技术特色和主要创新点（回答“从哪来？”），也期望在“如何实现模型结构创新”这一问题上能给读者带来一些启示。下篇共七章，分别介绍黑河中下游 HEIFLOW 模型的构建（第 8 章）及其在系统不确定性量化（第 9 章）、生态水文过程解析（第 10 章）、地表水-地下水联合灌溉优化（第 11 章）、水-生态-农业系统关联分析（第 12 章）和水资源调控（第 13 章）中的应用，用实例向读者展示生态水文耦合模拟对于干旱半干旱区“人-水”关系研究的重要意义（回答“到哪去？”）。第 14 章展望大数据和人工智能时代生态水文模拟的发展方向。如前所述，HEIFLOW 模型已发展成为一个水资源-农业-生态集成模型，但为了体现模型的发展初衷及其主要学科背景，本书中仍使用“生态水文（耦合）模拟”“生态水文（耦合）模型”等更为常见的术语。

田勇博士是 HEIFLOW 模型代码的主要编写者，韩峰博士在模型结构改进方面做出了关键的贡献，他们两位也都是本书的副主笔。编著成员之一郑春苗教授首先提出了在黑河流域创建地表水–地下水–生态紧密耦合的三维水文模型的设想，也是 HEIFLOW 模型的命名人，他所主持的集成项目为 HEIFLOW 模型的开发提供了重大支持。本书其他编著成员还包括吴斌博士、孙赞博士、李希博士、吴鑫博士、杜二虎博士，他们都对 HEIFLOW 模型的结构改进及其在黑河流域的成功应用做出了重要贡献，相关成果已被纳入本书。HEIFLOW 模型的成功研发和本书的顺利出版是集体努力的结晶。此外，本书的编写和出版工作得到了科学出版社李晓娟编辑和王勤勤编辑的帮助，在此一并表示感谢。

参与“黑河计划”是我科研生涯至今最重要的一件事情，其间的收获远非本书所能尽述。“黑河计划”指导专家组组长程国栋院士让我领略了学术大家的科研大局观，指导专家组副组长傅伯杰院士对于人地关系的深刻见解让我受益匪浅；“黑河计划”秘书肖洪浪研究员和李秀彬研究员扎根祖国大地的科研志向及对后辈的无私帮助让我深深铭记；杨大文教授、李新研究员为 HEIFLOW 模型的开发与应用提供了宝贵的指导意见……这一路走来，帮助过我、启发过我的人还有许许多多，限于篇幅未能在此处一一致谢，谨记心中！

限于作者的水平，本书难免存在不足之处，本书付梓，不是“尘封”一段过往的科研历程，而是为继续前行“打点行囊”。“凡是过往，皆为序章”（What’s past is prologue），生态水文学理论与方法还在蓬勃发展之中，大数据时代的大门正向生态水文研究者徐徐打开……

郑　一

2021 年 1 月于深圳

# 目　　录



## 绪　论　篇



## 上篇　HEIFLOW 生态水文耦合模型的发展

# 下篇 生态水文耦合模型的应用

# 绪 论 篇

# 第1章　黑河流域的生态水文

## 1.1　流域概况

### 1.1.1　自然地理条件

黑河流域是我国第二大内陆河流域，总面积约为13万km²，东、西部分别与石羊河流域和疏勒河流域相邻，北部与蒙古国接壤（图1-1）。在行政区划上，黑河流域横跨青海省海北藏族自治州，甘肃省张掖市、酒泉市和嘉峪关市，以及内蒙古自治区阿拉善盟，共3省、5市（州、盟）、11县（市、旗）。流域上游祁连山区处青藏高原东北边缘，中游平原区属河西走廊中段，下游为阿拉善高原，上、中、下游地理条件差异显著（图1-2）。上游祁连山区由一系列平行山岭和山间盆地组成，海拔在2000～5500 m。受构造和冰川等地

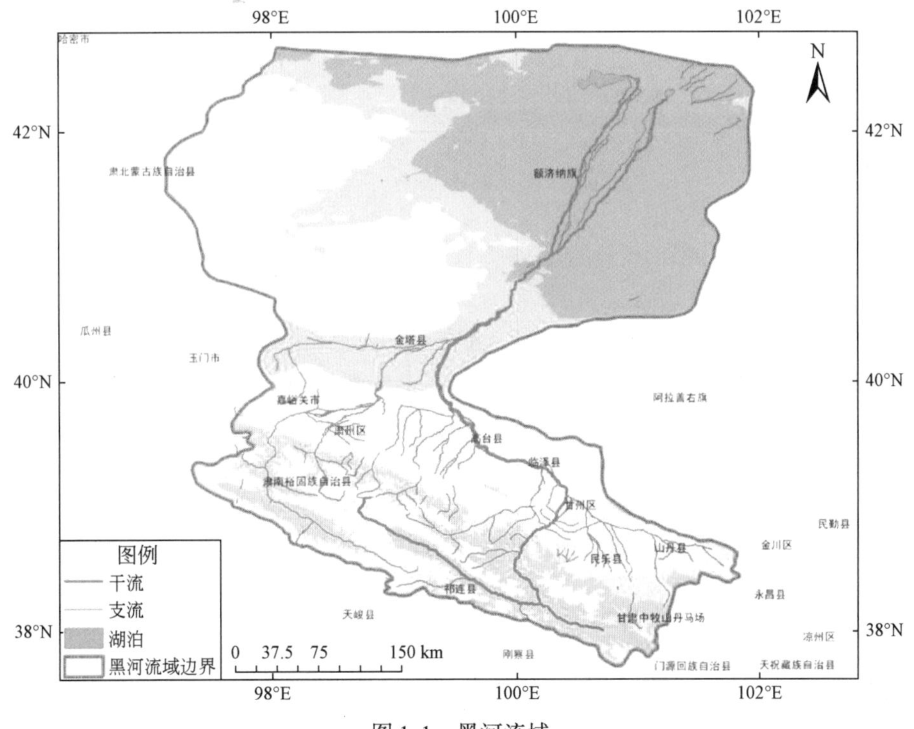


图1-1　黑河流域

质作用影响，上游河床陡深，有现代冰川发育，是流域的产流区。上游海拔 4200 m 以上地区终年积雪，海拔在 2600 ~ 3600 m 的地区林草丰茂，分布有高寒草甸、森林。中游平原走廊东西长 350 km，南北宽 20 ~ 50 km，海拔在 1300 ~ 2000 m，其张掖盆地、酒泉盆地光热资源丰富，分布有大量人工绿洲。下游以戈壁沙漠为主，地势平坦开阔，海拔在 900 ~ 1200 m，金塔盆地、额济纳盆地主要由合黎山和马鬃山围成。

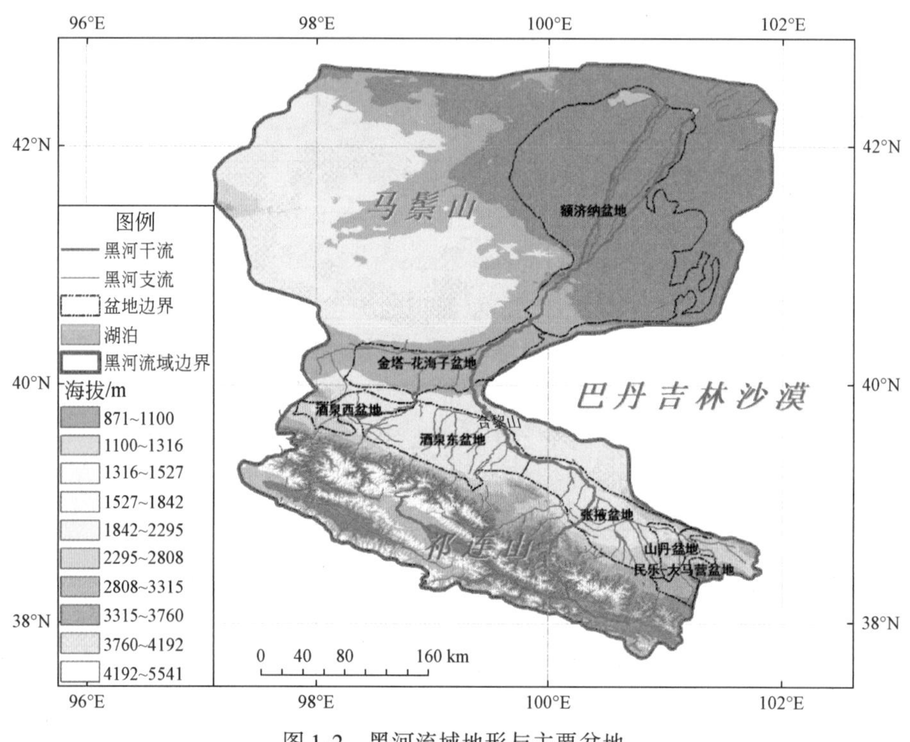


图 1-2　黑河流域地形与主要盆地

### 1. 水系分布

黑河流域内有大小河流约 40 条（图 1-3），除干流外，主要支流包括山丹马营河、民乐洪水大河、大都麻河、梨园河、酒泉马营河、丰乐河、酒泉洪水河以及北大河。根据地表水力联系，如今的黑河水系可划分为东、中、西三个子水系（Li et al., 2018）。东部子水系包括黑河干流、梨园河、山丹马营河、民乐洪水大河等，为黑河水系的主体；中部子水系包括酒泉马营河、丰乐河等，归于酒泉东盆地；西部子水系包括酒泉洪水河和北大河等，归于金塔-花海子盆地。根据 1956 ~ 2010 年的水文观测资料，整个流域上游山区形成的出山径流总量约为 36.32 亿 $m^3/a$，其中东部子水系贡献 24.75 亿 $m^3/a$，中部子水系贡献 2.60 亿 $m^3/a$，西部子水系贡献 8.97 亿 $m^3/a$。在东部子水系的出山径流量中，干流贡献 15.50 亿 $m^3/a$，梨园河贡献 2.32 亿 $m^3/a$，其他沿山支流贡献 6.93 亿 $m^3/a$。

黑河干流全长约 819 km，上游又分为东、西两支，其中西支是黑河的主干流，长约 175 km，发源于铁里干山；东支又称八宝河，长约 75 km，发源于青海省境托来南山和冷龙岭。黑河上游东、西支在青海省祁连县黄藏寺附近汇合，之后经莺落峡出山进入张掖市，穿行河西走廊平原区后经正义峡进入下游。干流在金塔县鼎新镇附近原有北大河汇入，但由于鸳鸯池水库的修建，目前北大河已失去与干流的直接水力联系。黑河干流进入下游内蒙古自治区额济纳旗后，在狼心山附近又再次分为东、西两支，其中东支流经额济纳旗绿洲后汇入苏泊淖尔（又名东居延海），西支则汇入嘎顺淖尔（又名西居延海）。

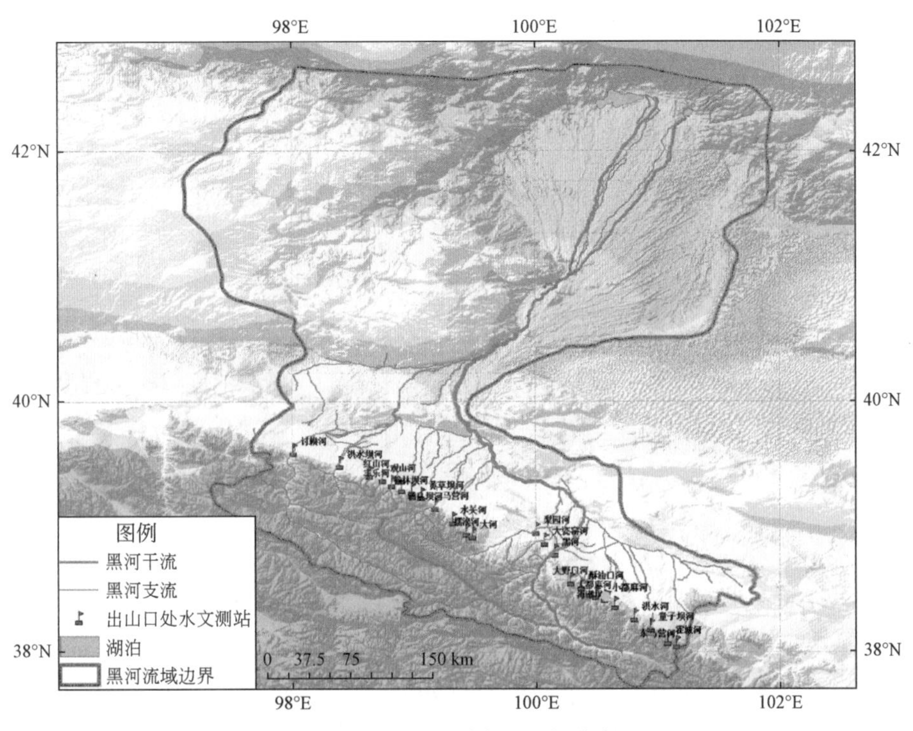


图 1-3　黑河流域水系空间分布

## 2. 气候条件

黑河流域地处西北内陆干旱半干旱区，区域纬度跨幅大，海拔差异明显，因而气候的垂直和水平差异也十分明显（Xiong et al.，2009）。根据 1950 ~ 2012 年流域内国家基本气象台观测数据，统计了流域主要气象要素特征（表 1-1）。流域南部祁连山区属于高寒地带，气候寒冷湿润，年均气温为-3 ~ 4 ℃，年均降水量为 200 ~ 400 mm，年均潜在蒸发量少于 1100 mm。中游平原走廊区属于典型大陆性干旱气候，降水稀少且多集中在夏季，蒸发强烈，年均气温为 6 ~ 8 ℃，年均降水量为 70 ~ 200 mm，年均潜在蒸发量为 1300 ~ 1600 mm。由于中游东西范围较宽，气候的东西差异较为明显。由东向西，年均降水量从 200 mm 递减为 70 mm 左右，年均潜在蒸发量则从 1300 mm 左右增至 1700 mm 以上。下游额济纳盆地属于极端干旱气候，区域内年均气温为 8 ~ 10 ℃，年均降水量不足 50 mm，年均潜在蒸发量可达 2200 mm 以上。

表 1-1 黑河流域主要气象要素特征

| 气象要素 | | 祁连山区 | | | 平原走廊 | | 阿拉善高原 |
|---|---|---|---|---|---|---|---|
| | | 东部 | 中部 | 西部 | 张掖 | 酒泉 | 额济纳 |
| 气温/℃ | 年均 | 0.7 | 3.6 | -3.1 | 7 | 7.3 | 8.2 |
| | 最高 | 30.5 | 32.4 | 28.4 | 38.6 | 38.4 | 43.1 |
| | 最低 | -31.1 | -27.6 | -39.6 | -28.7 | -31.6 | -37.6 |
| 降水/mm | 年均 | 340.8 | 386.9 | 238.8 | 193.3 | 73.5 | 47.3 |
| | 6~9月 | 253.6 | 257.8 | 186.1 | 136.5 | 53.7 | 30.7 |
| 年均潜在蒸发量/mm | | 867.1 | 980.3 | 1017.1 | 1324.6 | 1704.8 | 2248.8 |
| 年均风速/(m/s) | | 2 | 2.5 | 2.1 | 2.2 | 2.4 | 4.2 |

### 3. 水文概况

黑河上游祁连山区是整个流域的主要产水区，有水文测站的出山河流有 10 条。表 1-2 给出了 1956~2012 年这 10 条河流的多年平均出山径流量，其中山丹马营河 0.74 亿 $m^3/a$，洪水河 1.26 亿 $m^3/a$，大都麻河 0.86 亿 $m^3/a$，酥油口河 0.44 亿 $m^3/a$，黑河干流 15.98 亿 $m^3/a$，梨园河 2.50 亿 $m^3/a$，酒泉马营河 1.09 亿 $m^3/a$，丰乐河 0.94 亿 $m^3/a$，洪水坝河 2.55 亿 $m^3/a$，北大河 6.23 亿 $m^3/a$。有测站的出山径流总量为 32.59 亿 $m^3/a$。此外，无测站的河流有 19 条，出山径流总量估算约为 3.8 亿 $m^3/a$。部分无测站出山径流量，根据测站控制的集水面积并与邻近有测站河流进行类比，无测站河流的径流量评估为：山丹瓷窑口河 0.01 亿 $m^3/a$，大瓷窑河 0.11 亿 $m^3/a$，大河 0.05 亿 $m^3/a$，水关河 0.06 亿 $m^3/a$，黄草坝沟 0.04 亿 $m^3/a$，涌泉坝沟 0.07 亿 $m^3/a$，观山河 0.15 亿 $m^3/a$，红山河 0.17 亿 $m^3/a$。在整个出山径流中，黑河干流径流量约占总量的 45%。

黑河属于降水补给型河流，受降水和产流条件的影响，6~9 月汛期径流量占全年径流量的 70%。如图 1-4 所示，黑河最大径流量一般出现在 7~8 月，最小径流量出现在 1~2 月。受气候变化影响，近 20 年来黑河出山径流量呈一定的上升趋势。黑河下游水量的季节性分配受中游农业活动的显著影响。4~6 月和 10~11 月为中游农业用水高峰期，正义峡以下地表径流量处于低值。根据黑河干流水文站实测资料，莺落峡站径流量年内分配均呈明显的“单峰型”分布特征，其径流量在 6~9 月达到峰值，7 月达到极大值；而正义峡站则呈“双峰型”或“三峰型”分布特征，其径流量在 5 月和 11 月达到谷值，在 3 月、7~9 月到达峰值。20 世纪 50 年代正义峡径流量极大值出现在 8 月，60 年代和 80 年代出现在 7 月，70 年代、90 年代和 2000~2009 年出现在 9 月。

表 1-2 黑河流域 10 条河流的多年平均（1956~2012 年）出山径流量

| 所属子水系 | 河流名称 | 测站名称 | 上游集水面积/$km^2$ | 出山径流量/(亿 $m^3/a$) |
|---|---|---|---|---|
| 东部子水系 | 山丹马营河 | 李桥水库 | 1 143 | 0.74 |
| | 洪水河 | 双树寺 | 578 | 1.26 |

续表

| 所属子水系 | 河流名称 | 测站名称 | 上游集水面积/km² | 出山径流量/(亿 m³/a) |
|---|---|---|---|---|
| 东部子水系 | 大都麻河 | 瓦房城 | 217 | 0.86 |
| | 酥油口河 | 酥油口 | 217 | 0.44 |
| | 黑河干流 | 莺落峡 | 10 009 | 15.98 |
| | 梨园河 | 梨园堡 | 2 240 | 2.50 |
| | 小计 | | 14 404 | 21.78 |
| 中部子水系 | 酒泉马营河 | 马营河 | 619 | 1.09 |
| | 丰乐河 | 丰乐河 | 568 | 0.94 |
| | 小计 | | 1 187 | 2.03 |
| 西部子水系 | 洪水坝河 | 新地 | 1 574 | 2.55 |
| | 北大河 | 冰沟 | 6 883 | 6.23 |
| | 小计 | | 8 457 | 8.78 |
| 合计 | | | 24 048 | 32.59 |

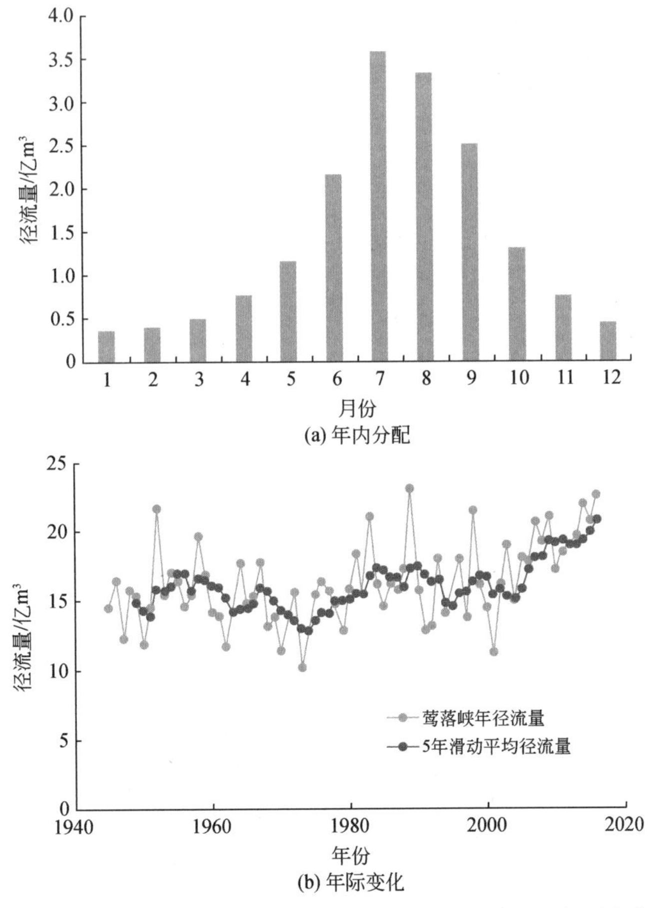


图 1-4 黑河干流出山（莺落峡）径流量的年内分配和年际变化

4. 生态景观

黑河流域生态景观类型多样，从上游至下游，分布有高山草甸、人工绿洲、河岸林、稀疏荒漠植被等多种典型的寒区旱区生态景观（Cheng et al., 2014; Li et al., 2013）。图 1-5显示了流域内的植被类型空间分布。上游祁连山区生态景观具有显著的垂直变化，其中2300 m以下的山前低山丘陵，年均降水量多在 200 ~ 250 mm，景观为山地荒漠或草原荒漠；2300 ~ 2800 m 的中低山带，年均降水量增至 250 ~ 350 mm，景观自下而上从荒漠草原过渡为干草原；2800 ~ 3200 m 的中高山带，年均降水量在 400 mm 左右，景观主要为森林草原，林地分布在阴坡，草原、草甸草原等分布在阳坡；3200 ~ 4000 m 的高山地带，年均降水量可达 500 mm 以上，景观以灌丛草甸为主，阴坡灌丛长势尤为茂盛；4000 ~ 4500 m的高山地带，年均降水量超过 500 mm，终年低温，景观为高寒荒漠；4500 m 以上为永久寒冻带，难见植物生长，景观为冰川和常年积雪。

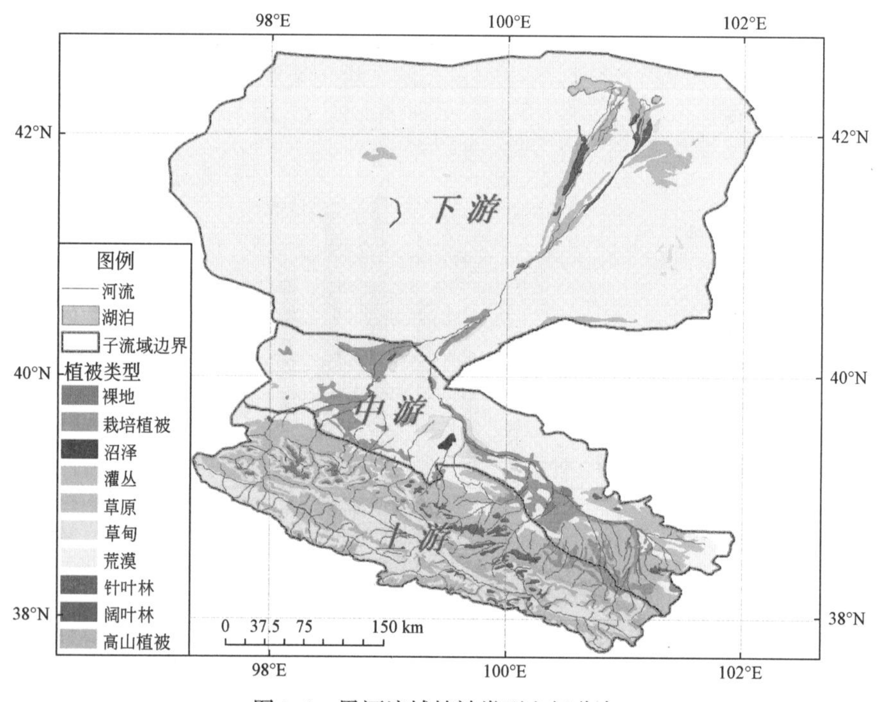


图 1-5 黑河流域植被类型空间分布

黑河中游平原走廊以黑河干流为轴线分为南北两半，南半部在祁连山大幅度隆升过程中形成了宽阔的冲洪积扇，这些冲洪积平原南伸进入干草原带形成草原景观，北延达到荒漠带，表现为荒漠景观。北半部大都背靠低山丘陵，多为干旱荒漠戈壁景观。出山河流自东而西先后汇流于民乐-大马营盆地、山丹盆地、张掖盆地、酒泉东盆地、酒泉西盆地，由于大量的农业引水灌溉，形成一系列荒漠绿洲。绿洲林木以人工植被为主要景观，在人工林体系中，以乔木林为主，主要树种为杨树和沙枣。绿洲外围的戈壁荒漠区则分布着典型的旱生植被，如红砂、泡泡刺、猪毛菜、梭梭、沙枣等。

黑河下游属阿拉善高原，平均海拔 1000 m 左右，气候极端干旱。下游的天然植被主要沿河道生长，属于中生和湿生植被，如胡杨、柽柳、芦苇等。这些植被单纯依靠降水无法生长，主要利用中游河道来水及河岸带地下水维持生存。因此，中游的农业耗水会显著影响下游的植被生态。以黑河下游东、西两支流的河岸带植被围绕而成的额济纳三角洲区域，是我国西北地区一条重要的生态防线。

## 1.1.2 社会经济概况

根据《2013 甘肃统计年鉴》，2012 年黑河流域总人口约为 209 万人，主要集中在中游的张掖市、酒泉市和嘉峪关市。张掖市土地总面积为 3.86 万 $km^2$，约占甘肃省土地总面积的 9.2%，下辖甘州、临泽、高台、民乐、山丹、肃南六县（区），有汉族、回族、藏族、裕固族等 38 个民族。张掖市农牧业发达，是全国商品粮生产基地，素有“塞上江南”“金张掖”等美誉。表 1-3 给出了 2000 年、2010 年和 2015 年张掖市主要社会经济指标。2015 年，张掖市人均 GDP 为 3.06 万元，三产比例为 25 : 30 : 45。2015 年耕地面积约为 27.25 万 $hm^2$，灌溉面积约为 18.59 万 $hm^2$，2015 年全市粮食总产量约达到 13.55 亿 kg。酒泉市下辖的肃州区和金塔县属黑河流域，而其他下辖县（市）属疏勒河流域。酒泉市拥有全国重要的石油化工基地与航天基地，也是甘肃省重要的灌溉农业区。表 1-4 给出了 2000 年、2010 年和 2015 年酒泉市主要社会经济指标。嘉峪关市是明代万里长城西端起点的所在地，是一座新兴的工业及旅游城市。嘉峪关市也是中国五个不设市辖区的地级市之一。表 1-5 给出了 2000 年、2010 年和 2015 年嘉峪关市主要社会经济指标。

**表 1-3 张掖市主要社会经济指标统计**

| 指标 | | 2000 年 | 2010 年 | 2015 年 |
|---|---|---|---|---|
| 人口 | 乡村人口/万人 | 90.32 | 78.16 | 70.52 |
| | 城镇人口/万人 | 34.83 | 41.79 | 51.46 |
| | 总人口/万人 | 125.15 | 119.95 | 121.98 |
| 国内生产总值 | GDP/亿元 | 64.09 | 212.71 | 373.53 |
| | 年增长率/% | 8.90 | 11.50 | 7.50 |
| | 人均 GDP/万元 | 0.51 | 1.77 | 3.06 |
| 产业结构 | 第一产业/亿元 | 26.79 | 62.33 | 95.02 |
| | 第二产业/亿元 | 18.70 | 75.40 | 109.84 |
| | 第三产业/亿元 | 18.60 | 74.98 | 168.67 |
| 粮食 | 耕地面积/万 $hm^2$ | 21.40 | 23.46 | 27.25 |
| | 灌溉面积/万 $hm^2$ | 15.51 | 16.15 | 18.59 |
| | 粮食总产量/t | 914 047 | 1 162 103 | 1 355 004 |
| | 人均粮食产量 kg/人 | 730.36 | 968.82 | 1 110.84 |
| 固定资产投资 | 总额/亿元 | 18.39 | 126.49 | 312.81 |

表 1-4　酒泉市主要社会经济指标统计

| 指标 | | 2000 年 | 2010 年 | 2015 年 |
|---|---|---|---|---|
| 人口 | 乡村人口/万人 | 48. 50 | 54. 74 | 48. 11 |
| | 城镇人口/万人 | 49. 55 | 54. 85 | 63. 43 |
| | 总人口/万人 | 98. 05 | 109. 59 | 111. 54 |
| 国内生产总值 | GDP/亿元 | 72. 87 | 405. 03 | 544. 79 |
| | 年增长率/% | 9. 80 | 17. 50 | 5. 30 |
| | 人均 GDP/万元 | 0. 74 | 3. 70 | 4. 88 |
| 产业结构 | 第一产业/亿元 | 17. 55 | 54. 19 | 78. 59 |
| | 第二产业/亿元 | 30. 58 | 210. 21 | 201. 89 |
| | 第三产业/亿元 | 24. 74 | 140. 63 | 264. 31 |
| 粮食 | 耕地面积/万 $hm^2$ | 11. 20 | 15. 72 | 16. 05 |
| | 灌溉面积/万 $hm^2$ | 11. 18 | 15. 55 | 15. 95 |
| | 粮食总产量/t | 398 753 | 367 401 | 356 226 |
| | 人均粮食产量 kg/人 | 406. 68 | 335. 25 | 319. 37 |
| 固定资产投资 | 总额/亿元 | 23. 90 | 438. 61 | 1 104. 70 |

表 1-5　嘉峪关市主要社会经济指标统计

| 指标 | | 2000 年 | 2010 年 | 2015 年 |
|---|---|---|---|---|
| 人口 | 乡村人口/万人 | 2. 31 | 1. 55 | 1. 60 |
| | 城镇人口/万人 | 13. 65 | 21. 64 | 22. 79 |
| | 总人口/万人 | 15. 96 | 23. 19 | 24. 39 |
| 国内生产总值 | GDP/亿元 | 23. 02 | 184. 32 | 190. 04 |
| | 年增长率/% | 12. 90 | 17. 50 | 9. 00 |
| | 人均 GDP/万元 | 1. 44 | 7. 93 | 7. 83 |
| 产业结构 | 第一产业/亿元 | 0. 78 | 2. 46 | 4. 17 |
| | 第二产业/亿元 | 16. 29 | 147. 76 | 108. 36 |
| | 第三产业/亿元 | 5. 95 | 34. 10 | 77. 51 |
| 粮食 | 耕地面积/$10^4 hm^2$ | 0. 28 | 0. 35 | 0. 35 |
| | 灌溉面积/$10^4 hm^2$ | 0. 28 | 0. 34 | 0. 34 |
| | 粮食总产量/t | 10 472. 00 | 7 076. 88 | 12 600. 00 |
| | 人均粮食产量 kg/人 | 65. 61 | 30. 52 | 51. 75 |
| 固定资产投资 | 总额/亿元 | 5. 30 | 49. 58 | 144. 16 |

# 1.2 水资源管理与生态水文

## 1.2.1 水资源开发利用

黑河流域的主要产水区在上游祁连山区，而水资源利用则集中在中下游。中下游可利用的水资源主要源自出山径流和山前地下水侧向补给，这两部分的估算结果（Tian et al., 2018）见表 1-6。黑河中游具备得天独厚的水热条件，是发展灌溉农业的理想区域，已有 2000 多年的绿洲农业开发史。中华人民共和国成立之后，先后开展了大规模的农田水利建设，目前已建成数十个配套完善的灌区，成为中国重要的粮食生产基地之一。目前，农业灌溉用水在整个黑河流域的水资源利用中仍占据主要地位。表 1-7 显示了黑河中下游 2000～2015 年的农业地表水资源利用情况。农业地表水资源利用率定义为农业地表水资源利用量与上游提供的水资源总量的比值。由表 1-7 可见，黑河中下游东部、中部和西部子水系的农业地表水资源利用率为 57.6%、60.7% 和 81.6%，总体为 63.6%，已达到高度紧张的状态（超过 50%）。

**表 1-6　黑河中下游 2000～2015 年出山径流量和山前地下水侧向补给量的多年平均值**

（单位：亿 $m^3$）

| 水系 | 出山径流量 | 地下水侧向补给量 | 上游提供的水资源总量 |
|---|---|---|---|
| 东部子水系 | 26.0 | 3.33 | 29.33 |
| 中部子水系 | 2.80 | 0.18 | 2.98 |
| 西部子水系 | 8.70 | 1.50 | 10.20 |
| 流域合计 | 37.50 | 5.01 | 42.51 |

**表 1-7　黑河中下游 2000～2015 年的农业地表水资源利用情况**

| 水系 | 上游提供的水资源总量/亿 $m^3$ | 农业地表水资源利用量/亿 $m^3$ | 农业地表水资源利用率/% |
|---|---|---|---|
| 东部子水系 | 29.33 | 16.9 | 57.6 |
| 中部子水系 | 2.98 | 1.81 | 60.7 |
| 西部子水系 | 10.20 | 8.32 | 81.6 |
| 流域合计 | 42.51 | 27.03 | 63.6 |

注：农业地表水资源利用量定义为通过渠道等水利设施将水输送到用户的终端水量，即用户的实际接收水量。

黑河中下游的农业用水管理以灌区为主要单元。图 1-6 给出了中下游灌区的空间分布，表 1-8 列出了中下游主要灌区的灌溉类型。山前灌区以及一些沿河灌区，主要依靠河水灌溉；其他灌区则以河水、井水混合灌溉或河水、泉水混合灌溉为主，少部分地区全部依赖井水灌溉（如明花灌区）。在年内，灌溉引水分为春灌、夏灌、秋灌、冬灌四个阶段，其中夏灌［即当地农作物生长季节（5～7 月）］的灌溉量最大。大水漫灌和传统畦灌仍然是该地区最主要的灌溉方式，但地方政府也在推动节水农业，如发展喷灌、滴灌等新型灌溉方式以及利用地膜覆盖保水保墒等。

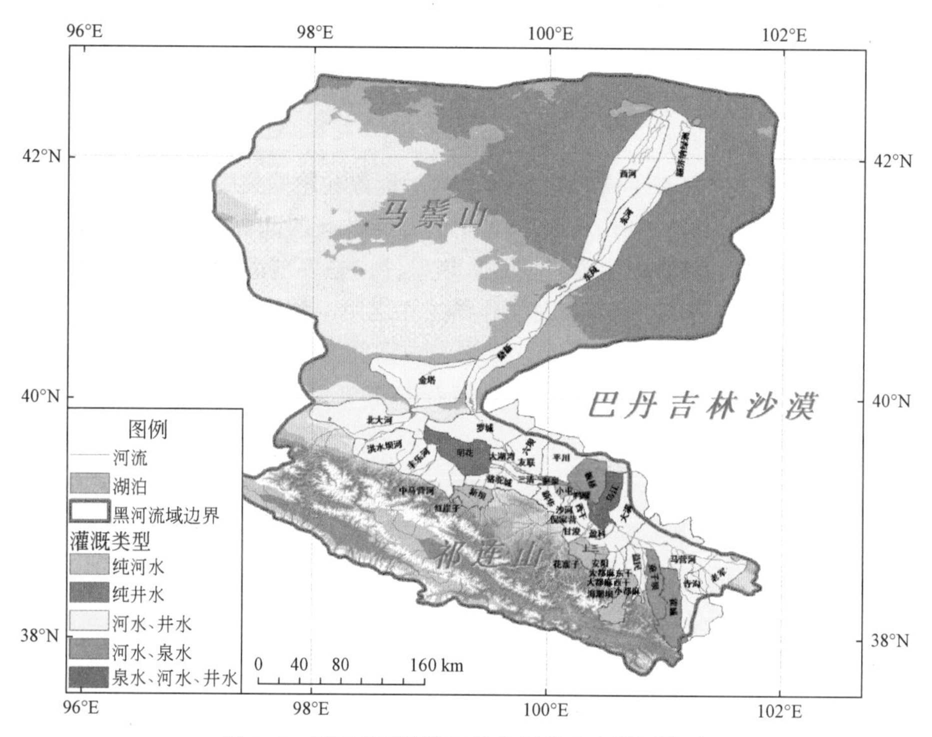


图 1-6　黑河中下游灌区的空间分布和灌溉类型

**表 1-8　黑河中下游主要灌区的灌溉类型**

| 地区 | 灌区名称 | 灌溉类型 |
| --- | --- | --- |
| 山丹县 | 霍城灌区 | 河水、泉水混灌 |
| | 马营河灌区 | 河水、井水混灌 |
| | 寺沟灌区 | 河水、井水混灌 |
| | 老军灌区 | 河水、井水混灌 |
| 民乐县 | 童子坝灌区 | 河水、泉水混灌 |
| | 益民灌区 | 河水、井水混灌 |
| | 海潮坝灌区 | 纯河水 |
| | 大都麻东干灌区 | 河水、井水混灌 |
| | 小都麻灌区 | 河水、井水混灌 |
| | 大都麻西干灌区 | 河水、井水混灌 |
| | 酥油口灌区 | 纯河水 |
| 甘州区 | 乌江灌区 | 泉水、河水、井水混灌 |
| | 大满灌区 | 河水、井水混灌 |

续表

| 地区 | 灌区名称 | 灌溉类型 |
|---|---|---|
| 甘州区 | 盈科灌区 | 河水、井水混灌 |
| | 上三灌区 | 纯河水 |
| | 甘浚灌区 | 河水、井水混灌 |
| | 西干灌区 | 河水、井水混灌 |
| | 安阳灌区 | 纯河水 |
| | 花寨子灌区 | 纯河水 |
| 临泽县 | 平川灌区 | 河水、井水混灌 |
| | 板桥灌区 | 河水、泉水混灌 |
| | 倪家营灌区 | 纯河水 |
| | 小屯灌区 | 纯泉水 |
| | 沙河灌区 | 河水、井水混灌 |
| | 鸭暖灌区 | 河水、泉水混灌 |
| | 蓼泉灌区 | 河水、泉水混灌 |
| | 新华灌区 | 河水、井水混灌 |
| 高台县 | 六坝灌区 | 河水、井水混灌 |
| | 骆驼城灌区 | 纯井水 |
| | 新坝灌区 | 纯河水 |
| | 红崖子灌区 | 纯河水 |
| | 大湖湾灌区 | 河水、井水混灌 |
| | 罗城灌区 | 河水、井水混灌 |
| | 三清灌区 | 河水、井水混灌 |
| | 友联灌区 | 河水、井水混灌 |
| 肃南裕固族自治县 | 明花灌区 | 纯井水 |
| 肃州区 | 北大河灌区 | 河水、井水混灌 |
| | 洪水坝河灌区 | 河水、井水混灌 |
| | 中马营河灌区 | 河水、井水混灌 |
| | 丰乐河灌区 | 河水、井水混灌 |
| 金塔县 | 金塔灌区 | 河水、井水混灌 |
| | 鼎新灌区 | 河水、井水混灌 |
| 额济纳旗 | 额济纳绿洲灌区 | 河水、井水混灌 |
| | 西河灌区 | 河水、井水混灌 |
| | 东风灌区 | 河水、井水混灌 |
| | 东河灌区 | 河水、井水混灌 |

## 1.2.2 黑河流域分水方案

近70年来，黑河中游农田灌溉面积不断扩大，从中华人民共和国成立初期的约100万亩①增加到目前的近340万亩，导致中游地表水和地下水用量迅速增长，生态环境用水被大量挤占，地下水位普遍下降，泉水量衰减超过30%。同时，从中游进入下游的水量由中华人民共和国成立初期的约12亿$m^3$减少到20世纪90年代的约7亿$m^3$，下游额济纳三角洲生态严重退化，尾闾湖居延海曾一度干涸（Feng et al.，2001；Guo et al.，2009）。为扭转黑河下游生态退化趋势，1997年国务院批准了《黑河干流水量分配方案》（水政资〔1997〕496号），即"97"分水方案。该方案的目标是合理配置中下游水资源，使下游绿洲恢复到20世纪80年代中期的水平（蒋晓辉等，2019）。

黑河流域"97"分水方案依据"分水曲线"（图1-7）来实施水管理。该曲线给出了莺落峡不同水平年来水量时正义峡应满足的年下泄量：平水年即莺落峡50%保证率来水15.8亿$m^3$时，正义峡年下泄量应不低于9.5亿$m^3$；莺落峡25%保证率来水17.1亿$m^3$时，正义峡年下泄量应不低于10.9亿$m^3$；莺落峡75%保证率来水14.2亿$m^3$时，正义峡年下泄量应不低于7.6亿$m^3$；莺落峡90%保证率来水12.9亿$m^3$时，正义峡年下泄量应不低于6.3亿$m^3$；其他保证率来水时，正义峡年下泄量目标值按以上控制点内插求得。依据"分水曲线"，黄河水利委员会黑河流域管理局通过"全线闭口、集中下泄"等手段来实现干流水量调控。自分水管理启动以来，2001～2015年，正义峡实际年下泄量为10.2亿$m^3$，

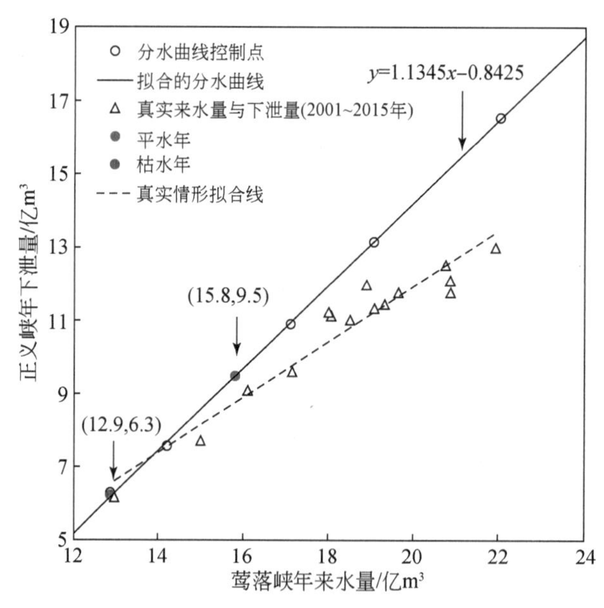


图1-7　黑河流域"分水曲线"与正义峡实际年下泄量

① 1亩≈666.67 $m^2$。

较 20 世纪 90 年代明显增加。下游额济纳绿洲生态恶化趋势得到了遏制，尾闾湖东居延海水面迅速恢复，下游三角洲地下水位整体呈回升趋势，其中东河地区地下水位平均回升了 0.48 m，西河地区地下水位平均回升了 0.36 m（Zhang et al.，2011）。

黑河流域“97”分水方案在实施过程中也面临着一系列问题，包括：①中游生态问题凸现。由于分水方案限制了中游地表水的用量，农田与生态林的用水矛盾加剧，生态林灌溉次数和灌溉水量都相应减少，绿洲外围林木及荒漠灌丛生态退化明显。②中游地下水常年处超采状态，泉水资源衰减严重，中游湿地面积显著减少。③中游下泄水量存在“欠账”。按照“分水曲线”要求，正义峡断面下泄量与目标值之间仍有显著缺口（图 1-7），2000～2015 年已累计欠下游水量 24.3 亿 $m^3$，中游和下游之间的用水矛盾长期存在。④中游技术性节水潜力有限。2002 年，张掖市通过开展节水型社会试点建设，下辖的甘州区、临泽县和高台县节水基础设施得到明显改善，灌溉定额已从 800 $m^3$/亩降低到 2015 年的 530 $m^3$/亩。除非采用其他农业节水措施，否则难以进一步降低灌溉定额。⑤黑河下游绿洲面积恢复尚未达到预期目标。

### 1.2.3 黄藏寺水利枢纽工程

为合理配置黑河流域中下游生态和社会经济用水，提高水资源综合管理能力，更好保障“97”分水方案目标实现，黑河上游正在修建黄藏寺水利枢纽工程。该工程坝址位于黑河上游东、西两支流交汇处以下 11 km 的黑河干流上（图 1-8），左岸为甘肃省肃南裕固族自治县，右岸为青海省祁连县，距青海省祁连县县城约 19 km，控制黑河干流莺落峡以上 80% 的来水，径流调节能力较强。

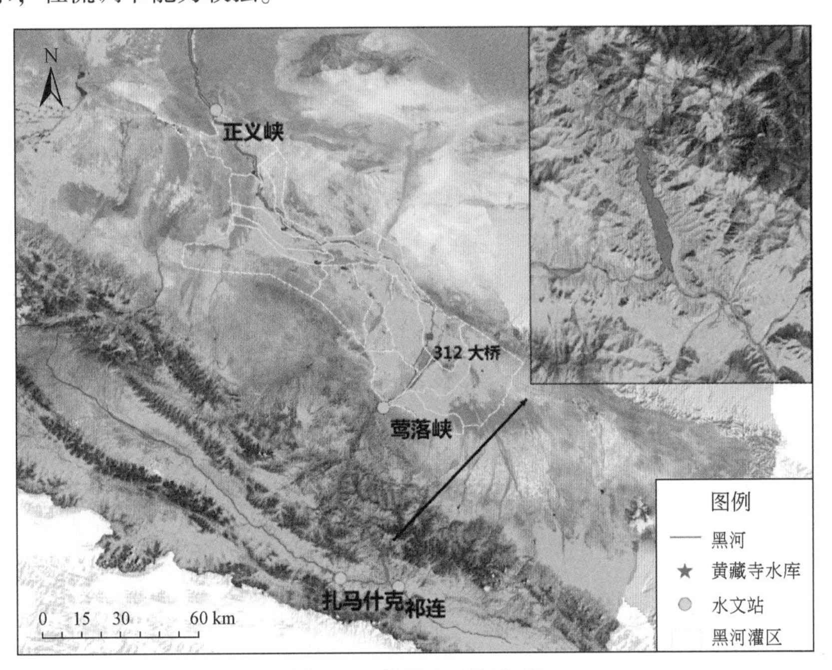


图 1-8　黄藏寺水库位置

黄藏寺水利枢纽主要由拦河坝、电站厂房等建筑物组成。拦河坝为碾压混凝土重力坝，最大坝高为123 m，坝顶长度为210 m，水库正常蓄水位为2628.00 m，正常运用死水位为2580.00 m，极限死水位为2560.00 m，设计洪水位为2628.00 m，校核洪水位为2628.70 m。水库总库容为4.06亿$m^3$，正常运用死库容为0.61亿$m^3$，调节库容为3.56亿$m^3$。水电站装机容量为49 MW，多年平均发电量为2.03亿kW·h。黄藏寺水利枢纽工程建成之后，将替代中游部分平原水库，缩短中游闭口时间，调节正义峡断面来水过程和下游生态供水过程，以期缓解中游灌溉用水和下游生态用水之间的矛盾。

### 1.2.4 生态水文变化

自2000年黑河流域实施流域综合治理及“97”分水方案以来，流域中下游水资源利用和生态环境出现显著变化。中游耕地面积扩大，地下水超采严重，中游地下水位总体呈下降趋势，泉水资源显著衰减，部分生态系统出现退化；下游地下水位总体呈回升趋势，绿洲生态系统显著恢复，尾闾湖水域面积恢复并呈增加趋势。图1-9显示了黑河中游47眼长期观测井的空间位置及2000~2012年地下水位变化趋势。由图1-9可以看出，地下水位变化趋势总体分为三类区域：山前地下水位持续下降，部分沿河区域地下水位出现回升，部分灌区地下水位总体稳定。位于山前的观测井地下水位呈持续下降趋势，其中位于民乐县的观测井和位于骆驼城灌区的观测井地下水位平均降幅达到1 m/a。而部分位于黑河干流附近的观测井地下水位却呈回升趋势。自2000年实施“97”分水方案以来，进入

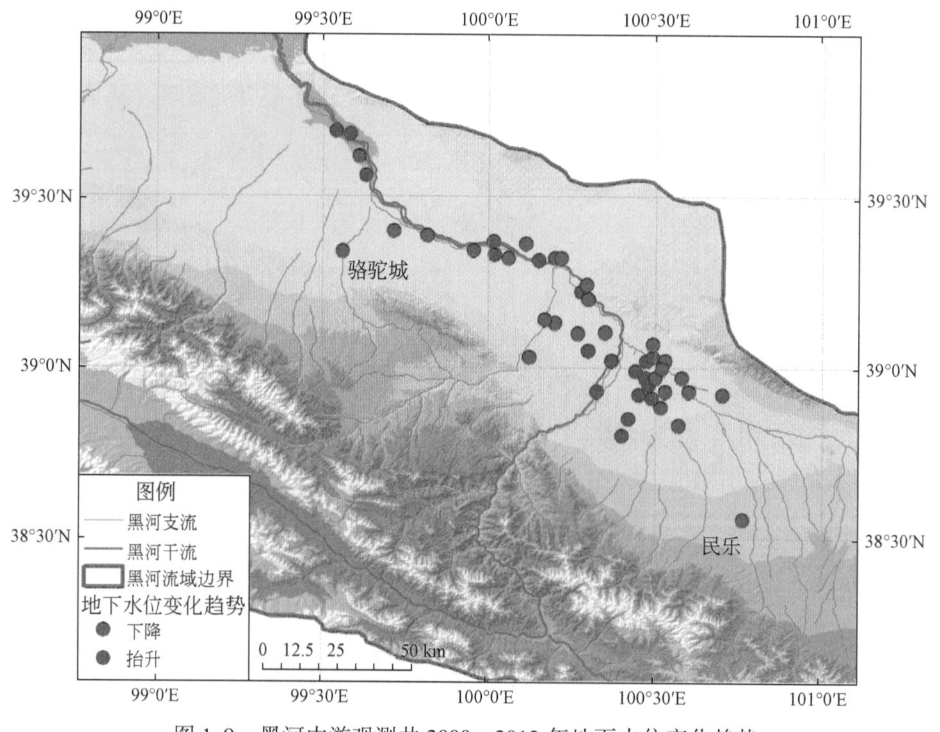


图1-9 黑河中游观测井2000~2012年地下水位变化趋势

下游的水量较 20 世纪 90 年代大幅增加，下游生态恢复良好。图 1-10 显示了下游额济纳三角洲叶面积指数（leaf area index，LAI）变化趋势，可以看出 LAI 呈逐年上升趋势。

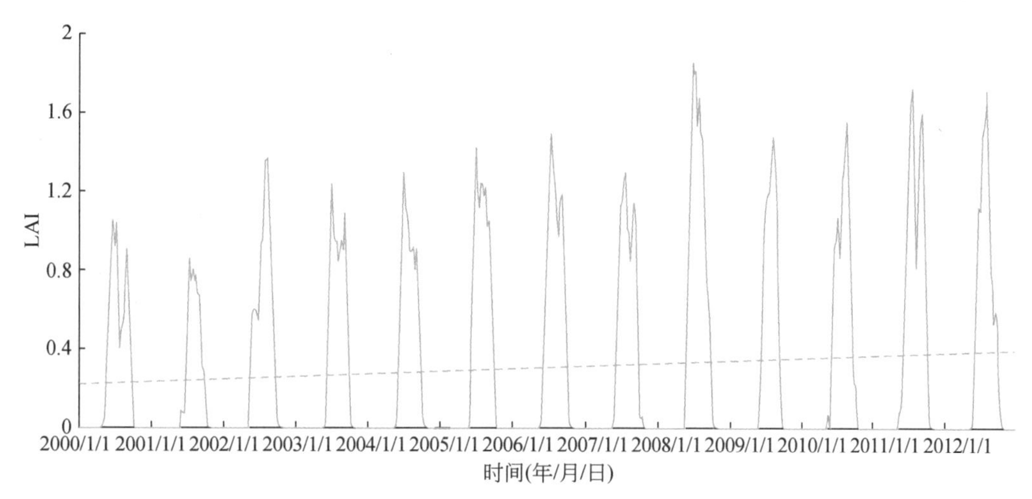


图 1-10　2000 ~ 2012 年下游额济纳三角洲 LAI 变化趋势

资料来源：Liao 等（2013）

下游尾闾湖——东居延海自 2002 年进水以来，已重现碧波荡漾、水鸟聚集情景。2005 年后东居延海实现全年不干涸，目前东居延海水域面积常年保持在 40 km² 左右，栖息鸟类 90 余种、6 万多只。基于 Landsat 长时间序列遥感影像，利用改进的归一化差异水体指数（MNDWI）提取湖泊面积（McFeeters，1996），获得了东居延海长时间序列的湖泊面积变化。表 1-9 显示了所使用的 Landsat 卫星影像数据源，提取时使用了 Landsat 系列卫星所有可用的卫星影像，总计 1591 幅。其中 1978 ~ 1985 年 Landsat 数据有缺失，因此缺乏此时段的湖泊面积提取结果。图 1-11 显示了 1972 ~ 2015 年东居延海湖泊面积变化过程。由图 1-11 可以看出，东居延海季节性干涸始于 20 世纪 70 年代末，80 年代和 90 年代日趋严重。2000 年我国政府实施“97”分水方案后，季节性干涸减轻，2004 年后停止，湖面逐渐恢复。湖泊面积在 2007 年前后趋于稳定，并维持在 40 ~ 60 km²。图 1-12 是 2000 年、2005 年、2010 年和 2015 年 10 月东居延海的遥感影像图（湖面通常在 10 月达到最大值），可以看出，东居延海水域面积不断扩大，湖岸植被也显著增加。

**表 1-9　用于湖泊面积提取的 Landsat 卫星影像数据源**　　（单位：幅）

| 时间 | 卫星及传感器 | 卫星影像条带号 | 卫星影像数量 |
|---|---|---|---|
| 1972 ~ 1978 年 | Landsat-1 ~ 3（MSS） | 143/031、144/030 和 144/031 | 50 |
| 1986 ~ 2011 年 | Landsat-4 和 5（TM） | 133/031、134/031 和 134/031 | 1261 |
| 1991 年 | Landsat-4 和 5（MSS） | 134/030 和 134/031 | 4 |
| 1999 ~ 2003 年 | Landsat-7［ETM+(SLC-on)］ | 133/031、134/031 和 134/031 | 95 |
| 2011 ~ 2013 年 | Landsat-7［ETM+(SLC-off)］ | 133/031 和 134/031 | 58 |
| 2013 ~ 2015 年 | Landsat-8（OLI） | 133/031、134/031 和 134/031 | 123 |

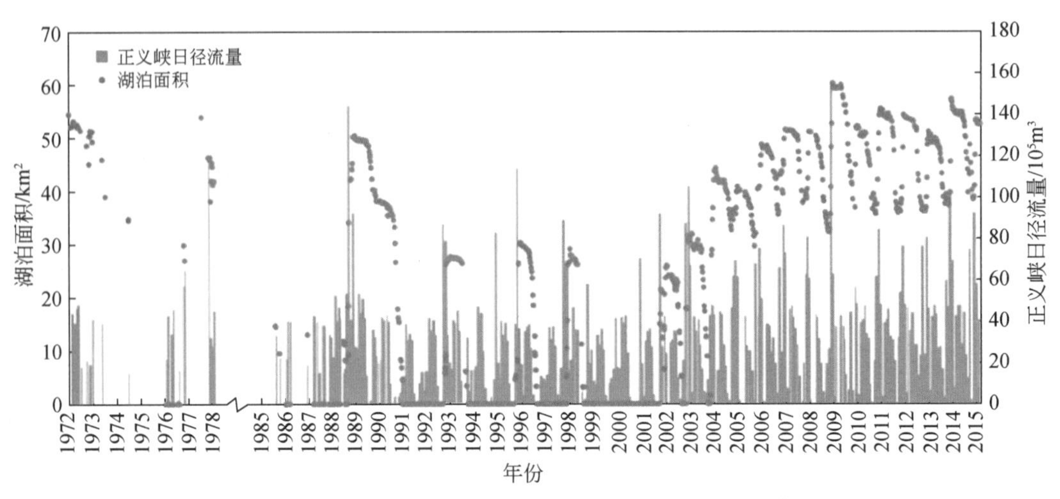


图 1-11　基于 Landsat 卫星影像解译的 1972 ~ 2015 年东居延海湖泊面积变化

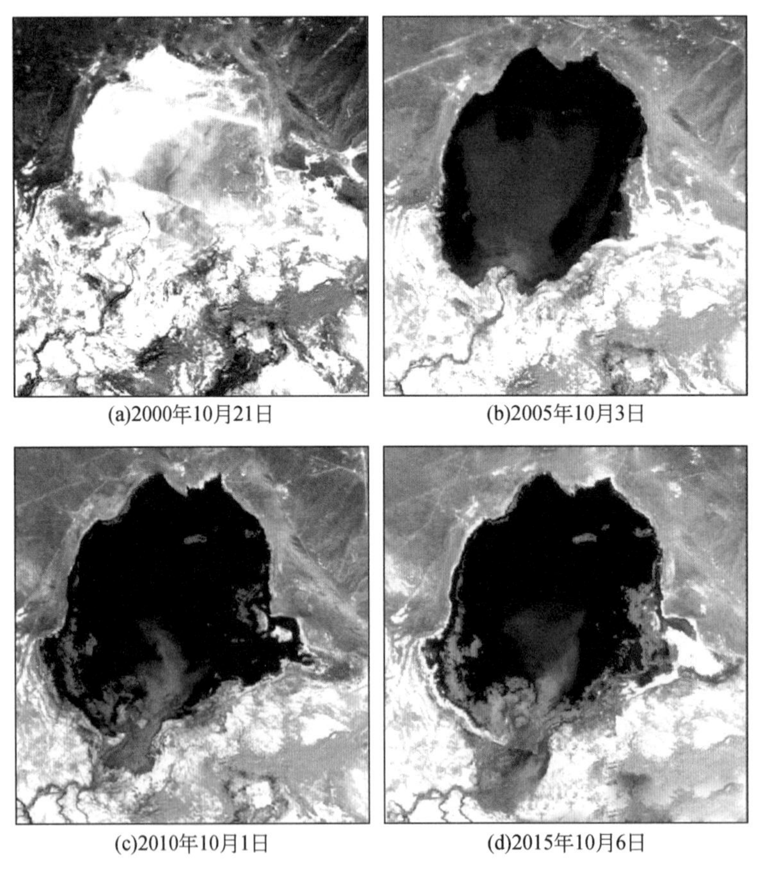

(a)2000年10月21日　(b)2005年10月3日

(c)2010年10月1日　(d)2015年10月6日

图 1-12　黑河下游东居延海水域面积变化

# 第 2 章　流域生态水文模拟的研究进展

生态水文学是水文科学和生态学的新兴交叉学科，近 30 年来得到快速发展，是当前水文领域热点前沿之一。从田间尺度到全球尺度，水循环与各类生态系统之间存在复杂的相互作用关系，生态水文学研究的关键就在于理解水文过程与生态过程的互馈机制和协同演化规律。本书聚焦陆地植被生态系统，水生生态系统等其他类型的生态系统不在本书讨论范围之内。水文循环通过降水、入渗、产汇流等过程为植物生长提供必需的水，也塑造了营养物质在水土介质内的空间异质性分布，对于陆地植被生态系统的维持和演替至关重要。反之，植被生态系统的存在及其变化对蒸散发、入渗、产汇流、土壤水分运移等水文过程也产生重要影响。例如，植物通过根系吸水改变土壤水的分布，并通过蒸腾作用将水分从土壤输送至大气，植被盖度的变化会导致冠层截留量的改变，等等。流域是进行水资源综合管理与生态环境系统治理的最佳尺度，开展流域生态水文模拟研究具有重要的理论和现实意义。本章概述了流域生态水文模拟的研究进展，以期为本书后续章节提供研究背景。本章首先对土壤水、气孔导度（stomatal conductance）、蒸散发、作物生长、地表水-地下水相互作用等生态水文模拟的关键环节进行概述，随后介绍流域生态水文耦合模型的研发进展。

## 2.1　生态水文过程的定量研究

### 2.1.1　土壤水

在生态水文过程中，土壤水分运移扮演着重要角色。土壤水经土壤颗粒表面蒸发和植物气孔散发作用进入大气，是大气水分的重要来源之一。土壤含水量决定土壤中的水势梯度，影响下渗和非饱和带水分运移速率，进而影响产汇流过程。土壤含水量控制着植被的空间分布与生长过程，同时也受到植被的调节。此外，土壤水分还影响微生物活动，从而影响地球生物化学过程。因此，准确模拟土壤水的通量（如蒸散发、壤中流和深层渗漏等）和状态变量（如土壤含水量等）一直是生态水文模拟的关键环节。描述土壤水分运移的基本数学物理方程为 Richards 方程，垂向一维情况下的方程数学形式如下：

$$\frac{\partial\theta(z,t)}{\partial t}=\frac{\partial}{\partial z}\left[K_w(\theta)\frac{\partial\varphi(z,t)}{\partial z}\right]+\frac{K_w(\theta)}{\partial z}-S_w(z,t) \tag{2-1}$$

式中，$\varphi$ 为土壤基质势（m）；$\theta$ 为土壤体积含水率（$m^3/m^3$）；$t$ 为时间；$z$ 为空间坐标

(m)，向上为正；$K_w$为土壤的渗透系数（m/s）；$S_w$为水分源汇项［$m^3/(m^3 \cdot s)$］，如植物根系吸水。

Richards 方程通常难以求得解析解，因此，国内外学者发展了众多数值算法求解土壤水分 Richards 方程。例如，van Genuchten（1987）采用有限元法模拟了非饱和土壤的水分运移过程。雷志栋和杨诗秀（1982）使用有限元法模拟了非饱和土壤水一维流动问题。王金平（1989）采用隐式有限差分格式对蒸发条件下土壤水分运动进行了数值模拟。任理（1990）将有限分析法应用于非饱和土壤水分运动问题，并获得理想的数值模拟效果。目前，土壤水分运动的数值模拟软件已发展的较为成熟，其中应用最为广泛的是 HYDRUS 和 TOUGH2 等。

在 Richards 方程基础上，众多学者又进一步发展了土壤水热耦合方程，用于研究土壤水分运移和热量传输。此外，还发展了土壤水动力与溶质运移耦合模型，用于研究土壤中营养盐及污染物的迁移转化规律。可以说，土壤水的模拟是生态水文模拟最核心的部分，因为土壤水在流域生态水文过程中具有“牵一发而动全身”的作用。土壤水分状态变量和通量与大气上边界条件、植被根系分布及植被生长动态、土壤层底部的饱和含水层动态等诸多因素紧密关联。以下各节所介绍的关键环节均与土壤水密切相关。

## 2.1.2 气孔导度

气孔是植物与大气进行水分和 $CO_2$交换的通道，气孔导度则是用来衡量植物与大气间水碳循环速率的重要定量指标（Farquhar and Sharkey，1982）。作为植物的微观生理结构，气孔导度可在叶片尺度上直接进行研究。但在大尺度宏观模拟中，气孔导度从叶片到冠层尺度的转换问题是一个难点。本节将从叶片尺度和冠层尺度两方面简要介绍气孔导度的观测与模拟方法。

叶片气孔导度通常使用气孔计、光合作用测量仪（如 LI-6400）等仪器直接测定（Kanemasu et al.，1969；Day，2000）。光合作用测量仪通过测量叶片蒸腾产生的湿度变化计算蒸腾速率和气孔导度，同时光合作用测量仪还能控制叶表面的温度、$CO_2$浓度、光照强度等因素，以此确定气孔导度对净光合速率、细胞间 $CO_2$浓度和光照强度的响应曲线，为叶片尺度气孔导度模型提供参数估计和验证数据。研究表明，在环境温度和湿度固定的条件下，植物的叶片气孔导度与净光合速率成正比，而与叶片气孔内外 $CO_2$浓度差成反比。气孔导度对光照强度的响应表现为，随光照强度增加气孔导度先增加，到达一定阈值后出现饱和（叶子飘和于强，2009）。叶片气孔导度的测量不仅耗时耗力且缺乏时间连续性，也无法体现气孔的冠层尺度效应。然而，冠层内叶片接受阳光条件和生理特性等存在差异，导致直接测量冠层总气孔导度（即冠层导度）变得十分困难（Bonan et al.，2011）。为此，学者提出了一种间接计算的方式，即利用涡动相关（eddy covariance，EC）/涡动协方差观测系统的水碳通量观测数据和自动气象站的气象观测数据，应用 Penman-Monteith（P-M）公式（Penman，1948；Monteith and Unsworth，2007）反演冠层导度（Kelliher et al.，1995；Xu et al.，2017；Li et al.，2019）。

过去的研究一直将 P-M 反演的冠层导度近似认为是植被气孔在冠层尺度上的体现，然而，近年来不少科学家不断强调 P-M 反演的冠层导度不仅包括植被气孔在冠层尺度上的累积效应，还包括土壤表面导度（Lin et al.，2018；Li et al.，2018）。自 20 世纪 90 年代涡动相关技术开始发展以来，随着越来越多通量观测站的建立以及各国之间的合作和数据共享，目前已经形成了如中国通量观测研究网络（ChinaFLUX）、欧洲区域通量观测网络（EuroFLUX）、美洲区域通量观测网络（AmeriFLUX）、亚洲区域通量观测网络（AsiaFLUX）以及全球长期通量观测网络（FLUXNET）（http://fluxnet.fluxdata.org/）等一系列通量数据共享网络系统。其中 FLUXNET 在全球不同地区的注册通量站已经超过 500 个，涵盖了多种植被覆盖类型，极大地推动了全球冠层导度和水碳耦合关系研究（图 2-1）。

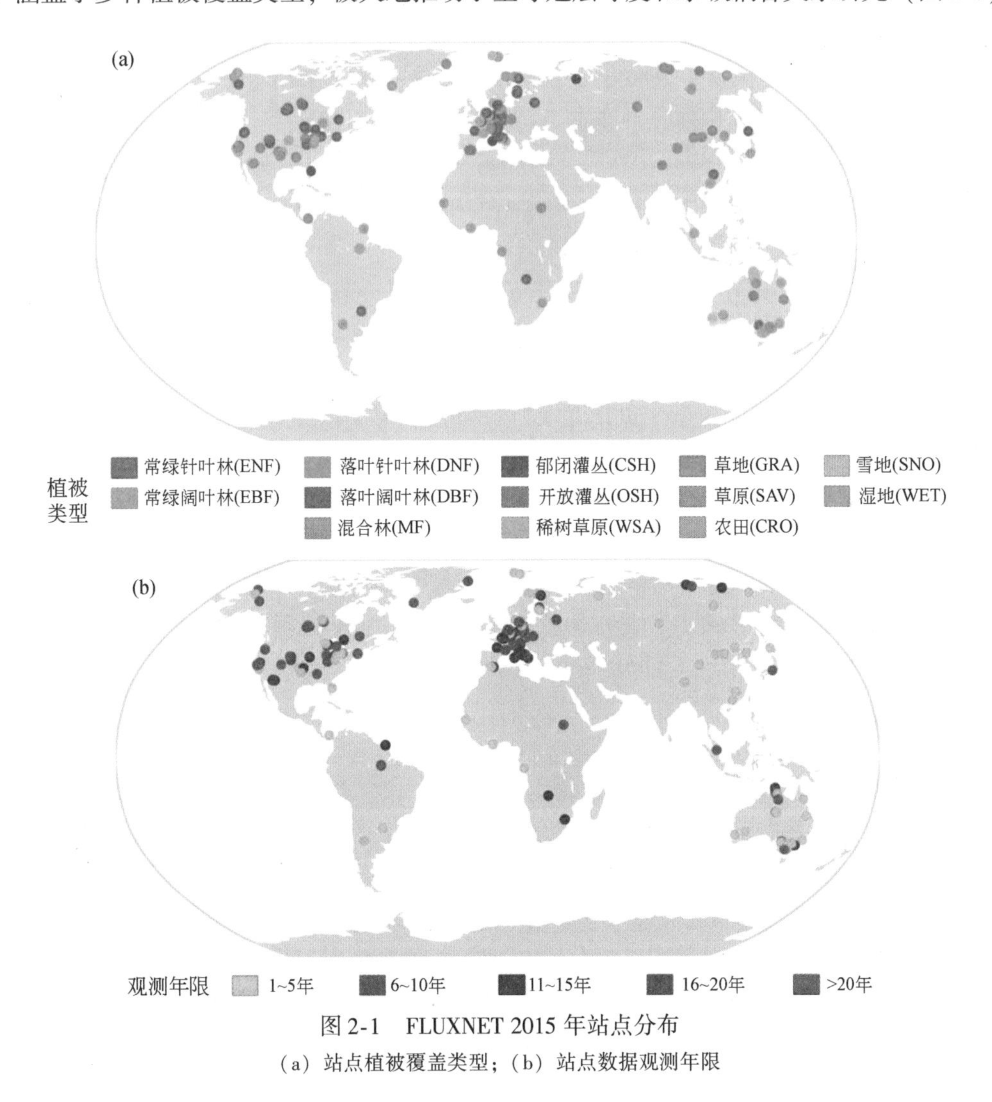


图 2-1　FLUXNET 2015 年站点分布

（a）站点植被覆盖类型；（b）站点数据观测年限

除了定量观测以外，过去 40 多年里，科学家也开展了大量的模型模拟工作来定量描述气孔行为，主要包括以下几种方式：①经验模型。以 Jarvis 模型为代表（Jarvis，1976），该模型通过描述气孔导度与多个环境因素的统计关系而建立。由于参数众多且缺乏对参数实际意义的解释，该模型的实用性有限。②半经验模型。以 Ball 等（1987）提出的 BWB 模型为代表，该模型结合植物生理特性和经验模型，构造了气孔导度与光合速率、相对湿度以及 $CO_2$浓度的响应关系。在 BWB 模型的基础上，Leuning（1995）提出利用饱和水汽压亏缺代替相对湿度能够更好地反映气孔导度随相对湿度的变化。此后尽管很多人对 BWB 模型进行了或多或少的优化和改进，但本质上都是半经验模型，其参数仍然不具有生理意义。③机理模型。机理模型始于 Cowan 和 Farquhar（1977）提出的气孔最优化理论，该理论认为，植物能够通过调节气孔开闭状态实现特定环境下的效益最大化，即最小化蒸腾速率（$E$）的同时最大化碳同化速率（$A$），数学上可表示为最大化 $E-\lambda A$。其中 $\lambda$ 表示植物单位碳生产量损耗的水量。Medlyn 等（2011）结合气孔最优化理论和半经验模型发展了气孔导度机理模型，并赋予了模型参数实际的物理意义。

气孔行为不仅由植物本身的生理生态特征决定，如植物种类、叶龄、叶位等，同时与外界环境条件关系显著（Collatz et al.，1991），如光照强度、温度、$CO_2$浓度、饱和水汽压亏缺程度以及土壤水分条件等（Sharkey and Raschke，1981；Wullschleger et al.，2002；Ainsworth and Rogers，2007；Mott，2009；Wang，2011；Novick et al.，2016；Anav et al.，2018）。而 $CO_2$浓度、饱和水汽压亏缺程度，以及土壤水分条件又与全球气候变化紧密相关，因此受到科学家的高度关注。目前，关于 $CO_2$浓度和饱和水汽压亏缺程度对气孔导度影响的普遍共识为：随着 $CO_2$浓度或饱和水汽压亏缺程度的升高，气孔导度会逐渐降低。Medlyn 等（2011）的机理模型中也描述了气孔导度与 $CO_2$浓度和饱和水汽压亏缺程度的数学关系。尽管有很多叶片气孔导度模型尝试描述气孔导度与土壤水分胁迫的响应关系，但目前对此并没有定论，模型参数的变化规律也尚不明确。尤其是在冠层尺度，由于冠层导度尚无法准确计算，其对土壤水分胁迫的响应是否与叶片气孔导度一致还有待深入研究。全球气候变化可能导致未来干旱事件的发生频率和严重程度不断提高，因此，气孔导度对土壤水分胁迫的响应机制对于全球水碳循环研究将愈发重要。

### 2.1.3 蒸散发

蒸散发是陆地水文循环过程中的关键一环，陆地生态系统的蒸散发（evapotranspiration，ET）主要由植被蒸腾（transpiration，$T$）和土壤蒸发（evaporation，$E$）两部分组成。植被蒸腾不仅受环境条件控制，还与植被的气孔调节作用和冠层结构显著相关，是联系植物气孔行为、水碳交换以及能量传输的关键通量，这在前面关于气孔导度的介绍中已述及。土壤蒸发则完全是物理过程，主要受气象条件（如风速、温度、相对湿度）及土壤水分条件等控制（Sulman et al.，2016；Quan et al.，2018）。定量分割植被蒸腾和土壤蒸发可以加深对地表-大气交互过程的认识，为变化环境下的水资源有效管理提供理论和决策依据（Kool et al.，2014；Konings et al.，2017），但同时也是蒸散发研究的难点和热点。目前，生态系统尺度上的蒸散发分割方法主要包括以下四种：稳定同位素法（Good et al.，2013）、液流观测（Cammalleri et al.，2013）、模型模拟（Maxwell and Condon，2016；Fatichi and

Pappas，2017；Sun et al.，2018）以及涡动相关观测（Scanlon and Kustas，2010）。

稳定同位素法利用蒸发和蒸腾过程氢氧稳定同位素分馏特征不同的特点来区分植被蒸腾及其水分来源。在土壤蒸发过程中，优先蒸发较轻的同位素，导致较重的同位素富集在土壤水中（即同位素分馏）。而植被根系从土壤中吸水一般不发生同位素分馏。因此，利用同位素质量守恒原理以及不同水源的稳定同位素比就可以分割蒸发和蒸腾（赵春等，2020）。该方法广泛应用于农田（Wei et al.，2018；Ma and Song，2019）、森林（Dubbert et al.，2014；Berkelhammer et al.，2016）、草地（Wang et al.，2015；Good et al.，2013）等生态系统。该方法也存在一定的限制，如难以捕捉到植物蒸腾水汽同位素组成的动态变化，在量化植物对不同水源的利用比例上存在较大不确定性等。

液流观测是指将传感器放入植物木质部内，直接测量木质部水分流速，再根据木质部断面面积换算成蒸腾量（白岩等，2015）。该方法要求精确的仪器校准和严格的试验控制，因此较为费时费力。树干液流受到各种环境要素的影响，如太阳辐射、气温、土壤含水量、相对湿度、土壤温度等（Daley and Phillips，2006；Gong et al.，2006；徐军亮和章异平，2009；Chen et al.，2011）。不同树种的树干液流在不同生长阶段受环境因素的影响也各不相同，因而观测结果也具有一定的不确定性。

根据模型原理，蒸散发分割模型可分为机理模型和经验模型，而根据求解方式，则可分为数值模型和解析模型。较为简单的经验-解析模型以联合国粮食及农业组织（Food and Agriculture Organization of the United Nations，FAO）提出的作物系数法为代表（Allen et al.，1998），该方法将作物系数与 P-M 公式计算的参考作物潜在蒸散发量的乘积用于估算作物蒸腾。最经典的机理-解析模型是 Shuttleworth 和 Wallace（1985）率先提出的用于计算稀疏植被地区蒸腾和土壤蒸发的双源模型（S-W 模型）。该模型在 P-M 公式的基础上，同时考虑土壤与植被对能量通量的贡献，分别建立土壤与植被的能量平衡方程，从而实现蒸发和蒸腾的分割。在 S-W 模型基础上发展起来的双源蒸散发机理-解析模型还包括 TSEB（Norman et al.，1995）、ALEXI（Anderson et al.，1997）等。典型的机理-数值模型以 Hydrus-1D 为代表（Simunek et al.，2009），该模型通过求解 Richards 方程计算土壤蒸发，同时通过对植被根系的参数表达来模拟植被根系蒸腾吸水作用。上述基于能量平衡的模型所需参数较多，尤其是地表温度数据的不确定性对模型结果影响较大（李晓媛和于德永，2020）。随着遥感技术的发展，蒸散发估算所涉及的下垫面特征参数能够被多光谱、多角度的遥感资料来反演，为蒸散发模型的参数估计提供了大数据支撑，极大地促进了蒸散发模型的应用。

得益于涡动相关观测系统的广泛应用，近年来产生了一系列利用涡动观测数据分割蒸散发的方法。涡动观测数据分割蒸散发的基本原理是水碳耦合理论。Scanlon 和 Sahu（2008）基于气孔调节过程（光合作用和植被蒸腾）和非气孔调节过程（土壤蒸发和呼吸作用）的不同原理，经过一系列的数学推导，实现了碳通量（光合和呼吸）和水通量（蒸发和蒸腾）的分离。该方法需要基于高频（10～20 Hz）涡动数据，且需要预先设定水分利用效率参数。Zhou 等（2016）提出了潜在水分利用效率（uWUE）的概念，认为植被在生长季一定存在部分时段土壤蒸发可以忽略，植被蒸腾近似等于总蒸散发，蒸腾比

($T$/ET)近似等于实际潜在水分利用效率（$uWUE_a$）与最大潜在水分利用效率（$uWUE_p$）的比值。涡动相关方法也有一些限制，如观测结果会受能量平衡不闭合影响（Allen et al., 2011；Liu S M et al., 2018），空间代表性有限仅能应用在百米尺度（张圆等，2020）。

总体而言，目前关于生态系统蒸散发分离的方法有其各自的优点，但也各自存在缺陷，仍然需要对方法进一步研究并对结果进行独立和交叉验证。

### 2.1.4 作物生长

在20世纪60年代中后期，农田作物模型首先在荷兰和美国开始发展。荷兰的作物模拟研究特点是强调作物生长机理，代表性模型是WOFOST（WOrld FOod STudies）。根据环境因子对作物生长的限制作用，该模型提出了作物生长的4个层次概念：①只有温光限制；②在温光基础上加上水分限制；③在①和②基础上加上氮素限制；④在①~③基础上加上磷素限制。美国的作物模拟研究以综合考虑大气-土壤-作物之间的相互作用和突出管理决策为主要特色，代表性模型是CERES（Crop Environment Resource Synthesis），是目前世界上应用最广泛的作物模型之一。根据不同作物类型，分别建有CERES-Wheat、CERES-Maize、CERES-Sorghum、CERES-Millet等模型。澳大利亚农业产量研究机构（Agricultural Production Systems Research Unit）则开发了农业系统模型模拟平台——APSIM（Agricultural Production Systems sIMulator，http://www.apsim.info/）。此外，FAO领导研发了AquaCrop模型，其主要特点是通过模拟作物冠层生长及根系生长获得生物量，对叶片衰老过程进行量化，并采用有效温度描述作物各个生长过程。该模型已形成一款面向用户的软件系统（http://www.fao.org/nr/water/aquacrop.html），可简单、直观、便捷地进行作物生产力模拟和预测，具有所需数据少等优点。总体而言，由于农业生产对人类社会的重要性，作物生长模拟本身已较为成熟，但作物成长过程与水文和植被生态过程的耦合模拟尚有待进一步研究。

### 2.1.5 地表水-地下水相互作用

地表水和地下水是统一的整体，两者相互转化的同时也伴随着热量和物质的交换。地表水和地下水的相互作用对维持流域生态系统具有重要意义，这一点在干旱地区表现得尤为突出。在丰水期，河水可通过河床渗漏补给地下水；而在枯水期，地下含水层以基流形式向河道排泄，从而保持河道流量并维持生态系统稳定（Menció and Mas-Pla，2010）。近年来，剧烈的人类活动对地表水-地下水相互作用产生显著影响。例如，大量修建的水利工程（如水库、灌溉渠道等）直接改变了天然径流过程和水资源时空分布，且地下水开采更是直接改变了地下含水层的排泄方式。在人类活动影响下，河道径流减少，地下水储量衰减，地表水-地下水相互作用的时空规律发生改变，进而引起河岸带、湿地等生态系统退化，严重威胁流域可持续发展（Thoms and Parsons，2003；Yang et al.，2017）。因此，流域生态水文过程研究必须考虑地表水-地下水相互作用及其与人类活动的关联。

地表水与地下水的转化主要包含以下形式：河流–含水层系统、湖泊与地下水、湿地与地下水、海岸带海底地下水排泄，以及人类活动引发的转化（Gilbert and Maxwell，2017）。其中，河流–含水层系统是地表水–地下水相互作用研究的主要关注点。河床是河流与含水层发生水量交换的界面，地下含水层构造特性（如含水层厚度、渗透系数等）、河床特性（如垂向渗透系数、曼宁糙率系数、坡度等）、河道构造（如河段断面几何形状）、河流水力坡度等因素共同决定着河流–含水层交换的水量、方向和空间变异（Woessner，2000）。河道水位、地下水位的季节性变化也会影响交换水量大小，甚至会改变水量交换的方向。此外，人类活动引发的地表水与地下水的转化也备受关注，尤其是在干旱半干旱流域。在某些区域，河水被大量引入农田进行灌溉，改变了原有河水对地下水的补给路径，使渠系渗漏和田间入渗成为地表水补给地下水的主要形式。

地表水–地下水相互作用的主要研究方法包括直接测量法、水量平衡法、温度示踪法、环境同位素示踪法和数值模拟法等（Kalbus et al.，2006）。直接测量法是利用渗漏测量仪对河流渗漏和地下水排泄量进行直接测量（Murdoch and Kelly，2003），该方法可以获得点尺度上的观测数据，但难以确定大范围内的地表水–地下水交换量。水量平衡法是在多个河流断面上开展同步观测，利用断面之间的水量平衡来推算地表水–地下水交换量（Harvey and Wagner，2000）。温度示踪法是利用热力学平衡原理来推算地表水–地下水交换量。一般而言，地下水水温相对恒定，而河流水温具有明显的季节性变化。水量交换的同时伴随着热量交换，因此通过观测河水和地下水水温时空变化，利用热力学平衡原理可推算地表水–地下水交换量（Hatch et al.，2006；刘传琨等，2014）。环境同位素示踪法是利用镭或氡等天然放射性同位素作为示踪剂来指示水的来源并解析地表水–地下水交换量。环境同位素存在于各种自然水体中，每种水体都有不同的同位素组成特征。在水循环作用下，水体会产生同位素的分馏并引起同位素含量的变化，留下各种环境因素影响的特征“指纹”。近年来，镭、氡同位素示踪剂法已经广泛运用于研究地表水–地下水相互作用（McDonnell et al.，1990）。例如，Wu 等（2004）利用氡同位素估算了黑河张掖以下 42 km 长的河道内地下水排泄量；胡玥等（2014）总结了在黑河流域应用环境同位素开展水循环的研究，指出该方法对黑河流域的水循环研究仍处于定性研究阶段。数值模拟法是利用地表水–地下水耦合模型来计算地表水–地下水交换量的时空分布（Maxwell et al.，2015）。空间分布式的地表水–地下水耦合模型能够较为全面、细致地刻画流域水循环过程，为在流域尺度揭示地表水–地下水循环转化规律提供了先进的研究手段。本书所介绍的 HEIFLOW 模型（Hydrological-Ecological Integrated watershed-scale FLOW model）最初就是从空间分布式的地表水–地下水耦合模型发展而来的，第 3 章和第 4 章对此将有详细的介绍。

## 2.2 流域生态水文耦合模型

传统水文模型缺乏对水文过程与生态过程相互作用的动力学机制描述，在生态水文学研究中遭遇了瓶颈。在这种背景下，能够定量描述植被与水文过程相互作用的生态水文耦合模型应运而生，相关模型的开发和应用成为水文学领域的前沿与热点。生态水文耦合模型可分为单向耦合模型和双向耦合模型。单向耦合模型的主要思路是考虑植被对水的再分配作用，如冠层截留、蒸散发等过程，但忽略水文过程对植被生长动态的影响，通常在模型运行时直接输入植被动态信息，如 LAI。双向耦合模型是指将植被生态模型嵌入到水文模型中，这类模型具有明确统一的物理机制，植被生长过程与水循环过程可以实现交互影响。一种典型的生态水文双向耦合方式如图 2-2 所示。耦合的基本原理为：植被生长模拟为水文模拟提供动态变化的 LAI、冠层高度、根系深度等信息，而水文模拟则为植被生长模拟提供土壤水文动态等信息。

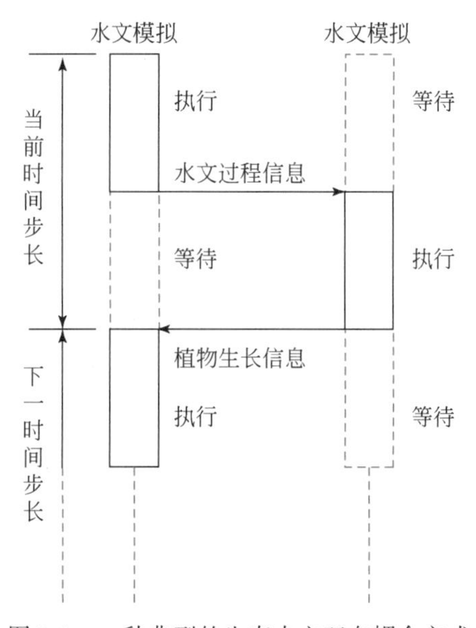


图 2-2　一种典型的生态水文双向耦合方式

具有代表性的生态水文耦合模型包括 SWAT（Soil and Water Assessment Tool）、WEAP（Water Evaluation and Planning system）、WOFOST、ParFlow-CLM、LPJ（Lund-Potsdam-Jena）、Biome-BGC（BioGeochemical Cycles）、VIC（Variable infiltration capacity）、CATHY/NoahMP、MIKE-SHE、HydroGeoSphere 等，其中部分模型已具备了生态水文双向耦合特征。以下将简要介绍部分代表性模型。

SWAT 模型是由美国农业部农业研究组织（USDA-ARS）开发的水文和水环境模型，同样适用于流域生态水文模拟（Neitsch et al.，2011）。SWAT 模型属于半分布式模型，由物理机制驱动，在某些方面实现了生态水文双向耦合，可用于模拟流域内气象条件、土壤类型、土地利用与农业管理等因素的变化对流域水资源、水环境和植被与作物长势的影响。SWAT 模型提供了植被动态生长计算功能，生长模块基于简化的 EPIC（Environmental Policy Integrated Climate）模型。SWAT 模型的主要缺点在于过度简化地下水过程，将复杂的地下含水层概化成箱式存储空间；同时，对于人类用水活动的表征能力也较弱。

WEAP 模型（Yates et al.，2005）由瑞典斯德哥尔摩国际环境研究院（Stockholm

Environment Institute）于 1989 年开发，实现了包含水资源供需、水质、水生态的水资源系统过程模拟。模型由水资源供需关系驱动，可在各种水文情势与政策情景下，计算水资源需求量、供给量、径流量、下渗量、作物需水量、流域水储量等。WEAP 拥有以 GIS 为基础的图形界面，用户友好。WEAP 的缺点在于模型是非分布式的，并将地下水作为水资源的一个供应源，无法模拟地下水流运动及地表水-地下水交互过程，因此，模型在干旱半干旱区等地表水-地下水交互强烈的地区和地下水开采-回灌密集的地区难以获得理想的模拟效果。

WOFOST 模型由荷兰瓦赫宁根环境研究中心（Wageningen Environmental Research）、瓦赫宁根大学与研究中心（Wageningen University & Research）、欧盟联合研究中心食品安全部（The Food Security Unit of The Joint Research Centre，EU）共同开发和维护，模拟农业作物在气候条件、土壤水分、土壤肥力等环境因素影响下的生长过程，在世界范围内得到了广泛应用（de Wit et al.，2019）。WOFOST 模型以天为时间步长，对作物生长动态进行模拟，包括光合作用、呼吸作用、蒸腾过程、叶面积变化、干物质分配等生理过程，并计算潜在生长条件（最优生长）、水分限制条件与养分限制条件下的作物产量。WOFOST 模型的缺点在于不模拟地下水，水平衡计算过于简单，无法精细刻画复杂的农业用水活动。

ParFlow-CLM 由地表水-地下水耦合模型 ParFlow 与陆面模式 CLM（community land model）集成而来（Kollet and Maxwell，2008）。ParFlow 模型是由美国科罗拉多矿业大学（Colorado School of Mines）国际地下水模型中心（IGWMC）开发的面向对象的三维饱和-非饱和地下水模型（Maxwell and Miller，2005；Kollet and Maxwell，2006）。ParFlow 通过自由表面坡面流边界条件，对地表水和地下水的流动过程进行联立求解，直接刻画地表水-地下水交互作用。ParFlow 可在复杂地形、地质条件和高度非均质性介质的情况下完成模拟。与 CLM 集成后，ParFlow-CLM 具备了对地表生态过程进行机理性描述的能力，从而实现了生态水文耦合模拟。然而，ParFlow-CLM 缺乏对河道引水、地下水抽水、灌溉等农业用水活动的表征，难以细致刻画农业活动对流域生态水文过程的影响。此外，ParFlow 虽然内置了并行化的算法，但计算成本仍十分高昂。

LPJ 模型由瑞典隆德大学（Lund University）、德国波茨坦气候影响研究所（Potsdam Institute for Climate Impact Research，PIK）和德国马克斯-普朗克地球生物化学研究所的研究人员共同开发，本质上属于动态全球植被模型（dynamic global vegetation model，DGVM），可用于模拟全球陆地水碳循环和气候变化下植被的响应。LPJ 经过多次版本演化（Smith et al.，2001；Sitch et al.，2003；Schaphoff et al.，2018），功能日臻完善，在全球范围内得到了较为广泛的应用。目前最新版本为 LPJmL4，可以模拟植被生长、生态恢复、火灾等情况，并可提供河道汇流计算与农业灌溉模拟。有研究将 LPJ 与水文模型 HYMOD 进行耦合（LPJH），并在全球多个流域进行了应用（Li and Ishidaira，2012），包括菲律宾马尼拉昂阿特（Angat）流域、日本广岛弹崎（Hajiki-saki）流域、中国虎山流域、澳大利亚艾丽斯斯普林斯（Alice Springs）托德河（Todd River）流域等。与单纯的水文模型 HYMOD 相比，LPJH 对径流的模拟效果更好，表明耦合生态过程可以增加水文模拟的精度。LPJ 模型侧重于地表过程模拟，不模拟地下水流过程，因而难以体现地下水在全球生态系统中的作用。

Biome-BGC 模型由美国蒙大拿大学陆地动态模拟研究中心开发（Running and Hunt，1993；Thornton et al.，2002），用于模拟陆地生态系统的植被-土壤连续体的水分、能量、碳通量、氮通量，模型可用于评价全球气候变化和生物地球化学过程的相互作用。Biome-BGC 模型基于 FOREST-BGC（Running and Coughlan，1988）开发，已被广泛用于模拟各种生态系统，包括森林、草地、作物（Wang et al.，2005；Chiesi et al.，2007），在田间尺度、区域尺度、大陆尺度乃至全球尺度均有应用（Ueyama et al.，2010）。模型主要针对自然植被进行模拟，对于农作物的模拟仍存在机理方面的不足，无法在区域尺度上体现农业管理措施。此外，Biome-BGC 模型对于水文过程的模拟十分粗略。

VIC 模型由 Liang 等（1994）开发，并由美国华盛顿大学计算水文学研究组的研究人员持续开发与维护（Tesemma et al.，2015），目前的最新版本为 VIC-5（Hamman et al.，2018）。VIC 模型采用了蓄满-超渗产流相结合的产流过程，反映了大气-植被-土壤之间的物理交换过程，在流域、国家和全球等尺度均有应用（Maurer et al.，2002；Sheffield and Wood，2007）。VIC 模型中的生态过程被大大简化，并且生态过程与水文过程是单向耦合的。这限制了模型模拟生态、水文过程之间动态反馈的能力。VIC 模型的植被动态数据一般使用遥感 LAI 产品，将多年平均月度 LAI 数据作为输入。VIC 模型不直接模拟地下水过程，也不包含农业过程模拟。

CATHY/NoahMP 模型耦合了水文模型 CATHY（CATchment HYdrology）（Bixio et al.，2002；Camporese et al.，2010）和陆面模式 NoahMP（Niu et al.，2011）。CATHY 模型使用有限元方法求解三维饱和-非饱和 Richards 方程，模拟三维渗流运动；使用有限差分法（finite-difference method）求解圣维南方程一维运动波（kinematic wave）近似形式，进行汇流计算；同时，耦合迭代更新地表水-地下水之间的边界条件，并依据质量守恒保证地表水-地下水界面之间的连续性。Niu 等（2014）对 CATHY 和 NoahMP 进行了集成，CATHY 模型改进了 NoahMP 模型的产汇流计算与地下水流模拟，而 NoahMP 模型则增强了 CATHY 模型所缺少的植被动态生理过程计算。CATHY/NoahMP 模型也无法有效刻画农业灌溉过程。

MIKE-SHE 模型是由丹麦水利研究所（Danish Hydraulic Institute，DHI）开发研制（Abbott et al.，1986；DHI，2005）的分布式水文模型，对于流域内的水流过程（坡面流、非饱和带水流、地下水流与明渠流等）有较为强大的模拟功能，在世界范围内得到了广泛应用（Thompson et al.，2004；McMichael et al.，2006；Zhang et al.，2008）。在 MIKE-SHE 模型中，饱和带的水流计算使用三维布西内斯克（Boussinesq）方程，并在时空上进行有限差分格式处理；非饱和带的水流计算使用一维 Richards 方程；坡面流计算使用二维扩散波方程。通过耦合 MIKE-SHE 与 MIKE 11 来模拟河水-地下水交互过程。MIKE 11 能够模拟复杂的河网水动力过程，与 MIKE-SHE 耦合时，MIKE-SHE 向 MIKE 11 提供地表产流量，而 MIKE 11 则返回河道下渗量等。两者采用异步耦合方式进行耦合，即两个模型在完成各自的计算步长后进行变量交换。MIKE-SHE 模型对生态过程的描述较为简化，只刻画了植被到水文过程单向的反馈（即采用外部 LAI 输入）。

HydroGeoSphere 模型由加拿大滑铁卢大学（University of Waterloo）和拉瓦勒大学（Laval University）及 HydroGeoLogic 公司联合开发，目前由 Aquanty 公司进行开发与维护。模型对地下水、地表水的水流过程与溶质运移进行三维耦合模拟。在水流过程模拟方面，HydroGeoSphere 模型使用三维控制体有限元求解器，通过全局隐式的方法迭代耦合地表水二维扩散方程与地下部分的三维饱和-非饱和 Richards 方程。HydroGeoSphere 还模拟了植被吸水与蒸腾、裸土与水体的蒸发、融雪与土壤冻融等过程，且支持并行化计算，可以模拟大规模流域生态水文过程。与 MIKE-SHE 模型类似，HydroGeoSphere 模型对于生态过程的描述较为简单，只有植被到水文过程单向的反馈（采用外部 LAI 输入）。

表 2-1 总结和对比了常见的生态水文耦合模型在水文过程、植被动态、人类活动影响、土地利用变化等方面的模拟特征。在干旱的内陆地区，地表水-地下水交互作用强烈，人类活动（尤其是农业生产）对土地利用和水资源的影响十分显著，生态系统与社会经济系统的用水矛盾突出，这对流域生态水文耦合模拟提出了极高的要求。一个理想流域生态水文耦合模型应该具备以下关键特征：①能准确刻画地表水、地下水的运动过程和地表水-地下水交互作用，并进行动态、分布式的模拟；②实现水文过程与生态过程的双向耦合，并模拟不同类型（包括农业作物）植被的动态生长过程；③合理表征河道引水、地下水开采、农业灌溉等人类用水活动的影响，当模型用于未来情景分析时，可在模型内部模拟人类用水活动，而非依靠外部数据输入；④能考虑土地利用的年际动态变化；⑤当用于大尺度模拟时，能兼顾生态水文过程刻画的精细度和模型计算成本的合理性。

**表 2-1　常见的生态水文耦合模型主要特点对比**

| 模型名称 | 地表水文过程 | 地下水流过程 | 地表水-地下水交互作用 | 植被动态生长 | 人类用水活动 | | 土地利用变化 |
|---|---|---|---|---|---|---|---|
| | | | | | 河道引水、地下水开采 | 农业灌溉 | |
| SWAT | 半分布式产汇流计算 | 箱式概化 | 地表水单向补给地下水 | 模拟 | 水量平衡 | 自动灌溉或外部输入 | 无 |
| WEAP | 计算单元水量平衡 | 箱式概化（2019 新版可连接至 MODFLOW-NWT 计算） | 地表水单向补给地下水 | 模拟 | 水量平衡 | 外部输入 | 无 |
| WOFOST | 无 | 无 | 地表水单向补给地下水 | 模拟 | 无 | 外部输入 | 无 |
| ParFlow-CLM | 分布式产汇流计算 | 三维有限差分 | 联立求解 | 模拟 | 仅地下水开采 | 无 | 无 |
| LPJ | 无 | 无 | 地表水单向补给地下水与地下水单向排泄 | 模拟 | 自动模拟 | 自动灌溉 | 可输入不同年份的土地利用数据 |

续表

| 模型名称 | 地表水文过程 | 地下水流过程 | 地表水-地下水交互作用 | 植被动态生长 | 人类用水活动 | | 土地利用变化 |
|---|---|---|---|---|---|---|---|
| | | | | | 河道引水、地下水开采 | 农业灌溉 | |
| Biome-BGC | 无 | 无 | 无 | 模拟 | 无 | 无 | 无 |
| VIC | 产汇流演算 | 无 | 无 | 输入 LAI | 无 | 无 | 可输入不同年份的土地利用数据 |
| CATHY/NoahMP | 分布式产汇流计算 | 三维有限元 | 迭代式耦合 | 模拟 | 仅地下水开采 | 无 | 无 |
| MIKE-SHE | 分布式产汇流计算 | 三维有限差分 | 异步耦合 | 输入 LAI | 仅地下水开采 | 无 | 无 |
| HydroGeoSphere | 分布式产汇流计算 | 三维控制体有限元 | 迭代式耦合 | 输入 LAI | 仅地下水开采 | 无 | 无 |

# 上篇

# HEIFLOW 生态水文耦合模型的发展

# 第3章 HEIFLOW 模型概述

## 3.1 研发历程

在流域尺度上，水循环是生态环境过程的关键驱动力，流域生态水文耦合模拟须以可靠的水文模拟为基础。HEIFLOW 的发展起点 GSFLOW（Ground-water and Surface-water FLOW model）模型就是一个具有代表性的分布式水文模型。GSFLOW 是由美国地质调查局（United States Geological Survey，USGS）开发的三维分布式地表水-地下水耦合模型（Markstrom et al.，2008）。GSFLOW 集成了 20 世纪 80 年代发展起来的概念性地表水模型 PRMS（Precipitation-Runoff Modeling System）（Leavesley et al.，1983）和经典的三维地下水流模型 MODFLOW（MODular ground-water FLOW model）（Harbaugh，2005），其技术亮点是以迭代耦合的方式集成 PRMS 与 MODFLOW，从而以较小的计算成本模拟复杂的地表水、地下水相互转化过程。GSFLOW 对流域水循环过程有较为完整的描述，可为流域地表水、地下水资源的一体化管理提供科学技术支撑，这是黑河流域研究中选择 GSFLOW 作为研发起点的原因。

GSFLOW 仍是一个纯粹的水文模型，其 PRMS 模块不具备模拟植被生态过程的能力，对人类活动的刻画也十分有限。在黑河流域中下游，人类活动强烈影响地表水-地下水交互作用，天然水循环过程被显著改变，而流域管理需要实现生态安全、粮食安全和水安全的协同保障，这些流域现实远超 GSFLOW 的功能范围。受黑河流域生态水文过程研究与管理的实际需求驱动，研发团队从 2013 年开始以 GSFLOW 为基础发展新的生态水文耦合模型 HEIFLOW。经过多年的努力，目前的 HEIFLOW 版本已基本实现了研发团队当初的设想。与最初的 GSFLOW 相比，HEIFLOW 新增了多个模块，包括两个生态模块，一个体现“自上而下”决策过程的水资源利用与管理模块，以及一个基于主体建模（agent based modeling，ABM）进行“自下而上”决策的水资源利用与管理模块。为实现从田块到流域的多尺度精准模拟，研发团队还重建了 HEIFLOW 的土壤水模块，在纵向上实现了土壤水分层计算，在水平方向上实现了亚网格尺度的土壤水模拟。其他关键的模型结构改进还包括实现动态土地利用更新、耦合水动力模块等。这些重要的改进会在后续章节中详细介绍。

HEIFLOW 经历了一个逐步完善的过程，阶段性的研发成果陆续发表在水文与水资源领域的代表性刊物上。几个主要的模型版本包括 GSFLOW-SWMM、GSFLOW-GEHM、HEIFLOW 1.0 和 HEIFLOW 2.0，基本情况如下。

1）Tian 等（2015）对 GSFLOW 原始版本进行了改进，将 GSFLOW 与 SWMM（Storm

Water Management Model)(Rossman, 2009)中的水动力模块进行耦合，实现了对复杂农业灌溉系统的模拟。这一模型版本被命名为 GSFLOW-SWMM。GSFLOW-SWMM 可将建模区的灌溉面积分成多个灌区（irrigation district)，每个灌区单独设定引水、灌溉过程。GSFLOW-SWMM 还可以模拟引水灌溉过程中的渠系蒸发和渗漏损失。此外，原始的 GSFLOW 通过运动波（kinematic wave）模型描述河流水动力过程，而 GSFLOW-SWMM 可应用动力波（dynamic wave）模型描述河流水动力过程，从而提高了对河道水流过程的模拟精度。

2）为动态模拟植被生长过程，Sun 等（2018）参考 EPIC 模型（Sharpley and Williams, 1990）的基本框架开发了一个通用生态模块 GEHM（General Eco-Hydrological Module)，并将其与 GSFLOW-SWMM 进一步耦合，真正实现了流域内水文过程和生态过程的双向耦合。GEHM 可通过改变植被参数取值表征不同的植被类型。这一版模型被命名为 GSFLOW-GEHM。

3）Tian 等（2018）在 GSFLOW-GEHM 基础上进一步开发了土地利用动态更新功能。此功能允许将模型运行期分成多个模拟时段，并为每个模拟时段预设相应的土地利用数据，然后完成连续的模拟。这一新功能突破了传统水文模型在长时间序列连续模拟过程中无法更新土地利用（即只能使用固定的土地利用）的限制，对于研究快速变化环境下的生态水文过程具有重要的意义。这一版改进的模型首次正式命名为 HEIFLOW。在本书中，此版本的 HEIFLOW 模型称为 HEIFLOW 1.0。同时，与 HEIFLOW 配套的可视化建模平台软件 Visual HEIFLOW（VHF）也正式推出（下载链接 https://github.com/DeepHydro/Visual-HEIFLOW)。VHF 软件提供了 GIS 支持下的可视化建模环境，可帮助用户快速建立模型。VHF 软件还提供了丰富的前后处理工具，帮助用户一站式分析、处理各种复杂的输入/输出数据。

4）在用于干旱半干旱区生态水文模拟时，HEIFLOW 1.0 仍存在一些明显的不足：模型的土壤水计算仅考虑单层土壤；引水、抽水、灌溉等农业用水活动需要从模型外部输入而无法在模型内部自动模拟；通用生态模块 GEHM 对特殊的旱区植被模拟效果不佳；等等。针对上述问题和不足，研发团队又对 HEIFLOW 进行了一系列改进，开发了专门用于模拟胡杨林（我国西北内陆河流域特色植被）的生态模块 PEM（Populus Euphratica Module)(Li et al., 2017a; Han et al., 2021)；重新编写了土壤水模块，实现了土壤水纵向分层计算和亚网格模拟（Han et al., 2021)；在模拟中考虑了灌溉活动在亚网格尺度的空间分异，提高了灌区生态水文过程的模拟精度（Han et al., 2021)；开发了水资源利用与管理模块 WRA（Water Resources Allocation）用于模拟基于管理规则的水资源配置过程，可体现生态流量、地下水限采等管理约束（Zheng et al., 2020)；开发了一个用于模拟灌区农户农业用水决策过程的 ABM 模块（Du et al., 2020)。融合这些改进的 HEIFLOW 成为当前最新版的 HEIFLOW 2.0。如无特殊说明，以下内容提到的 HEIFLOW 模型均指 HEIFLOW 2.0。

## 3.2 模型框架

HEIFLOW 所刻画的生态水文过程主要包括三方面：水循环过程、植被生态过程和水资源利用过程。水循环过程可以进一步分为地表部分（蒸散发、入渗、坡面流等）、地下部分（非饱和带水分运移、饱和带水流等）和水体部分（河道汇流、湖泊动态变化等）。植被生态过程主要包括植物生长和水分动态利用，由生物量、LAI 等变量的动态变化来体现。水资源利用过程主要是指流域内用于农业、工业、生活、服务业的地表引水和地下水开采过程。图 3-1 示意了 HEIFLOW 模型主要过程及其相互关联。下面简单介绍三方面主要的过程。

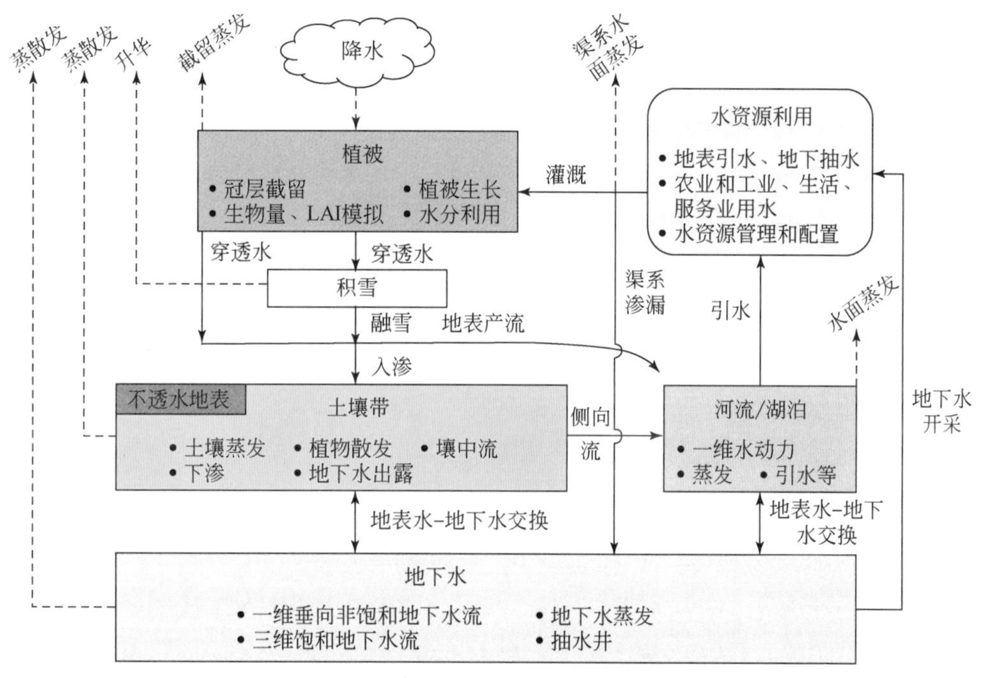


图 3-1 HEIFLOW 模型主要过程及其相互关联示意

## 3.2.1 水循环过程

气象数据（如降水、气温、太阳辐射等）是蒸散发、融雪、产汇流等水循环过程的基本驱动数据。根据气温条件的不同，HEIFLOW 可区分三种不同形式的降水，即雨、雪和雨夹雪。降水中的一部分可以被植被冠层截留，未被截留的部分被称为穿透水（throughfall），直接落到地面上。HEIFLOW 忽略降水量的茎流（stemflow）部分。落到地面上的降水可以累积在地表的积雪上，滞蓄于不透水地表的坑洼地带，通过蒸发回到大气，下渗到土壤，或形成地表产流。下渗到土壤中的水可以保持在土壤孔隙中或向下渗流，也可以通过蒸散发回到大气，通过侧向流（即壤中流）汇入地表水体，或补给地下水。土壤水补给地下水一般要先渗流通过包气带。与原始的 PRMS 类似，HEIFLOW 定义一个土壤带，土壤带之下则定义为含水层，包括非饱和带（潜水面以上的包气带、渗流区）和饱和带（潜水面以下）。HEIFLOW 假设下渗的水在非饱和带中的流动方向是垂直向下的，即忽略水平方向上的流动。进入饱和带以后，在水头差的作用下，地下水可以在垂直、水平方向上连续流动。若当饱和带的地下水位持续升高，地下水可以重新进入HEIFLOW所定义的土壤带。此外，人类活动也会直接影响地下水系统。例如，通过抽水井将地下水直接抽离含水层，或通过注水井直接将地表水注入地下水系统。流域内的地表产流和侧向流汇入河道后形成河道径流。河道径流通过流域内的“河网”向流域出口或湖泊流动。河流和湖泊中的水可以蒸发到大气，也可以从底部渗入到地下水系统。与土壤水类似，下渗的水到达饱和带之前一般要先经过非饱和带。当地下水位较低时，河流/湖泊补给地下水；当地下水位较高时，则地下水补给河流和湖泊。河流和湖泊是流域内水资源利用的主要水源，受人类活动（引水、调蓄等）影响显著。

在HEIFLOW中，水循环的地表部分由改进的PRMS和新增模块模拟，地下部分和水体部分由MODFLOW模拟（图3-2）。其中，PRMS中的土壤水模块被重新编写，以实现土壤水纵向分层计算和亚网格模拟。地表部分的储水单元主要是植被、积雪、不透水地表和土壤带，水面部分的储水单元主要是河流和湖泊，地下部分的储水单元主要是含水层系统。这三个部分的储水单元之间相互影响、相互联系：降雨产生的地表径流与土壤中的侧向流汇入河流和湖泊；土壤水在重力作用下进入地下水系统；河水（或湖水）从河流（或湖泊）的底部进入地下水系统；在水头差作用下，地下水补给土壤带以及河流、湖泊。此外，人类活动也将影响不同储水单元之间的水量交换过程，如引水灌溉、抽水灌溉等。因此HEIFLOW模型要处理好不同储水单元之间的水力联系。其中土壤带等地表部分与河流、湖泊的关系比较容易处理；河流、湖泊与地下水的交换由MODFLOW模拟；比较难处理的是土壤带与地下含水层之间的水量交换。当PRMS计算出某一时段内土壤的下渗量，即图3-2中的重力排水（gravity drainage），并将其传递给MODFLOW作为该时段内地下水的补给量时，如果这个补给量不能在该时段内完全入渗到地下含水层，需要PRMS重新调整下渗量计算结果。为解决上述问题，HEIFLOW沿用了GSFLOW的设计，通过迭代计算的方式来调整土壤带的下渗量，直到满足地下含水层的入渗条件，实现对PRMS和MODFLOW的耦合。

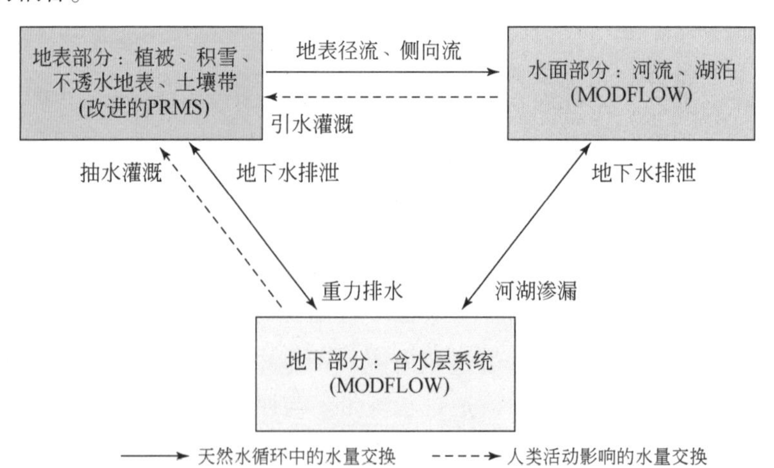


图3-2　HEIFLOW模型水循环中地表部分、水面部分和地下部分之间的水量交换

### 3.2.2 植被生长过程

在植被生长过程中，生物量、LAI、根系深度、株高等生理特征具有明显的动态变化。植被生长过程受温度、光照、土壤水分、营养盐等多种环境因子的胁迫，其中土壤水分是水循环过程的关键状态变量。另外，植被通过蒸腾作用和林冠截留作用直接影响水循环，并通过改变土壤条件间接影响入渗、产汇流等环节。HEIFLOW 现有两个生态模块用于模拟植被生长过程。其一是参考 EPIC 开发的通用生态模块 GEHM；其二是以胡杨林为代表性植被开发的荒漠植被生态模块 PEM。GEHM 模块拥有模拟不同类型植被（包括一年生植物或多年生植物、草本植物或木本植物、天然植被或人工植被等）生长过程的一般性框架；而 PEM 作为一个专用模块，考虑了胡杨的物候特征，引入光合作用-气孔导度模型，可模拟胡杨的冠层生理过程和碳同化作用。GEHM 和 PEM 均模拟土壤水分（包括浅层地下水）对植物生长的胁迫，并输出植被蒸散发、生物量、LAI 等主要特征变量。GEHM 和 PEM 与 HEIFLOW 水循环计算的耦合主要发生在土壤带和地下含水层的上层。土壤水分的模拟是生态水文耦合模拟的核心。为提高土壤水分模拟精度，HEIFLOW 将土壤带分为多层，刻画不同深度的土壤蒸发和植被根系吸水行为，从而更加准确地模拟植被生长。同时，为更好地描述干旱半干旱区斑块状的稀疏植被空间格局，HEIFLOW 将每个陆面水文响应单元（hydrologic response units，HRU）进一步细分为植被和裸地两部分进行亚网格尺度的土壤水模拟。

### 3.2.3 水资源利用过程

水资源利用过程通常可分为取水、用水、排水三个环节。HEIFLOW 所刻画的取水过程包括地表（河流、湖泊）引水和地下水开采，用水过程包括农业用水（即灌溉）和工业、生活、服务业用水。农业排水即灌溉回归水（irrigation return flow），可以通过管网排水、渠系退水、入渗、坡面漫流等方式回归河网或地下水。HEIFLOW 暂未单独考虑工业、生活、服务业的排水过程，而是将总用水量中实际消耗的部分作为取水量。这一简化处理基于两方面考虑：其一，工业、生活、服务业的取水和排水关系较为稳定；其二，内陆干旱半干旱区人口较为稀疏，城市化水平相对较低，工业、生活、服务业的排水过程对于流域水循环的影响相对较小。

HEIFLOW 中的水资源利用与管理模块 WRA 可以模拟农业灌溉中的地表引水、地下水开采和农田施灌过程，灌溉用水在灌渠输运中的蒸发和渗漏损失，以及工业、生活、服务业用水过程。在 WRA 模块中，用水单元可以是一个农业灌区，也可以是一个工业园区或居民社区。WRA 模块的输入是根据各用水单元的用水需求。为模拟人类社会在不同约束条件（如生态流量、地下水位等）、管理情景（如黑河流域“97”分水方案）下的用水行为，WRA 模块提供了一种具有一般性的水资源配置网络定义方法。在配置网络中，河流、湖泊、灌渠、抽水井、用水单元等根据实际的水力联系连接在一起。基于此配置网络，在 HEIFLOW 模拟过程中，WRA 模块将根据模拟的水资源条件自动向各个用水单元配水。这一功能在很大程度上简化了长时间序列模拟时（尤其是未来情景模拟时）水资源利用有关输入的准备工作。HEIFLOW 还开发了基于 ABM 的水资源利用与管理模块。ABM 模块包含水资源管理机构（包括流域级和灌区级管理机构）和农户两类主体，并分别描述了每类主体的属性和决策机制。其中，水资源管理机构可以通过在不同时间和地区实施不同的水资源管理政策（如水资源费、地下水位限制等）来约束其农户的地表水和地下水使用量。该模块采用经济优化的方法模拟不同水资源管理政策下农户的用水行为（表现为地表水和地下水用水量）。

## 3.3 空间离散方式

HEIFLOW 是一个三维分布式模型，通过水平网格剖分和垂向分层来精细表征流域属性与流域过程的空间异质性。在 HEIFLOW 中，建模区域在水平方向上被划分成一系列规则的网格。在纵向上，模型首先将建模区域划分为地表、地下两大部分，其中地表部分是指从植被冠层到 HEIFLOW 定义的土壤带底部的空间范围，而地下部分是指土壤带以下的非饱和带和饱和带。HEIFLOW 将地表部分的网格空间定义为 HRU，并按一定的顺序规则进行编号。HRU 有两种类型，陆面 HRU 和湖泊 HRU，其中陆面 HRU 的土壤带分为多层，且各层厚度可设为不同。湖泊 HRU 仅考虑湖泊的水平衡过程，不考虑陆地水循环过程和植被生态过程。HEIFLOW 将地下部分的每个网格在纵向上进一步分层，每个地下水单元（groundwater cell）根据行数、列数和层数进行编号。地下水单元有活动单元（active cell）和不活动单元（inactive cell）两类，一般将流域内的地下水单元设置为活动单元，流域外的设置为不活动单元，后者在地下水模拟中可忽略。图 3-3 展示了一个流域划分的例子：地表部分含 23 个 HRU，地下部分剖分为 5 行、6 列、4 层，共计 120 个地下水单元。

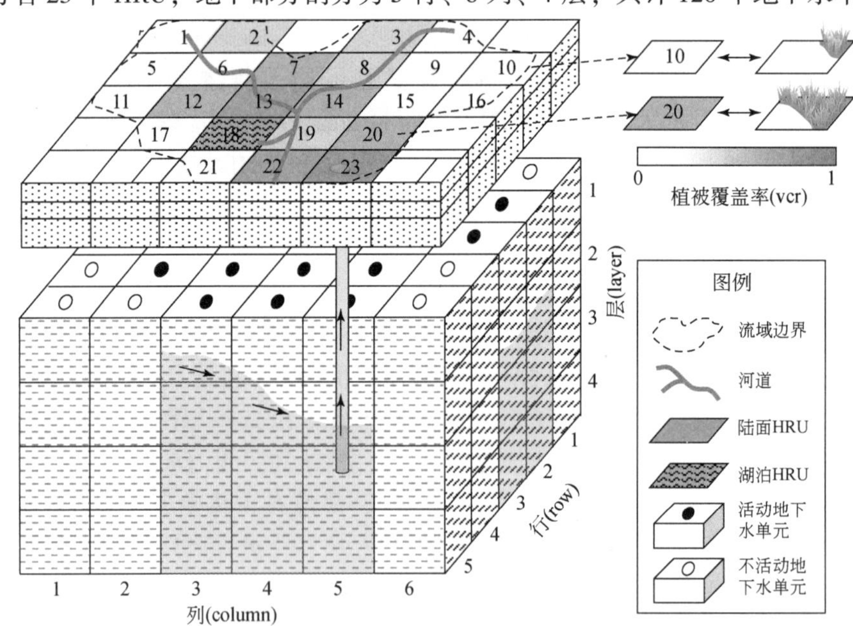


图 3-3　HEIFLOW 模型空间划分概念图

资料来源：Han 等（2021）

HEIFLOW 空间离散方式的一大特色是采用特殊的亚网格结构设计。每个陆面 HRU 进一步细分为植被部分（vegetated part）和裸地部分（bare part）。HEIFLOW 分别模拟这两部分的产流过程、土壤水过程以及植被生长过程。HEIFLOW 通过这种亚网格结构来合理表征干旱半干旱地区强烈的植被空间异质性（通常表现为稀疏的斑块状植被空间格局），并引入植被覆盖率（vegetation coverage ration，vcr）这一参数来量化 HRU 的植被部分面积（图 3-3）。基于 HEIFLOW 的动态土地利用更新功能，vcr 可在不同模拟期内取不同的值，以体现植被的动态变化过程。利用地表高程信息，可确定相邻 HRU 的上下游关系，上游 HRU 的地表径流和壤中流将汇入其下游 HRU。在 HEIFLOW 中，一个 HRU 可以有多个上游 HRU，也可以有多个下游 HRU。

陆面 HRU 的地表径流和壤中流除汇入下游 HRU 外，还可汇入该 HRU 内的河段（如果存在）。在 HEIFLOW 中，流域内的河网首先根据汇流关系划分成若干河道（Segment），每个河道根据其跨越的地下水单元（或 HRU）又进一步被分割成多个河段（Reach）。每个河段对应一个地下水单元，而同一个地下水单元可以对应多个河段。河段是河流水动力模拟的基本计算单位。图 3-4 展示了一个河网划分的例子，其中，河网被划分成 3 个河道（由不同颜色代表），每个河道又分成 2 ~ 3 个河段，并按上下游关系顺序编号（见图 3-4 中括号内数字）。例如，图 3-4 中（1，3）表示第 1 个河道的第 3 个河段。

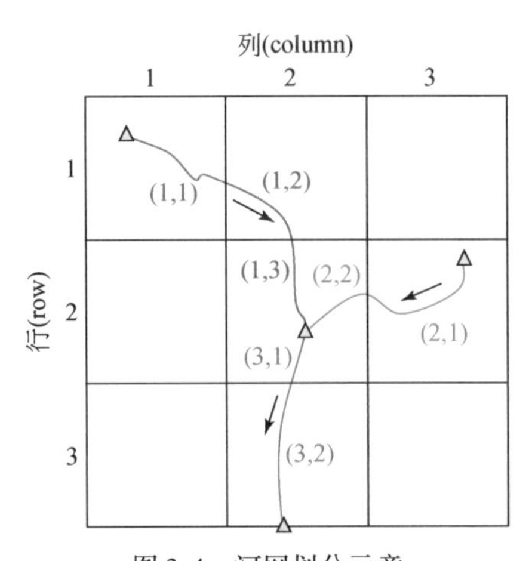


图 3-4　河网划分示意

资料来源：Markstrom 等（2008）

在原始的 GSFLOW 中，每个 HRU 的土壤带纵向上仅为一层，且土壤介质的孔隙可分解为三个储水单元［图 3-5（a）］：毛管库（capillary reservoir，CPR）、重力库（gravity reservoir，GVR）和优先库（preferential-flow reservoir，PFR）。GSFLOW 模型通过凋萎点、田间持水量、优先库阈值和饱和含水量将土壤水分割到三个储水单元［图 3-5（b）］。需要注意的是，毛管库、重力库和优先库与水文学中毛管水、重力水和优先流的物理意义并不完全一致，是一种概化的表征方式。如图 3-5（b）所示，毛管库用以表征靠近土壤颗粒的土壤水体积，该部分水因毛管力被土壤颗粒吸持，不能在重力作用下自由流动；重力库是指毛管库之外的一部分土壤水体积，该部分水可在重力作用下缓慢自由流动；优先库是指孔隙中心处的土壤水体积，该部分水的流动速度比重力库中的水更快。重力库和优先库中的水均可横向流动（即侧向流），但仅重力库中的水可发生垂向移动。优先库的横向流动速度比重力库大得多，故优先库的侧向流被称称为快速侧流，重力库的侧向流被称为慢速侧流。蒸散发过程仅发生在毛管库，重力库和优先库的水可对毛管库进行补充。HEIFLOW 沿用了 GSFLOW 的储水单元概化方式，对每个 HRU 的不同亚网格部分（植被或裸地）分层模拟土壤的毛管库、重力库和优先库［图 3-5（c）］。

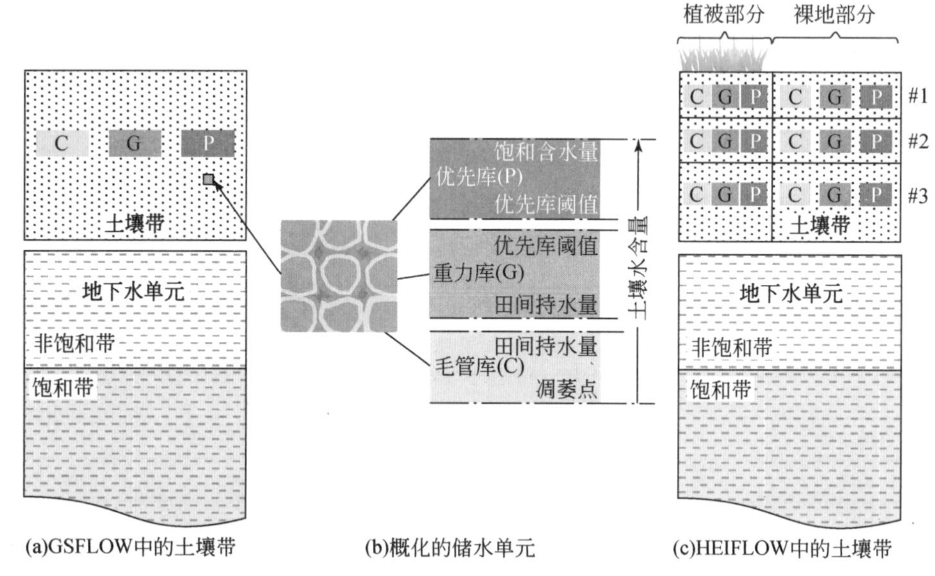


图 3-5　GSFLOW 和 HEIFLOW 中概化的土壤带储水单元设计

C、G、P 分别表示 CPR、GVR 和 PFR

资料来源：Han 等（2021）

# 第 4 章　地表水–地下水耦合模拟

## 4.1　地表水文过程模拟

### 4.1.1　气象驱动数据

HEIFLOW 所需的气象驱动数据包括日降水量、最高和最低气温、风速、相对湿度及太阳辐射。太阳辐射为可选输入，既可直接输入实测数据，也可由 HEIFLOW 自动生成。HEIFLOW 沿用了 GSFLOW 中估算太阳辐射的方法，即首先估算每个 HRU 每日的最大太阳辐射量，并基于降水量或气温来估算当天的实际辐射量。具体方法可见 GSFLOW 模型手册（Markstrom et al.，2008）。

HEIFLOW 中的降水可以有三种形态，即雨、雪或雨夹雪。降水形态对于积雪、融雪、入渗和产流的准确模拟十分重要。HEIFLOW 根据气温自动判断每个 HRU 每日的降水形态。对于一个 HRU，若某日的最高气温（tmax）低于一个设定温度（tmax_allsnow），则该日的降水将被判断为雪；若某日的最低气温（tmin）高于 tmax_allsnow 或者最高气温高于另一个设定温度（tmax_allrain），则该日的降水将被判断为雨；若某日的最低气温低于 tmax_allsnow 而最高气温在 tmax_allsnow 和 tmax_allrain 之间，则该日的降水将被判断为雨夹雪。若降水被判断为雨夹雪，则雨所占的比例可通过式（4-1）估算（Markstrom et al.，2008）：

$$\text{Frain}=\left(\frac{\text{tmax}-\text{tmax\_allsnow}}{\text{tmax}-\text{tmin}}\right)\cdot \text{adjmix\_rain}_{\text{mon}} \tag{4-1}$$

式中，$\text{adjmix_rain}_{\text{mon}}$是一个调整系数，默认值为 1。

### 4.1.2　蒸散发

#### 1. 潜在蒸散发

HEIFLOW 的蒸散发计算包括潜在蒸散发计算和实际蒸散发计算两个部分。准确估算潜在蒸散发是计算实际蒸散发的关键。与太阳辐射相同，HEIFLOW 中的潜在蒸散发可由外部输入，也可由 HEIFLOW 自身估算。HEIFLOW 采用 P-M 方法估算每个 HRU 逐日的潜在蒸散发。P-M 方法需要的气象资料包括每日的气温、风速、相对湿度和太阳辐射，其计算公式如下（Neitsch et al., 2011）：

$$\mathrm{PET}_{\mathrm{HRU}}=\frac{\Delta\cdot H_{\mathrm{net}}+\gamma\cdot(1710-6.85\cdot T_{\mathrm{av}})\cdot[e_z^{\mathrm{o}}-e_z]/r_{\mathrm{a}}}{L[\Delta+\gamma\cdot(1+r_{\mathrm{c}}/r_{\mathrm{a}})]} \tag{4-2}$$

式中，$\mathrm{PET}_{\mathrm{HRU}}$为某日 HRU 的潜在蒸散发（mm）；$\Delta$ 为饱和水汽压斜率（kPa/℃）；$H_{\mathrm{net}}$为净辐射量（MJ/m²）；$\gamma$ 为湿度计算常数（kPa/℃）；$T_{\mathrm{av}}$为平均气温（℃）；$e_z^{\mathrm{o}}$为地面上高 $z$ 处空气的饱和蒸汽压（kPa）；$e_z$为地面上高 $z$ 处空气的水汽压（kPa）；$r_{\mathrm{a}}$为大气边界层阻抗（s/m）；$L$ 为汽化潜热（MJ/kg）；$r_{\mathrm{c}}$为植被冠层阻抗（s/m）。

饱和蒸汽压 $e_z^{\mathrm{o}}$估算方法为

$$e_z^{\mathrm{o}}=\exp\left(\frac{16.78\cdot T_z-116.9}{T_z+237.3}\right) \tag{4-3}$$

式中，$T_z$为地面上高 $z$ 处的平均气温（℃）。

水汽压 $e_z$估算方法为

$$e_z=R_h\cdot e_z^{\mathrm{o}} \tag{4-4}$$

式中，$R_h$为相对湿度。

饱和水汽压斜率 $\Delta$ 估算方法为

$$\Delta=\frac{4098\cdot e_z^{\mathrm{o}}}{(T_z+237.3)^2} \tag{4-5}$$

汽化潜热 $L$ 估算方法为

$$L=2.501-2.361\times10^{-3}\cdot T_{\mathrm{av}} \tag{4-6}$$

式中，$T_{\mathrm{av}}$为平均气温（℃）。

湿度计算常数 $\gamma$ 估算方法为

$$\gamma=\frac{1.013\times10^{-3}\cdot \mathrm{Press}}{0.622\cdot L} \tag{4-7}$$

式中，Press 为大气压（kPa）。

大气边界层阻抗 $r_{\mathrm{a}}$估算方法为

$$r_{\mathrm{a}}=114\Big/\left[\mathrm{Wnd}\cdot\left(\frac{170}{1000}\right)^2\right] \tag{4-8}$$

式中，Wnd 为地面上高 10 m 处的风速（m/s）；式（4-8）分母为估算的地面上高 1.7 m 处风速。

HEIFLOW 以株高为 40 cm 的苜蓿（Alfalfa）为参考植被。苜蓿的 LAI 取 4.1（Neitsch et al., 2011），其植被冠层阻力 $r_{\mathrm{c}}$估算方法为

$$r_{\mathrm{c}}=49\Big/\left(1.4-0.4\frac{\mathrm{CO_2}}{330}\right) \tag{4-9}$$

式中，$CO_2$为空气中的二氧化碳浓度（ppm，即体积的百万分之一）。

根据式（4-2）所估算的潜在蒸散发还需进一步分解为潜在蒸发和潜在散发两部分。对于 HRU 的裸地部分，其潜在蒸发（$\mathrm{PE}_{\mathrm{bare}}$）等于所估算的潜在蒸散发，而潜在散发（$\mathrm{PT}_{\mathrm{bare}}$）则为 0。对于 HRU 的植被部分，其潜在蒸发（$\mathrm{PE}_{\mathrm{veg}}$）和潜在散发（$\mathrm{PT}_{\mathrm{veg}}$）根据最大潜在蒸发量（$\mathrm{PE}_0$）和最大潜在散发量（$\mathrm{PT}_0$）估算得到。最大潜在蒸发量 $\mathrm{PE}_0$估算方

法如下：

$$PE_0 = PET_{HRU} \cdot cov_{sol} \tag{4-10}$$

式中，$cov_{sol}$为土壤裸露因子，计算方法为

$$cov_{sol} = \exp(-5.0\times10^{-5} \cdot CV) \tag{4-11}$$

其中，CV 为该 HRU 植被部分的地表生物量（$kg/hm^2$）。

最大潜在散发量 $PT_0$估算方法如下：

$$PT_0 = \begin{cases} \dfrac{PET_{HRU} \cdot LAI_{veg}}{3.0} & 0 \leqslant LAI_{veg} \leqslant 3.0 \\ PET_{HRU} & LAI_{veg} > 3.0 \end{cases} \tag{4-12}$$

式中，$LAI_{veg}$为该 HRU 植被部分的叶面积指数。

估算得到 $PE_0$和 $PT_0$后，HRU 植被部分的潜在蒸发量 $PE_{veg}$可通过式（4-13）计算：

$$PE_{veg} = \min\left(PE_0,\ \frac{PE_0}{PE_0+PT_0} \cdot PET_{HRU}\right) \tag{4-13}$$

而潜在散发量则为 $PT_{veg} = PET_{HRU} - PE_{veg}$。

## 2. 实际蒸散发

在 HEIFLOW 中，陆面 HRU 上的实际蒸散发包括冠层截留蒸发、积雪升华、不透水地表蒸发、土壤水的蒸发和散发（即植物蒸腾）、地下水的蒸发和散发（即植物蒸腾）等多种形式。其中地下水的蒸散发属于地下水过程，相关计算方法会在 4.2 节介绍。HEIFLOW 分别计算 HRU 植被部分和裸地部分的实际蒸散发。

HEIFLOW 首先计算冠层截留蒸发（$E_{intcpt}$）。实际截留蒸发量计算相对简单，取潜在蒸发量和当前的冠层截留水量的最小值。裸地部分由于没有植被，其冠层截留蒸发量为 0。计算完成后，须更新潜在蒸发量（如 $PE_{veg} = PE_{veg} - E_{intcpt}$）。

其次计算积雪升华量（$E_{snow}$）。计算前，须先估算积雪的最大升华量：

$$PE_{snow} = dfsub_{HRU} \cdot PET_{HRU} \cdot Snow_{area} - E_{intcpt} \tag{4-14}$$

式中，$PE_{snow}$为积雪的最大升华量（mm）；$dfsub_{HRU}$为一个比例系数，默认值为 0.5；$Snow_{area}$为雪盖比例。若 $PE_{snow}$小于 0，则令其等于 0。实际升华量取 $PE_{snow}$和当前积雪等效水量的最小值。计算完成后，须更新潜在蒸发量（如 $PE_{veg} = PE_{veg} - E_{snow}$）。

再次计算不透水地表蒸发量（$E_{imperv}$）。计算方法与上面类似，实际不透水蒸发量取当前潜在蒸发量和不透水地表蓄水量的最小值。计算完成后，须更新潜在蒸发量（如 $PE_{veg} = PE_{veg} - E_{imperv}$）。

最后计算土壤水的实际蒸散发。在 HEIFLOW 中，HRU 的裸地部分只计算土壤蒸发，植被部分则同时计算土壤蒸发和植被蒸腾。下面以植被部分为例，介绍具体的计算方法。计算实际蒸散发之前，先要将潜在蒸发（$PE_{veg}$）和潜在散发（$PT_{veg}$）分配到不同的土壤层。HEIFLOW 借鉴了 SWAT 模型中的经验公式（Neitsch et al.，2011）来分配不同深度土层的潜在蒸发量：

$$ED(z) = PE_{veg} \cdot \frac{z}{z+\exp(2.374-0.00713 \cdot z)} \tag{4-15}$$

式中，$ED(z)$ 为分配给从土壤表面到深度 $z$(mm) 处之间土壤层的潜在蒸发量。式（4-15）中的系数保证将 50% 的潜在蒸发分配给 0～10 mm 的土壤表层，并且将 95% 的潜在蒸发分配给 0～100 mm 的土层。

因此，第 ly 层土壤分配的潜在蒸发量可以通过式（4-16）确定：

$$PE_{veg,ly}=ED(z_{ly,lower})-ED(z_{ly,upper}) \tag{4-16}$$

式中，$z_{ly,lower}$ 和 $z_{ly,upper}$ 分别为该土层的下边界和上边界。

在上述公式的基础上，HEIFLOW 参考 SWAT 模型引入了一个系数来调整潜在蒸发量在不同土层间的分配。调整后的公式如下（Neitsch et al.，2011）：

$$PE'_{veg,ly}=ED(z_{ly,lower})-ED(z_{ly,upper})\cdot esco \tag{4-17}$$

式中，esco 为土壤蒸发调节系数，是一个 0～1 的数，默认值为 1。随 esco 的减小，分配给深层土壤的潜在蒸发量变大，这就使得深层土壤拥有更大的蒸发潜力。

在 HEIFLOW 中，若某一层土壤的毛管库没有被充满（即土壤含水量低于田间持水量），其潜在蒸发量进行如下调整：

$$PE''_{veg,ly}=PE'_{veg,ly}\cdot \exp\left[\frac{-2.5\cdot(CPR_{max,ly}-CPR_{veg,ly})}{CPR_{max,ly}}\right] \tag{4-18}$$

式中，$CPR_{max,ly}$ 为第 ly 层毛管库的最大蓄水量（mm）；$CPR_{veg,ly}$ 为植被部分第 ly 层毛管库中的水量（mm）。

HEIFLOW 借鉴 SWAT 模型，通过式（4-19）分配不同深度土层的潜在散发量（Neitsch et al.，2011）：

$$TD(z)=\frac{PT_{veg}}{1-\exp(-\beta)}\cdot\left[1-\exp\left(-\beta\frac{z}{z_{root}}\right)\right] \tag{4-19}$$

式中，$\beta$ 为植物吸水分布系数，默认值为 10；$z_{root}$ 为根系深度（mm）。

因此，第 ly 层土壤分配的潜在散发量可以通过式（4-20）确定：

$$PT_{veg,ly}=TD(z_{ly,lower})-TD(z_{ly,upper}) \tag{4-20}$$

若上层土壤没有完全满足植物蒸腾需水，则未满足的潜在散发也会流转给下层土壤。HEIFLOW 参考 SWAT 模型引入了一个系数来实现未被满足的潜在散发量在层间流转。调整后第 ly 层土壤的潜在散发量计算公式如下（Neitsch et al.，2011）：

$$PT'_{veg,ly}=PT_{veg,ly}+PT_{demand}\cdot epco \tag{4-21}$$

式中，$PT_{demand}$ 为上层土壤中未被满足的植物蒸腾需水量（mm）；epco 为植物蒸腾修正系数。

当土壤含水量低于田间持水量时，将其潜在散发量进行如下调整：

$$PT''_{veg,ly}=PT'_{veg,ly}\cdot \exp\left[5\cdot\left(\frac{CPR_{veg,ly}}{0.25\cdot CPR_{max,ly}}-1\right)\right] \tag{4-22}$$

SWAT 模型在计算实际土壤水蒸散发时，会先计算蒸发后计算散发。这种做法会使得计算出的蒸发量和散发量分别存在高估和低估现象。HEIFLOW 同时计算每一层土壤的实际蒸发和实际散发。具体方法是：若 $PE''_{veg,ly}+PT''_{veg,ly}\leqslant CPR_{veg,ly}$，则第 ly 层土壤实际的蒸发量（$E_{veg,ly}$）和散发量（$T_{veg,ly}$）为其潜在蒸发和潜在散发；若 $PE''_{veg,ly}+PT''_{veg,ly}>CPR_{veg,ly}$，则第 ly 层土壤实际的蒸发量和散发量通过式（4-23）计算：

$$\begin{cases} E_{\text{veg,ly}} = \text{CPR}_{\text{veg,ly}} \cdot \dfrac{\text{PE}''_{\text{veg,ly}}}{\text{PE}''_{\text{veg,ly}} + \text{PT}''_{\text{veg,ly}}} \\ T_{\text{veg,ly}} = \text{CPR}_{\text{veg,ly}} - E_{\text{veg,ly}} \end{cases} \tag{4-23}$$

裸地部分的土壤水蒸发计算方法与植被部分类似。在 HEIFLOW 中，扣除冠层截留蒸发、积雪升华、不透水地表蒸发和土壤蒸发后的潜在蒸发量可被称为未利用潜在蒸发量，扣除土壤散发后的潜在散发量可被称为未利用潜在散发量。HEIFLOW 将土壤带未利用潜在蒸发量和未利用潜在散发量传递给位于该 HRU 下方的地下水单元，用于计算地下水的蒸散发。相关计算方法将在 4.2 节中介绍。

### 4.1.3 积雪

HEIFLOW 沿用了 PRMS（Leavesley et al.，1983）中积雪的模拟方法。地表积雪被概化为一个两层的雪堆结构（图 4-1），其中表层雪堆的厚度为 3 ~ 5 cm。模型通过考虑水平衡和热量平衡模拟积雪的动态变化过程，如图 4-1 所示。HEIFLOW 分开模拟每个 HRU 植被部分和裸地部分的积雪过程。两部分所用的数学方程一致，但由于地表属性不同，积雪计算结果不同。下面以植被部分为例进行介绍。

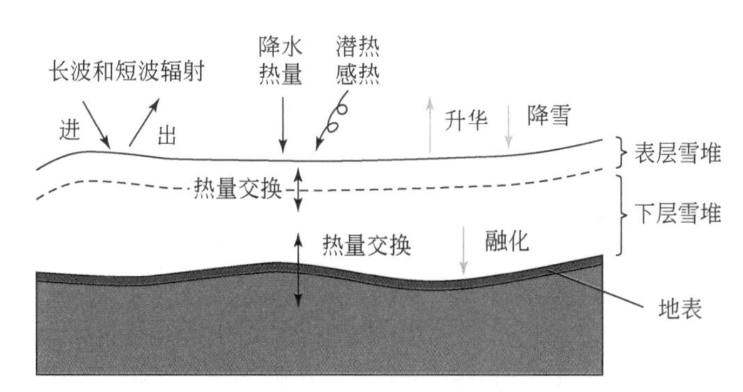


图 4-1　HEIFLOW 模型中的两层雪堆结构

流域内的雪降落到地表会形成雪堆。若地表上已经存在雪堆，新的降水会被加入到雪堆，而雪堆的深度将会被重新计算。雪堆深度通过求解式（4-24）得到：

$$\frac{\text{dDs}_{\text{veg}}}{\text{d}t} + \text{cs}_{\text{HRU}} \text{Ds}_{\text{veg}} = \frac{\text{Ps}_{\text{veg}}}{\rho\text{s}} + \frac{\text{cs}_{\text{HRU}}}{\rho\text{sm}} \text{Dse}_{\text{veg}} \tag{4-24}$$

式中，$\text{Ds}_{\text{veg}}$为植被部分雪堆的深度（inch①）；$\text{cs}_{\text{HRU}}$为一个雪堆的沉降速率常数（1/d）；$\text{Ps}_{\text{veg}}$为植被部分的净降雪速率（inch/d）；ρs 为新的降雪密度与纯水密度的比值；ρsm 为雪堆的最大密度与纯水密度的比值；$\text{Dse}_{\text{veg}}$为雪堆的等效水量（inch）。

模型每天计算两次雪堆的能量平衡，即白天和夜晚。当表层雪堆的温度小于 0 ℃时，

① 1 inch=0.0254 m（下同）。

表层雪堆和下层雪堆会发生热量交换，交换量计算方式如下：

$$Ht_{veg}=2\rho snow_{veg}C_{ice}\sqrt{\frac{ke_{HRU}\Delta t}{\pi\rho snow_{veg}C_{ice}}}\ (T_{surf}-T_{lower})\tag{4-25}$$

式中，$Ht_{veg}$为植被部分雪堆的表层向下层传递的热量（$cal/cm^2$）；$\rho snow_{veg}$为植被部分雪堆的密度（$g/cm^3$）；$C_{ice}$为冰的比热，[cal/(g·℃)]；$ke_{HRU}$为雪堆的有效热导率 [cal/(s·g·℃)]；$\Delta t$ 为计算步长，等于43 200 s（即半天）；$T_{surf}$和$T_{lower}$分别为表层雪堆和下层雪堆的温度（℃）。$ke_{HRU}$可以通过式（4-26）估算：

$$ke_{HRU}=0.0077\cdot\left(\frac{Dse_{veg}}{Ds_{veg}}\right)^2\tag{4-26}$$

当雪堆的表层和下层温度均达到0 ℃时，模型开始计算融雪过程。可用于融雪的能量（$Hm_{veg}$）通过式（4-27）计算：

$$Hm_{veg}=Hs_{veg}+Hl_{veg}+Hc_{veg}+He_{veg}+Hg_{veg}+Hp_{veg}+Hq_{veg}\tag{4-27}$$

式中，$Hs_{veg}$为短波辐射带来的能量（cal）；$Hl_{veg}$为长波辐射带来的能量（cal）；$Hc_{veg}$为空气-积雪界面的感热通量（cal）；$He_{veg}$为潜热通量（cal）；$Hg_{veg}$为地表传递的热量（cal）；$Hp_{veg}$为降水带来的热量（cal）；$Hq_{veg}$为积雪内部相态转化所需能量（cal）。

最终的融雪量（$Vsm_{veg}$）通过式（4-28）计算：

$$Vsm_{veg}=\frac{Hm_{veg}}{HF}Asc_{veg}\tag{4-28}$$

式中，$Vsm_{veg}$单位为acre②·inch；HF为0 ℃时融化1 inch水当量冰的熔化比潜热，取值为203.2 cal/inch；$Asc_{veg}$为植被部分的雪盖面积（acre）。

此外，表层雪堆还会发生升华，计算方法见式（4-14）。

### 4.1.4 地表径流

当融雪发生或产生降水时，HEIFLOW可以模拟霍顿径流（Hortonian runoff）形式的地表径流。HEIFLOW沿用了GSFLOW中的方法计算霍顿径流，并且分开模拟HRU中植被部分和裸地部分的地表径流。HEIFLOW假设所有的不透水地表集中在HRU的裸地部分。对于HRU的裸地部分，HEIFLOW可能需同时模拟不透水地表和透水地表的产流过程。植被部分和裸地部分透水地表的产流计算所用的数学方程一致，但由于土地覆盖类型不同和人类活动影响（植被部分可能存在灌溉），产流计算结果不同。下面以HRU裸地部分为例，分别介绍不透水地表和透水地表的径流计算方法。

1. 不透水地表产流

在不透水地表，当净降水量和融雪量超过一个给定的最大填洼损失量时，就会形成径

① 1 $cal_{mean}$=4.1900 J。

② 1 arce=0.404 685 6 $hm^2$。

流。裸地部分不透水地表霍顿径流的计算方法如下：

$$\mathrm{ROh}_{\mathrm{imperv}}=\begin{cases}C_{\mathrm{imperv}} & C_{\mathrm{imperv}}>0\\ 0 & C_{\mathrm{imperv}}\leqslant 0\end{cases} \tag{4-29}$$

$$C_{\mathrm{imperv}}=D^{0}_{\mathrm{imperv}}+\mathrm{Pnet}_{\mathrm{bare}}+\frac{\mathrm{Vsm}_{\mathrm{bare}}}{A_{\mathrm{bare}}}+\mathrm{ROhup}_{\mathrm{HRU}}-\mathrm{Dimx}_{\mathrm{imperv}} \tag{4-30}$$

式中，$\mathrm{ROh}_{\mathrm{imper}}$为不透水地表的霍顿径流（inch）；$C_{\mathrm{imperv}}$为一个中间变量（inch）；$D^{0}_{\mathrm{imperv}}$为一个计算步长内不透水面积上的初始蓄水量（inch）；$\mathrm{Pnet}_{\mathrm{bare}}$为裸地部分的净降水量（inch）；$\mathrm{Vsm}_{\mathrm{bare}}$为裸地部分的融雪量（acre · inch）；$A_{\mathrm{bare}}$为裸地部分的面积（acre）；$\mathrm{ROhup}_{\mathrm{HRU}}$为上游 HRU 汇入的径流量（inch）；$\mathrm{Dimx}_{\mathrm{imperv}}$为不透水面积的最大蓄水量（inch）。

根据水平衡，不透水地表的蓄水量计算方法如下：

$$D_{\mathrm{imperv}}=D^{0}_{\mathrm{imperv}}+\mathrm{Pnet}_{\mathrm{bare}}+\frac{\mathrm{Vsm}_{\mathrm{bare}}}{A_{\mathrm{bare}}}+\mathrm{ROhup}_{\mathrm{HRU}}-\mathrm{ROh}_{\mathrm{imperv}}-E_{\mathrm{imperv}} \tag{4-31}$$

式中，$E_{\mathrm{imperv}}$为不透水地表的蒸发量，计算方法见 4. 1. 2 节。

### 2. 透水地表产流

透水地表产流计算须先估算产流面积，即降雨量和融雪量超过下渗能力的区域面积。模型提供了两种方式（即线性方法和非线性方法）来估计此产流面积，其中线性方法为（Dickinson and Whiteley，1970；Hewlett and Nutter，1970）：

$$\mathrm{Fperv}_{\mathrm{bare}}=\mathrm{Fmn}_{\mathrm{HRU}}+(\mathrm{Fmx}_{\mathrm{HRU}}-\mathrm{Fmn}_{\mathrm{HRU}})\left(\frac{\sum \mathrm{CPR}_{\mathrm{bare,\ ly}}}{\sum \mathrm{CPR}_{\mathrm{max,\ ly}}}\right) \tag{4-32}$$

式中，$\mathrm{Fperv}_{\mathrm{bare}}$为裸地部分产流面积所占的比例；$\mathrm{Fmn}_{\mathrm{HRU}}$和$\mathrm{Fmx}_{\mathrm{HRU}}$为两个参数，表示产流面积比例的最小值和最大值；$\mathrm{CPR}_{\mathrm{bare,ly}}$为裸地部分第 ly 层土壤毛管库中的水量（inch）；$\mathrm{CPR}_{\mathrm{max,ly}}$为第 ly 层土壤毛管库的最大含水量（inch）。

估算产流面积的非线性方法如下：

$$\mathrm{Fperv}_{\mathrm{bare}}=\begin{cases}\mathrm{C3}_{\mathrm{bare}} & \mathrm{C3}_{\mathrm{bare}}\leqslant \mathrm{Fmx}_{\mathrm{HRU}}\\ \mathrm{Fmx}_{\mathrm{HRU}} & \mathrm{C3}_{\mathrm{bare}}>\mathrm{Fmx}_{\mathrm{HRU}}\end{cases} \tag{4-33}$$

其中，中间变量 $\mathrm{C3}_{\mathrm{bare}}$的计算方法如下：

$$\mathrm{C3}_{\mathrm{bare}}=\mathrm{Smc}_{\mathrm{HRU}}\cdot 10^{\mathrm{Smex}_{\mathrm{HRU}}\cdot \mathrm{Smidx}_{\mathrm{bare}}} \tag{4-34}$$

式中，$\mathrm{Smc}_{\mathrm{HRU}}$为一个线性系数；$\mathrm{Smex}_{\mathrm{HRU}}$为一个非线性系数（1/inch）；$\mathrm{Smidx}_{\mathrm{bare}}$为一个土壤水因子，计算方法如下：

$$\mathrm{Smidx}_{\mathrm{bare}}=\sum \mathrm{CPR}_{\mathrm{bare,\ ly}}+0.5\mathrm{Pnet}_{\mathrm{bare}} \tag{4-35}$$

估算出产流面积后，透水区的霍顿径流通过式（4-36）计算：

$$\mathrm{ROh}_{\mathrm{bare,perv}}=\mathrm{Fperv}_{\mathrm{bare}}(\mathrm{ROhup}_{\mathrm{HRU}}+\mathrm{Pnet}_{\mathrm{bare}}) \tag{4-36}$$

式中，$\mathrm{ROh}_{\mathrm{bare,perv}}$为裸地部分透水地表的霍顿径流量（inch）。

透水地表的下渗量来源于降水、融雪和上游 HRU 汇入的径流量，具体计算方法如下：

$$qsi_{bare,perv}=\begin{cases}C4_{bare}+Pnet_{bare}-ROh_{bare,perv} & C4_{bare}<qsnmx_{HRU}\\ qsnmx_{HRU}+Pnet_{bare} & C4_{bare}\geqslant qsnmx_{HRU}\end{cases} \tag{4-37}$$

式中，$qsi_{bare,perv}$为裸地部分透水地表的入渗量（inch）；$qsnmx_{HRU}$为一个模型参数，表示最大融雪下渗量（inch）；中间变量 $C4_{bare}$的计算方法如下：

$$C4_{bare}=ROhup_{HRU}+\frac{Vsm_{bare}}{A_{bare}} \tag{4-38}$$

3. 汇流

HRU 内植被部分和裸地部分的地表径流将根据水力联系汇入到该 HRU 的河段或下游 HRU。每个 HRU 可以接受上游多个 HRU 的径流汇入，其径流也可以汇入多个下游 HRU 或河段。某 HRU 径流汇入其下游 HRU 的水量计算如下：

$$ROh_{HRU,dwn}=(ROh_{veg,up}+ROh_{bare,up})\ Fcontrib_{HRU,up}\frac{A_{HRU,up}}{A_{HRU,dwn}} \tag{4-39}$$

式中，$ROh_{HRU,dwn}$为下游 HRU 接收的径流量（inch）；$ROh_{veg,up}$和 $ROh_{bare,up}$分别为上游 HRU 植被部分和裸地部分的地表径流量（inch）；$Fcontrib_{HRU,up}$为一个模型参数，表示上游 HRU 的径流中分配给此下游 HRU 的比例；$A_{HRU,up}$和 $A_{HRU,dwn}$分别表示上游 HRU 和下游 HRU 的面积（acre）。

## 4.1.5 土壤水

土壤水计算是 HEIFLOW 水文过程模拟的关键部分，HEIFLOW 对于地表水-地下水交互过程的描述集中体现在这一部分。HEIFLOW 模型分开模拟每个 HRU 植被部分和裸地部分的土壤水过程（先模拟植被部分，然后模拟裸地部分）（Han et al.，2021）。每个部分的土壤水计算可以分成三个步骤：第一步将地下水回归量（MODFLOW 中称为 groundwater discharge）加入到土壤带［图 4-2（a）］；第二步计算土壤水下渗和侧向流［图 4-2（b）］；第三步计算实际蒸散发和补充毛管库［图 4-2（c）］。地下水回归量由 MODFLOW 计算，是指当水头超过地下水单元与土壤带的交界面时从地下水单元进入相邻土壤带的水量。下面以 HRU 的植被部分为例介绍土壤水计算过程，裸地部分计算过程与植被部分类似。

第一步：如果当天发生了地下水回归，首先将地下水回归量加入到最下层土壤的重力库。如果同一层的毛管库没有被充满，则用重力库的水对其进行补充。如果补充完毛管库后重力库中还有多余的水，则将其添加到同一层的优先库。如果优先库被充满，则将多余的水补充到上一层土壤的重力库。通过类似的方法逐层向上计算直至第一层。如果补充完第一层土壤的优先库后还存在多余的水，这部分水会转化成地表径流，即邓恩径流（Dunnian runoff），是 HEIFLOW 对蓄满产流机制的一种表征。

第二步：如果当天存在入渗，将入渗量添加到第一层土壤的重力库中。如果同一层的毛管库没有被充满，则用重力库中的水对其进行补充。然后计算重力库的侧向流（即慢速侧流）和下渗，并将下渗的水量加入到下层土壤的重力库。完成侧向流和下渗计算后，如果重力库中仍有多余的水，则将这部分水加入到同一层的优先库，并计算优先库的侧向流(即快速侧流)。扣除侧向流后，如果优先库的水量超过其最大容量，则将过剩的水加入到邓恩径流。通过类似的方法逐层向下计算直至最下层。为考虑灌溉活动在亚网格尺度的空间差异，如果某 HRU 在一个时间步长内发生了灌溉，则该 HRU 的植被部分将被进一步分为灌溉区和非灌溉区，灌溉水仅添加到灌溉区。分别对灌溉区和非灌溉区执行上述计算[图 4-2 (b)]，然后将计算结果根据面积加权平均获得该 HRU 整个植被部分的结果。这一步计算的各层土壤侧向流加和后被传递到该 HRU 的河段或下游 HRU。最下层土壤的土壤水下渗量则会被传递给对应的地下水单元。由于实际下渗量会受到地下水单元实际条件的影响（如水头、最大下渗能力等），可能只有部分土壤水能入渗到地下水，过剩的水量重新加回到土壤带。

第三步：计算各层土壤的实际蒸散发。对植被部分同时计算蒸发量和散发量，对裸地部分只计算蒸发量。从毛管库中去除蒸发量和散发量后，可由同一层的重力库和优先库对其补充。如前所述，计算完土壤蒸散发后如果存在未利用潜在蒸散发，则将其传递给下方的地下水单元，用于计算非饱和带、饱和带地下水的蒸散发。

第三步中实际蒸散发的计算方法已经在 4. 1. 2 节中介绍。下面具体介绍第一步和第二步中的计算方法。

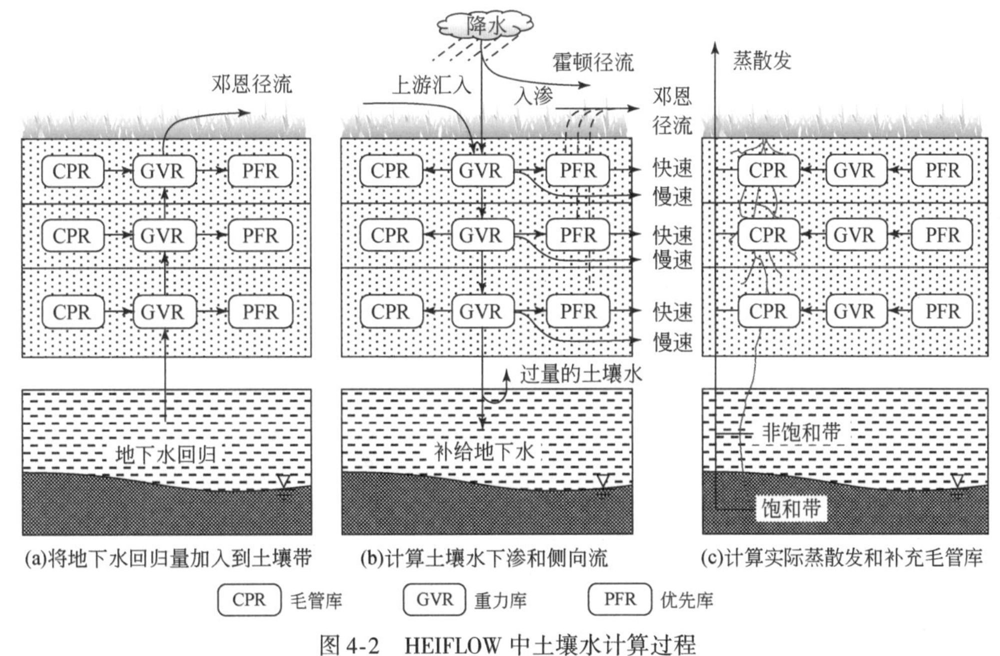


图 4-2　HEIFLOW 中土壤水计算过程

资料来源：Han 等（2021）

## 1. 地下水回归

在计算地下水回归时，假设地下水单元和相连 HRU 土壤带的交界面存在一定程度的起伏（图4-3）。根据 GSFLOW，当地下水单元中的水头超过交界面起伏的最下沿时，开始存在地下水回归。回归量通过式（4-40）计算：

$$Q_{gwdis}=\text{CND}\left[h-(\text{celltop}-0.5\cdot d)\right] \tag{4-40}$$

式中，$h$ 为地下水单元的水头（m）；celltop 为地下水单元顶部（或土壤带底部）的高程（m）；$d$ 为地下水单元和土壤带交界面的起伏程度（m）；$Q_{gwdis}$ 为地下水回归量（$m^3/d$）；CND 为过水断面的导水系数（hydraulic conductance）（$m^2/d$），由式（4-41）计算：

$$\text{CND}=\frac{K_v\cdot A_{cell}}{0.5\cdot \text{cellthk}\cdot d}\left[h-(\text{celltop}-0.5\cdot d)\right] \tag{4-41}$$

其中，$K_v$ 为地下水单元垂直方向的渗透系数（m/d）；$A_{cell}$ 为地下水单元的顶部面积（$m^2$）；cellthk 为地下水单元的厚度（m）。

地下水单元和相连 HRU 面积相同，因此一个时间步长 $\Delta t$（天）内添加到土壤带的地下水回归量为 $Q_{gwdis}\cdot\Delta t/A_{cell}$（m）。

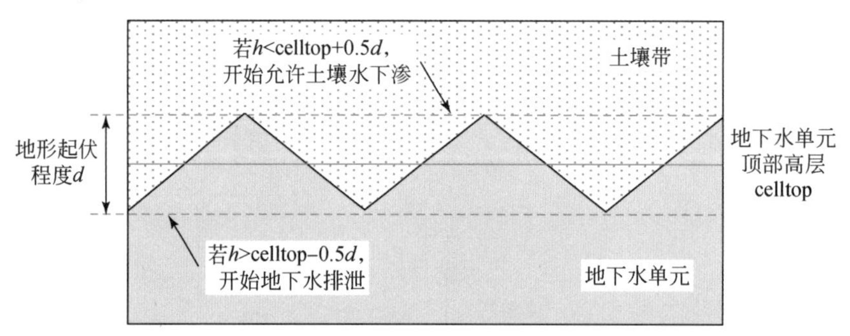


图 4-3　地下水单元和相邻土壤带交界断面的起伏结构

## 2. 土壤水侧流和下渗

HEIFLOW 沿用了 GSFLOW 中计算侧流的方法。根据 GSFLOW，侧流量通过求解式（4-42）得到（Leavesley et al.，1983）：

$$\frac{\mathrm{d}S}{\mathrm{d}t}=Q_{in}-Q_{interflow} \tag{4-42}$$

式中，$S$ 为储水单元（重力库或优先库）的蓄水量（inch）；$Q_{in}$ 为入流速率（inch/d）；$Q_{interflow}$ 为侧流速率（inch/d）。此外，假设 $Q_{interflow}$ 与 $S$ 存在如下关系：

$$Q_{interflow}=\text{flwcoef}_{lin}\cdot S+\text{flwcoef}_{sq}\cdot S^2 \tag{4-43}$$

其中，$\text{flwcoef}_{lin}$ 和 $\text{flwcoef}_{sq}$ 为侧向流的线性响应系数和非线性响应系数。将式（4-43）代入式（4-42）可以得到关于 $S$ 的微分方程，并解得侧流速率：

$$Q_{interflow}=Q_{in}+\frac{\text{cs}}{\Delta t}\cdot\frac{\left(1+\text{flwcoef}_{sq}\cdot\frac{\text{cs}}{\text{cx}}\right)\cdot\left(1-e^{-\text{cx}\Delta t}\right)}{1+\text{flwcoef}_{sq}\cdot\frac{\text{cs}}{\text{cx}}\cdot\left(1-e^{-\text{cx}\Delta t}\right)} \tag{4-44}$$

式中，$\text{cx}=\sqrt{\text{flwcoef}_{lin}^{\ 2}+4\cdot\text{flwcoef}_{sq}\cdot Q_{in}}$，$\text{cs}=S_0-\frac{\text{cx}-\text{flwcoef}_{lin}}{2\cdot\text{flwcoef}_{sq}}$，这里 $S_0$ 为储水单元的初始水量。

如前所述，优先库只存在侧向流（即快速侧流）。在 HEIFLOW 中，快速侧流只需通过式（4-44）计算即可，但重力库同时存在侧向流和向下渗流。在 HEIFLOW 多层土壤结构中，土壤水是逐层向下渗漏的，上一层土壤的渗漏量会作为下一层土壤的入流量，而原始 GSFLOW 无法进行这种逐层渗漏的计算。在 HEIFLOW 中，通过在连续性方程［式（4-42)］右端添加一个下渗速率（$Q_{\mathrm{drain}}$）来计算重力库的侧流和下渗。与侧流类似，假设下渗速率与蓄水量 $S$ 存在如下关系：

$$Q_{\mathrm{drain}}=\mathrm{drncoef}_{\mathrm{lin}}\cdot S+\mathrm{drncoef}_{\mathrm{sq}}\cdot S^2 \tag{4-45}$$

式中，$\mathrm{drncoef}_{\mathrm{lin}}$ 和 $\mathrm{drncoef}_{\mathrm{sq}}$ 为土壤水下渗的线性响应系数和非线性响应系数。此时，重力库的连续性方程可以改写为

$$\begin{aligned}\frac{\mathrm{d}S}{\mathrm{d}t}&=Q_{\mathrm{in}}-Q_{\mathrm{interflow}}-Q_{\mathrm{drain}}\\&=Q_{\mathrm{in}}-(\mathrm{flwcoef}_{\mathrm{lin}}+\mathrm{drncoef}_{\mathrm{lin}})\cdot S-(\mathrm{flwcoef}_{\mathrm{sq}}+\mathrm{drncoef}_{\mathrm{sq}})\cdot S^2\end{aligned} \tag{4-46}$$

式（4-46）与式（4-42）有相同的形式，因此可以通过式（4-44）计算出总的侧流和下渗速率（$Q_{\mathrm{interflow}}+Q_{\mathrm{drain}}$）。为了区分侧流和下渗，HEIFLOW 会计算潜在的侧流和下渗速率。潜在侧流速率是指只存在侧流时的速率，同理，潜在下渗速率是指存在下渗时的速率。实际的侧流和下渗速率根据潜在速率的大小按比例确定。

最下层土壤的下渗量将会被传递给下面的地下水单元。实际上，下渗量还受水头影响。当地下水单元中的水头低于交界面起伏的最上沿时，才允许土壤水下渗（图 4-3）。HEIFLOW 根据地下水单元中的水头对土壤水的下渗量进行如下调整：

$$Q'_{\mathrm{drain}}=\begin{cases}0 & h>\mathrm{celltop}+0.5d\\ \dfrac{\mathrm{celltop}+0.5d-h}{d}\cdot Q_{\mathrm{drain}} & \mathrm{celltop}-0.5d\leqslant h\leqslant \mathrm{celltop}+0.5d\\ Q_{\mathrm{drain}} & h<\mathrm{celltop}-0.5d\end{cases} \tag{4-47}$$

其余的下渗量将被重新加回到土壤带。

### 3. 侧流和下渗参数

HEIFLOW 建模中，只需给定整个土壤带的侧流和下渗参数（即 $\mathrm{flwcoef}_{\mathrm{lin}}$、$\mathrm{flwcoef}_{\mathrm{sq}}$、$\mathrm{drncoef}_{\mathrm{lin}}$ 和 $\mathrm{drncoef}_{\mathrm{sq}}$）即可。土壤分层后，第 ly 层土壤的侧向流线性响应系数和非线性响应系数的确定方法为

$$\begin{cases}\mathrm{flwcoef}_{\mathrm{lin,ly}}=\mathrm{flwcoef}_{\mathrm{lin}}\\ \mathrm{flwcoef}_{\mathrm{sq,ly}}=\mathrm{flwcoef}_{\mathrm{sq}}/p_{\mathrm{ly}}\end{cases} \tag{4-48}$$

式中，$p_{\mathrm{ly}}$ 为第 ly 层土壤的厚度占整个土壤带厚度的比例。这种参数赋值方法能保证在土壤带的入流和初始蓄水量相同的情况下，单层计算和分层计算得到的蓄水量和侧流量是相同的。图 4-4 展示了一个例子，图中 $S_1$ 和 $S_2$ 表示将土壤带分为两层时第一层和第二层土壤的蓄水量，$S$ 表示单层土壤带时的蓄水量。图 4-4（a）和（b）分别表示两种不同的入流情景。可以看出，在这种参数赋值方案下，计算出的两层土壤带的蓄水量与单层土壤带的蓄水量变化规律是一致，这也说明了两者的侧流计算结果是一致的。也就是说，通过式（4-48）确定

的多层土壤的响应系数能保证土壤分层不破坏原有的土壤带侧向流模拟。

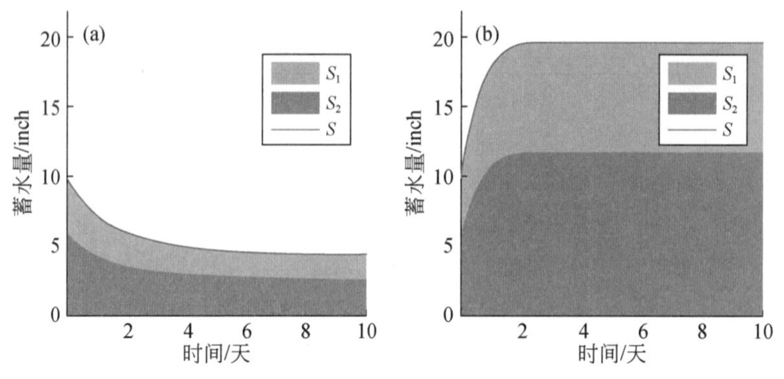


图 4-4　将土壤视为单层和两层时侧流计算结果

（a）储水单元的初始水量 $S_0$ 为 10 inch，入流速率 $q_{in}$ 为 1 inch/d；（b）储水单元的初始水量 $S_0$ 为 10 inch，入流速率 $q_{in}$ 为 20 inch/d

在 HEIFLOW 中，第 ly 层土壤水下渗的线性响应系数和非线性响应系数确定方法为

$$\begin{cases} \mathrm{drncoef}_{\mathrm{lin,ly}} = \mathrm{drncoef}_{\mathrm{lin}} / p_{\mathrm{ly}} \\ \mathrm{drncoef}_{\mathrm{sq,ly}} = \mathrm{drncoef}_{\mathrm{sq}} / p_{\mathrm{ly}}^2 \end{cases} \tag{4-49}$$

这种参数赋值方法能保证在相同的下渗和初始条件下，单层计算和多层计算得到的蓄水量和下渗量在渐进意义上是相同的。图 4-5 展示了一个例子，图中 $S_1$ 和 $S_2$ 表示将土壤带分为两层时第一层和第二层土壤的蓄水量，$S$ 表示单层土壤带时的蓄水量。图 4-5（a）和（b）分别表示两种不同的下渗情景。可以看出，在这种参数赋值方案下，虽然初期存在一定的差别，但计算结果在渐进意义上是相同的。

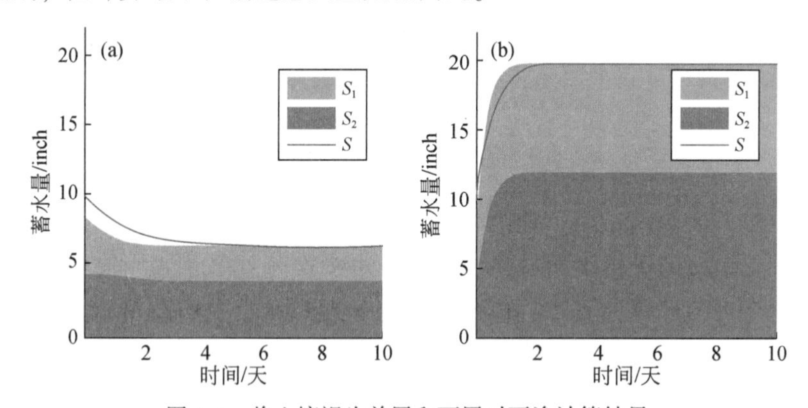


图 4-5　将土壤视为单层和两层时下渗计算结果

（a）储水单元的初始水量 $S_0$ 为 10 inch，下渗速率 $q_{in}$ 为 2 inch/d；（b）储水单元的初始水量 $S_0$ 为 10 inch，下渗速率 $q_{in}$ 为 20 inch/d

## 4. 灌溉区和非灌溉区

在 HEIFLOW 中，为考虑灌溉活动引起的空间差异，在发生灌溉时，HRU 的植被部分

将被进一步被划分为灌溉区和非灌溉区。与 HRU 被分为植被部分和裸地部分不同的是，植被部分和裸地部分的面积是固定的，而灌溉区和非灌溉区面积则随灌溉水量的变化而变化，若某时间步长内没有灌溉，则整个植被部分均为非灌溉区；此外，HEIFLOW 在整个生态水文模拟过程中均考虑了 HRU 植被部分和裸地部分的空间差异，而仅在土壤水模拟的第二步计算中考虑了灌溉区和非灌溉区的空间差异。HEIFLOW 可以通过为每个 HRU 确定一个平均的单次灌溉深度来估算每次灌溉发生时的灌溉区面积，方式如下：

$$\mathrm{Airr}_i^t=\mathrm{Virr}_i^t/\mathrm{hirr}_i\cdot C \tag{4-50}$$

式中，$\mathrm{Airr}_i^t$ 为估算的第 $i$ 个 HRU 第 $t$ 天的灌溉面积（acre）；$\mathrm{Virr}_i^t$ 为第 $i$ 个 HRU 第 $t$ 天的灌水量（$m^3$）；$\mathrm{hirr}_i$ 为第 $i$ 个 HRU 单次灌溉的水量（inch）；$C$ 为单位转换系数。$\mathrm{hirr}_i$ 是一个模型参数，需用户给定。如果式（4-50）估算的 $\mathrm{Airr}_i^t$ 大于第 $i$ 个 HRU 的植被部分面积，则令其等于植被部分面积。

# 4.2 地下水模拟

## 4.2.1 非饱和带

HEIFLOW 模型中，非饱和带的地下水流动过程由 MODFLOW 模拟。模型假设非饱和带的水只能垂直向下流动，其水平方向上的流动可以忽略。流动过程用 Richards 方程的运动波模型来描述（Smith，1983；Niswonger et al.，2006）：

$$\frac{\partial\theta}{\partial t}+\frac{\partial K(\theta)}{\partial z}+i=0 \tag{4-51}$$

式中，$z$ 为垂直方向（m）；$\theta$ 为 $z$ 处的含水量（$m^3/m^3$）；$K(\theta)$ 为垂直方向的渗透系数（m/d）；$i$ 为蒸散发项，即 4.1.2 节中的未利用潜在蒸散发。

MODFLOW 通过特征线法对上述偏微分方程进行求解：

$$\frac{\mathrm{d}z}{\mathrm{d}t}=\frac{\partial K(\theta)}{\partial\theta} \tag{4-52}$$

$$\frac{\mathrm{d}\theta}{\mathrm{d}t}=-i \tag{4-53}$$

式（4-52）给出了非饱和带地下水下渗时的波速；式（4-53）给出了蒸散发导致的土壤含水量的衰减速率。

MODFLOW 采用 Brooks-Corey 非饱和渗透系数方程描述渗透系数和含水量的关系（Brooks and Corey，1966）：

$$K(\theta)=K_s\left[\frac{\theta-\theta_r}{\theta_s-\theta_r}\right]^{\varepsilon} \tag{4-54}$$

式中，$K_s$ 为垂直方向的饱和渗透系数（m/d）；$\theta_r$ 和 $\theta_s$ 分别为残余含水量和饱和含水量（$m^3/m^3$）；$\varepsilon$ 为 Brooks-Corey 指数。

联立式（4-52）和式（4-54），可以得到含水量为 $\theta$ 时的下渗速度：

$$\frac{\mathrm{d}z}{\mathrm{d}t}=\frac{K_s\varepsilon}{\theta_s-\theta_r}\left[\frac{\theta-\theta_r}{\theta_s-\theta_r}\right]^{\varepsilon-1} \tag{4-55}$$

当非饱和带的入渗量增加时，土壤水向下运移时会在非饱和带内形成一个湿润锋（wetting front）（表现为先导波，leading wave，见图 4-6）。由于湿润锋处的含水量不连续，其波速不能由式（4-55）计算。在式（4-52）基础上考虑一个弥散项，可以给出湿润锋的下渗速度：

$$\frac{\mathrm{d}z_f}{\mathrm{d}t}=\frac{K(\theta_{z1})-K(\theta_{z2})}{\theta_{z1}-\theta_{z2}} \tag{4-56}$$

式中，$\theta_{z1}$ 和 $\theta_{z2}$ 分别为湿润锋上面和下面两个点 $z_1$ 和 $z_2$ 处的含水量（图 4-6）。当非饱和带的入渗量减少时，非饱和带上层的含水量会变小，形成一个干燥锋（drying front）（表现为尾波，trailing wave，见图 4-6）。干燥锋上每个点的下渗速度通过式（4-55）计算。

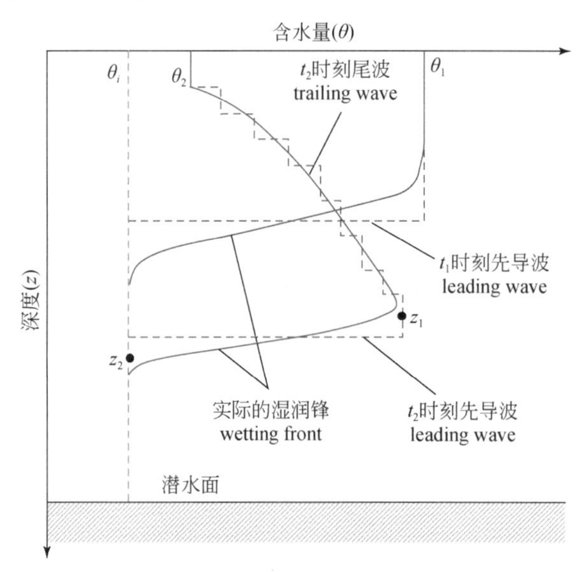


图 4-6 非饱和带的地下水流动

实线为实际下渗中的土壤含水量剖面，虚线为 MODFLOW 模拟的离散的土壤含水量剖面

资料来源：Markstrom 等（2008）

当入渗减少时，先导波可能会被随之产生的尾波追上而产生衰减。然而，当尾波追上先导波时，其解析解会变得非常复杂。MODFLOW 采用了一种简单的方法，即将尾波离散成一系列离散的尾波（图 4-6），并且通过有限差分计算每一段尾波的速度：

$$v(\theta)=\frac{K(\theta)-K(\theta-\Delta\theta)}{\Delta\theta} \tag{4-57}$$

式中，$\Delta\theta$ 为两个相邻尾波的含水量之差。

## 4.2.2 饱和带

MODFLOW 通过式（4-58）描述饱和带的三维地下水流动（Harbaugh，2005）：

$$\frac{\partial}{\partial x}\left(K_{xx}\frac{\partial h}{\partial x}\right)+\frac{\partial}{\partial y}\left(K_{yy}\frac{\partial h}{\partial y}\right)+\frac{\partial}{\partial z}\left(K_{zz}\frac{\partial h}{\partial z}\right)+W=\mathrm{SS}\,\frac{\partial h}{\partial t} \tag{4-58}$$

式中，$K_{xx}$、$K_{yy}$、$K_{zz}$分别为 $x$、$y$、$z$ 三个方向上的饱和渗透系数（m/d）；$h$ 为地下水水头（m）；$W$ 为源汇项（1/d）；SS 为储水系数（specific storage）（1/m）。$K_{xx}$、$K_{yy}$、$K_{zz}$和 SS 为空间分布式参数。源汇项除有空间变异性外，还可以随时间变化。式（4-58）描述了地下水在非均质、各向异性介质下的流动，并且假设渗透系数的主轴方向与坐标系方向（即 $x$、$y$、$z$）重合。式（4-58）及其初始条件、边界条件共同描述了一个完整的地下水系统。除少数非常简单的情况，式（4-58）的解析解无法得到。实际应用中一般采用数值方法来获得近似解。MODFLOW 采用有限差分法进行求解。在求解过程中，连续的空间和时间被划分成一组有限的离散点，这些离散点处的偏导数由水头差分取代。通过这种方式，可以将偏微分方程转化成一个线性的差分方程组。通过求解此方程组可以获得各离散点处的近似解。

如 3.3 节中介绍的，MODFLOW 将地下含水层差分为一系列规则的地下水单元，并且用（$i$，$j$，$k$）表示第 $i$ 行、第 $j$ 列、第 $k$ 层的地下水单元。因此，与（$i$，$j$，$k$）相邻的六个地下水单元分别表示为（$i$–1，$j$，$k$）、（$i$+1，$j$，$k$）、（$i$，$j$–1，$k$）、（$i$，$j$+1，$k$）、（$i$，$j$，$k$–1）和（$i$，$j$，$k$+1）[图 4-7（a）]。MODFLOW 假设地下水在每个单元内均匀分布。每个地下水单元的中心称为结点，相邻单元间的地下水流动即结点间的流动 [图 4-7（b）]。除空间外，MODFLOW 还将时间通过一定的时间步长（$\Delta t$）进行离散。

MODFLOW 中地下水流动的有限差分公式是基于连续性方程推导的，即某段时间内地下水单元的流入等于流出：

$$\sum Q_i = \mathrm{SS}\,\frac{\Delta h}{\Delta t}\Delta V \tag{4-59}$$

式中，$Q_i$为一个时间步长 $\Delta t$ 内流入或流出该计算单元的水量（$\mathrm{m}^3$/d）；$\Delta h$ 为 $\Delta t$ 内的水头变化（m）；$\Delta V$ 为地下水单元的体积（$\mathrm{m}^3$）。

MODFLOW 用 $q_{i,j-1/2,k}$表示单元（$i$，$j$–1，$k$）到单元（$i$，$j$，$k$）的流量 [图 4-7（b）]。根据达西定律，$q_{i,j-1/2,k}$可以通过式（4-60）计算：

$$q_{i,j-1/2,k}=K_{i,j-1/2,k}\Delta c_i \Delta v_k\,\frac{h_{i,j-1,k}-h_{i,j,k}}{\Delta \gamma_{j-1/2}} \tag{4-60}$$

式中，$h_{i,j-1,k}$和 $h_{i,j,k}$为两个地下水单元的水头（m）；$K_{i,j-1/2,k}$为两个单元间的渗透系数（m/d）；$\Delta c_i$、$\Delta \gamma_j$和 $\Delta v_k$分别为单元（$i$，$j$，$k$）的长、宽、高（m）；$\Delta \gamma_{j-1/2}$为两个单元间的结点（即图中的 $C_{j-1}$和 $C_j$）距离。将式（4-60）右端项的常数项进行简化，得到一个系数：

$$C_{i,j-1/2,k}=\frac{K_{i,j-1/2,k}\Delta c_i \Delta v_k}{\Delta \gamma_{j-1/2}} \tag{4-61}$$

此系数表示单元（$i$，$j$–1，$k$）到单元（$i$，$j$，$k$）的导水系数，其物理意义与 4.1.5 节中的 CND 相同。因此，式（4-60）可以简化为

$$q_{i,j-1/2,k}=C_{i,j-1/2,k}\left(h_{i,j-1,k}-h_{i,j,k}\right) \tag{4-62}$$

同理，周围其他 5 个地下水单元流入地下水单元（$i$，$j$，$k$）的流量（即 $q_{i-1/2,j,k}$、

$q_{i+1/2,j,k}$、$q_{i,j+1/2,k}$、$q_{i,j,k-1/2}$和$q_{i,j,k+1/2}$）可以类比式（4-62）给出。

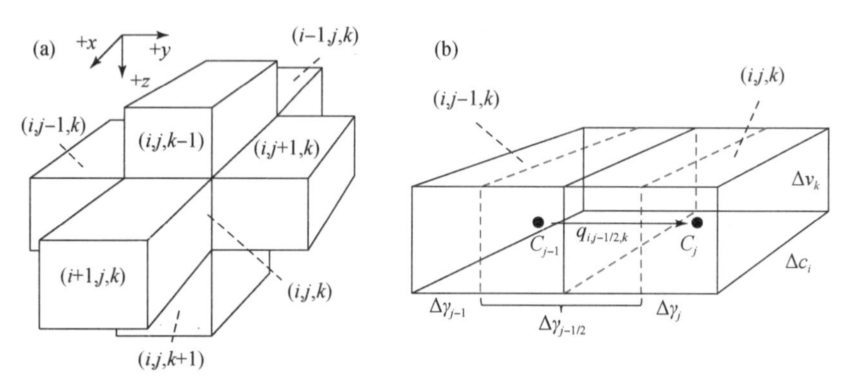


图 4-7　地下水有限差分网格及网格间的流动

资料来源：Harbaugh（2005）

此外，还需考虑源和汇［式（4-58）中的 $W$］的影响，如蒸散发、抽水井、注水井、河流、湖泊等。这些源汇项对地下水的影响可以与水头有关，也可以与水头无关。MODFLOW 通过式（4-63）描述这些源汇项的影响：

$$a_{i,j,k,n}=p_{i,j,k,n}\cdot h_{i,j,k}+q_{i,j,k,n} \tag{4-63}$$

式中，$a_{i,j,k,n}$为第 $n$ 个外部源对地下水单元（$i$，$j$，$k$）的补给量（$m^3/d$）；$p_{i,j,k,n}$和$q_{i,j,k,n}$为常数，单位分别为 $m^2/d$ 和 $m^3/d$。需要说明的是，如果非饱和带蒸发完成后还存在未利用潜在蒸散发（$PE_{sat}$），则根据地下水埋深对未利用潜在蒸散发的剩余部分进行调整，并将调整后的潜在蒸散发加入到对应地下水单元的差分方程。潜在蒸散发的调整方式如下：

$$PE'_{sat}=\begin{cases}PE_{sat}\cdot\dfrac{d_{max}-d}{d_{max}} & d<d_{max}\\ 0 & d\geqslant d_{max}\end{cases} \tag{4-64}$$

式中，$d_{max}$为允许地下水蒸发的最大地下水埋深（m）；$d$ 为地下水单元的实际地下水埋深（m）。

如果地下水单元（$i$，$j$，$k$）有 $N$ 个外部源，其总入流量可以写为

$$\sum_{n=1}^{N}a_{i,j,k,n}=P_{i,j,k}\cdot h_{i,j,k}+Q_{i,j,k} \tag{4-65}$$

式中，$P_{i,j,k}=\sum_{n=1}^{N}p_{i,j,k,n}$，$Q_{i,j,k}=\sum_{n=1}^{N}q_{i,j,k,n}$。

MODFLOW 采样数值上较为稳定的后向差分（backward- difference）格式来近似时间导数：

$$\frac{\Delta h_{i,j,k}}{\Delta t}\cong\frac{h^{m}_{i,j,k}-h^{m-1}_{i,j,k}}{t^{m}-t^{m-1}} \tag{4-66}$$

式中，上标 $m$ 和 $m-1$ 均表示时间步长。

根据式（4-62）、式（4-65）和式（4-66），连续性方程［式（4-59）］可以表达为

$$C_{i,j-1/2,k}(h_{i,j-1,k}-h_{i,j,k})+C_{i,j+1/2,k}(h_{i,j+1,k}-h_{i,j,k})+C_{i-1/2,j,k}(h_{i-1,j,k}-h_{i,j,k})$$
$$+C_{i+1/2,j,k}(h_{i+1,j,k}-h_{i,j,k})+C_{i,j,k-1/2}(h_{i,j,k-1}-h_{i,j,k})+C_{i,j,k+1/2}(h_{i,j,k+1}-h_{i,j,k}) \quad (4\text{-}67)$$
$$+P_{i,j,k}\cdot h_{i,j,k}+Q_{i,j,k}=\mathrm{SS}_{i,j,k}(\Delta\gamma_j\Delta c_i\Delta v_k)\frac{h_{i,j,k}^{m}-h_{i,j,k}^{m-1}}{t^{m}-t^{m-1}}$$

式（4-67）是偏微分方程［式（4-58）］的后向差分方程。在计算某时刻（$t^m$）的地下水时，每个地下水单元均有一个差分方程，从而可以得到一个代数方程组（或称差分方程组），准确求解此代数方程组是模拟地下水过程的关键。该方程组的维度取决于地下水单元个数，地下水单元个数越多，方程组的维度就越高。一般来说，水头的差分方程组不能直接求解，只能通过迭代算法进行求解。MODFLOW 提供了多种算法求解地下水水头的差分方程，如 SIP（strongly implict procedure）、PCG（preconditioned conjugate-gradient）和 DE4（direct solver）等（Harbaugh，2005）。针对不同的模拟问题，不同的算法求解效果也存在差异。

## 4.3 河流和湖泊模拟

### 4.3.1 河流

HEIFLOW 提供了两种方法模拟河流水动力，一种是通过 MODFLOW 的 SFR 程序包（StreamFlow Routing package）模拟，另一种是通过耦合 SWMM 的水动力模块模拟。河段是河流水动力的基本计算单元。每个河段的输入项包括降水、上游来流、地表径流、侧向流、地下水排泄以及人工引水（流入）。输出项包括下游出流、水面蒸发、补给地下水以及人工引水（流出）。

河段的地表径流和侧向流补给均由地表水模型计算，计算公式为

$$Q_{\text{lateral}}=\frac{C_{\text{prms2mf}}}{\Delta t}F_{j,\text{sr}}A_j(\text{ROh}_j+\text{ROd}_j+\text{Dsif}_j+\text{Dfif}_j) \quad (4\text{-}68)$$

式中，$Q_{\text{lateral}}$为该河段的侧流输入（$\text{m}^3/\text{d}$）；$C_{\text{prms2mf}}$为一个从地表水模型（PRMS）到地下水模型（MODFLOW）的单位转换系数；$j$ 为该河段对应的 HRU 的编号；$A_j$为第 $j$ 个 HRU 的面积（acre）；$F_{j,\text{sr}}$为第 $j$ 个 HRU 的侧流中汇入该河段部分所占的比例；$\text{ROh}_j$为第 $j$ 个 HRU 的霍顿径流（inch）；$\text{ROd}_j$为第 $j$ 个 HRU 的邓恩径流（inch）；$\text{Dsif}_j$和 $\text{Dfif}_j$分别为第 $j$ 个 HRU 的慢速侧流和快速侧流（inch）。

当与河段对应的地下水单元的水头高于河段内的水头时，地下水会补给河水，反之则河水补给地下水。MODFLOW 假设河段和地下水单元间的水量交换是均匀的，并通过达西定律估算此交换量。河段内河水和地下水的交换量通过式（4-69）计算：

$$Q_{\text{strleak}}=K_{\text{strbed}}\text{wetper}_{\text{str}}\text{length}_{\text{str}}\frac{h_{\text{str}}-h_{\text{cell}}}{\text{thick}_{\text{strbed}}} \quad (4\text{-}69)$$

式中，$Q_{\text{strleak}}$为河段内河水和地下水的交换量（$\text{m}^3/\text{d}$）；$K_{\text{strbed}}$为河段河床的渗透系数

(m/d); $wetper_{str}$为河段的湿周(m); $length_{str}$为河段长度(m); $thick_{strbed}$为河床厚度; $h_{str}$和$h_{cell}$分别为河段和地下水单元的水头。如果$h_{str}$大于$h_{cell}$，计算出来的$Q_{strleak}$为正，表示此时河水补给地下水；反之则$Q_{strleak}$为负，表示此时地下水补给河水。当$h_{cell}$低于河床底部高程时，河水向地下含水层的渗漏不再取决于地下水单元的水头。此时式(4-69)中的$h_{cell}$需要替换成河床的底部高程(记为$h_{strbot}$)。由于式(4-69)中估算的河水下渗量可能超过实际的可用水量，在每个时间步长的计算中，还需要根据水平衡调整估算出的河水下渗量。例如，如果河段的总入流量为0(河段是干涸的)，则河水下渗量为0；如果河段的总入流量小于估算出的河水下渗量，则河水下渗量将被缩减为总入流量。当发生河水补给地下水时，如果中间有非饱和带，则需要模拟非饱和带的地下水下渗，方法与4.2.1节的方法相同。

MODFLOW提供了两种方法计算河段的出流量。一种方法是根据水平衡确定稳定流下的河段出流量，即

$$Q_{srout}=Q_{srup}+Q_{srin}+Q_{lateral}+Q_{srpp}-Q_{srevp}-Q_{strleak}-Q_{srdvr} \tag{4-70}$$

式中，$Q_{srout}$为河段出流($m^3/d$)；$Q_{srup}$为河段的上游来流($m^3/d$)；$Q_{srin}$为人工引水(流入)($m^3/d$)；$Q_{srpp}$为降水($m^3/d$)；$Q_{srevp}$为水面蒸发($m^3/d$)；$Q_{srdvr}$为人工引水(流出)($m^3/d$)。

另一种方法是用运动波方程近似圣维南方程(Saint-Venant equation)求解矩形渠道内的流动。此运动波方程为

$$\frac{\partial Q_{dwn}}{\partial x}+\frac{\partial A_{dwn}}{\partial t}=q_{str} \tag{4-71}$$

式中，$Q_{dwn}$为河段下游$x$处的流量($m^3/d$)；$x$为距河段上游断面的距离(m)；$A_{dwn}$为河段下游$x$处的截面面积；$q_{str}$为源汇项($m^2/d$)。通过运动波近似，可以得到：

$$\begin{cases}\dfrac{\partial Q_{dwn}}{\partial x}\approx\dfrac{\omega(Q_{dwn}^{m-1}-Q_{up}^{m-1})+(1-\omega)(Q_{dwn}^{m}-Q_{up}^{m})}{\Delta x}\\[2ex]\dfrac{\partial A_{dwn}}{\partial t}\approx\dfrac{(A_{up}^{m}-A_{up}^{m-1})+(A_{dwn}^{m}-A_{dwn}^{m-1})}{2\Delta t}\end{cases} \tag{4-72}$$

其中，上标$m$、$m-1$分别为两个相邻的时间步长；下标up为河段上游对应的物理量；$\omega$为一个时间权重因子，默认为0.5。将其代入式(4-71)可以解出第$m$步的河道流量($Q_{dwn}$)。

在MODFLOW中，河段中部的水深用于确定该河段的水头。河流中部流量通过式(4-73)计算：

$$Q_{mdpt}=Q_{srup}+Q_{srin}+0.5(Q_{lateral}+Q_{srpp}-Q_{srevp}-Q_{strleak})-Q_{srdvr} \tag{4-73}$$

MODFLOW提供了五种方法计算不同流量对应的河水深度。推荐使用基于曼宁方程的方法。根据曼宁方程，流量和水深的关系如下：

$$Q_{mdpt}=\frac{C_u}{n_{str}}A_{str}R_{hydraulic}^{2/3}\mathrm{Slope}^{1/2} \tag{4-74}$$

式中，$C_u$为一个常数项；$n_{str}$为曼宁糙率系数($d/m^{1/3}$)；$A_{str}$为河流断面面积，即湿周与水

深的乘积（$m^2$）；$R_{hydraulic}$为水力半径（m）；Slope 为河道坡度。湿周与水力半径通常是水深的函数。当假设河流断面为矩形时，湿周和水力半径分别近似为河宽和水深。因此通过求解式（4-74）可以得到水深的计算公式：

$$D_{mdpt}=\left(\frac{Q_{mdpt}n_{str}}{C_u w_{str}\mathrm{Slope}^{1/2}}\right)^{3/5} \tag{4-75}$$

式中，$w_{str}$为河宽（m）。其他计算水深的方法详见 Markstrom 等（2008）。

## 4.3.2 湖泊

MODFLOW 通过将地下水单元定义成湖泊单元从而实现对湖泊的表征。湖泊水平衡的输入项包括河流汇入、人工引水（流入）、降水、地表径流、侧向流和地下水补给，输出项包括河道出流、人工引水（流出）、水面蒸发和补给地下水。同河流计算一样，湖泊的地表径流和侧流补给由 4.1 节中介绍的地表水模型计算提供，公式为

$$V_{lake}=C_{prms2mf}\sum_{j=1}^{J}F_{j,\ lake}A_j(\mathrm{ROh}_j+\mathrm{ROd}_j+\mathrm{Dsif}_j+\mathrm{Dfif}_j) \tag{4-76}$$

式中，下标$j=1$，…，$J$为所有有水汇入该湖泊的 HRU 编号；$C_{prms2mf}$为一个从地表水模型到地下水模型的单位转换系数；$F_{j,lake}$为第$j$个 HRU 的侧流中汇入该湖泊部分所占的比例；$\mathrm{ROh}_j$和$\mathrm{ROd}_j$分别为霍顿径流和邓恩径流（inch）；$\mathrm{Dsif}_j$和$\mathrm{Dfif}_j$分别为慢速侧流和快速侧流（inch）。

当湖泊单元与垂直方向上相邻地下水单元存在水头差时，湖水会与地下水发生水量交换。与河流不同的是，湖水不仅可以在垂直方向上与地下水进行水量交换，也可以在水平方向上进行水量交换。

MODFLOW 假设湖泊网格与地下水网格之间存在一层湖床，两者之间的水量交换是水头差和湖床导水系数（leakage conductance）的函数：

$$Q_{lakeleak}=\frac{A_{aq}}{\dfrac{\mathrm{thick}_{lkbed}}{K_{lkbed}}+\dfrac{\mathrm{thick}_{aq}}{K_{aq}}}(h_{lake}-h_{cell}) \tag{4-77}$$

式中，$Q_{lakeleak}$为湖泊向地下水的渗漏速率（$m^3/d$）；$A_{aq}$为湖床面积（$m^2$）；$\mathrm{thick}_{lkbed}$为湖床厚度（m）；$K_{lkbed}$为湖床的渗透系数（m/d）；$\mathrm{thick}_{aq}$为湖床到相邻地下水单元结点的距离（m）；$K_{aq}$为地下水单元的渗透系数；$h_{lake}$和$h_{cell}$分别为湖泊和地下水的水头。同样地，如果$Q_{lakeleak}$是正值，则湖水补给地下水，如果$Q_{lakeleak}$是负值，则地下水补给湖水。当发生湖水补给地下水时，如果中间有非饱和带，则需要模拟非饱和带的地下水下渗，方法与 4.2.1 节的方法相同。

## 4.3.3 耦合 SWMM 的水动力模块

如前所述，HEIFLOW 采用 SFR 来模拟河流水动力过程。SFR 仅提供了运动波算法来

模拟河道演进，无法模拟更为复杂的河道水流过程（如往复流等）。SWMM 提供了非常完善可靠的水动力过程模拟。SWMM 由美国国家环境保护局（Environment Protection Agency，EPA）支持开发，是一个能动态模拟不同降水条件下的产汇流和地表水水质的分布式水文模型。它被广泛用来研究与降水径流相关的各类问题。为增强 HEIFLOW 对河流水动力和水利工程设施的模拟能力，将 SWMM 中的水动力模块耦合至 HEIFLOW。通过耦合 SWMM 和 HEIFLOW，可以充分发挥 HEIFLOW 在水文过程模拟方面的优势以及 SWMM 在模拟人类活动对水资源重分配过程的能力。

1. SWMM 简介

表 4-1 从水动力和水质两方面对比了 SFR 和 SWMM 的特性。两个模型各有优劣：首先，SWMM 采用结点–管道（node-link）的方式来描述河网，这种方式更适合构建具有复杂水力联系的河网。与之相比，SFR 的河网表示要简单得多，尤其是河道引水模拟能力非常欠缺，目前仅允许从每个河段的最后一个单元引水。此外，SFR 无法模拟各类水工建筑的运行。其次，SWMM 提供了更为强大的流量演算功能，能够模拟各类复杂的流态。而 SFR 的流量演算相对简单，无法处理真实河网中复杂的水流运动。

**表 4-1　SFR 与 SWMM 对比**

| 内容 | 功能 | 模型 | |
|---|---|---|---|
| | | SFR | SWMM |
| 水动力 | 流量演算 | 质量守恒或运动波 | 运动波或动力波 |
| | 数值方法 | 隐式有限差分 | 显式有限差分 |
| | 流态 | 恒定流或非恒定流 | 恒定流、非恒定流、逆向流 |
| | 水工建筑模拟 | 无 | 有（泵、堰、闸门等） |
| | 动态控制规则 | 仅允许从河道引水 | 允许在各类水工建筑定义规则 |
| 水质 | 污染物模拟 | 无 | 有 |
| | 水处理 | 无 | 有 |

2. 耦合方法

使用 Microsoft Visual Studio 2013 和 Intel Visual FORTRAN Compilers 11 for Windows 作为开发工具来耦合 HEIFLOW 和 SWMM。HEIFLOW 主要采用 FORTRAN 语言编写，而 SWMM 主要采用 C 语言编写。因此，在耦合时采用了 FORTRAN 与 C 语言混合编程技术。在耦合时，需要处理三方面的问题：一是要处理 SWMM 河网与 HEIFLOW 地下网格的双向水量交换问题；二是允许用户自定义引水过程；三是要协调 HEIFLOW 和 SWMM 不同计算步长问题。

图 4-8 显示了在 HEIFLOW 模型中嵌入 SWMM 水系网络的原理。耦合时，将河网与地下差分网格边界相交的点定义为汇接点（junctions），其他结点类型定义类似于原始 SWMM 定义。HRU 内的坡面流和壤中流由 HEIFLOW 模拟，然后此水量传递至 SWMM 水

网。在耦合模型中，SWMM 的水动力计算引擎替代了 HEIFLOW 中的 SFR 来进行水网内的水流演算。此外，计算每个水网单元与其连接的地下网格的地表水-地下水量交换的算法仍与 SFR 保持一致。

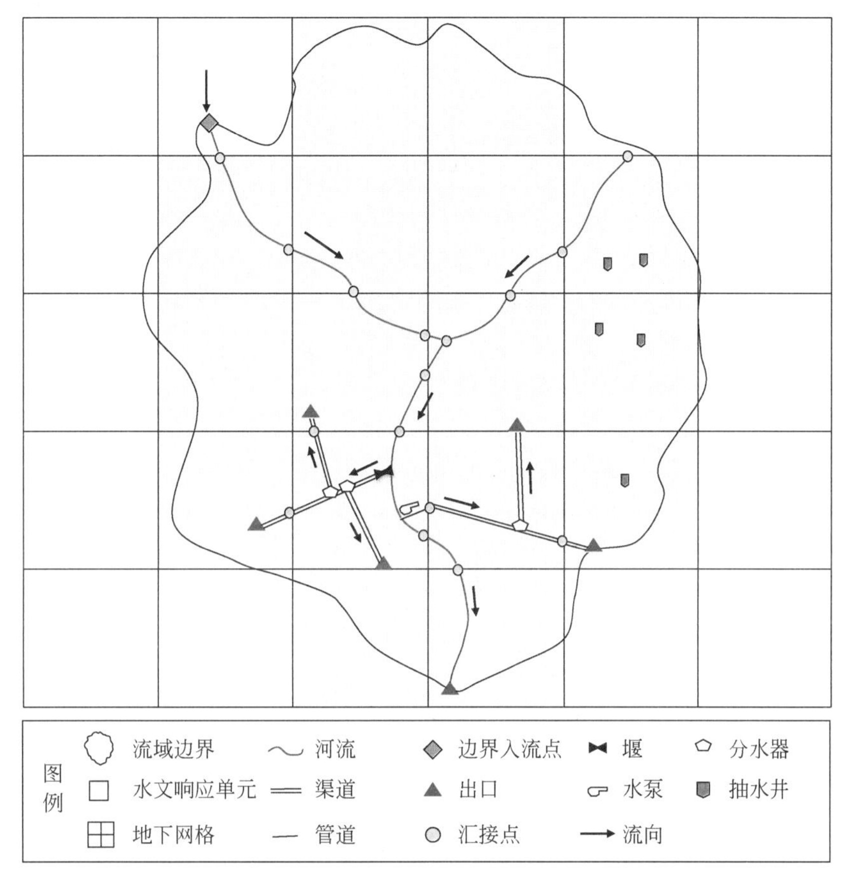


图 4-8　在 HEIFLOW 模型嵌入 SWMM 水系网络的原理

SWMM 采用四种分水设施来模拟从河道内引水［截断式分流器（cutoff divider）、溢流式分流器（overflow divider）、堰式分流器（weir divider）、表格式分流器（tabular divider）］。但是，用户仅能定义引水规则。例如，对堰式分流器来说，引水流量通过预先定义的堰流公式来自动计算引水量。但是 SWMM 不允许用户自定义引水过程。因此，在耦合模型中添加了一种新的分水设施——时刻表分流器（schedule divider），这种设施允许用户自定义引水过程。

在 HEIFLOW 中，运动波的时间步长和河道-含水层水量交换计算时间步长保持一致。而 SWMM 中的动力波演算需要很小的时间步长（通常小于 1 min）。如果采用动力波计算，并采用动力波步长来计算水量交换时，将非常耗时。为降低计算时间，耦合模型允许设定不同的时间步长来计算动力波演算和水量交换。

# 第 5 章　植被生态模拟

HEIFLOW 模型现有两个生态模块模拟植被生长过程，分别为 GEHM（Sun et al., 2018）和 PEM（Li et al., 2017a）。GEHM 是一个通用模块，而 PEM 是针对胡杨开发的，也可用于干旱半干旱地区的其他耐旱植被。在 HEIFLOW 中，每个 HRU 默认选用 GEHM；若某些 HRU 需要用 PEM 模拟，可在输入文件中指定这些 HRU 的编号。GEHM 的模拟时间步长为天，与 HEIFLOW 一致，不需要单独准备气象数据。PEM 的模拟时间步长为小时，需要为相应的 HRU 准备小时尺度的气象数据。本章将分别介绍这两个生态模块的基本原理、与 HEIFLOW 的耦合方法及其在黑河流域的应用。

胡杨是黑河下游最主要的天然乔木树种，株高 12～18 m，抗干旱、防风沙，是涵养绿洲水源、防治沙尘暴、保护地区农牧业生产的天然屏障，具有很高的生态、经济和社会效益。“林随水生”是胡杨空间分布的最大特点，胡杨主要分布在沿河两岸，地下水位高，土壤能受到河流的补给或者可以引水灌溉。对胡杨而言，河流是根本，地下水是命脉。自 1950 年以来，由于中游向下游下泄水量的减少，胡杨林面积从原来的 5 万 $hm^2$ 一度减少到 2.6 万 $hm^2$。而从 2000 年黑河分水方案实施以后，胡杨林面积目前已经恢复到约 2.9 万 $hm^2$。为准确模拟胡杨的气孔行为及其对水碳循环过程的影响，PEM 引入了光合作用-气孔导度模型，并且将水分胁迫因子纳入气孔导度模型，在一定程度上完善了现有模型理论的不足。

## 5.1　通用生态模块

GEHM 参考了经典 EPIC 模型（Sharpley and Williams，1990）对植被生长的数学描述，可以满足大多数植被类型的一般性模拟需求。GEHM 采用统一的数学方程，并通过参数赋值来定义不同的植被类型。GEHM 考虑三种植被类型，即一年生植被、除树木外的多年生植被（以下简称多年生植被）和树木植被。

1）一年生植被的生长周期发生在一年内；在模型中须指定植被每年开始生长和凋亡（或收割）的时间或环境条件；在第二年模拟中，植被的生物量、LAI 等生态指标将从零开始模拟。

2）多年生植被可以多年连续生长；当生长季结束时，植被一般会进入休眠状态，而当第二年气候环境满足生长条件时，再次进入生长期；植被的生态指标在第二年一般不从零开始模拟。

3）树木植被与多年生植被类似，也可以多年连续生长；不同之处在于，GEHM 会记录植被的年龄（即树龄），在树木达到成熟期之前，不同树龄植被的生态指标存在一定的差异。

GEHM 主要模拟植被的四个生态指标，分别为生物量、LAI、株高和根系深度。GEHM 通过这四个生态指标的动态变化体现植被的生长过程。下面具体介绍 GEHM 的模拟方法。

### 5.1.1 累积积温曲线

温度是影响植被生长的首要因素。热单位（heat unit）理论认为每种植被都存在适宜生长的温度范围，只有当温度高于某一最低温度时，植被才会开始生长（Barnard，1948；Phillips，1950；Neitsch et al.，2011）。热单位理论假设植被在生长过程中的热量需求是相对固定的，并且植被生长期内累积获得的热量与其生长过程密切联系。GEHM 通过三个特征温度，即最低温度、最适温度和最高温度，来表征植被生长过程所需的温度环境。其中最低温度也称基础温度。在 GEHM 中，只有当日平均温度高于基础温度时，植被才会生长。某一日的平均温度中超过基础温度的部分被称为该日的有效温度。植被在整个生长期内有效温度的总和被称为有效积温。在 GEHM 中，有效积温是定义植被类型的重要参数，如玉米的有效积温为 1900 ℃。

GEHM 根据式（5-1）和式（5-2）计算有效温度与累积积温分数：

$$\mathrm{HU}_t = \max(T_{\mathrm{av}} - T_{\mathrm{base}}, 0) \tag{5-1}$$

$$\mathrm{fr}_{\mathrm{PHU}}(t) = \sum_{i=t_0}^{t} \mathrm{HU}_i / \mathrm{PHU} \tag{5-2}$$

式中，$\mathrm{HU}_t$为第 $t$ 日的有效温度（℃）；$T_{\mathrm{av}}$为第 $t$ 日的平均温度（℃）；$T_{\mathrm{base}}$为该植被类型的基础温度（℃）；PHU 为该植被类型的有效积温（℃）；$\mathrm{fr}_{\mathrm{PHU}}$为到第 $t$ 日时的累积积温分数，即累积积温与有效积温的比值；$t_0$为植被开始生长的时间。$\mathrm{fr}_{\mathrm{PHU}}$随时间变化的曲线被称为累积积温曲线。累积积温曲线的不同位置代表了植被生长的不同阶段。当$\mathrm{fr}_{\mathrm{PHU}}$比较小时，植被处于生长早期；当$\mathrm{fr}_{\mathrm{PHU}}$趋近于 1 时，植被已经成熟，并且开始凋萎或进入休眠。在 GEHM 中，反映植被生长过程的生物量、LAI 等生态指标的动态变化过程是基于累积积温曲线模拟的。

### 5.1.2 植被生长状态变量

在逐日模拟中，GEHM 首先模拟理想条件下的植被生长过程，然后再纳入温度、水分等胁迫因子的影响进一步模拟植被的实际生长过程。下面分别介绍生物量、LAI、株高和根系深度这四种植物生长状态变量的计算方法。

**（1）生物量**

GEHM 基于能量转化理论估算每日新增的植被生物量。植被叶片截取的光合有效辐射（photosynthetically active radiation）根据 Beer 定律（Monsi and Saeki，1953）计算：

$$H_{\mathrm{phosyn}} = 0.5 \cdot H_{\mathrm{net}} \cdot [1 - \exp(-k_1 \cdot \mathrm{LAI})] \tag{5-3}$$

式中，$H_{\mathrm{phosyn}}$为光合有效辐射（$\mathrm{MJ/m^2}$）；$H_{\mathrm{net}}$为太阳净辐射（$\mathrm{MJ/m^2}$）；$k_1$为消光系数；LAI 为叶面积指数。

计算出光合有效辐射后，植被当天的潜在生物量增量可以通过式（5-4）估算：

$$\Delta bio = RUE \cdot H_{phosyn} \tag{5-4}$$

式中，$\Delta bio$ 为当天的潜在生物量增量（$kg/hm^2$）；RUE 为光能利用效率（radiation-use efficiency）（0.1 g/MJ）。

RUE 对大气中 $CO_2$ 浓度很敏感，GEHM 根据 $CO_2$ 浓度对 RUE 进行调整（Stockle et al.，1992）：

$$RUE = \frac{100 \cdot CO_2}{CO_2 + \exp(r_1 - r_2 \cdot CO_2)} \tag{5-5}$$

式中，$CO_2$为大气中的 $CO_2$ 浓度（ppm）；$r_1$ 和 $r_2$ 是由两组 $CO_2$浓度和 RUE 决定的形状系数，计算方法如下：

$$r_1 = \ln\left[\frac{CO_{2,amb}}{0.01 \cdot RUE_{amb}} - CO_{2,amb}\right] + r_2 \cdot CO_{2,amb} \tag{5-6}$$

$$r_2 = \frac{\ln\left[\frac{CO_{2,amb}}{0.01 \cdot RUE_{amb}} - CO_{2,amb}\right] - \ln\left[\frac{CO_{2,hi}}{0.01 \cdot RUE_{hi}} - CO_{2,hi}\right]}{CO_{2,hi} - CO_{2,amb}} \tag{5-7}$$

式中，$CO_{2,amb}$为一个基础的 $CO_2$ 浓度，取 330 ppm；$CO_{2,hi}$为一个较高的 $CO_2$ 浓度（ppm）；$RUE_{amb}$和 $RUE_{hi}$分别为与 $CO_{2,amb}$和 $CO_{2,hi}$对应的 RUE。

根据 Stockle 和 Kiniry（1990），RUE 还受到饱和水汽压亏缺（vapor pressure deficit，vpd）的影响。当 vpd 高于某一阈值时，GEHM 将如下修正 RUE（Neitsch et al.，2011）：

$$RUE = RUE - \Delta RUE_{del} \cdot (vpd_t - vpd_{thr}) \tag{5-8}$$

式中，$\Delta RUE_{del}$为一个参数，表示 RUE 随 vpd 变化的斜率（0.1 g/MJ）；$vpd_t$为第 $t$ 天的饱和水汽压亏缺（kPa）；$vpd_{thr}$为 RUE 开始下降时的 vpd 阈值，取 1.0 kPa。

根据文献（Neitsch et al.，2011），RUE 不会低于 0.27。因此，如果根据式（5-8）算出的 RUE 低于 0.27，则令其等于 0.27。

至此，将 RUE 代入式（5-4）可以计算出潜在生物量增量。参考 SWAT 模型的做法，GEHM 通过一个植被生长因子估计当天实际增加的生物量：

$$\Delta bio_{act} = \Delta bio \cdot \sqrt{\gamma_{str}} \tag{5-9}$$

式中，$\Delta bio_{act}$为当天的实际生物量增量（$kg/hm^2$）；$\gamma_{str}$为植被生长因子。在 GEHM 中，$\gamma_{str}$考虑了温度和水分的胁迫，计算方法见 5.1.3 节。

**（2）LAI**

GEHM 通过一个预设的生长曲线反映了理想条件下的 LAI 变化过程。如图 5-1 所示，当生长季开始时，LAI 开始增加直至达到最大 LAI 水平（即 BLAI）。为叙述方便，称此阶段为第①阶段，该阶段的生长曲线由两个点控制（图 5-1 中的红点）。此后，植被的 LAI 将维持在 BLAI 水平，为第②阶段。当累积积温分数达到一个预设比例（即 DLAI）时，LAI 开始下降直至生长季结束，此为第③阶段。多年生植被和树木植被在生长季结束时 LAI 可以不为 0。GEHM 通过一个最低 LAI 参数（即 $LAI_{min}$）来定义此 LAI。此外，对于农作物，如果某天进行收割操作，其 LAI 可直接减少为 0 或指定的 LAI 水平。

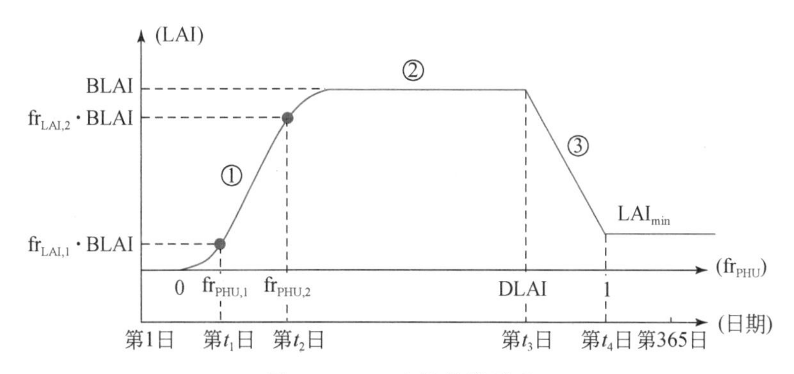


图 5-1　LAI 生长曲线示意

GEHM 通过式（5-10）计算第①阶段的 LAI：

$$fr_{LAImx}(t)=\frac{fr_{PHU}(t)}{fr_{PHU}(t)+\exp[l_1-l_2\cdot fr_{PHU}(t)]} \tag{5-10}$$

式中，$fr_{LAImx}$为第 $t$ 天植被的最大叶面积分数；$l_1$和 $l_2$为两个曲线参数，由两个控制点（图 5-1）决定：

$$l_1=\ln\left(\frac{fr_{PHU,1}}{fr_{LAI,1}}-fr_{PHU,1}\right)+l_2\cdot fr_{PHU,1} \tag{5-11}$$

$$l_2=\frac{\ln\left(\frac{fr_{PHU,1}}{fr_{LAI,1}}-fr_{PHU,1}\right)-\ln\left(\frac{fr_{PHU,2}}{fr_{LAI,2}}-fr_{PHU,2}\right)}{fr_{PHU,2}-fr_{PHU,1}} \tag{5-12}$$

其中，$fr_{PHU,1}$和 $fr_{PHU,2}$表示两个控制点的累积积温分数；$fr_{LAI,1}$ $fr_{LAI,2}$表示两个控制点的 LAI 与 BLAI 的比值，如图 5-1 所示。

对于非树木类植被，第 $t$ 天的潜在 LAI 增量通过式（5-13）计算：

$$\Delta LAI_t=[fr_{LAImx}(t)-fr_{LAImx}(t-1)]\cdot BLAI\cdot\{1-\exp[5\cdot(LAI_{t-1}-BLAI)]\} \tag{5-13}$$

式中，$LAI_{t-1}$是第 $t$−1 天的 LAI。

对于树木植被，第 $t$ 天的潜在 LAI 增量通过式（5-14）计算：

$$\Delta LAI_t=[fr_{LAImx}(t)-fr_{LAImx}(t-1)]\cdot BLAI_{yr}\cdot\{1-\exp[5\cdot(LAI_{t-1}-BLAI_{yr})]\} \tag{5-14}$$

式中，$BLAI_{yr}$为当前年份树木植被的最大 LAI。GEHM 假设 $BLAI_{yr}=(yr/totyr)\cdot BLAI$，其中 yr 和 totyr 分别为当前的树龄和树木成熟所需的年份。

同生物量一样，GEHM 通过植被生长因子计算 LAI 当天的实际增加量：

$$\Delta LAI_{act,t}=\Delta LAI_t\cdot\sqrt{\gamma_{str}} \tag{5-15}$$

当植被达到第③阶段（即 $fr_{PHU}$>DLAI），叶片开始凋落。此阶段 LAI 的计算公式如下：

$$LAI_t=(LAI_{peak}-LAI_{min})\cdot\frac{1-fr_{PHU}(t)}{1-DLAI}+LAI_{min} \tag{5-16}$$

式中，$LAI_{peak}$为开始凋落前的 LAI，也是本次生长周期中的最大 LAI。

**（3）株高**

在 GEHM 中，非树木类植被株高通过式（5-17）估算：

$$\mathrm{cht}_t = \mathrm{cht}_{\mathrm{mx}} \cdot \sqrt{\mathrm{fr}_{\mathrm{LAImx}}(t)} \tag{5-17}$$

式中，$\mathrm{cht}_t$为第 $t$ 天的株高（m）；$\mathrm{cht}_{\mathrm{mx}}$为该植被类型的最大株高（m）。

对于树木植被，其株高根据树龄估算，即

$$\mathrm{cht}_t = \mathrm{cht}_{\mathrm{mx}} \cdot \frac{\mathrm{yr}}{\mathrm{totyr}} \tag{5-18}$$

**（4）根系深度**

对于一年生植被，第 $t$ 天的根系深度通过式（5-19）估算：

$$\mathrm{rootdp}_t = \begin{cases} 2.5 \cdot \mathrm{fr}_{\mathrm{PHU}}(t) \cdot \mathrm{rootdp}_{\mathrm{mx}} & \mathrm{fr}_{\mathrm{PHU}}(t) \leqslant 0.4 \\ \mathrm{rootdp}_{\mathrm{mx}} & \mathrm{fr}_{\mathrm{PHU}}(t) > 0.4 \end{cases} \tag{5-19}$$

式中，$\mathrm{rootdp}_t$为第 $t$ 天的根系深度（m）；$\mathrm{rootdp}_{\mathrm{mx}}$为该植被类型的最大根系深度（m）。对于多年生植被和树木植被，根系深度保持在最大根系深度，即 $\mathrm{rootdp}_t = \mathrm{rootdp}_{\mathrm{mx}}$。

除根系深度外，植被分配给根系的生物量比例也随时间变化。GEHM 估算第 $t$ 天的生物量中根系所占的比例为

$$\mathrm{fr}_{\mathrm{root}}(t) = 0.4 - 0.2 \cdot \mathrm{fr}_{\mathrm{PHU}}(t) \tag{5-20}$$

除根系外的生物量称为地表生物量，即式（4-11）中的 CV。

## 5.1.3 植被生长的胁迫因子

GEHM 考虑水热条件对植被生长的影响，并用水分胁迫因子与温度胁迫因子来表征。植被生长因子的计算公式如下：

$$\gamma_{\mathrm{str}} = 1 - \max(\mathrm{wstrs},\ \mathrm{tstrs}) \tag{5-21}$$

式中，wstrs 和 tstrs 分别为水分胁迫因子和温度胁迫因子。胁迫因子的取值范围为［0，1］。胁迫因子越小，表示植被生长过程受到的胁迫作用越弱；反之，则表示胁迫作用越强。若胁迫因子为 1，根据式（5-21），植被生长因子为 0，此时植被将停止生长。

**（1）水分胁迫因子**

水分胁迫因子表征土壤水分对植被生长的制约程度，其计算公式为

$$\mathrm{wstrs} = 1 - \frac{T_{\mathrm{veg}}}{\mathrm{PT}_{\mathrm{veg}}} \tag{5-22}$$

式中，$T_{\mathrm{veg}}$为植被的实际散发量（inch）；$\mathrm{PT}_{\mathrm{veg}}$为潜在散发量（inch）。实际散发量和潜在散发量的计算细节见 4.1.2 节。当土壤中水分充足时，植被的实际散发量接近其潜在散发量，根据式（5-22）可以得出 wstrs 接近于 0。当土壤比较干燥时，植被的实际散发量很低，wstrs 将接近于 1。

**（2）温度胁迫因子**

GEHM 通过最低温度（即基础温度）、最高温度和最适温度来表征植被生长过程所需的温度环境。若记植被的基础温度和最适温度分别为 $T_{\mathrm{base}}$ 和 $T_{\mathrm{opt}}$，则植被所能承受的最高温度 $T_{\mathrm{max}}$ 为 $2 \cdot T_{\mathrm{opt}} - T_{\mathrm{base}}$。当平均温度过高（$T_{\mathrm{av}} \geqslant T_{\mathrm{max}}$）或过低（$T_{\mathrm{av}} \leqslant T_{\mathrm{base}}$）时，植被停止生长，温度胁迫因子为 1；当 $T_{\mathrm{base}} < T_{\mathrm{av}} < T_{\mathrm{max}}$ 时，植被可以生长，温度胁迫因子的计算公

式为

$$\text{tstrs}=\begin{cases}1-\exp\left[\dfrac{-0.1054\cdot(T_{opt}-T_{av})^2}{(T_{av}-T_{base})^2}\right] & T_{base}<T_{av}\leqslant T_{opt}\\ 1-\exp\left[\dfrac{-0.1054\cdot(T_{opt}-T_{av})^2}{(T_{max}-T_{av})^2}\right] & T_{opt}<T_{av}<T_{max}\end{cases} \tag{5-23}$$

根据式（5-23），当平均温度等于植被的最适温度时，tstrs = 0，即温度对植被生长无胁迫。

## 5.1.4 植被休眠

GEHM 允许多年生植被和树木植被在特定环境条件下进入休眠状态。休眠时，GEHM 不模拟植被的生长过程，仅模拟蒸散发过程。GEHM 通过日照时长判断植被是否进入休眠状态。当日照时长低于一个给定的日照时长阈值时，植被将进入休眠状态。这个日照时长阈值通过式（5-24）进行估算：

$$T_{DL,thr}=T_{DL,min}+t_{dorm} \tag{5-24}$$

式中，$T_{DL,thr}$为休眠的日照时长阈值（h）；$T_{DL,min}$为 HRU 的最短日照时长（h）；$t_{dorm}$为休眠极限（h）。休眠极限根据 HRU 所在纬度估算：

$$t_{dorm}=\begin{cases}1 & \text{lat}>40\\ \dfrac{\text{lat}-20}{20} & 20\leqslant \text{lat}\leqslant 40\\ 0 & \text{lat}<20\end{cases} \tag{5-25}$$

式中，lat 为纬度。

植被进入休眠后，其 LAI 降为最低 LAI（即 $LAI_{min}$）。当日照时长高于阈值 $T_{DL,thr}$时，植被结束休眠，开始进入下一个生长季。

# 5.2 胡杨模块

PEM 主要由植被生长、冠层生理和水分利用三部分组成，详细描述了胡杨植被气孔导度与光合作用、蒸腾速率之间的作用关系。PEM 的植被生长部分与 GEHM 相同。这里主要介绍 PEM 的冠层生理部分和水分利用部分。此研究以黑河流域下游四道桥站的胡杨林为例，对 PEM 进行小尺度的检验。

## 5.2.1 胡杨模块的基本原理

1. 冠层生理

PEM 采用经典的光合作用-气孔导度耦合模型模拟植被碳同化过程及气孔导度的控制

作用。气孔导度采用 Medlyn 等（2011）提出的气孔导度机理模型。在 Medlyn 模型基础上，PEM 增加对土壤水胁迫的考虑。光合作用采用 FvCB 光合模型（Farquhar et al., 1980）。在 PEM 中，光合作用-气孔导度耦合模型的作用在于计算每个小时植被冠层的气孔导度（$g_{s,canopy}$），此参数将用于后续的潜在蒸散发计算。

根据 Medlyn 气孔导度机理模型，叶片气孔导度（$g_s$）可以通过式（5-26）计算：

$$g_s = g_0 + 1.6 \cdot \left(1 + \frac{g_1}{\sqrt{vpd_{hr}}}\right) \cdot \frac{A}{CO_2} \tag{5-26}$$

式中，$g_0$为叶片的最小气孔导度［mol/(m$^2$·s)］；$g_1$为一个参数，反映了叶片的边际水分利用效率（$kPa^{0.5}$）；$vpd_{hr}$为第 hr 个小时的饱和水汽压亏缺（kPa）；系数 1.6 反映了水分子和 $CO_2$分子扩散的速度比；$A$ 为叶片光合速率［μmol/(m$^2$·s)］；$CO_2$为叶表面 $CO_2$浓度（ppm）。

式（5-26）中，由于 $g_1/\sqrt{vpd_{t,hr}}$远大于 1，右边括号里的 1 可以忽略。PEM 通过 $g_1$ 和水分胁迫因子的乘积考虑水分对叶片气孔开闭造成的影响，故式（5-26）可修改为

$$g_s = g_0 + 1.6 \cdot \frac{g_1 \cdot wstrs_{t-1}}{\sqrt{vpd_{hr}}} \cdot \frac{A}{CO_2} \tag{5-27}$$

式中，wstrs 为第 $t$-1 天（即前一天）水分胁迫因子，计算方法见 5.1.3 节。

根据气体扩散的 Fick 定律，叶片光合速率是气孔导度与叶片内外 $CO_2$压差的函数：

$$A = \frac{g_s}{1.6} \cdot (CO_2 - CO_{2,leaf}) \tag{5-28}$$

其中，$CO_{2,leaf}$为叶片内 $CO_2$浓度（ppm）。

式（5-27）和式（5-28）中的 $g_s$、$A$ 和 $CO_{2,leaf}$均为与气孔相关的未知量，因此还需要引入光合作用模型方能确定这三个未知量。

光合作用是植被利用光能固定大气中的 $CO_2$并生成有机物的过程，具体反应过程主要受到 RuBisCO 限制和 RuBP 限制。FvCB 模型基于这一反应过程认为叶片光合速率可以表达为

$$A = \min(A_c, A_j) - R_d \tag{5-29}$$

式中，$A_c$和 $A_j$分别为 RuBisCO 和 RuBP 限制下的叶片光合速率［μmol/(m$^2$·s)］；$R_d$为光照下的植被呼吸速率［μmol/(m$^2$·s)］。

当 $CO_{2,leaf}$浓度较低时，RuBP 供应充足，$A_c$等于 RuBisCO 所能支持的羧化速率，可由式（5-30）计算：

$$A_c = Vc_{max} \cdot \left[\frac{CO_{2,leaf} - \tau^*}{CO_{2,leaf} + K_c(1 + O/K_o)}\right] \tag{5-30}$$

式中，$Vc_{max}$为最大羧化速率，是关键生物化学参数［μmol/(m$^2$·s)］；$K_c$ 和 $K_o$分别为 RuBisCO 羧化和氧化的米氏常数（Pa），分别代表羧化或氧化速率达到最大羧化或氧化速率一半时 $CO_2$和 $O_2$的浓度；$\tau^*$为二氧化碳补偿点（Pa）；$O$ 为叶片细胞间的氧气浓度，用分压表示（Pa），氧气分压通常取 21 kPa。

随着 $CO_{2,leaf}$的升高，RuBisCO 支持的羧化速率超过了 RuBP 供应速率。此时，光合速率受到 RuBP 再生速率的限制，RuBP 的再生速率取决于电子传递速率。$A_j$的具体表达式如下：

$$A_j = J \cdot \frac{CO_{2,leaf} - \tau^*}{4 \cdot CO_{2,leaf} + 8 \cdot \tau^*} \tag{5-31}$$

式中，$J$ 为光电子传输速率［μmol/(m² · s)］，其大小与光照强度有关，关系可表示为

$$\theta \cdot J^2 - (J_{max} + a \cdot Q) \cdot J + J_{max} \cdot a \cdot Q = 0 \tag{5-32}$$

其中，$\theta$ 为光响应曲线曲率，一般取 0.9；$J_{max}$ 为最大电子传递速率［μmol/(m² · s)］；$a$ 为电子转移的量子产率，一般取 0.3；$Q$ 为光合作用量子通量密度［μmol/(m² · s)］，通常取 0.093。

式（5-27）~式（5-32）组成了光合作用-气孔导度耦合模型的联合方程。FvCB 模型求解 $A$ 所需要的主要输入变量为 $CO_{2,leaf}$，主要输入参数为 $Vc_{max}$、$\tau^*$、$J_{max}$、$R_d$、$K_c$ 和 $K_o$。这些参数均与温度相关，具体计算公式可参考 CLM 模型手册（Oleson et al.，2013）。而 $A$ 又是 Medlyn 模型求解 $g_s$ 的主要输入变量，且 $CO_{2,leaf}$、$A$ 和 $g_s$ 通过式（5-28）相互联系。PEM 采用迭代法求解未知变量 $CO_{2,leaf}$、$A$ 和 $g_s$，具体流程为（图 5-2）：首先设定 $CO_{2,leaf}$ 的初始值，根据 FvCB 模型求解 $A$；再由 $A$ 通过 Medlyn 模型求解 $g_s$ 和 $CO_{2,leaf}$；然后将新解出的 $CO_{2,leaf}$ 代入 FvCB 模型求解 $A$，从而求解出新的 $g_s$ 和 $CO_{2,leaf}$；如此迭代，直至 $CO_{2,leaf}$、$A$ 和 $g_s$ 收敛。

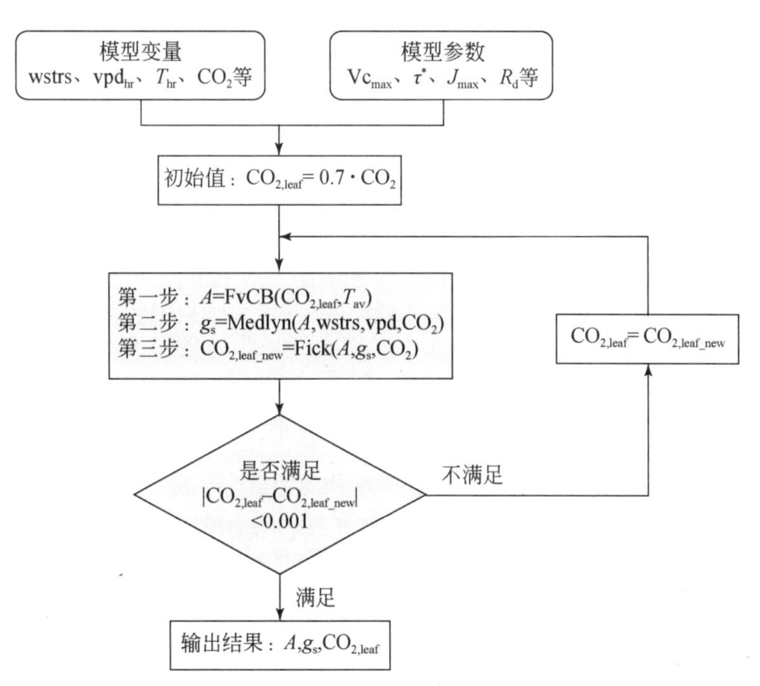


图 5-2　光合作用-气孔导度耦合模型求解流程

通过光合作用-气孔导度耦合模型得到的 $g_s$ 和 $A$ 是基于叶片尺度的，因此还需要将其扩展到冠层尺度。PEM 根据 LAI 进行“升尺度”计算，计算公式如下：

$$A_{canopy} = A \cdot (1 - e^{-k \cdot LAI}) / (k \cdot LAI) \tag{5-33}$$

式中，$A_{canopy}$ 为植被冠层的光合速率［μmol/(m² · s)］；$k$ 为冠层的消光系数。计算出 $A_{canopy}$ 后，基于“大叶模型”原理，可以通过式（5-27）计算植被冠层的气孔导度 $g_{s,canopy}$

(Foley et al., 1996)。

2. 水分利用

计算出植被冠层的气孔导度后，可进一步计算出对应的植被冠层阻力：

$$r_c = (g_{s,\text{cannopy}} \cdot \text{conver})^{-1} \tag{5-34}$$

式中，conver 为一个转化系数（$m^3$/mol），通过式（5-35）计算：

$$\text{conver} = 0.0224 \cdot \frac{T_{hr}}{273.15} \cdot \left(\frac{293 - 0.0065 \cdot \text{elev}}{293}\right)^{-5.253} \tag{5-35}$$

其中，elev 为海拔（m）；$T_{hr}$为第 hr 小时的温度（K）。

将植被冠层阻力代入 P-M 公式［式（4-2）］，可以逐小时计算潜在蒸散发量，并进一步计算逐小时的实际蒸散发量，其方法与 4.1.2 节中方法类似。

需要说明的是，除蒸散发外的其他土壤水过程（如下渗、侧向流等，见 4.1.5 节）仍是逐日模拟的，此外，胡杨植被的生长状态变量（如 LAI）也是逐日更新的。

### 5.2.2 胡杨模块的验证

1. PEM 与 Hydrus-1D 模型耦合

开发 HEIFLOW 的一个重要目标就是希望实现从田块到流域的多尺度精准模拟。相比通用模块 GEHM，PEM 更为复杂，对植被生长过程的描述更为精细，其适用性有待验证。在黑河研究中，对 PEM 进行了田间尺度的实地验证。为方便验证工作，本研究将 PEM 与 Hydrus-1D（Simunek et al., 2009）进行了耦合。Hydrus-1D 是由美国农业部盐土实验室开发的开源数值模型，可以模拟一维垂直非饱和多孔介质中溶质以及水热运移。通过设置不同的上下边界条件，Hydrus-1D 可以进行分层土壤的水分运移模拟，并考虑了植物根系吸水过程。Hydrus-1D 已被广泛应用于植物与土壤水及地下水的相互作用研究。

PEM 以小时为时间步长模拟潜在蒸散发量，而 Hydrus-1D 以天为时间步长计算实际蒸散发量。PEM 和 Hydrus-1D 的耦合方法如图 5-3 所示。在每天的模拟中，首先由 PEM 计算出小时步长的冠层气孔导度，并根据 P-M 公式计算出小时步长的潜在蒸散发量，然后将每天的潜在蒸散发量传递给 Hydrus-1D，最后由 Hydrus-1D 模拟当天的土壤水过程，计算出实际的植被吸水量、土壤蒸发以及水分胁迫因子，并将其传递给 PEM，用于下一天的计算。

2. 数据情况

验证地点是位于黑河流域下游四道桥站（图 5-4）的胡杨林。四道桥站的经纬度分别为 101.13°E 和 41.99°N，海拔为 874 m。胡杨林平均高度约为 12 m，林下土壤以黏壤土和砂土为主，地下水埋深在 2～3 m。模型的输入数据和用于验证的观测数据主要来自于国家青藏高原科学数据中心（简称青藏高原数据中心）（http://data.tpdc.ac.cn/zh-hans/），具体数据情况如下。

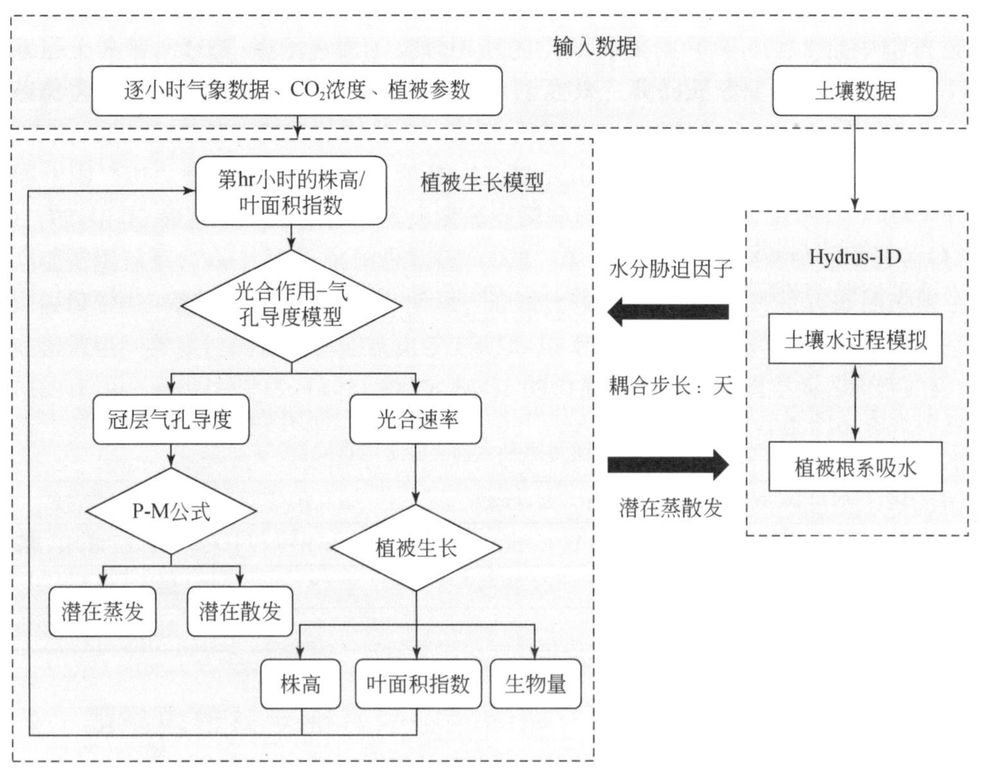


图 5-3　PEM 与 Hydrus-1D 的耦合方法

资料来源：Li 等（2017a）

图 5-4　四道桥站胡杨林验证场地概况

**(1) 涡动通量观测与自动气象观测数据**

数据时间范围为2014年1月1日～12月31日。此数据集由黑河生态水文遥感试验（HiWATER）建立（Liu S M et al.，2018）。涡动相关仪架高为22 m，数据原始采集频率为10 Hz，经处理后时间步长为30 min。涡动数据主要包括感热通量、潜热通量、大气$CO_2$浓度、$CO_2$交换通量等。自动气象站数据时间步长为10 min。气温、风速、相对湿度的传感器架设在28 m处。

**(2) 土壤水观测数据**

土壤水分探头埋设在距离气象塔2 m的正南方地下2 cm、4 cm、10 cm、20 cm、40 cm、60 cm和100 cm处。

**(3) 额济纳气象站观测数据**

数据来源于国家气象科学数据中心（http://data.cma.cn/data），此数据主要为模型提供降水数据。

**(4) 地下水埋深数据**

在站点附近采用自动水位计监测地下水位动态变化，数据时间步长为30 min。地下水埋深为Hydrus-1D提供边界条件。

**(5) 灌溉数据**

根据调查，胡杨林区在2014年3月8日有一次灌溉，灌溉总量为326 mm。

**(6) 光合观测数据集**

采用LI-6400便携式光合仪观测试验区内胡杨林的叶片光合作用过程。观测日期为2014年7月下旬。观测参数主要包括净光合速率、气孔导度、蒸腾速率、细胞间$CO_2$浓度、大气$CO_2$浓度、光量子通量密度、叶片温度、相对湿度、饱和水汽压亏缺等。光合仪观测数据主要用于反演植被参数，如叶片最小气孔导度$g_0$和反映叶片边际水分利用效率的参数$g_1$。

**(7) 液流监测数据**

2014年1月1日～12月31日，在研究站点选择了三株不同高度和胸径的样树安装插针式热扩散茎流计（型号为TDP30）。每株样树安装两组探针，探针高度为1.3 m，方位分别为样树正东和正西方向。样树的株高为16.4 m、16.9 m和18.3 m（从低到高），胸径为41.6 cm、46.6 cm和48 cm（从小到大）。观测地点胡杨林的株数密度每平方米约为0.0158棵。原始的观测数据采集频率为10 s，处理后的数据频率为10 min。液流监测数据主要用于估算蒸腾量：首先根据探针间的温度差计算液流速率和液流通量；然后对计算后的数据进行质量控制，剔除明显超出物理意义或仪器量程的数据；最后根据观测点的胡杨林株数密度计算站点单位面积的蒸腾量。

**(8) 土壤属性数据**

2016年4月采集了站点2 cm、4 cm、10 cm、20 cm、40 cm、60 cm、100 cm、160 cm、200 cm和240 cm深处的土壤样品，并对各层土壤粒径分布采用吸管法进行测定。此数据用于计算土壤水力性质，包括土壤残余含水率、饱和含水率以及饱和渗透系数等。

### 3. 模型设置

PEM的时间步长为小时，Hydrus-1D的时间步长为天，耦合时两者以天为时间单位交换数据（图 5-3）。模拟时期为 2014 年 1 月 1 日 ~12 月 31 日。模型的边界条件与参数设置如下。

**（1）边界条件**

Hydrus-1D 模型上边界设定为有植被覆盖的大气边界，植被潜在蒸发和潜在散发由 PEM 计算。由于研究区地下水埋深较浅，模型下边界设定为变水头边界，水头变化由实测地下水埋深给出。

**（2）土壤参数**

根据土壤采样数据，土壤带深度设定为 4.5 m，共概化为 6 层，分别为 0 ~5 cm、5 ~ 15 cm、15 ~25 cm、25 ~50 cm、50 ~80 cm 和 80 ~450 cm。各层土壤的相关参数根据实验数据确定。

**（3）根系分布**

胡杨主要依靠直径小于 2 mm 的细根进行吸水，这些细根又被称为吸水根系。结合野外调查数据和前人研究，垂直方向上胡杨的吸水根系集中分布在 0 ~100 cm 的土层。当表层土壤比较干燥时，根系则向较为湿润的深层土壤生长。Hydrus-1D 中根系吸水的分布函数设置为

$$\beta(z)=\begin{cases}0.001 & z\in(0,0.3Z_m] \\ 0.006 & z\in(0.3Z_m,0.5Z_m] \\ 0.001 & z\in(0.5Z_m,0.9Z_m] \\ 0.016 & z\in(0.9Z_m,1.0Z_m]\end{cases} \tag{5-36}$$

式中，$Z_m$ 为植被最大根深。根据野外调查数据，$Z_m$ 取值为 3 m。

**（4）植被生理特征参数**

气孔导度模型参数主要包括叶片最小气孔导度 $g_0$ 和反映叶片边际水分利用效率的参数 $g_1$。根据 Medlyn 模型［式（5-27）］，对观测的光合数据进行线性拟合时，截距为 $g_0$，斜率为 $g_1$。光合数据观测期间（2014 年 7 月），黑河流量很大，因此假设胡杨在此期间没有受到水分胁迫，即 wstrs = 1。如图 5-5 所示，线性回归的 $R^2$ 为 0.8606，说明气孔导度与光

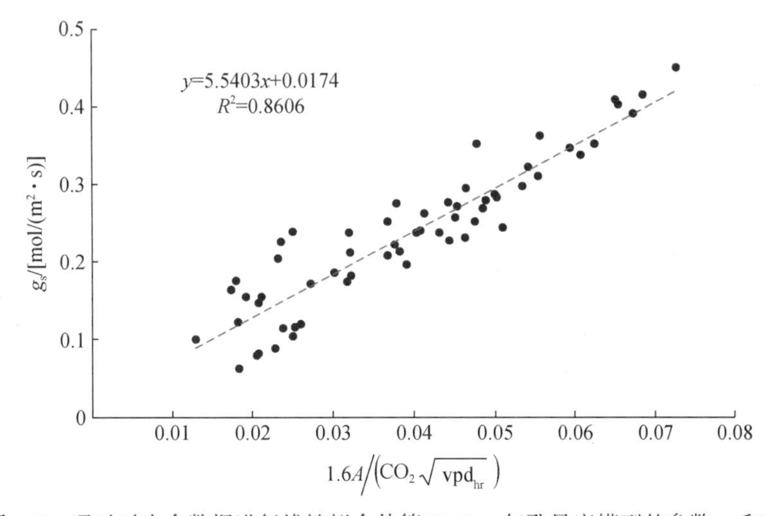


图 5-5　通过对光合数据进行线性拟合估算 Medlyn 气孔导度模型的参数 $g_0$ 和 $g_1$

合速率的相关性较高。回归得到的 $g_0$ 约为 0.017 mol/(m² · s)，$g_1$ 约为 5.54 kPa$^{0.5}$。根据文献中结果（Lin et al.，2015；Medlyn et al.，2017），不同植被类型 $g_1$ 的取值范围为 1 ~ 8 kPa$^{0.5}$，其中胡杨所属的落叶阔叶林的 $g_1$ 取值范围为 2.1 ~ 7 kPa$^{0.5}$。可见，线性回归得到的结果与前人研究较为一致。其他光合作用参数的取值参考前人的研究结果（Zhu et al.，2010，2011），具体数值见表 5-1。

**表 5-1　光合作用模拟的参数取值**

| 参数名 | $V_{cmax}$/[μmol/(m² · s)] | $K_c$/Pa | $K_o$/Pa | $\tau^*$/Pa | $R_d$/[μmol/(m² · s)] |
|---|---|---|---|---|---|
| 参数值 | 105.44 | 27.24 | 16 582 | 2.74 | 0.24 |

## 4. 验证结果

图 5-6 对比了各层土壤含水率的模拟值与观测值，其中图 5-6（a）~（f）展示了 6 个不同深度的土壤水结果，图 5-6（g）展示了表层 0 ~ 1 m 土壤带的平均结果。本书通过均方根误差（root mean square error，RMSE）和 $R^2$ 两个指标对模型结果进行评价。可以看出，$R^2$ 均在 0.8 以上（0.81 ~ 0.95），RMSE 也都很小，在 0.012 ~ 0.028 cm³/cm³。这说明

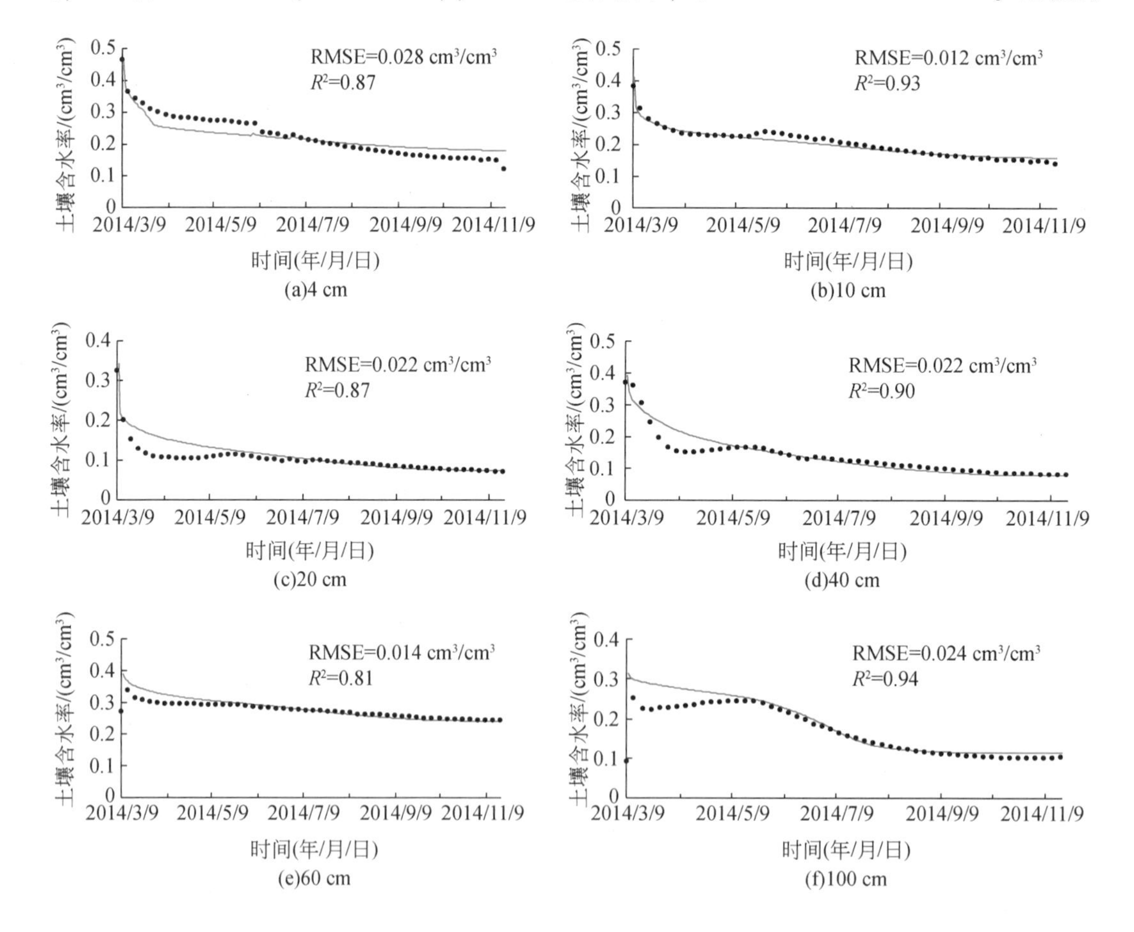

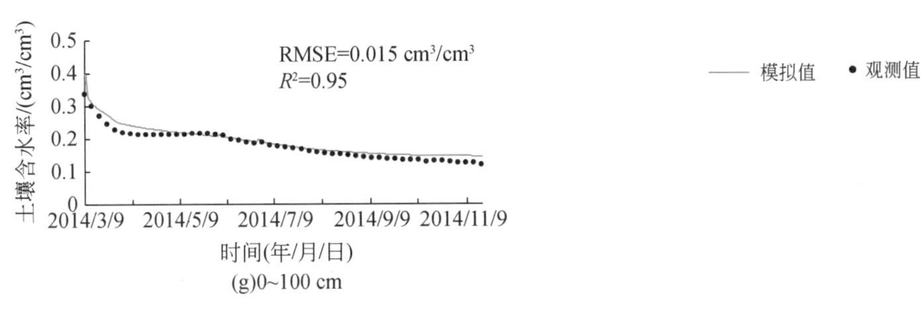

(g)0~100 cm

图 5-6　各层土壤含水率观测值与模拟值对比

耦合模型成功模拟了土壤水动态过程。2014 年 3 月 8 日的灌溉活动是土壤含水率峰值产生的主要原因。此外，还可以看出，下层土壤水（如 100 cm 处）存在显著的波动，这是由于受到地下水位升降的影响。

图 5-7 展示了月尺度和日尺度蒸散发模拟值与涡动观测值的对比。可以看出，模拟值与观测值基本一致。胡杨林月蒸散发量最大值出现在 7 月，约为 160 mm，年总蒸散发量约为 660 mm。胡杨林蒸散发的日动态与胡杨物候变化一致，胡杨从 5 月中旬开始长叶，日蒸散发量迅速增加，约为 1 mm，到 7 月达到日蒸散发量最大值，约为 6 mm，直到 9 月末才开始落叶，蒸散发量又迅速降低。生长季（5 ~9 月）期间胡杨日平均蒸散发量约为3. 7 mm。

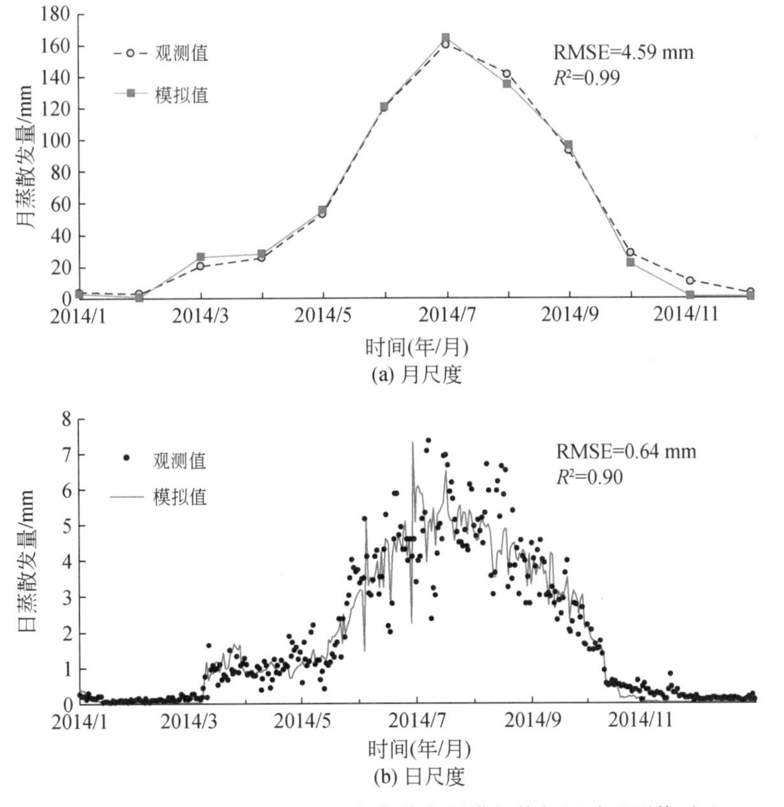

(a) 月尺度


(b) 日尺度

图 5-7　胡杨林月尺度与日尺度蒸散发量模拟值与涡动观测值对比

图 5-8 对比了胡杨林站 2014 年基于液流计方法、导度分割法以及模型估算得到的日尺度蒸腾量（$T$）结果。可以看到，三种方法估算的蒸腾量的季节变化特征保持一致。从量级上来看，模型估算与导度分割法估算的蒸腾量比较接近（$R^2$ = 0.69），但在生长季明显高于液流计观测的蒸腾量（$R^2$ = 0.51）。生长季（5 ~ 9 月）液流计方法、导度分割法以及模型估算的平均日蒸腾量分别为 2.5 mm、3.5 mm 以及 3.6 mm。一方面液流计方法选择的三株样树各自估算的蒸腾量本身存在较大差异；另一方面研究区胡杨林株数密度存在估算误差，导致采用样树估算的胡杨林蒸腾量存在较大的不确定性。

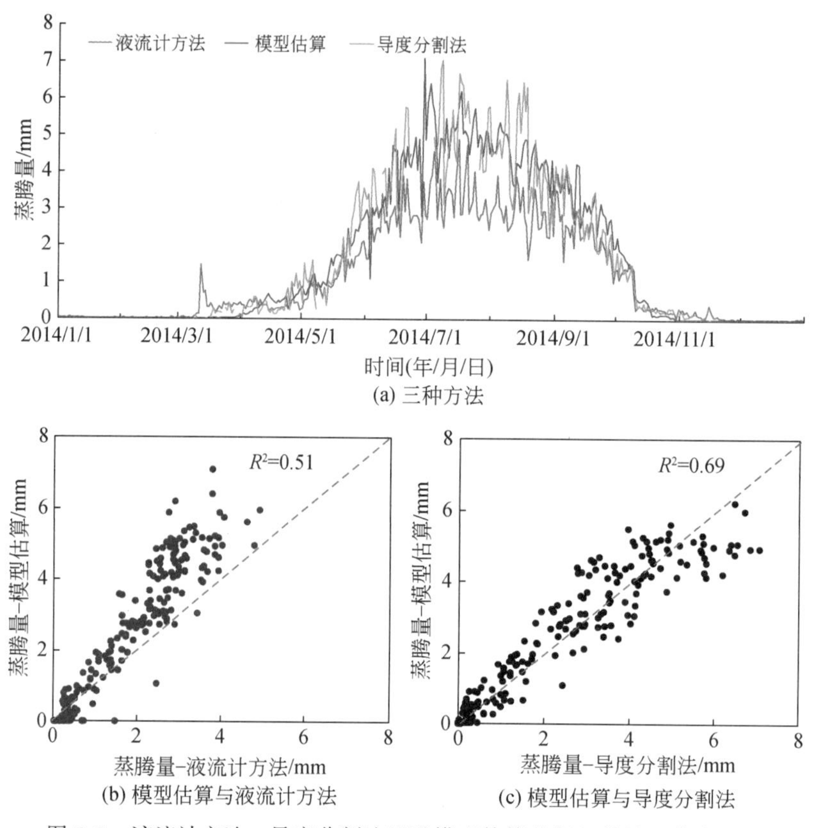


图 5-8　液流计方法、导度分割法以及模型估算的胡杨林站日蒸腾对比

图 5-9 显示了验证站点模型估算和导度分割法 2014 年 $T$/ET 结果。两种方法的 $T$/ET 季节变化基本保持一致，但导度分割法的 $T$/ET 估算结果日波动较大。模型估算与导度分割法生长季（5 ~ 9 月）平均 $T$/ET 分别为 0.92 和 0.93。由于胡杨林站地处黑河下游，气候干旱，在没有人为灌溉的情况下，表层土壤含水率很低，因而土壤蒸发也非常小。从模型估算的 $T$/ET 在 3 月 8 号灌溉时间后急剧下降这一结果也可以看出，灌溉使得上层土壤水增加，从而增加土壤蒸发，降低 $T$/ET。模型估算、液流计方法以及导度分割法对比的 $T$ 与 $T$/ET 的结果不仅证明了模型结果的可靠性，也对导度分割法进行了独立验证。

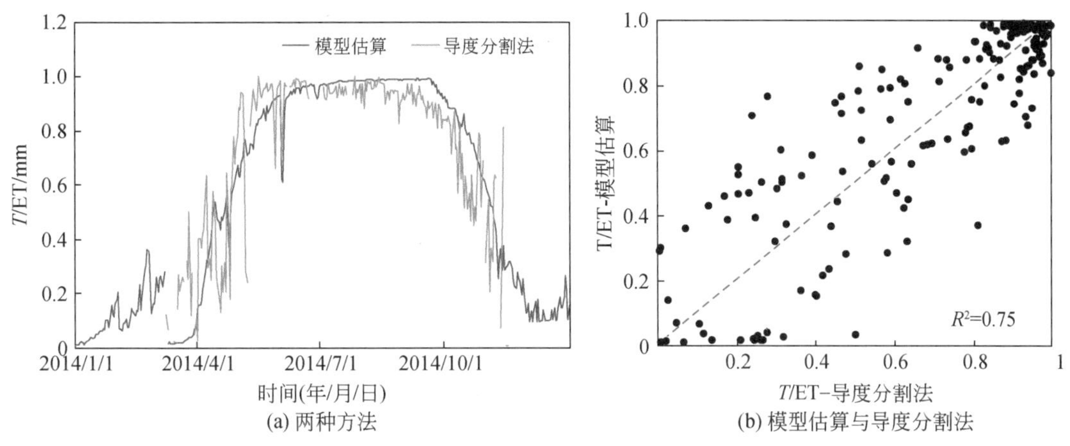

(a) 两种方法 (b) 模型估算与导度分割法

图 5-9　导度分割法以及模型估算的胡杨林站 $T$/ET 对比

图 5-10 比较了叶片气孔导度和净光合速率的模拟值与观测值，以检验模型是否正确地反映了植被气孔的开闭状态。由图 5-10 可知，模型基本反映了气孔导度的日内波动。气孔导度在 9:00～10:00 最大，而后呈现波动性下降；在 13:00 左右，受温度和饱和水汽压亏缺升高，以及光合有效辐射增大的影响，气孔会暂时关闭以减少叶片水分丧失。净光

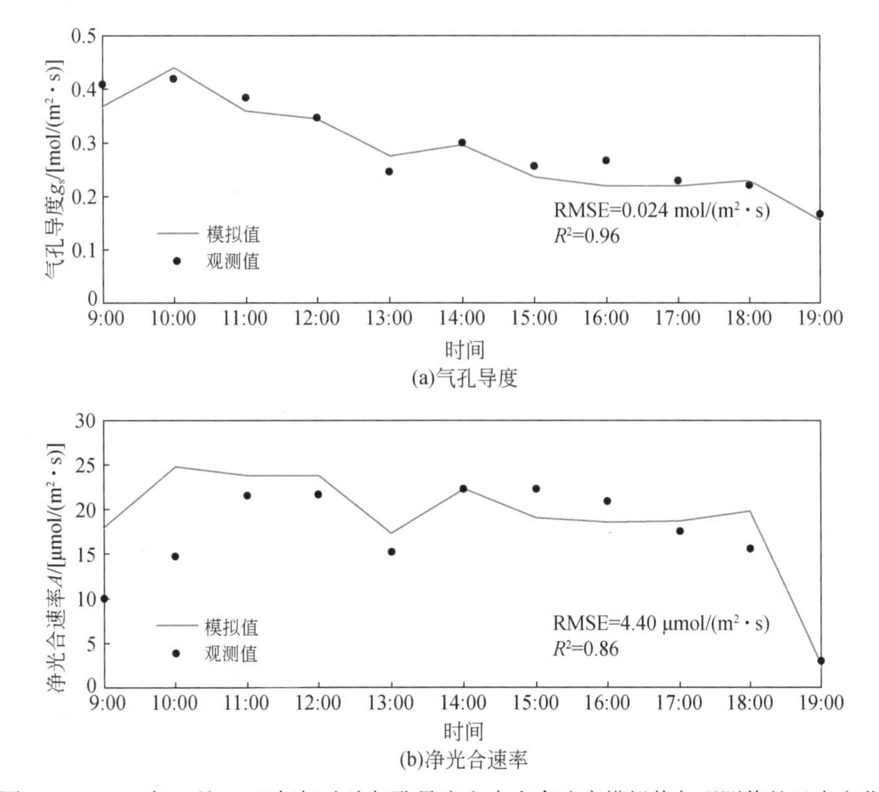


图 5-10　2014 年 7 月 24 日胡杨叶片气孔导度和净光合速率模拟值与观测值的日内变化

合速率受光合有效辐射影响更大，因而最大值出现在中午，早晚净光合速率都较低。但受气孔关闭的影响，光合速率在 13:00 左右也会有一个陡降。可见，优化改进后的气孔导度模型基本能够正确地反映气孔导度的动态变化及其对水分胁迫的响应。

上述模拟结果说明，改进后的气孔导度考虑水分胁迫影响后，能够比较准确地反映气孔的日内动态变化，为生态水文模型模拟水分条件变化情况下胡杨林的光合作用和蒸腾作用提供了基础。

# 第 6 章　水资源利用模拟

## 6.1　水资源利用与管理模块

在大尺度流域水循环模拟中，对于人类水资源利用活动的刻画是一个难题。一方面，详细的历史用水信息通常难以获得；另一方面，在模拟未来生态水文情景时，如何对水资源利用活动进行合理假设是一个挑战。针对我国西部干旱内陆河流域的农业用水与水资源管理特点，本研究开发了 WRA，并将其与 HEIFLOW 紧密耦合。WRA 提供了基于规则（rule-based）的水资源分配过程模拟。利用该模块，HEIFLOW 可以内生地模拟水资源的取用过程，而无需外部输入时间序列用水数据，这对于准确重现生态水文过程的历史规律、评估水资源管理政策的生态水文效应以及预测气候变化对生态水文过程的影响具有重要的意义。

WRA 主要具有以下技术特色：首先，实现了水资源利用过程和生态水文过程的双向耦合（即体现互馈作用），确保水资源利用始终受客观物理条件的约束，且利用量同步反馈至水循环计算中；其次，引入了虚拟抽水井方法，可自动模拟地下水抽用量，同时允许设定多种抽水限制，如最大允许降深、最大年抽水量等，这为地下水管理的研究提供了极大的便利；最后，现代灌区通常有复杂的灌溉渠系系统，使用传统的渠道水流动力学方法模拟渠道的详细输水过程在大尺度流域模拟中难以实现，而 WRA 则通过引入虚拟渠道概念，提供了一种简洁的分布式渠系输水量损失估算方法。

WRA 模块中设置了两类基本的对象（即模拟单元），灌区（irrigation district）和灌溉水文响应单元（irrigated hydrological response unit，IHRU）。灌区对象体现水资源利用中的配水行为，配水规则可包括地表水–地下水使用的优先级、地下水最大允许降深等。IHRU 对象是灌溉的具体操作单元，体现用水行为，同一灌区内的 IHRU 具有相同的配水规则。与普通 HRU（无灌溉的 HRU）相比，除了需要模拟灌溉活动外，IHRU 还具有两个特性：一是在每个 IHRU 上假定存在一个虚拟渠道，利用虚拟渠道来估算渠系蒸发及渗漏损失；二是在每个 IHRU 上假定存在一个虚拟抽水井，利用虚拟抽水井来估算地下水抽水量。上述两种虚拟化方法可大大简化流域尺度上灌溉用水过程的模拟，仅需输入少量数据即可获得时间动态、空间分布式的用水模拟结果。以下具体介绍 WRA 的主要计算公式。

### 6.1.1　作物需水量计算

WRA 提供了两种作物需水量的计算方式，定时灌溉和自动灌溉，前者需要用户提前设定灌溉时间和灌溉量，后者则根据土壤含水量来自动确定是否需要灌溉及灌溉量的大小。定时灌溉方式体现了一些地区特有的灌溉制度，如西北干旱半干旱区广泛存在的冬灌和春灌；自动灌溉方式需要的输入数据更少。

当使用定时灌溉方式时，灌溉时间和灌溉量需要提前由用户给定，每个 HRU 的灌溉需水量根据式（6-1）计算：

$$D^t_{\mathrm{IHRU},i,j}=A_{\mathrm{IHRU},i,j}\mathrm{IQ}^t_k \quad i\in[1,\mathrm{nhru}],j\in[1,\mathrm{nid}]k\in[1,\mathrm{ncrop}] \tag{6-1}$$

式中，$D^t_{\mathrm{IHRU},i,j}$为第 $j$ 个灌区内第 $i$ 个 IHRU 在时间 $t$ 内的需水量（$\mathrm{m^3/d}$）；$A_{\mathrm{IHRU},i,j}$为第 $i$ 个 IHRU 内的农作物面积（$\mathrm{m^2}$）；$\mathrm{IQ}^t_k$为时间 $t$ 内第 $k$ 种作物类型的灌溉定额（m/d）；nhru 为第 $j$ 个灌区内 IHRU 的数量；nid 为总的灌区数量；ncrop 为作物种类数目。

当考虑天然降水时，实际的灌溉需水量需从式（6-1）中扣除有效降水，具体计算方式如下：

$$\mathrm{PD}^t_{\mathrm{IHRU},i,j}=\mathrm{EP}\cdot A_{\mathrm{IHRU},i,j}\cdot P^t_{\mathrm{IHRU},i,j} \tag{6-2}$$

$$\mathrm{AD}^t_{\mathrm{IHRU},i,j}=\begin{cases}0 & \mathrm{PD}^t_{\mathrm{IHRU},i,j}\geqslant D^t_{\mathrm{IHRU},i,j}\\ D^t_{\mathrm{IHRU},i,j}-\mathrm{PD}^t_{\mathrm{IHRU},i,j} & \mathrm{PD}^t_{\mathrm{IHRU},i,j}<D^t_{\mathrm{IHRU},i,j}\end{cases} \tag{6-3}$$

式中，$P^t_{\mathrm{IHRU},i,j}$为第 $j$ 个灌区内第 $i$ 个 IHRU 在时间 $t$ 内的降水量（$\mathrm{m^3/d}$）；$\mathrm{PD}^t_{\mathrm{IHRU},i,j}$为落在 IHRU 内作物种植面积之上的有效降水量（m/d）；$\mathrm{AD}^t_{\mathrm{IHRU},i,j}$为该 IHRU 的实际需水量（$\mathrm{m^3/d}$）；EP 为有效降水系数，是降水事件中作物有效利用降水量和总降水量的比值。每个 IHRU 的作物类型和每种作物的日灌溉定额需要提前设定。这些信息可以逐年变化，也可以在整个模拟期内保持不变。

当使用自动灌溉方式时，灌溉由土壤水分亏缺阈值自动触发。当剖面中田间持水量和土壤含水量的差值超过土壤水分亏缺阈值时，灌溉启动。灌溉需求计算如下：

$$\mathrm{SMD}^t_{\mathrm{IHRU},i,j}=\mathrm{FC}_{\mathrm{IHRU},i,j}-\mathrm{SM}^t_{\mathrm{IHRU},i,j} \tag{6-4}$$

$$D^t_{\mathrm{IHRU},i,j}=\begin{cases}\mathrm{SF}\cdot\mathrm{SMD}^t_{\mathrm{IHRU},i,j}\cdot A_{\mathrm{IHRU},i,j} & \mathrm{SMD}^t_{\mathrm{IHRU},i,j}>\mathrm{SMT}_{\mathrm{IHRU},i,j}\\ 0 & \mathrm{SMD}^t_{\mathrm{IHRU},i,j}\leqslant\mathrm{SMT}_{\mathrm{IHRU},i,j}\end{cases} \tag{6-5}$$

式中，$\mathrm{FC}_{\mathrm{IHRU},i,j}$和$\mathrm{SM}^t_{\mathrm{IHRU},i,j}$分别为第 $j$ 个灌区内第 $i$ 个 IHRU 的田间持水量（mm）和土壤含水量（mm）；$\mathrm{SMD}^t_{\mathrm{IHRU},i,j}$和$\mathrm{SMT}_{\mathrm{IHRU},i,j}$分别为土壤水分亏缺量（mm）和亏缺量阈值（mm）。SF 为 mm 转换为 m 的转换系数，其值为 0.001。与定时灌溉类似，当考虑天然降水时，可利用式（6-3）修正灌溉需水量。

### 6.1.2 水源分配

灌溉需水量通过地表的河道引水和地下的含水层抽水来满足。WRA 采用基于规则的方法来确定地表水源和地下水资源的配置（图 6-1）。如图 6-1 所示，WRA 允许不同的灌区具有不同的水源优先级设置。若优先使用地表水，则整个配水过程如下。

1）根据式（6-6）计算从第 $p$ 个河段（reach）到第 $j$ 个灌区的期望地表引水量 $\mathrm{SWD}^t_{\mathrm{reach},p,j}$（$\mathrm{m^3/d}$）：

$$SWD^{t}_{reach,p,j} = \sum_{i=1,\ nhru} (AD^{t}_{IHRU,i,j} / CE_{IHRU,i,j}) \tag{6-6}$$

式中，$CE_{IHRU,i,j}$为第 $j$ 个灌区内第 $i$ 个 IHRU 的渠系水利用效率。渠系水利用效率等于到达田间的水量与引水口水量之比，该值反映了输水过程的综合水量损失率。

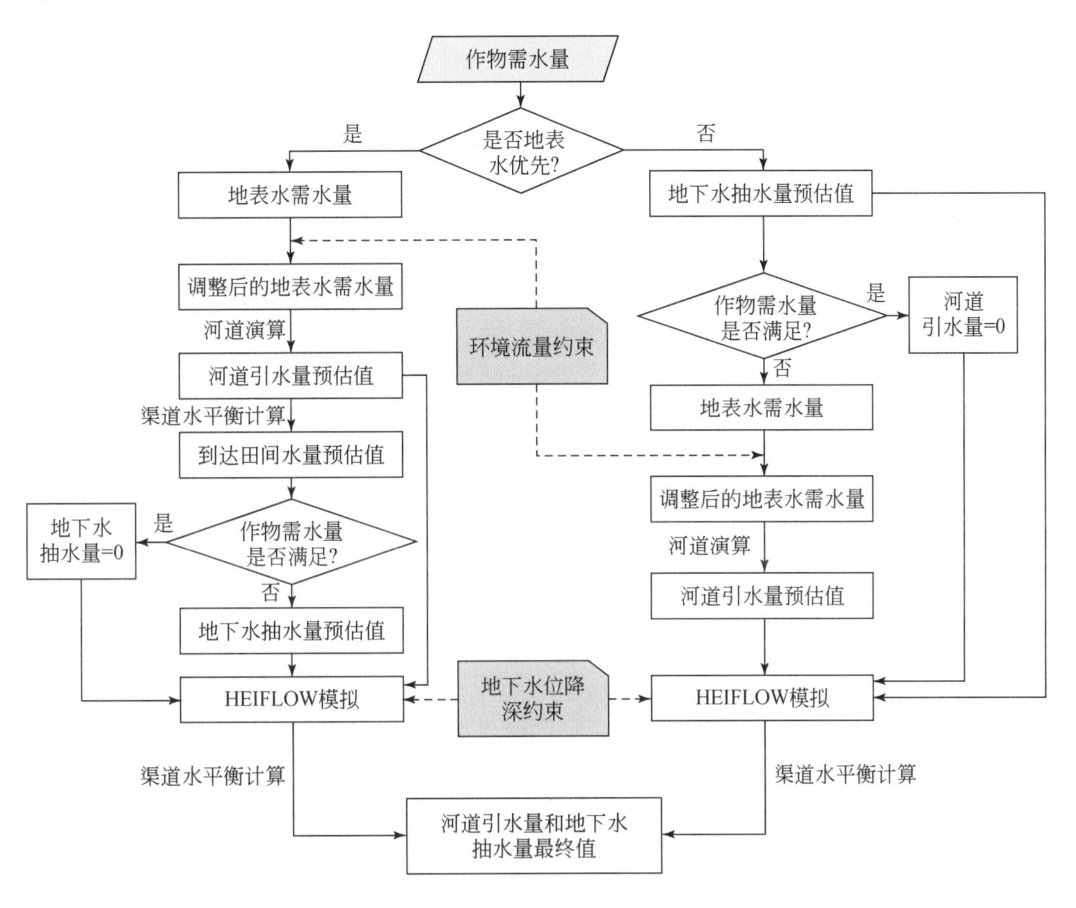


图 6-1　水资源配置计算流程

2）施加生态约束来调整需水量：

$$SWA^{t}_{reach,p,j} = EF^{t}_{reach,p,j} \cdot SWD^{t}_{reach,p,j} \tag{6-7}$$

式中，$SWA^{t}_{reach,p,j}$为调整之后的地表需水量（$m^3/d$）；$EF^{t}_{reach,p,j}$为调整系数，其值变化范围为 0 ~ 1，表示生态约束的影响；$EF^{t}_{reach,p,j}$可事先给定或通过计算得到。本研究同时开发了一个环境流量约束模块（environmental flow constraint module，EFC 模块）来计算$EF^{t}_{reach,p,j}$，详见 6.2 节中的介绍。若无生态约束，则$EF^{t}_{reach,p,j}$被设为 1。

3）使用简化的运动波算法计算每个引水点的可引水量。为提高计算效率，将该部分计算从 HEIFLOW 迭代耦合中剥离，即使用模型前一天的状态变量进行计算。在时段 $t$ 从第 $p$ 个河段到第 $j$ 个灌区的预估值表示为$DIV^{t}_{reach,p,j}$（$m^3/d$），其值根据式（6-8）和式(6-9)计算：

$$QA^t_{reach,p}=\mathrm{Min}(Q^t_{reach,p},\ MD_{reach,p}) \tag{6-8}$$

$$DIV^t_{reach,p,j}=\mathrm{Min}(SWA^t_{reach,p,j},\ QA^t_{reach,p}) \tag{6-9}$$

式中，$QA^t_{reach,p}$($m^3/d$) 为时段 $t$ 第 $p$ 个河段的可引水量；$Q^t_{reach,p}$为时段 $t$ 进入第 $p$ 个河段的水量（$m^3/d$），该值由简化的运动波算法来确定；$MD_{reach,p}$($m^3/d$) 为第 $p$ 个河段最大的引水能力，该值取决于水利工程设施。

4）估算到达田间的水量$SWC^t_{IHRU,i,j}$($m^3/d$)，通过式（6-10）的虚拟渠道水平衡来计算：

$$SWC^t_{IHRU,i,j}=DIV^t_{reach,p,j}\cdot AR_{IHRU,i,j}+CP^t_{IHRU,i,j}-CE^t_{IHRU,i,j}-CL^t_{IHRU,i,j} \tag{6-10}$$

式中，$CP^t_{IHRU,i,j}$为落在虚拟渠道上的降水量（$m^3/d$）；$CE^t_{IHRU}$为虚拟渠道的水面蒸发量（$m^3/d$）；$CL^t_{IHRU,i,j}$为虚拟渠道的底部渗漏量（$m^3/d$）；$AR_{IHRU,i,j}$为引水量$DIV^t_{reach,p}$中分配给第 $i$ 个 IHRU 的水量比例（无量纲）。渠道水流速度相对较快，储水能力有限，因此忽略虚拟渠道的水储量变化。

5）如果作物需水量能够完全由地表水满足，则无需抽地下水，否则，利用式（6-11）估算日地下水开采量$GW^t_{IHRU,i,j}$($m^3/d$)：

$$GW^t_{IHRU,i,j}=\mathrm{Min}(AD^t_{IHRU,i,j}-SWC^t_{IHRU,i,j},\ PM_{IHRU,i,j}) \tag{6-11}$$

式中，$PM_{IHRU,i,j}$($m^3/d$) 为 IHRU 的最大日抽水能力，该值主要取决于抽水泵功率和含水层性质。利用式（6-11）来自动估算日抽水量也是 WRA 模块的主要特性之一。

6）将$DIV^t_{reach,p,j}$和$GW^t_{IHRU,i,j}$的预估值输入 HEIFLOW 中求解地下水流场的迭代循环来获得其最终值。在 HEIFLOW 的迭代循环中，引水和抽水作为源汇项。在迭代中还加入了地下水位降深约束。该约束激活时，如果某天某 IRHU 的水头降深超过最大允许值，则该 IHRU 当天的抽水能力将设为 0。IRHU 的水头降深定义为当前水头减去参考日期的水头，而参考日期可由建模者事先设定，如可设为模拟期的第一天。

7）更新渠道水平衡来获取最终达到田间的引水量，该引水量和抽水量会在下一个时间步长被分配至 IHRU。

在地表水利用受限的情况下（如远离河道，或地表引水费用高昂），也可设为优先使用地下水。此时，WRA 会优先使用地下水来满足灌溉需求，具体计算过程如下：

1）根据式（6-12）预估每个 IRHU 的地下水抽水量：

$$GW^t_{IHRU,i,j}=\mathrm{Min}(AD^t_{IHRU,i,j},\ PM_{IHRU,i,j}) \tag{6-12}$$

2）如果期望地下水抽水量能够完全满足需水量，则地表水需水量被设为 0，否则，根据式（6-13）计算每个 IHRU 的地表水需水量：

$$SWD^t_{district,j,p}=\sum_{i=1,\ nhru}(AD^t_{IHRU,i,j}-GW^t_{IHRU,i,j})/CE_{IHRU,i,j} \tag{6-13}$$

3）根据式（6-6）~式（6-9）来预估地表引水量。

4）将地表水引水量和地下水抽水量的预估值输入 HEIFLOW 迭代循环来获得各自的最终值，然后在下一时间步长分配至 IHRU。

WRA 模块采用基于规则的配水方式，可以灵活地模拟地表水和地下水的分配比例，包括仅使用地表水和仅使用地下水的情况：若将式（6-11）中的最大日抽水能力设为 0，则灌溉区将仅使用地表水进行灌溉；反之，若将式（6-7）中的调整系数设为0，则灌溉区将仅使用地下水进行灌溉。

### 6.1.3 渠道模拟

如前所述，WRA 引入虚拟渠道来计算渠道中的水量损失。进入虚拟渠道的水包括河道引水和直接落在渠道上的降水，流出渠道的水包括水面蒸发、渠底渗漏和最终进入农田的水量。渠道两侧的地表产流、壤中流以及地下水向渠道的排泄量忽略不计，该假设与实际情况较为接近，以前的研究也采用类似的处理方法（Alam and Bhutta，2004；Kinzli et al.，2010；Zhang et al.，2017；Meredith and Blais，2019）。在时间 $t$，落在渠道上的降水可用式（6-14）计算：

$$\mathrm{CP}^t_{\mathrm{IHRU},i,j}=P^t_{\mathrm{IHRU},i,j}\cdot A_{\mathrm{HRU},i,j}\cdot \mathrm{RC}_{\mathrm{IHRU},i,j} \tag{6-14}$$

式中，$\mathrm{RC}_{\mathrm{IHRU},i,j}$为渠道面积占 IHRU 面积的比例；$A_{\mathrm{HRU},i,j}$为第 $j$ 个灌区内第 $i$ 个 IHRU 的面积（$\mathrm{m}^2$）。

渠道日蒸发量$\mathrm{CE}^t_{\mathrm{IHRU},i,j}$计算方法如下：

$$\mathrm{CI}^t_{\mathrm{IHRU},i,j}=\mathrm{DIV}^t_{\mathrm{reach},p,j}\cdot \mathrm{AR}_{\mathrm{IHRU},i,j}+\mathrm{CP}^t_{\mathrm{IHRU},i,j} \tag{6-15}$$

$$\mathrm{CPE}^t_{\mathrm{IHRU},i,j}=\mathrm{PET}^t_{\mathrm{IHRU},i,j}\cdot A_{\mathrm{HRU},i,j}\cdot \mathrm{RC}_{\mathrm{IHRU},i,j} \tag{6-16}$$

$$\mathrm{CE}^t_{\mathrm{IHRU},i,j}=\begin{cases}\mathrm{CPE}^t_{\mathrm{IHRU},i,j} & \mathrm{CI}^t_{\mathrm{IHRU},i,j}\geqslant \mathrm{CPE}^t_{\mathrm{IHRU},i,j}\\ \mathrm{CI}^t_{\mathrm{IHRU},i,j} & \mathrm{CI}^t_{\mathrm{IHRU},i,j}<\mathrm{CPE}^t_{\mathrm{IHRU},i,j}\end{cases} \tag{6-17}$$

式中，$\mathrm{CI}^t_{\mathrm{IHRU},i,j}$为进入渠道的水量（$\mathrm{m}^3/\mathrm{d}$）；$\mathrm{PET}^t_{\mathrm{IHRU},i,j}$为第 $i$ 个 IHRU 的潜在蒸发量（m/d）；$\mathrm{CPE}^t_{\mathrm{IHRU},i,j}$为第 $i$ 个 IHRU 内虚拟渠道的蒸发量（$\mathrm{m}^3/\mathrm{d}$）。

渠道日最大渗漏量计算方法如下：

$$\mathrm{CL}^t_{\mathrm{IHRU},i,j}=\mathrm{CI}^t_{\mathrm{IHRU},i,j}-\mathrm{CE}^t_{\mathrm{IHRU},i,j} \tag{6-18}$$

$$\mathrm{CLF}^t_{\mathrm{IHRU},i,j}=\mathrm{CL}^t_{\mathrm{IHRU},i,j}/A_{\mathrm{HRU},i,j} \tag{6-19}$$

式中，$\mathrm{CLF}^t_{\mathrm{IHRU},i,j}$为$\mathrm{CL}^t_{\mathrm{IHRU},i,j}$的通量（m/d）。

当对虚拟渠道进行水量平衡计算时，仅考虑向下的渠底垂向渗漏，而忽略地下水可能对渠道的排泄量（Mohammadi et al.，2019）。渠道渗漏量直接作用于 IHRU 的非饱和带。渠底渗漏量不能超过土壤水最大下渗水速率时对应的渗漏量。因此，根据式（6-19）计算潜在的重力排水通量$\mathrm{CLF}^t_{\mathrm{IHRU},i,j}$。如果$\mathrm{CLF}^t_{\mathrm{IHRU},i,j}$超过了非饱和带的垂向渗透系数（$K_s$），则其值等于$K_s$，而超过$K_s$的部分将会返回到渠道中。

### 6.1.4 模块耦合

WRA 与 HEIFLOW 主体模型实现了迭代耦合。图 6-2 显示了耦合计算的流程，具体步骤如下。

1）运行 HEIFLOW 声明、初始化、内存分配与数据读取等过程，检查数据一致性、分配内存、初始化变量。在 HEIFLOW 初始化期间，从相应的输入文件读取 WRA 对象，包括灌区、灌溉水文响应单元 IHRU。

2）开始每日的时间循环。如果时间循环步长为 1，且初始应力期为稳态，则执行 HEIFLOW 中的 MODFLOW 子程序，并从初始稳态应力周期中排除地表产汇流、土壤水和 WRA 计算。否则，执行 MODFLOW、WRA 和地表水文过程子程序。

3）计算地表和土壤带水文过程。根据当前时间步长的降水、土壤含水量和边界入流等条件，WRA 计算需水量并预估地表引水量和地下水抽水量。将前一时段分配给每个 IHRU 的灌溉水量输入模型的土壤带模块，与到达地表的天然降水量一起开始土壤带水文过程模拟。

4）开始迭代循环，由 WRA 获得的地表引水量和地下水抽水量预估值作为源汇项加入 MODFLOW 迭代循环。在迭代过程中会判断是否满足地下水降深约束，迭代计算完成后会获得地表引水量和地下水抽水量的最终值。

5）计算垂向土壤带、非饱和带和饱和带的水平衡以及整个流域的水平衡，计算每个灌区的水平衡；将地表、地下和灌区的状态变量与通量保存至输出文件。

6）维持时间循环直至整个模拟期结束。当模拟结束后，关闭所有文件并清理计算内存。

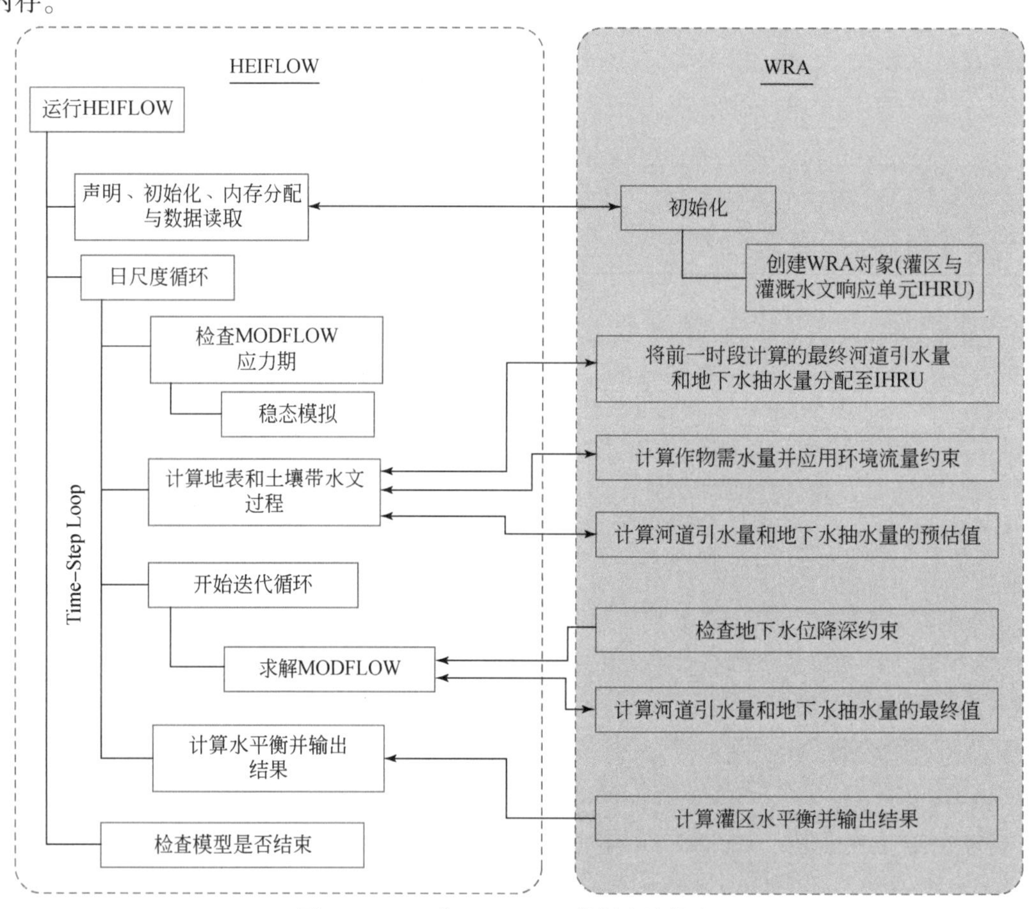


图 6-2　WRA 与 HEIFLOW 的耦合计算流程

## 6.2 环境流量约束

通过河道环境流量（environmental flow）约束保障生态环境需水是一种常见的水资源管理行为，在全球各地均有实施，如澳大利亚的墨累–达令流域（Kirby et al.，2014）、西班牙的埃布罗河流域（Almazán-Gómez et al.，2018）、美国的科罗拉多河流域（Kendy et al.，2017）以及中国的塔里木河流域（Xue et al.，2017）等。环境流量管理不可避免地会对灌溉行为产生影响，在干旱半干旱区生态水文模拟中需要给予充分考虑，但如何在大尺度模拟中体现环境流量约束仍是一个挑战。黑河流域中下游从 2000 年开始实施中下游分水管理，要求平水年即莺落峡 50% 保证率来水 15.8 亿 $m^3$ 时，正义峡年下泄量应不低于 9.5 亿 $m^3$；莺落峡 25% 保证率来水 17.1 亿 $m^3$ 时，正义峡年下泄水量应不低于 10.9 亿 $m^3$；莺落峡 75% 保证率来水 14.2 亿 $m^3$ 时，正义峡年下泄水量应不低于 7.6 亿 $m^3$（详见 1.2.2 节），是一个典型的环境流量管理案例。

黑河流域“97”分水方案只规定了正义峡的年下泄量约束，但在具体某一年中如何实施仍是一个问题。在实际工作中，管理者需根据当年的气象条件、水文情势和社会经济需求做出适应性的决策，这在我国的水资源管理实践中十分常见。为模拟这一类决策行为，本研究开发了 EFC 模块。EFC 模块提供了一个引水量修正算法，该算法能够逐日调整黑河中游引水，使正义峡下泄量逐渐逼近分水曲线规定的目标值。图 6-3 显示了分水曲线逼近算法的基本原理。图 6-3 中，$\tan\alpha$ 代表正义峡年下泄量与莺落峡（即出山口处）年来水量的比值，$\alpha_0$ 代表严格遵循分水曲线的比值，而 $\alpha_{max}$ 和 $\alpha_{min}$ 分别代表最小和最大的分水情景比值，即中游完全不引水和 100% 引水情景。在时段 $t$ 内，引水量修正的目标是最小化目标下泄量 $R_t^*$（$m^3$）和实际下泄量 $R_t$（$m^3$）之间的差值。在时段 $t$ 内，已知累积来流量为 $I_t$（$m^3$），实际累积下泄量为 $R_t$（$m^3$），目标累积下泄量为 $R_t^*$，则 $t+1$ 时段的允许引水量 $\Delta W_{t+1}$（$m^3$）根据以下两个原则进行计算：①如果当前下泄量 $R_t$ 超过目标下泄量 $R_t^*$，则应减少引水量，反之亦然。②当 $R_t$ 和 $R_t^*$ 之间的差异变大时，应对 $\Delta W_{t+1}$ 进行更大幅度修正。

假设 $\tan\beta_{t+1}$ 等于 $t+1$ 时段预测下泄量 $\Delta R_{t+1}^{pred}$ 与其对应的来流量 $\Delta I_{t+1}^{pred}$ 的比值，即 $\tan\beta_{t+1}=\Delta R_{t+1}^{pred}/\Delta I_{t+1}^{pred}$。上述两个原则通过式（6-20）和式（6-21）反映：

$$\beta_{t+1}=\begin{cases}\lambda_t\cdot\alpha_{max}+(1-\lambda_t)\cdot\alpha_0 & R_t<R_t^*\\ \lambda_t\cdot\alpha_{min}+(1-\lambda_t)\cdot\alpha_0 & R_t\geqslant R_t^*\end{cases}\tag{6-20}$$

$$\lambda_t=\begin{cases}k\cdot\dfrac{R_t^*-R_t}{R_t^*} & R_t<R_t^*\\ k\cdot\dfrac{R_t-R_t^*}{R_t} & R_t\geqslant R_t^*\end{cases}\tag{6-21}$$

式中，$k>0$ 为一个行为参数，用来衡量水资源管理者试图减少 $R_{t+1}^*$ 和 $R_{t+1}$ 之间差异的意愿强烈程度，更大的 $k$ 意味着需要通过更积极地调整来减少差异。时段 $t+1$ 的允许引水量 $\Delta W_{t+1}$ 利用式（6-22）来计算：

$$\Delta W_{t+1}=\Delta I_{t+1}^{\text{pred}}\left(1-\tan\beta_{t+1}\right) \tag{6-22}$$

因此，WRA 模块中的生态约束系数$\mathrm{EF}_{\text{reach},p,j}^{t}$［式（6-7）］可用式（6-23）计算：

$$\mathrm{EF}_{\text{reach},p,j}^{t+1}=\begin{cases}1 & \Delta W_{t+1}\geqslant \mathrm{DIV}_{\text{reach},p,j}^{t}\\ \dfrac{\Delta W_{t+1}}{\mathrm{DIV}_{\text{reach},p,j}^{t}} & \Delta W_{t+1}<\mathrm{DIV}_{\text{reach},p,j}^{t}\end{cases} \tag{6-23}$$

通过逐步调整$\mathrm{EF}_{\text{reach},p,j}^{t}$，正义峡的年内累积下泄量将会逐渐逼近分水曲线规定的目标值。需要说明的是，上述流量约束模拟是一种理想状态下的模拟，即分水决策每天都会实施，而目前真实的分水决策通常以旬为单位来实施。

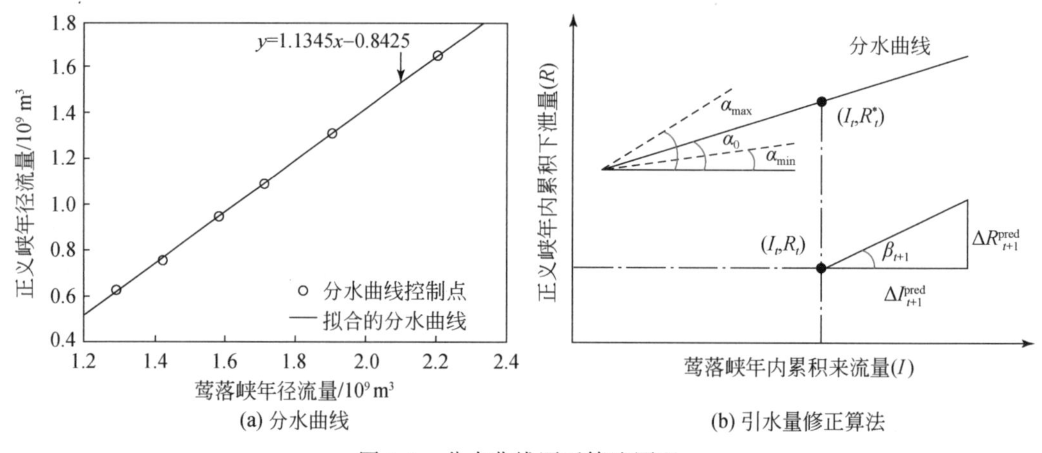


图 6-3　分水曲线逼近算法原理

## 6.3　基于主体建模的水资源利用与管理模型

ABM 是一种用来模拟具有自主意识的智能体的行为和相互作用的建模思路。近年来，ABM 在水资源管理领域得到越来越多的应用（Janssen and Ostrom，2006；Farmer and Foley，2009；An，2012；Gorelick and Zheng，2015；Noël and Cai，2017）。本研究提出了一种 ABM 的内陆河流域水资源管理模型。该模型框架如图 6-4 所示，包括两类主体（agent）：水资源管理主体和一定数量的水资源利用主体（即农户）。水资源管理主体代表流域尺度的水资源管理机构，通过设计和实施水资源管理政策对农户主体施加影响。农户的主要行为包括对灌溉时间和灌溉量的决策，该决策会受到管理政策的影响，如增加地下水抽水成本会降低农户的地下水抽水量。ABM 采用经济优化的方法计算不同水资源管理政策下的地表水和地下水用水量，从而评估水资源管理政策对农户灌溉用水的影响。

水资源管理主体实施的管理政策组合可表示为 $\varphi$。参考前人研究（Brennan，2006；Harou and Lund，2008；Hrozencik et al.，2017；Lahtinen et al.，2017），考虑两类管理政策组合，分别针对地下水和地表水管理的需要。对地下水管理而言，农户开采地下水需缴纳相应的水资源费（$\varphi_{\text{GW}}$）。为了反映地下水抽水地区面临的含水层枯竭等生态环境问题，

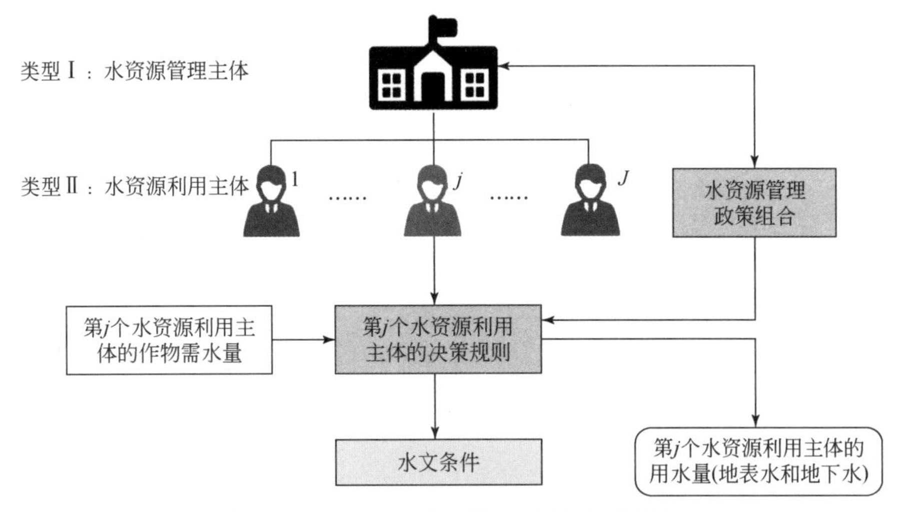


图6-4　基于ABM的水资源利用与管理模型

还增加了两个约束条件，即地下水位允许下降限制值（$\xi$）和地下水超采罚款率（$\eta$）。如果地下水位降深（$d$）超过其限制值，则会施加一项惩罚费用（$\varphi_{\text{penalty}}$），利用式（6-24）来计算：

$$\varphi_{\text{penalty}}=\begin{cases}0 & d<\xi \\ \eta\times(d-\xi) & d\geqslant\xi\end{cases} \tag{6-24}$$

对地表水管理而言，同样需收取地表水资源费（$\varphi_{\text{SW}}$），该值为从河流中引 1 $m^3$ 水所需支付的费用。此外，地表水管理还包括引水总量限制，以反映不同水文条件影响下的供水能力。

基于上述政策参数，水资源管理主体的政策组合可以表示为$\varphi=[\varphi_{\text{GW}},\varphi_{\text{SW}},\xi,\eta]$。这一组合可以用来对流域的水文情势及生态环境进行调控。例如，为了应对含水层枯竭问题，水资源管理主体可以设置更高的地下水资源费$\varphi_{\text{GW}}$、更小的地下水位允许下降限制$\xi$和更高的地下水超采罚款率$\eta$。这一政策组合还可用来计算水资源使用成本（以下成本均针对1 $m^3$），对地表水而言，使用成本主要为地表水资源费，可假设$C_{\text{SW}}=\varphi_{\text{SW}}$。地表水使用通常是由渠道引水口通过重力流直接流向各个灌区的，引水过程本身的成本相对较小。相比之下，地下水使用成本包含三部分：地下水资源费$\varphi_{\text{GW}}$、抽水的能源成本$\varphi_{\text{pumping}}$以及超采含水层时的惩罚费用$\varphi_{\text{penalty}}$。因此，地下水使用的总成本$G_{\text{SW}}$可表示为

$$G_{\text{GW}}=\varphi_{\text{GW}}+\varphi_{\text{pumping}}+\varphi_{\text{penalty}} \tag{6-25}$$

式中，$\varphi_{\text{pumping}}$为抽水扬程（与地下水位的深度有关）、能源价格、抽水效率和输电损耗的函数，详细计算方法可参考 Rothausen 和 Conway（2011）、Wang J 等（2012）、Li 等（2016）。

图6-5显示了日时间尺度的农户用水决策过程。首先计算灌溉需水量，此处使用WRA中提供的自动需水量计算方法，当作物根区土壤水分低于土壤水分亏缺阈值时，农户将进行灌溉。农户可以每天到农田检查土壤湿度，因此假设农户在日时间尺度上决定灌溉计

划。一旦确定了农户的灌溉需求，下一步就是分别确定需要使用多少地下水和地表水。假设农户采用启发式的“经济优化”方法进行决策，并将使用更经济的水资源（即成本较低的水资源）作为灌溉的首选（图6-5决策步骤2）。如果水资源（如地表水）不足以满足需水量（如在低流量条件下），农户将使用替代水资源（如地下水）来满足剩余的灌溉需求。

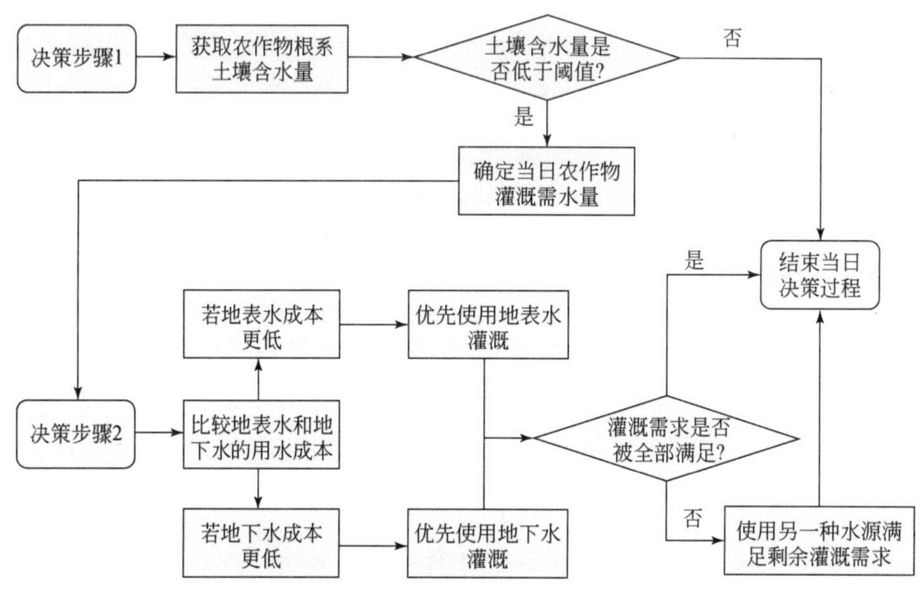


图6-5　日尺度的农户用水决策过程

为模拟流域尺度上水资源管理政策对水循环的影响，将ABM与HEIFLOW进行了代码级别耦合。图6-6显示了耦合框架。在空间上，每个水文响应单元HRU被视为ABM的一

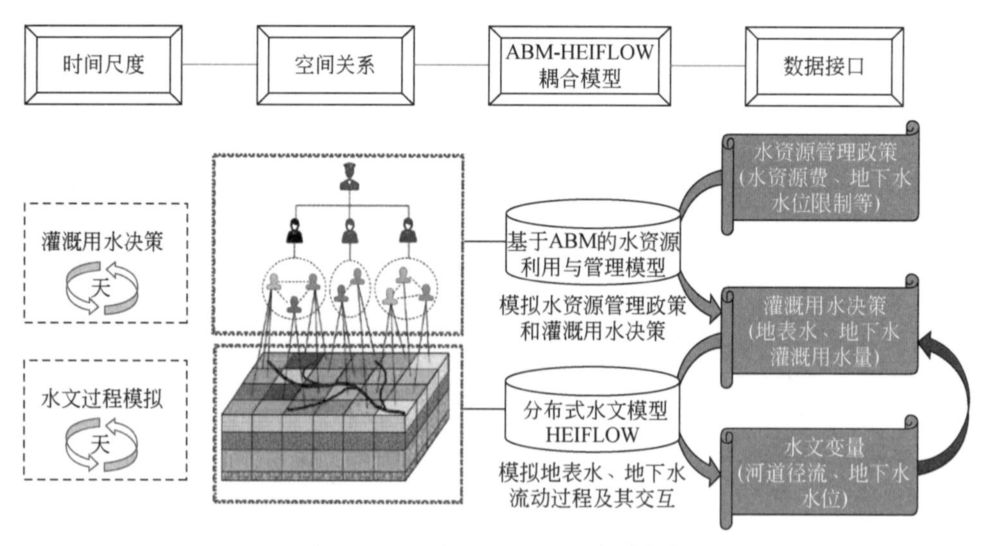


图6-6　ABM与HEIFLOW的耦合框架

个主体，用来模拟该 HRU 内农户的用水行为。在时间上，HEIFLOW 时间步长为天，而 ABM 的用水决策也为天，两者保持一致。在一个时间步长内，ABM 基于 HEIFLOW 提供的水位变量（如河道径流、地下水位等），同时考虑水资源管理政策（如水资源费、地下水位限制等），进行灌溉用水决策，从而获得地表水和地下水配水量，该配水量被传递至 WRA 进行计算，获得最终的地表水引水量和地下水抽水量并分配至农田。该耦合模型的时间尺度为天，空间尺度为灌溉水文响应单元，因此该模型可以在精细的时空尺度上模拟水资源管理政策对流域水文水循环的影响，分析地下水位、河道径流等关键性水文变量在流域内部的分布特征和变化规律，为流域水资源管理提供模型工具和决策支持。

WRA 和 ABM 都提供了水资源管理与利用功能，但两者有各自的应用场景。WRA 使用基于规则的水资源分配方式，更注重水量分配而不考虑经济成本，更适合模拟具有成熟且固定规则的水资源分配场景。而 ABM 基于经济成本来决定水资源分配过程，更注重管理政策的应用。

# 第 7 章 可视化建模平台 Visual HEIFLOW

## 7.1 平台概述

通过前几章的介绍可以看到，HEIFLOW 具有十分复杂的模型结构，输入输出文件众多。这样的模型在流域过程分析、管理决策支撑方便能发挥重要的作用，但如果没有一个方便使用的可视化建模软件系统，会让许多潜在用户望而却步，这也是现有分布式地表水-地下水模型普遍存在的问题。唯一例外的是丹麦水利研究所（DHI）开发的 MIKE-SHE，但该建模软件系统售价昂贵，且很难根据用户自身的需求进行二次开发，故较少用于科学研究。为便于建模人员能够更高效地使用 HEIFLOW，本研究开发了 GIS 支持下的可视化建模平台 Visual HEIFLOW（VHF），VHF 为 HEIFLOW 提供了一站式建模平台（Tian et al.，2018），可帮助用户快速建立模型，同时提供了丰富的前后处理工具，便于用户分析、处理各种复杂的输入/输出数据，使用户更集中于模型分析本身，而非繁琐的数据提取、转换等过程。虽然 VHF 是为 HEIFLOW 设计开发的，但其软件架构具有很好的可扩展性，以及良好的二次开发接口。通过简单的二次开发，VHF 即可应用于其他分布式水文模型。

VHF 使用 GIS 数据结构来表达模型要素，使得数值模型与 GIS 数据结构无缝对接，大大提高了数据处理效率。VHF 还提供了丰富的时空数据处理功能，能够分析不同尺度上（网格尺度、子流域尺度、流域尺度）的生态水文过程。VHF 能够接入关系型数据库，提供了统一、规范和高效的数据处理功能。VHF 还提供了强大的三维可视化功能，能够实现大规模数据的三维显示。VHF 采用微内核的软件架构，通过插件机制可方便扩充软件功能。

图 7-1 显示了 VHF 主界面，其中关键功能如下。

1）流域划分与河网提取工具：该工具提供了自动划分流域和生成河网功能，用户只需输入建模区域的 DEM 数据，便可自动生成流域、子流域和河网。该工具支持 burn in 功能，即用户可预先提供水系信息，工具自动生成的河网将与用户提供水系更好匹配。

2）空间网格生成工具：根据用户提供的模型边界信息和网格分辨率信息，该工具自动生成模型计算所需的空间网格，并完成网格参数的初始化，如网格的地表高程、坡向等。

3）概念性建模工具：该工具主要用于分布式模型参数的空间赋值。用户提供参数的空间分区数据（如水文地质分区）和参数映射表，工具自动完成参数的空间赋值。空间分区既可以是 shapefile 格式的矢量数据，也可以是 tif 格式的栅格数据。

4）地下水模型构建工具箱：该工具箱提供一系列用于构建 MODFLOW 程序包的工具，

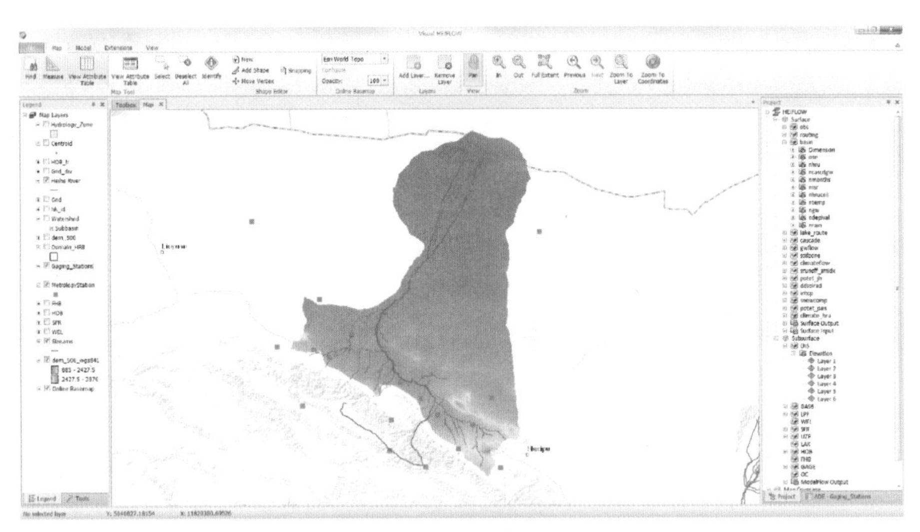

图 7-1　VHF 主界面

目前支持的程序包有 LPF（地层水文参数）、DIS（地层几何参数）、UZF（非饱和带）、SFR（河流）、FHB（边界条件）、WEL（井）、PCG（求解方法）、UPW（类似于 LPF）、NWT（与 PCG 类似）等。

5）时空数据分析工具箱：该工具箱提供了一系列用于时空数据分析的工具，如 Trend 工具可分析每个计算网格上某模拟变量的时间变化趋势；Correlation 工具可分析两个变量在每个计算网格上的相关系数。

6）空间分析工具箱：该工具箱提供了常用的 GIS 空间数据分析与处理功能，如叠加分析、空间数据转换等。

7）数据库管理工具：该工具提供了数据库连接、浏览、查询、数据导入、数据导出等功能。

8）径流结果分析工具：该工具能够显示任意河网任意断面的径流过程，显示径流沿程动态变化过程，显示径流的时空变化过程，同时可与观测数据快速比较，并计算各类统计量，如 $R^2$、纳什系数等。

9）水平衡分析工具：该工具提供了丰富的水平衡分析功能，既能分析整体水平衡，又能分别分析地表、非饱和带和饱和带的水平衡，并且提供了完整的各分区的水量交换结果。

## 7.2　系统设计与实现

### 7.2.1　系统架构

VHF 采用层次化的软件架构。为方便系统的升级与功能扩展，在层次化软件框架内，VHF 引入了插件机制（Plug-in）。插件机制依赖于 MEF（Managed Extensibility Framework）

库。MEF 库是 .NET 平台下的一个扩展性管理框架，目标是简化创建可扩展的应用程序。MEF 提供依赖注入（Dependency Injection）以及多态类型（Duck Typing）等特性。它为开发人员提供了一个简洁而易用的工具来开发具有扩展性能的应用程序。图 7-2 显示了基于 MEF 模型库的插件体系原理。MEF 模型库的核心是组合容器，该容器包含所有可用的部件并执行组合操作（将导入和导出配对）。组合容器的最常见类型是 CompositionContainer。图 7-2 中使用了三个 CompositionContainer，分别用于组合具有分析功能的组件、内置插件（或第三方插件）以及数据组件。为了发现可用于组合容器的部件，组合容器使用“目录”（Catalog）。目录就是一个对象，通过它可从某些源发现可用部件。MEF 提供了用于从类型、程序集或目录发现部件的功能。创建一个部件时，MEF 会自动导入与该部件相匹配的其他部件。通过 MEF，应用程序可以通过部件的元数据来发现并检查部件，而不用实例化部件，甚至不用加载部件的程序集。主应用程序启动后可进行程序的动态组装，这样可以将运算逻辑与界面交互相分离，达到组件复用的目的。

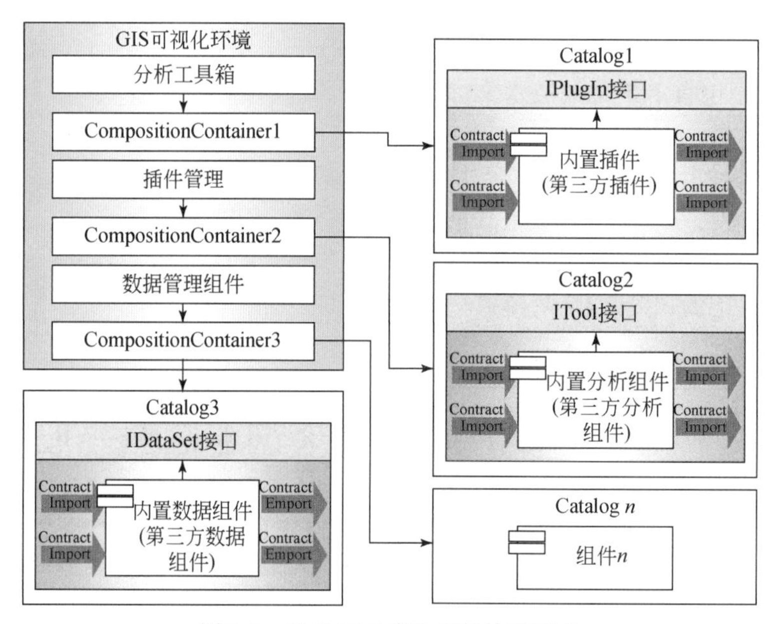


图 7-2 基于 MEF 库的插件体系原理

图 7-3 显示了基于 MEF 和 MVC 设计模式的 VHF 软件架构。该架构可分为五层：数据层、模型层、中间层、应用层、界面层。

1）数据层包含各类数据源，如矢量数据、栅格数据、单点时间序列数据和模型参数数据。

2）数据层之上为模型层，包括 HEIFLOW 模型以及其他经过封装后可被 VHF 识别的模型。

3）模型层之上为中间层，该层是整个系统的核心，总体可分为三部分，即数据读写库、GIS 库和模型接口库。数据读写库封装了对底层数据源的读写操作。GIS 库使用了一个开源的地理信息系统组件 DotSpatial（Ames et al.，2012）。DotSpatial 提供了地理空间数

图 7-3　VHF 软件架构

据处理、坐标系统变换等核心 GIS 功能。在栅格数据处理方面，DotSpatial 采用了开源栅格空间数据转换库 GDAL（Geospatial Data Abstraction Library）。许多著名的 GIS 产品（包括 Google Earth、GRASS 等）均采用了该库（Liang et al.，2018；Sorokine，2007）。模型接口库提供了对水文模型的通用访问接口和互操作接口。

4）中间层之上为应用层，该层按照软件应用逻辑提供各种功能组件，包括模型构建、后处理、空间数据处理和时空数据处理等。

5）最上层为界面层，该层提供了一个集数据交互、数据聚合和可视化为一体的集成界面。界面层也允许接受插件来扩展其能力。

## 7.2.2　系统核心数据结构

为应对不同尺度、不同类型建模数据的一体化存储、管理、调度和应用需求，VHF 设计了多个标准的抽象数据模型来统一组织和管理建模所需数据。对于栅格数据和矢量数据，目前已有成熟的数据存储格式，本研究不再定义。而对于生态水文模拟中广泛涉及的单点时间序列数据和多维时空数据，目前缺乏统一的规范，因此设计了针对这两类数据的通用数据模型。

1. 单点时间序列数据模型

图 7-4 显示了单点时间序列数据模型。单点时间序列是指单个观测站点所观测的时间序列数据，典型的如气象站、水质监测站的观测数据。该类型数据在生态水文模拟中占据重要位置，但长期以来，该类型数据普遍存在的数据异构问题没有得到很好的解决（Horsburgh et al.，2009），导致使用该类型数据时效率低下，大量的时间和精力花费在数据格式转换、数据语义排歧、数据一致性检查等任务上。为提供更为有效的存储和管理手段，在参照具有国际影响力的观测数据模型 ODM（observations data model）基础之上（Horsburgh et al.，2008），设计了一个更为紧凑且满足使用需求的数据模型。事实上，图 7-4 中的数据模型提供了一个标准模板，利用该模板可实现在不同关系型数据库中对时间序列数据的一致性存储和操作，从而解决数据的结构异构问题。为解决语义异构问题，采用 ODM 中所使用的控制词汇表（Controlled Vocabularies）方法，即预先定义好一份标准的词汇表来描述数据的元信息，如观测变量名称、单位名称、时间名称等，在从外部数据源导入数据时，利用该标准控制词汇表来描述导入的数据，从而消除语义异构。

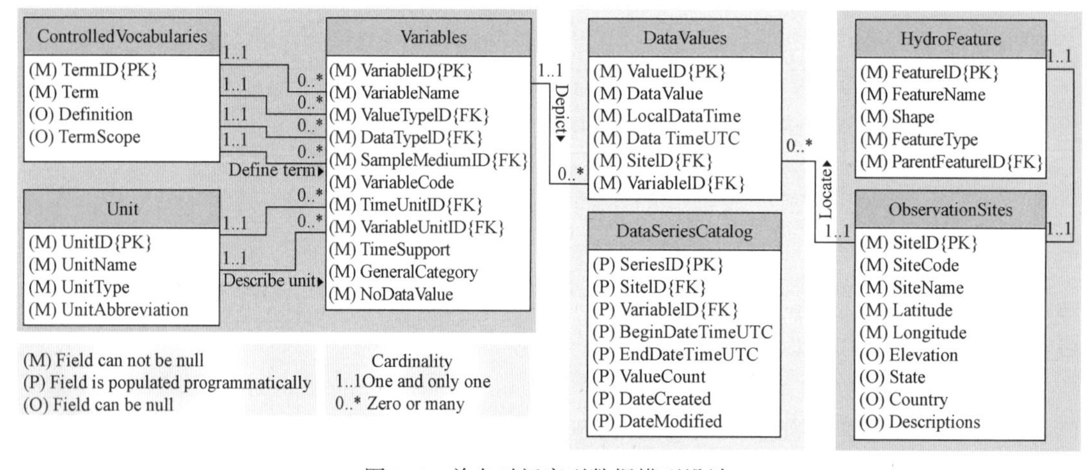


图 7-4　单点时间序列数据模型设计

图 7-4 中，DataValues 扮演着核心角色，它存储着连续时间段内采用等距时间间隔采样的时间序列点对。DataValues 还记录着每一数据点对的采集地点以及与其关联的变量类型等信息。围绕着 DataValues，还有数个辅助数据表用于存储更为详细的元数据信息，包括变量表 Variables、观测站点表 ObservationSites 等。Variables 存储观测变量的元信息，如变量名称、ID、值类型（指原始观测数据或模型模拟数据）、数据类型（指最大值、最小值、平均值等）及其他。Variables 中的有些字段必须引用表 ControlledVocabularies 中的值，如 VariableName、DataType 等。类似地，ObservationSites 存储观测站点的元信息。DataSeriesCatalog 汇总了其他表中的信息，包括 Sites、Variables、DataValues，其目的是为快速检索数据提供一个永久性的视图。该表中的信息与其他表中的信息有重复，但考虑到时间序列数据往往包含多达百万条级的数据量，在程序运行时实时查询消耗时间和资源较多，为此提前生成数据检索剖面，可极大地加快数据搜索速度。

2. 四维时空数据模型

数值模型运行时会产生大量的时空数据，如图 7-5 所示，二维数值模型一般产生三维时空数据；而三维数值模型会产生四维时空数据，即空间三维外加时间一维。传统的数值模型一般用各自定义的格式来存储运算结果，很多时候直接采用文本文件来存储运算结果。不同研究人员使用的格式不同，导致各种数据异构问题的出现，不利于运算结果的共享、交换及后处理（Beran and Piasecki，2009；Kourtesis and Paraskakis，2008）。为解决这一问题，定义了一个针对多维时空数据的统一模型——变量-时间-空间立方体数据模型（图 7-6），利用该模型可实现对多维时空数据的一致性存储和操作。

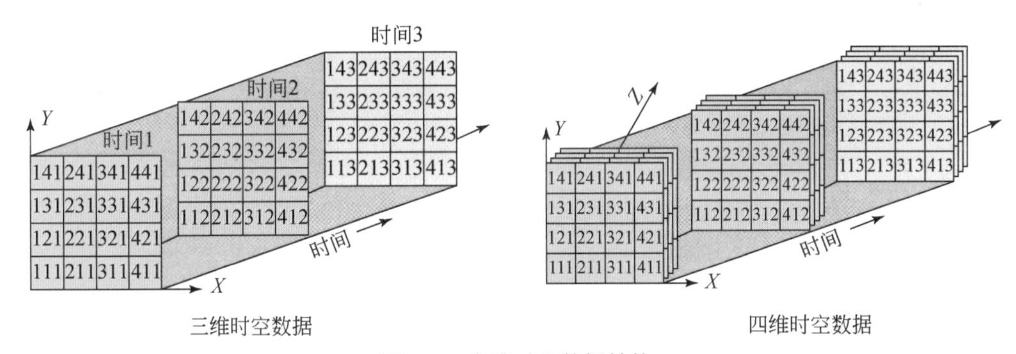


图 7-5　多维时空数据结构

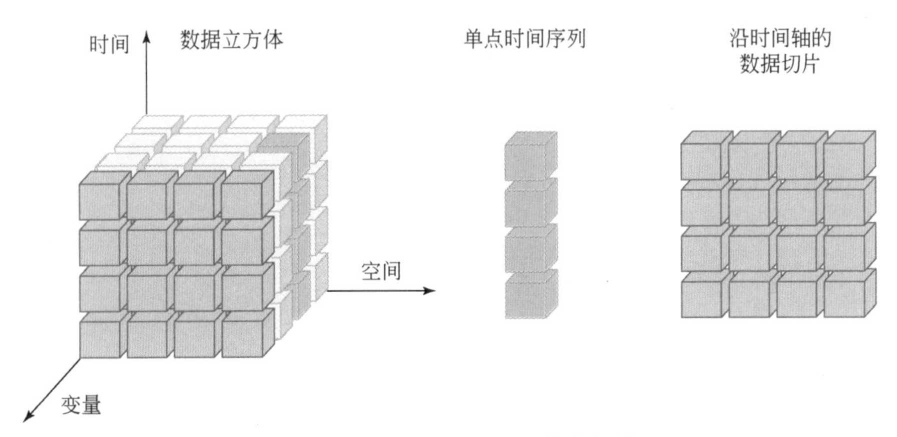


图 7-6　变量-时间-空间立方体数据模型

利用变量-时间-空间立方体数据模型可灵活表达多维时空数据。在表达一维时空数据时，变量维和空间维的长度均为 1，时间维长度为所表示的时间序列长度。在表达高维时空数据时（大于一维），使用序列化的空间索引编号来表示空间位置，而不是使用其绝对的空间位置坐标。这样做的好处是可以节省存储空间，但需要额外存储空间索引编号与空间位置的对应关系。

### 7.2.3 系统开发与实现

VHF 基于 Microsoft. NET Framework（Version 4.5）平台使用 C#语言开发。开发过程中使用了 .NET Framework 提供的几个独特的组件，包括 MEF 和 Language Integrated Query（LINQ）。使用这些组件可大大简化系统开发工作。LINQ 是集成在 .NET 编程语言中（包括 C#和 Visual Basic）的一种语法功能，它极大地简化了数据查询操作并大幅提升程序查询性能 。使用 LINQ 可极大简化数据密集型应用程序的开发工作。

首次打开 VHF 时会看到如图 7-7 所示的界面。界面的基本元素包括 Ribbon 条和一系列子窗口。Ribbon 是与 VHF 交互的主要方式，能够帮助用户快速找到需要完成任务的各种命令。Ribbon 按照逻辑被组织成工作面板。

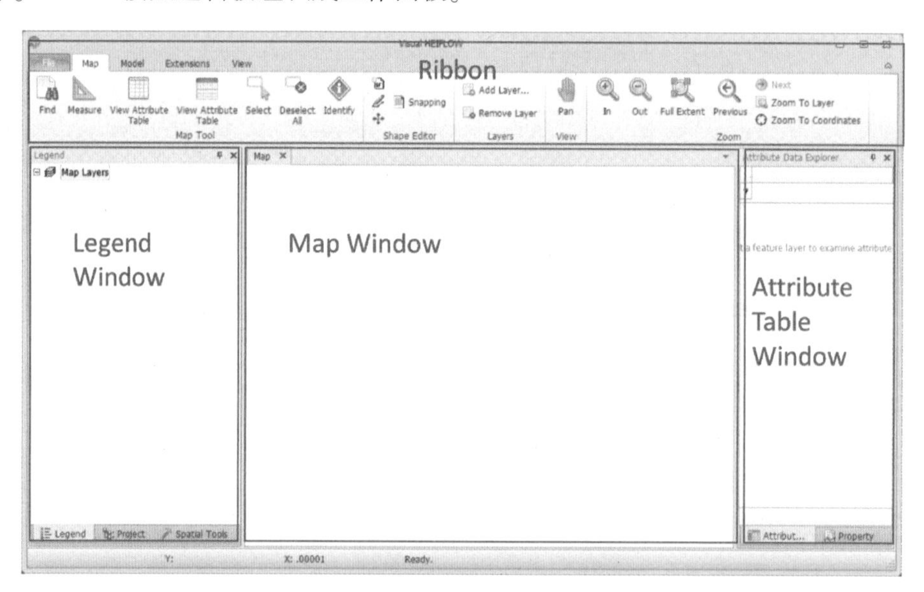


图 7-7　VHF 主界面功能模块

关于主界面的一些常用操作包括：

1）显示或隐藏 Ribbon。在界面右上角，单击 ⌃ 。或者双击任意面板同样可显示或隐藏 Ribbon。

2）停靠窗口。VHF 的一些子窗口能够停靠。用户能够显示、隐藏这些窗口，如图例窗口、地图窗口等。以图例窗口为例，当用户按住窗口的标题栏时，会显示一个半透明的蓝色矩形框，其显示了图例窗口能够停靠的新位置（图 7-8）。

3）显示/隐藏窗口。VHF 的所有子窗口均能够显示或关闭。对于能够停靠的窗口，单击自动隐藏按钮 📌 会隐藏窗口，单击 ✖ 会关闭窗口。如果一个窗口被关闭了，切换到

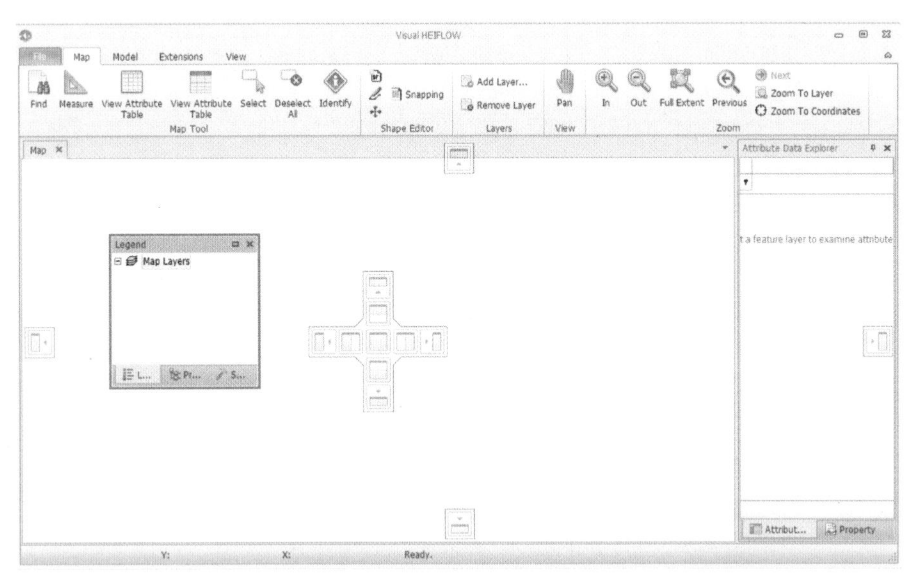


图 7-8　VHF 窗口停靠功能

View Tab，单击相应的图标会再次显示窗口。

一些常用的子窗口描述如下：

1）图例。该窗口会列出地图里面所有的图层。每个图层前的选择框会指示当前图层是否会在地图里显示。图例窗口里的图层顺序决定了它们在地图窗口里的绘制顺序。

2）方案浏览器。该窗口是管理 HEIFLOW 窗口的主要方式。一个 HEIFLOW 工程包含了对 HEIFLOW 模型的引用，并以逻辑形式组织和管理 HEIFLOW 模型的所有要素。

3）模型工具箱。该工具箱包含一系列能够对 Data Cube 数据进行操作的工具。

4）空间工具箱。该工具箱包含一系列基本 GIS 操作的工具。

## 7.3　建模功能

### 7.3.1　主要建模流程

本节以黑河中下游 HEIFLOW 模型（第 8 章详细介绍）为例介绍使用 VHF 的主要流程。图 7-9 显示了建模的主要步骤。以下分别说明主要步骤的操作：VHF 使用项目文件来管理建模中涉及的各类数据。当新建一个模型时，VHF 提供了模型模板，用户可根据需要选择合适的模型和模块。在加载建模所必需的空间数据（包括 DEM、土地利用、土壤数据等）后即可开始进行计算区域网格剖分，之后分别对地表部分和地下部分开展建模，生成气象驱动数据文件和导入校正数据，至此模型构建完成。待模型运行完成之后，可使用 VHF 提供的可视化工具对模型结果进行分析。

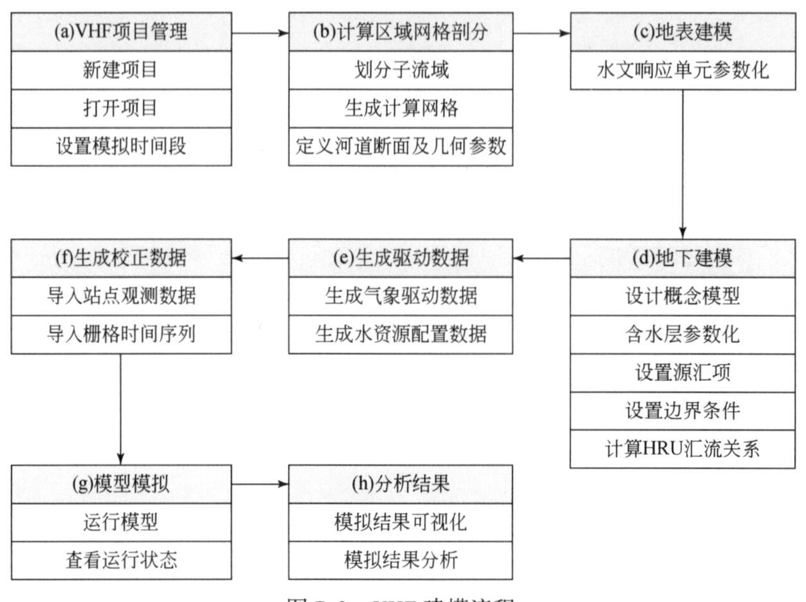


图 7-9　VHF 建模流程

## 7.3.2　计算区域网格剖分

HEIFLOW 模型在空间上使用矩形网格，同时还需子流域和数字河网信息。VHF 提供了一个子流域划分工具，在输入 DEM 后，可自动生成 HEIFLOW 计算所需要的流域边界、子流域和河网。图 7-10 显示了子流域划分工具界面，该工具与 ArcSWAT（Dile et al., 2016）所提供的子流域划分工具类似。图 7-11 显示了利用子流域划分工具基于 90 m 分辨率 DEM 所生成的黑河中下游子流域。

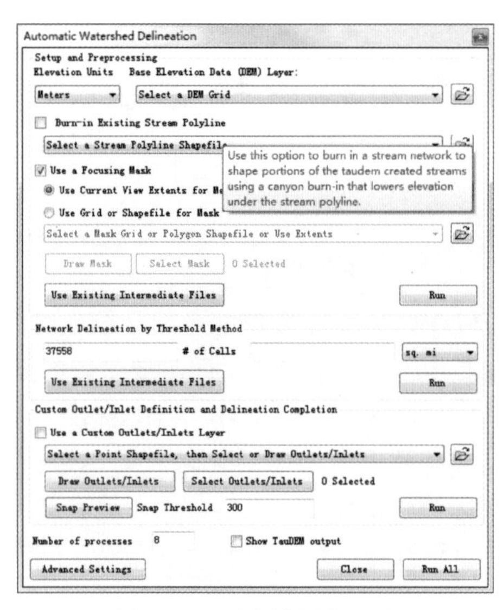


图 7-10　子流域划分工具

Visual HEIFLOW
File
Map
Model
Extensions
View
ODM Database
Table View
3D View
Data
Model Toolbox
Data Cube Editor
Model Tool
Lengend
Map
Spatial Tools
Map
Project Explorer
Model Running
Model
Property
Common
Legend
Hydrology_Zone
Centroid
HOB_tr
hk_id
Grid
Watershed
Subbasin
1
2
3
4
5
6
7
8
9
10
11
12
13
14
Leg...
Proj...
Spa...
Map
uyuan
GOBI DESE
Database
Property
No selected layer
Y: 5283549.44568
X: 10765461.61367

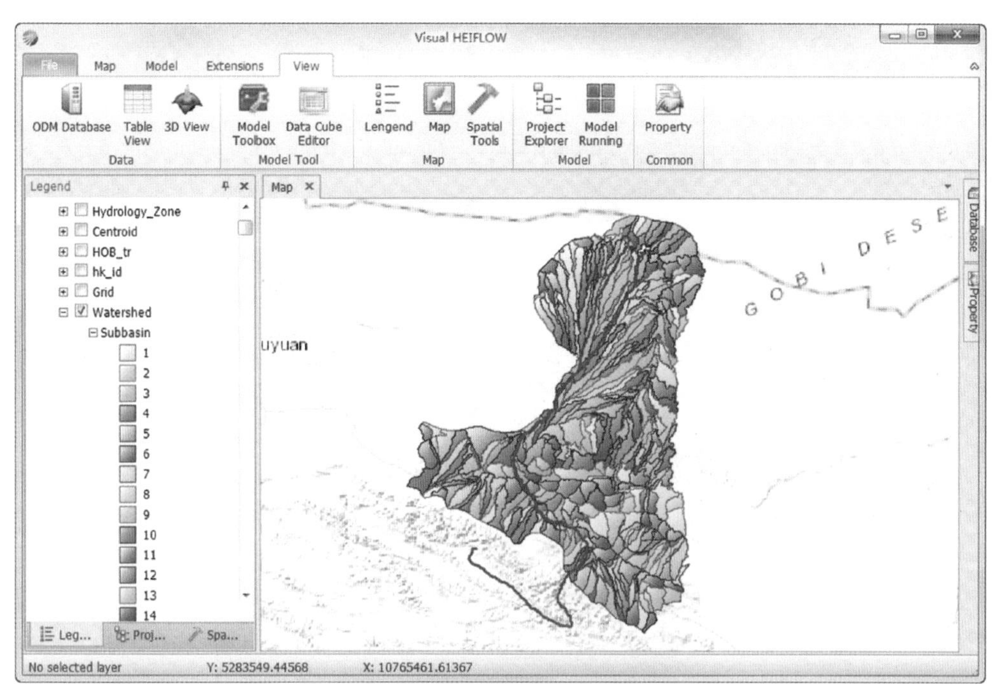

图 7-11　黑河中下游子流域划分结果

获得流域边界、子流域边界后，用户须进一步定义含水层地层数量和每个地层的性质（图 7-12）。MODFLOW 模型的地层类型分为 Confined 和 Convertible。其中 Confined 为承压含水层，而 Convertible 意味着地层可在承压和非承压之间转换。HEIFLOW 模型要求模型顶部地层必须为 Convertible。在设置完成地层属性后，即可开始计算网格剖分。HEIFLOW 模型使用有限差分网格，VHF 提供了网格剖分工具（图 7-13），在此工具中，用户只需输入模型边界图层、DEM 图层，并输入计算网格的尺寸后，VHF 即可自动生成计算所需的地表网格和地下网格，在生成网格的同时会对网格地表高程进行赋值。图 7-14 显示了黑河中下游计算网格三维显示效果。

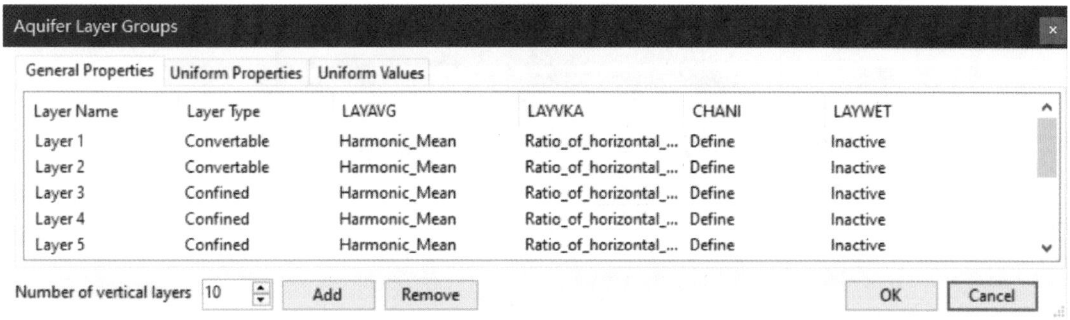

Aquifer Layer Groups
General Properties
Uniform Properties
Uniform Values
Layer Name　Layer Type　LAYAVG　LAYVKA　CHANI　LAYWET
Layer 1　Convertable　Harmonic_Mean　Ratio_of_horizontal_...　Define　Inactive
Layer 2　Convertable　Harmonic_Mean　Ratio_of_horizontal_...　Define　Inactive
Layer 3　Confined　Harmonic_Mean　Ratio_of_horizontal_...　Define　Inactive
Layer 4　Confined　Harmonic_Mean　Ratio_of_horizontal_...　Define　Inactive
Layer 5　Confined　Harmonic_Mean　Ratio_of_horizontal_...　Define　Inactive
Number of vertical layers　10
Add
Remove
OK
Cancel

图 7-12　含水层地层数量和主要性质设置

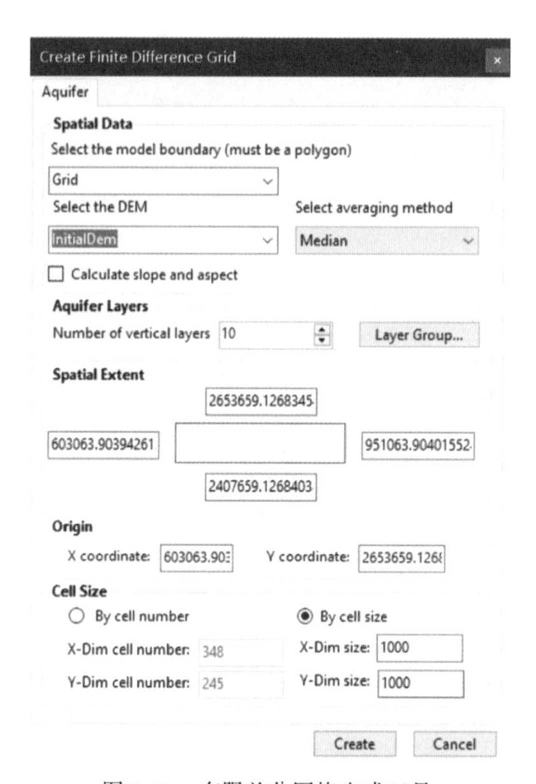


图 7-13　有限差分网格生成工具

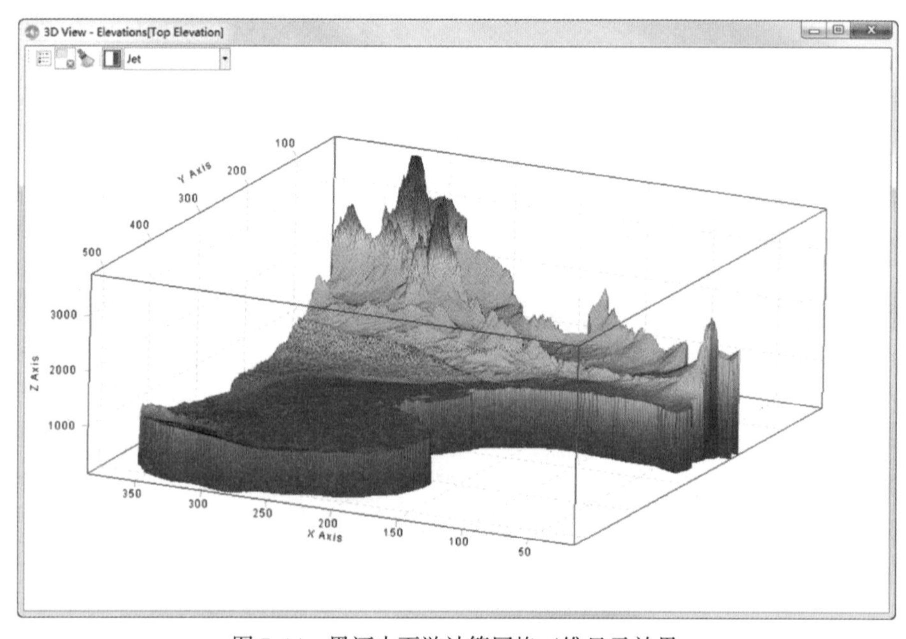


图 7-14　黑河中下游计算网格三维显示效果

计算网格生成之后，需设置模型模拟时间。图 7-15 显示了时间设置对话框，用户需选择模拟起止日期。VHF 将根据用户选择的日期自动生成 MODFLOW 的应力期信息。此外，如果用户选择使用动态土地利用功能，还需设置每期土地利用的起止时间。

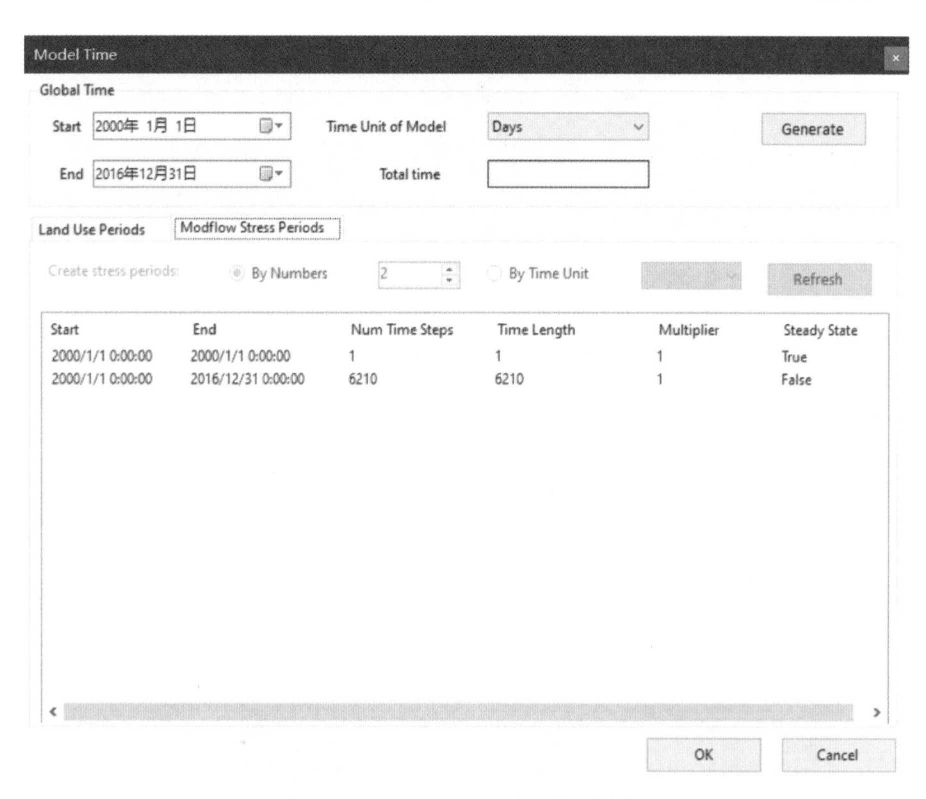


图 7-15　HEIFLOW 模型模拟时间设置

## 7.3.3　地表水模型构建

VHF 使用 PRMS Parameter 文件规范来存储地表水模型参数。Parameter 定义每个参数的数据类型、数据长度以及参数值。VHF 将所有的 Dimension 变量和 Parameter 变量组织为不同的模型包。以 basin 包为例（图 7-16），其包含 7 个 Dimension 变量（nhru、nssr、nobjfunc、mxnsos、nmonths、one、nhrucell）和 9 个 Parameter 变量。这 9 个变量根据其维度分为 3 组，如 smidx_ coef、hru_ elev、hru_ percent_ imperv 和 hru_ slope 有相同的维度 nhru，因此它们分为一组。在 Project Explorer 中，分布式参数或变量使用◈图标指示，而非分布式的参数或变量使用▤指示。

在任意一个 Parameter 上双击，将会弹出一个浮动窗口 Table View（图 7-17），参数值将会显示在 Table View 的数据表里。用户能直接在数据表里修改参数值。如果在 Parameter 上单击右键并在弹出的快捷菜单上选择 Properties，则 Property 窗口会弹出，选中的 Parameter 元信息将会显示在该窗口中。元信息包括参数的合理取值范围（最大值和最小

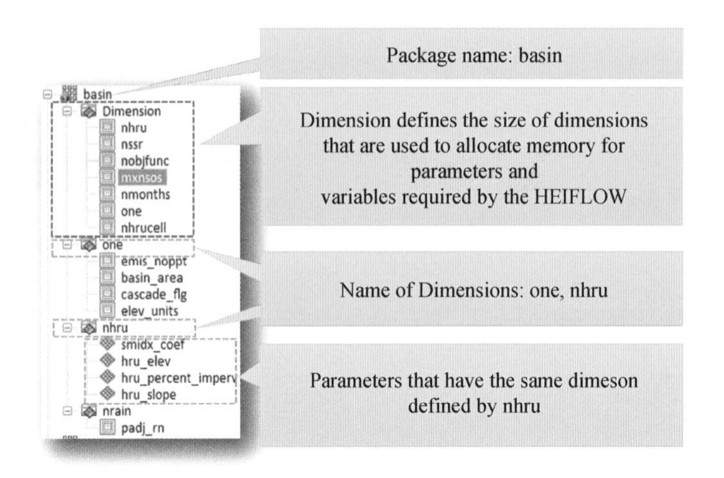


图 7-16　方案管理器中的地表水模型参数组织结构

值)、默认值、单位和相关描述。

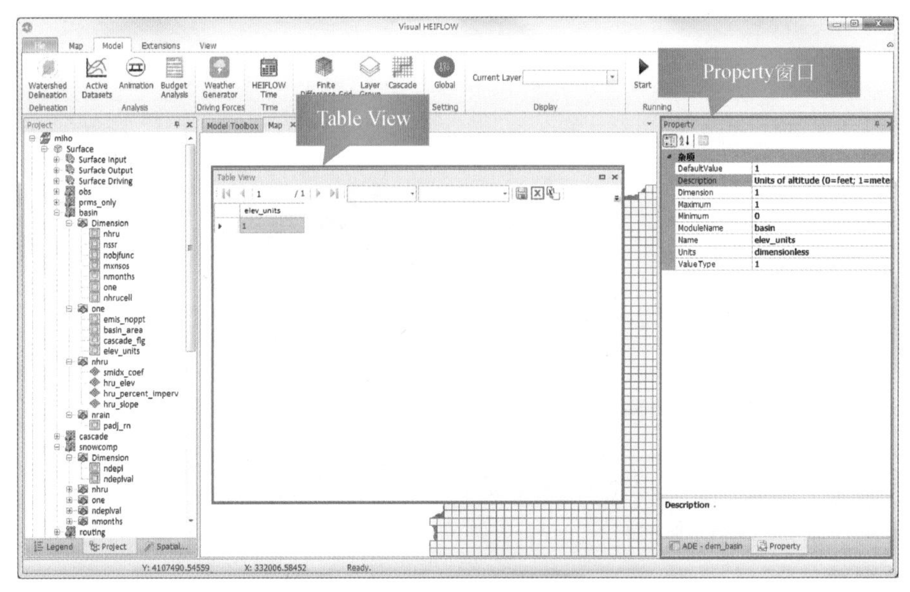


图 7-17　模型参数值显示窗口和属性窗口

每个地表网格是一个 HRU，故本步骤的主要任务是 HRU 参数化。VHF 使用数据映射方法为分布式 HRU 参数赋值。用户输入源数据（如土地利用、土壤图）和参数映射表后，VHF 可自动完成相应参数的赋值。以地表水模型的土壤水模块为例，用户首先选择源数据(可以是栅格或矢量数据)，然后选择需进行参数赋值的模块及其参数（图 7-18）；之后，VHF 会生成一个参数与源数据属性值之间的映射表，用户修改映射表中的参数值后单击并运行即可完成参数赋值。

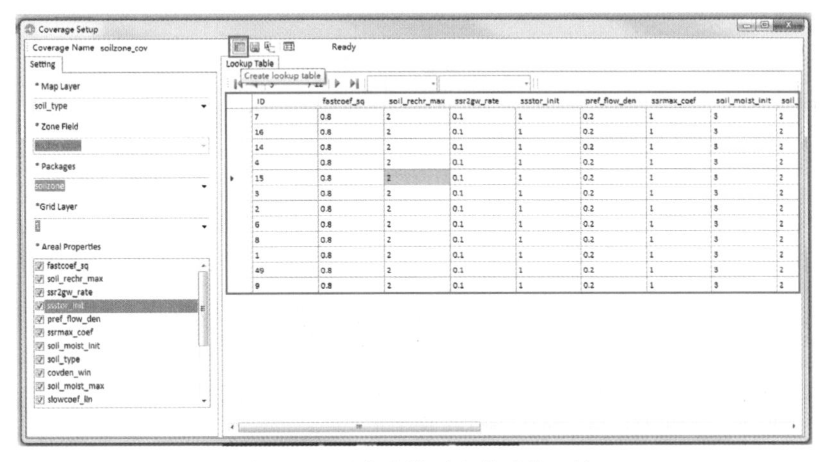


图 7-18　地表水模型参数赋值工具

## 7.3.4　地下水模型构建

HEIFLOW 将默认使用以下 MODFLOW 程序包：BAS6、DIS、LPF、UZF、PCG、OC 和 SFR。上述包中除了 SFR 外，其余包的输入文件在模型空间离散时已经自动生成。这些包及其所含的变量或参数显示在 Project Explorer 中。本节将介绍如何使用概念模型方法来对 MODFLOW 程序包进行参数赋值。VHF 中，使用 shapefile 或 raster 来表示一个概念模型。用户可使用 VHF 或其他 GIS 软件（如 ArcMap）来创建概念模型。以下以 LPF 为例来说明如何对地下部分模型进行参数赋值。

LPF 定义了地下有限差分网格的水力参数，包括水平方向渗透系数、垂直方向渗透系数、重力给水度、储水系数等。用户首先使用 VHF 提供的矢量编辑工具，建立参数分区矢量图层（图 7-19）；然后生成参数分区映射表，并输入分区的水平和垂直方向渗透系数及其他参数（图 7-20）；上述步骤完成后 VHF 将自动完成相应地层的参数赋值。

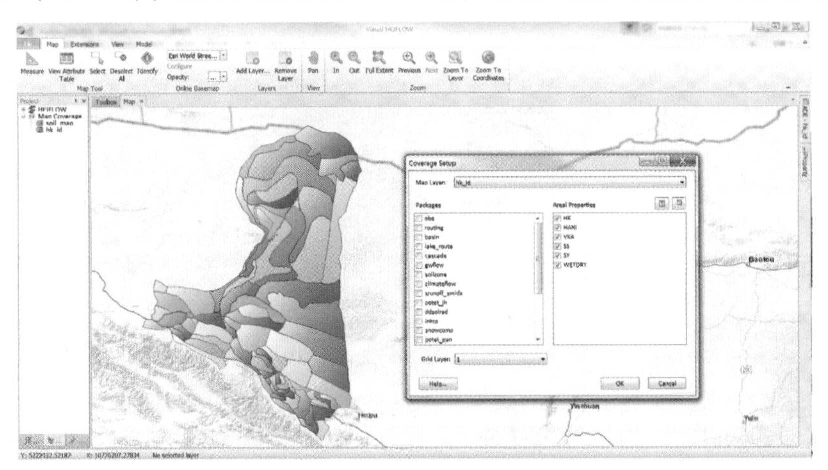


图 7-19　地下水模型参数分区

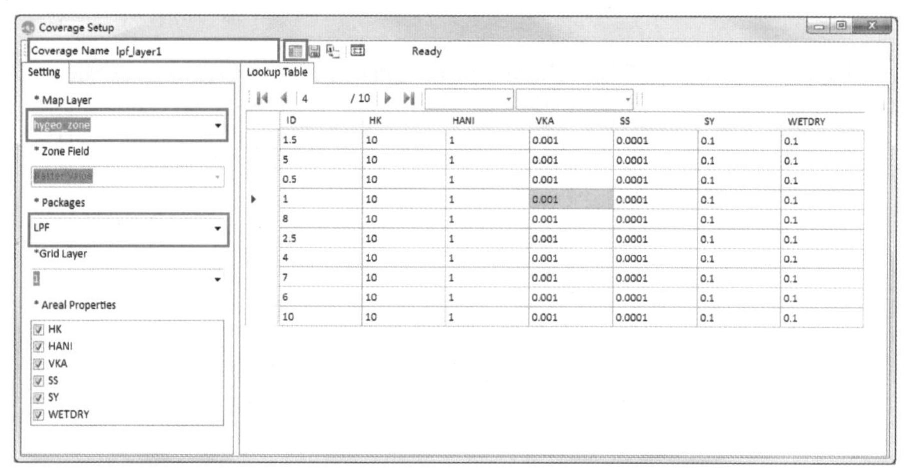


图 7-20　LPF 参数查找表

## 7.3.5　驱动数据与校正数据生成

HEIFLOW 需要逐日的气象数据作为驱动。VHF 提供了工具帮助用户生成模型所需的驱动数据。如果有分布式的网格气象数据，VHF 提供了转换工具，将具有标准格式（如 netCDF）的文件转换为 HEIFLOW 的输入格式。如果仅有气象站点的观测数据，VHF 提供了插值数据，可使用 IDW（inverse distance weighting）算法，将气象站点数据插值至每个 HRU。图 7-21 和图 7-22 分别显示了由区域气候模式和气象站插值产生的黑河中下游多年平均降水空间分布，由图可看出，区域气候模式产生的降水在空间分布上更为合理。

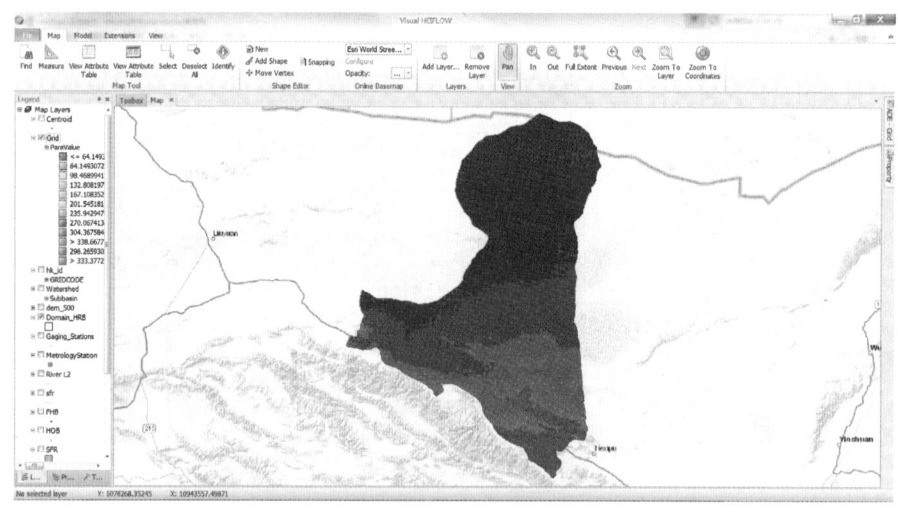


图 7-21　由区域气候模式产生的黑河中下游多年平均降水

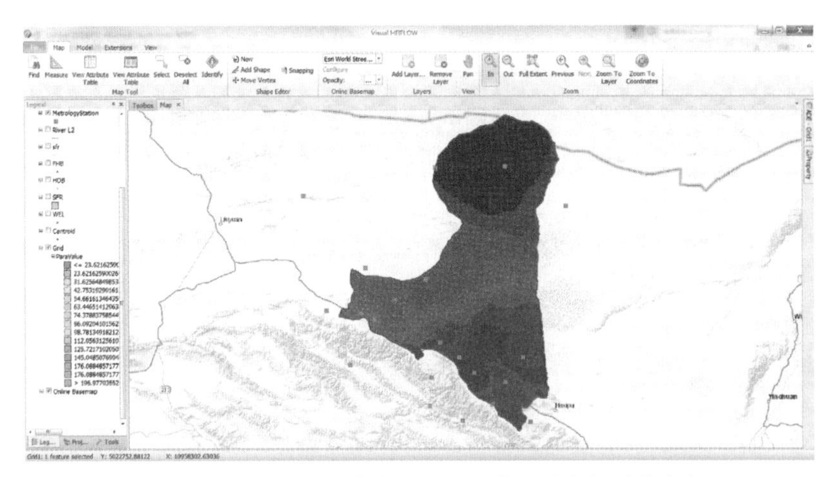

图 7-22　由气象站插值产生的黑河中下游多年平均降水

为便于模型校正，VHF 统一将单点的校正数据存储于 ODM 数据库进行管理。VHF 提供了数据导入工具，可将其他格式的数据（如文本 TXT 文件，Excel 文件等）导入数据库。当需要比较观测数据和模拟数据时，只需选择相应的站点即可，大大节省用户操作时间。

## 7.3.6　模型运行

准备好模型所有输入文件后，即可运行 HEIFLOW 模型。VHF 提供了模型运行监视界

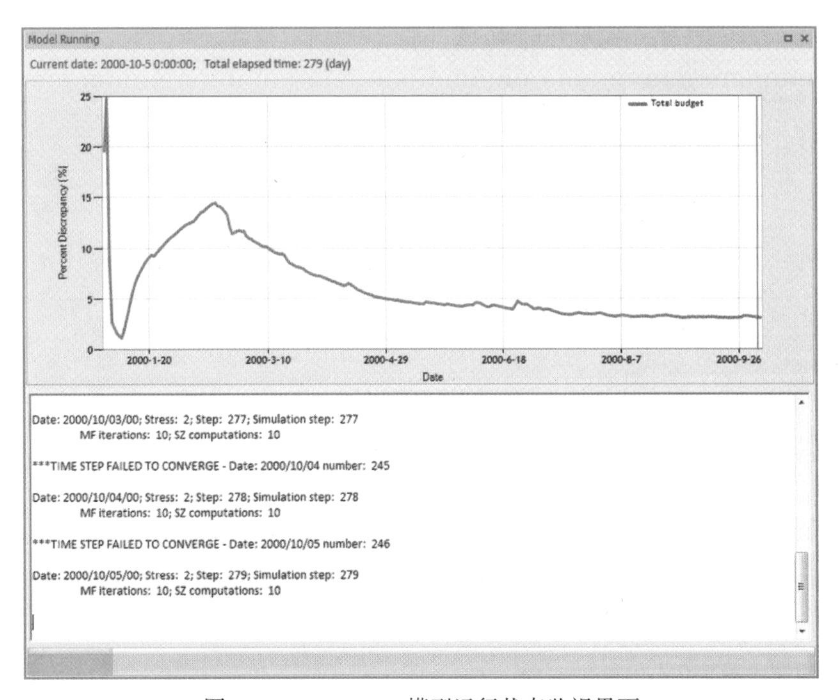


图 7-23　HEIFLOW 模型运行状态监视界面

面（图 7-23），可实时显示模型当前的运行状态，包括模型计算的时间进度、每个时间步长的迭代次数与收敛情况、模型水平衡误差等。除此之外，模型还可实时读取已经产生的各类输出数据，进行水平衡分析及其他分析。这对需要长时间运行的模型来说极为重要，可大大方便用户对模型的调试与分析工作。

## 7.4 系统分析与可视化功能

### 7.4.1 模型校正结果分析

如前所述，VHF 提供了模型结果对比分析工具。图 7-24 和图 7-25 分别显示了逐月的河道流量（正义峡水文站）、地下水位（南关观测井）模拟与观测结果对比。实际上，用户可选择任意水文站或观测井进行结果对比。对比时，VHF 会自动计算拟合优度统计值，如均方误差（mean square error，MSE）、均方根误差（root mean square error，RMSE）、相关系数（correlation coefficient）、纳什系数（Nash-Sutcliffe efficiency coefficient，NSE）等。

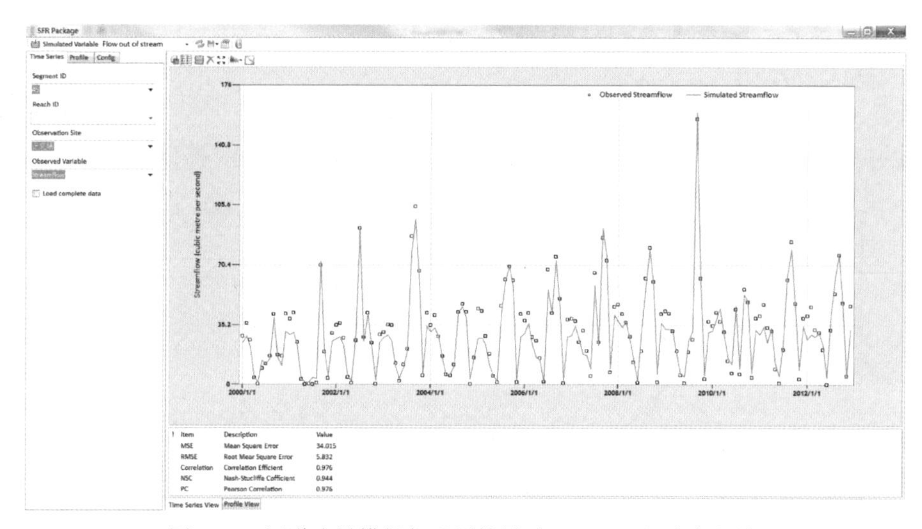


图 7-24 河道流量模拟与观测结果对比——正义峡水文站

### 7.4.2 水平衡分析

VHF 提供了一个强大的水平衡分析工具，既可分析模型整体水平衡，还可分别对地表、土壤带、非饱和带和饱和带单独进行水平衡分析。详尽的水平衡分析有助于用户更好地理解建模区域内水循环的系统性行为，有助于发现模型中存在的问题，为改进模型提供思路和指导。图 7-26 显示了水平衡分析界面，图中左侧为分析导航栏，用户可以查看每一水平衡项的时间动态变化过程（图中显示的是总体水储量变化过程）。

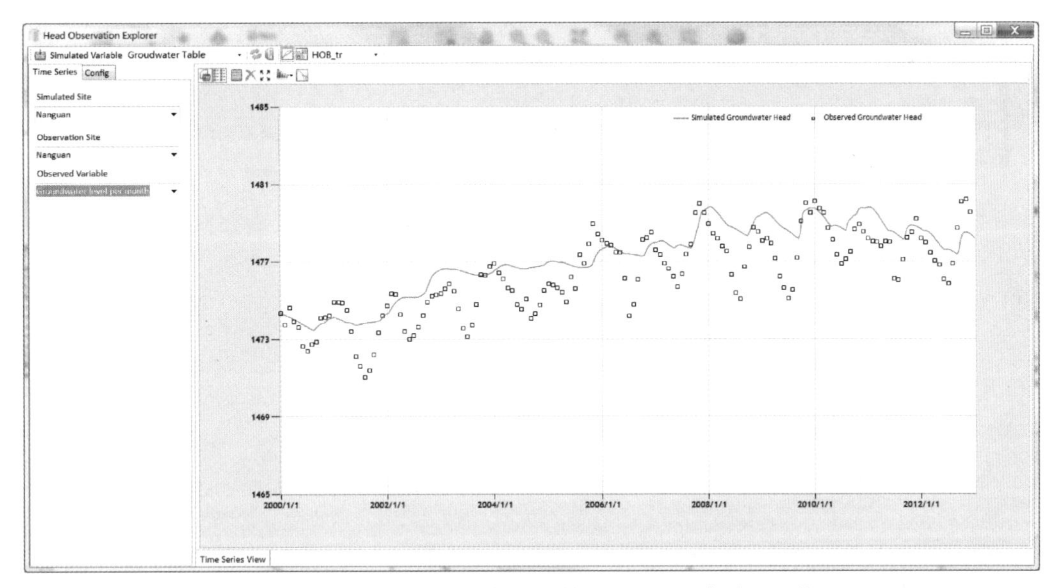


图 7-25　地下水位模拟与观测结果对比——南关观测井

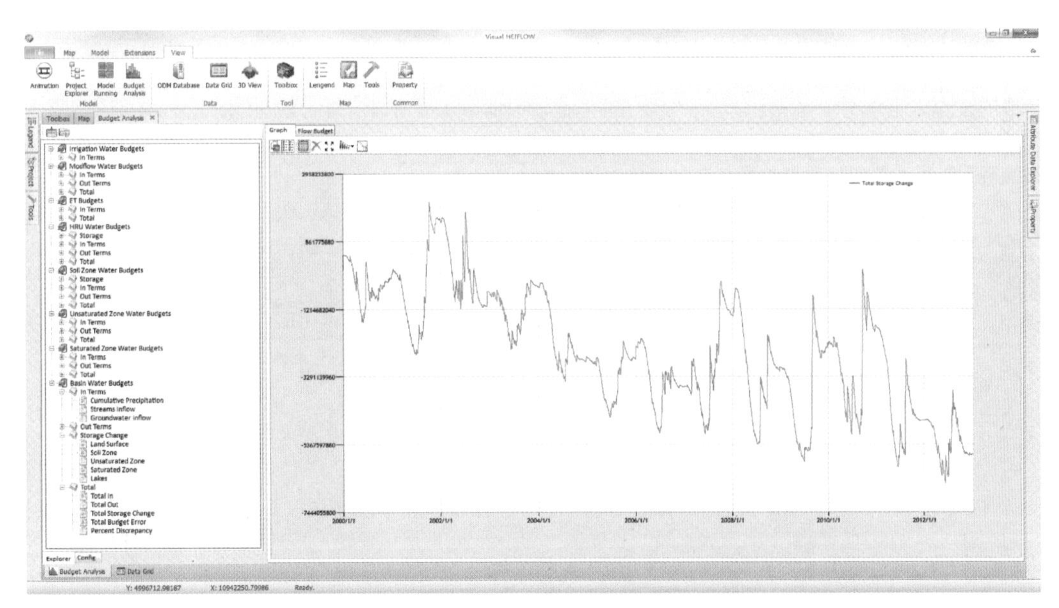


图 7-26　水平衡分析界面

图 7-27 显示了总体水平衡计算界面，图中计算表列出了水循环输入（降水、地表边界入流、地下边界入流等）、输出（蒸散发）和水储量变化多年平均值。图 7-28 显示了地表-土壤带-非饱和带-饱和带之间的交互通量计算界面，该界面提供了详细的水循环过程交换通量，直观展示了区域水循环系统行为。

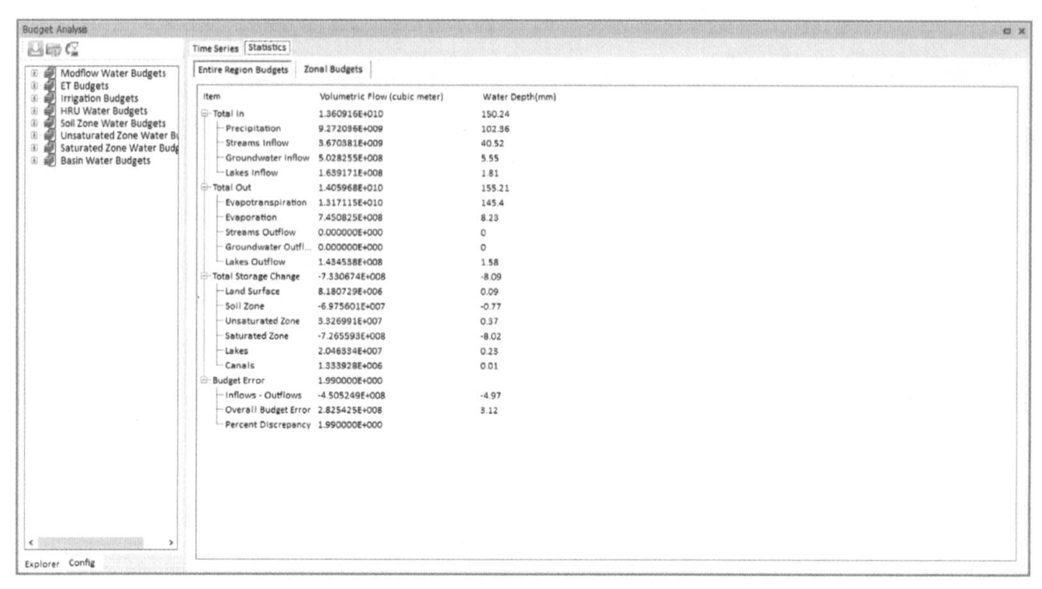


图 7-27　总体水平衡计算界面

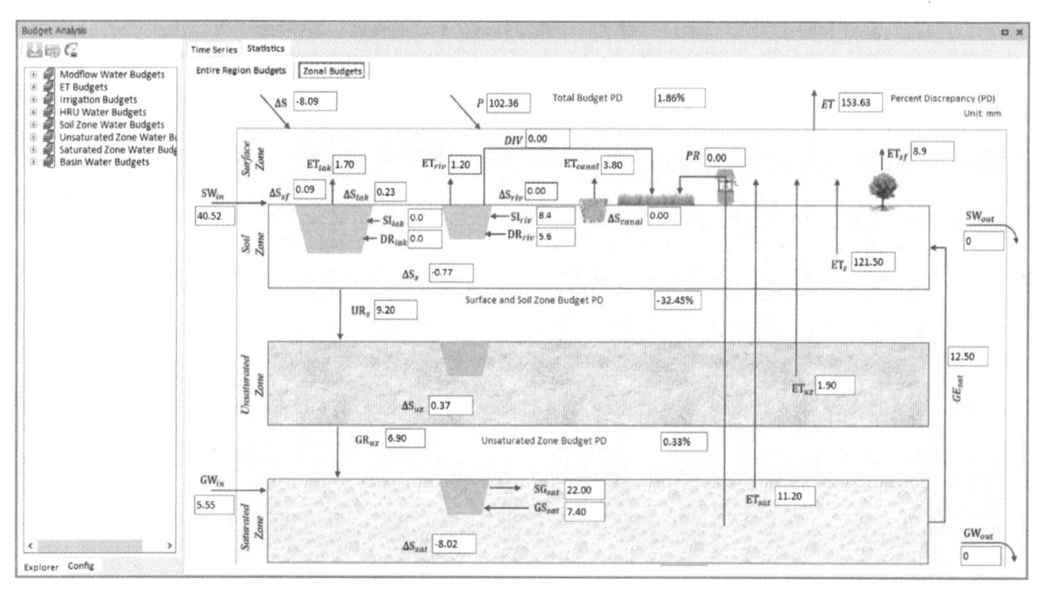


图 7-28　地表-土壤带-非饱和带-饱和带之间的交互通量计算界面

### 7.4.3　时空数据分析

基于变量-时间-空间数据立方体模型，VHF 提供了一个通用的时空数据分析工具箱。该工具箱提供了多种数据分析与管理功能。另外，基于 VHF 的插件机制，该工具箱还可方便第三方开发人员进行扩展，用户甚至可以根据需要自己编写脚本，由 VHF 将其编译为可用的工具。目前 VHF 提供的主要时空数据分析与管理功能包括以下几方面。

1）趋势分析（Trend）：计算每个网格上某个变量的时间变化趋势，输出为每个网格的变化率。

2）相关性分析（Correlation）：在每个网格上计算两个变量的时间序列的相关性，输出为每个网格的相关系数。

3）区域统计（Zonal Statistics As Table）：对网格上的变量值进行分区汇总统计，按区域输出变量的均值、方差等，还可输出按区域汇总后的时间序列。

4）空间平均（Spatial Mean）：计算每一时间步长所有网格上某个变量的平均值，输出为时间序列。

5）时间平均（Temporal Mean）：计算每个网格上某个变量时间序列的平均值，输出为每个网格时间序列的平均值。

6）转换为栅格数据集（To Rasters）：将数据立方体沿时间进行切片，同时将每个时间步长的空间分布数据分别输出为 GIS 栅格格式文件。

7）从栅格数据集提取（Extract From Rasters）：从一系列栅格文件中提取数据立方体。

8）数学运算工具：在数据立方体之间进行数学运算，包括数据立方体相加、相减、相乘等。

下面以 Trend 工具为例来说明时空数据分析工具的使用方法。针对 HEIFLOW 模型的蒸散发量（ET）模拟结果，使用 Trend 工具来计算 ET 的时空变化，主要步骤如下：①加载模型计算结果，并将蒸散发变量加入到模型工具箱的工作空间 Workspace；②打开 Trend 工具，并设置好相应的输入及输出变量（图 7-29）；③单击运行，完成之后 Workspace 中会加入新生成的变量 et_trend；④利用网格可视化工具显示 et_trend 的空间分布（图 7-30）。

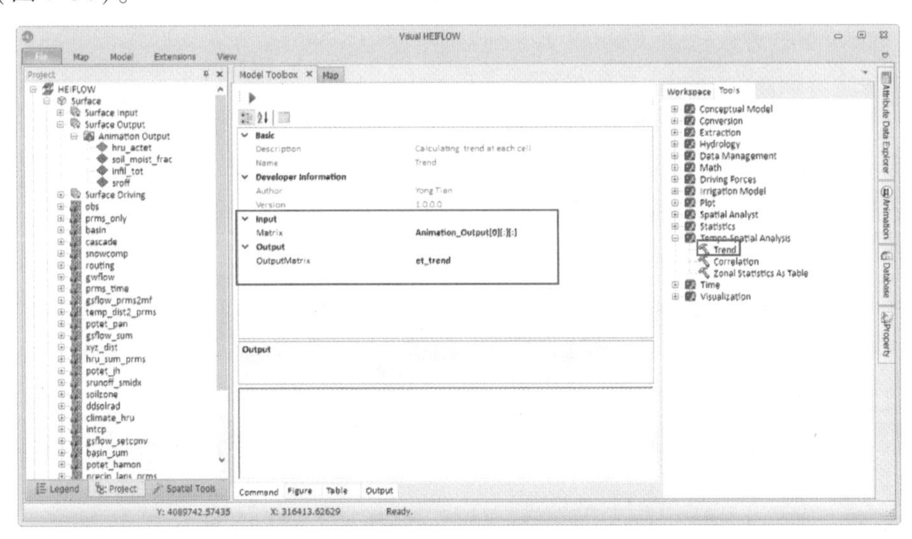


图 7-29　Trend 工具界面

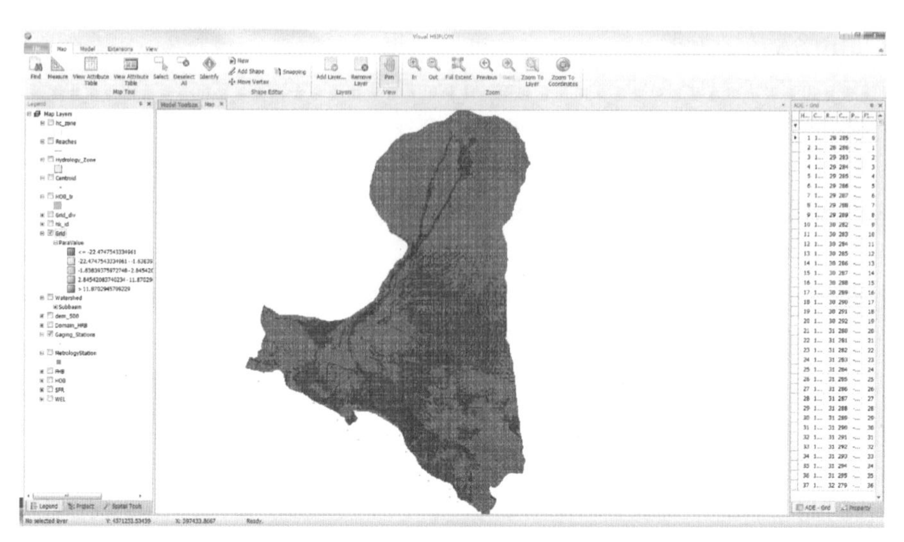

图 7-30　年均 ET 变化趋势空间分布

## 7.4.4　数据可视化

VHF 提供了一系列可视化工具来帮助用户理解模型输入输出数据。主要的工具介绍如下。

**（1）三维地形可视化工具**

三维地形可视化对帮助用户直观理解建模区域的地形变化具有重要意义（Conrad et al.，2015），VHF 提供了一个专门的可视化工具，可实现大规模三维地形的高效渲染与漫游。图 7-31 显示了黑河中下游的三维地形。三维地形可视化工具还提供了多种特效来增

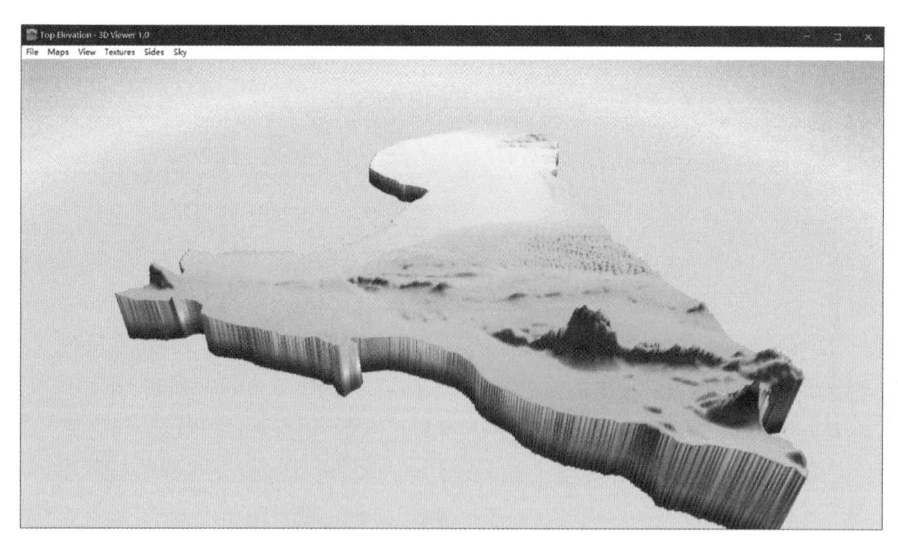


图 7-31　三维地形可视化工具

强显示效果，包括雾化、环境背景切换、自动旋转等（图 7-32）。

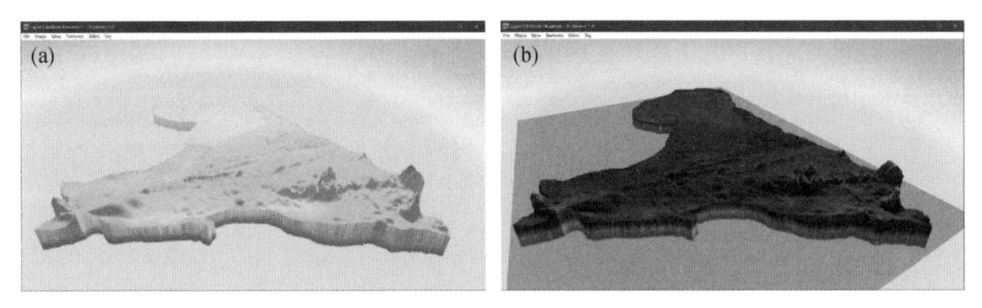


图 7-32　三维地形可视化效果

（a）雾化；（b）不同颜色显示地形渲染效果

**（2）时空数据可视化工具**

VHF 提供了时空数据可视化工具来帮助用户快速浏览大量的时空模拟结果。以蒸散发模拟结果为例，当模型运行完成之后，用户可加载蒸散发模拟结果并加入到 Animation 工具中，该工具允许用户浏览每一天的蒸散发空间分布。如图 7-33 所示，加载蒸散发结果后，与该变量关联的日期会显示在 Animation 工具下方的列表中。在任一日期上单击左键，则该日期的 ET 会在地图中显示。单击不同日期，地图会实时显示对应日期的 ET。VHF 提供了一个快速绘制单点时间序列工具，利用该工具用户可查看任意网格某个模拟变量的时间序列值。图 7-34 显示了某个网格的 ET 模拟时间序列。

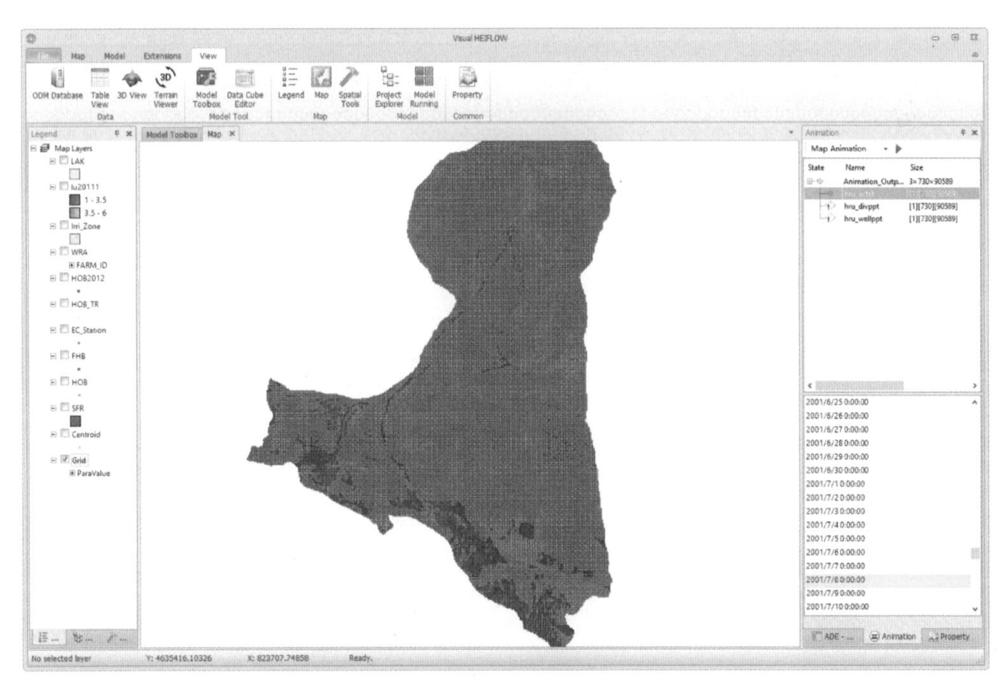


图 7-33　时空数据可视化工具 Animation 界面

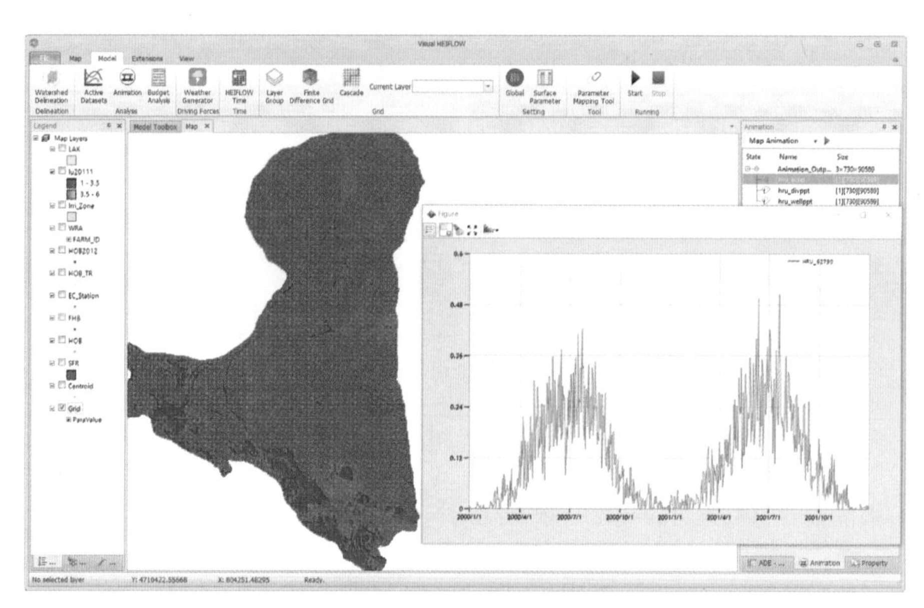


图 7-34　单个网格 ET 模拟时间序列界面

# 下篇

# 生态水文耦合模型的应用

# 第 8 章 黑河中下游 HEIFLOW 模型

HEIFLOW 是以黑河流域生态水文研究为背景开发的，首先用于黑河中下游的整体建模。在 HEIFLOW 的开发历程中，不同阶段的版本也曾先后在中国西北的疏勒河流域、石羊河流域，华北的滦河流域（Feng et al.，2018）、白洋淀流域，华南的珠江流域；以及韩国的美荷（Miho）流域（Joo et al.，2018），丹麦的斯凯恩（Skjern）流域，美国的圣华金（San Joaquin）流域等应用。本章具体介绍黑河中下游整体的 HEIFLOW 模型，建模范围如图 8-1（a）所示，总面积为 90 589 $km^2$。由于巴丹吉林沙漠与黑河流域存在地下水的水力联系，其西部部分地区也被纳入建模范围［图 8-1（a）］。本章将从数据收集与整理、模型构建、参数率定、多源数据验证等方面系统展示 HEIFLOW 的功能及其在黑河流域的模拟表现。

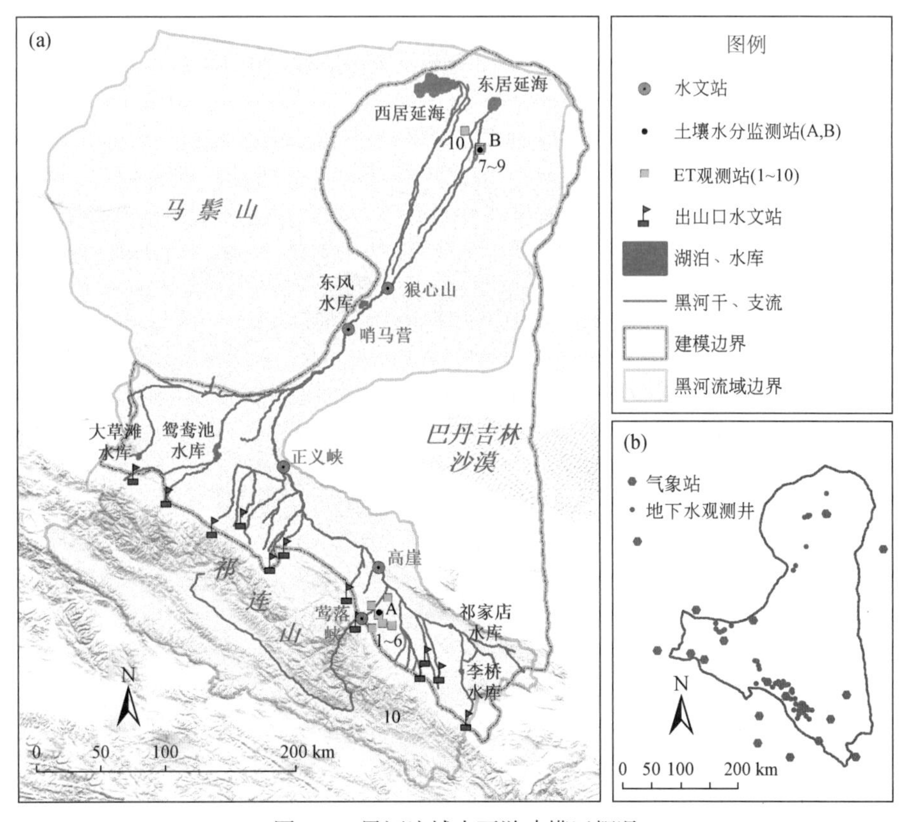


图 8-1 黑河流域中下游建模区概况

在使用基于网格的分布式模型模拟生态水文过程时，空间异质性是一个重要问题。在这些模型中，网格是基本的模型计算单元，网格单元内的物理属性，如地形、土壤质地和植被覆盖，通常被假设是均匀的。实际上，地形和土壤质地在小尺度上也会表现出明显的空间异质性（Vereecken et al., 2019）。在干旱地区，植被稀疏，通常呈斑块状分布。这种异质性被称为稀疏植被异质性（Were et al., 2008）。稀疏植被异质性的尺度一般从几米到几十米。从理论上讲，这种小尺度的异质性可以通过进一步缩小模型网格的尺寸来解决，但细化模型网格将大大增加流域模型参数化的难度和计算负担。此外，也可在不改变网格尺寸的情况下考虑关键地面要素在亚网格尺度的空间分异来解决异质性问题。例如，CLM通过考虑海拔和植被分布把每个模型网格进一步分为一系列土地响应单元（land response unit, LRU）（Ke et al., 2013）。这种亚网格方法通常用于全球或区域尺度建模（网格尺度≫1 km）（Ke et al., 2012；Hamman et al., 2018；Lawrence et al., 2019），而流域模型的网格尺寸较小（如约1 km），亚网格方法的必要性有待研究。此外，人类灌溉活动也会导致亚网格尺度的空间异质性。在农业分散且机械化程度不高的地区，灌溉活动可能因田而异。例如，在1 $km^2$（典型的流域模型网格大小）网格内，不同的农户一般不在同一天灌溉他们的农田；换言之，若某一天该网格存在灌溉，当天的灌溉水量一般仅被灌于部分农田。这种网格内灌溉活动的空间异质性通常被忽略了。如何有效表征流域生态水文模拟在亚网格尺度上的空间异质性（如稀疏植被异质性和灌溉空间异质性）以及研究空间异质性对生态水文模拟的影响是需要进一步探讨的重要问题。本章将通过对比模拟实验研究空间异质性对生态水文模拟的影响。此外，早期版本 HEIFLOW 的土壤水计算仅考虑单层土壤，未考虑土壤垂向上的空间异质性。本章也将通过数值实验进一步研究土壤水纵向分层计算对生态水文模拟的改进作用。

## 8.1 数据收集与整理

构建黑河中下游整体 HEIFLOW 模型所需的核心数据可大致分为五类，如表 8-1 所示。

**表 8-1 黑河中下游整体建模的核心数据**

| 数据类别 | 数据名称 | 时间 | 空间精度 | 数据来源 |
| --- | --- | --- | --- | --- |
| 基础数据 | DEM 数据 | 2008 年 | 90 m×90 m | 青藏高原数据中心 |
| | 中国土壤特征数据库 | 2013 年 | 1：1 000 000 | Shangguan 等（2013） |
| | 黑河流域土地利用数据 | 2000 年/2007 年/2011 年 | 1：100 000 | 青藏高原数据中心 |
| | 黑河流域河网分布图 | 2000 年 | 1：100 000 | 青藏高原数据中心 |
| | 黑河中游水文断面测量数据集 | 2005 年 | — | 青藏高原数据中心 |
| | 黑河流域水库分布数据集 | 2000 年 | 1：100 000 | 青藏高原数据中心 |
| | 水文地质图 | 2000 年 | 1：500 000 | 青藏高原数据中心 |
| | 钻孔数据 | — | 257 个 | 青藏高原数据中心 |

续表

| 数据类别 | 数据名称 | 时间 | 空间精度 | 数据来源 |
| --- | --- | --- | --- | --- |
| 生态数据 | 植被物候数据 | 2012 年 | 1 km×1 km | 青藏高原数据中心 |
| | 通用植被类型数据库 | — | — | Neitsch 等（2011） |
| | 胡杨植被数据库 | — | — | Li 等（2017a） |
| 人类活动数据 | 黑河流域灌区边界 | 2000 年 | 1：100 000 | 青藏高原数据中心 |
| | 张掖灌溉渠系数据集 | 2000 年 | 1：100 000 | 青藏高原数据中心 |
| | 黑河流域机井分布图 | 2000 年 | 1：100 000 | 青藏高原数据中心 |
| | 地表引水数据 | 2000～2015 年 | — | 青藏高原数据中心 |
| | 地下水开采数据 | 2000～2015 年 | — | 青藏高原数据中心 |
| | 农业需水数据 | 2000～2015 年 | — | 青藏高原数据中心 |
| 驱动数据 | 黑河流域气象强迫模拟数据 | 1980～2016 年 | 3 km×3 km | Xiong 和 Yan（2013） |
| | 气候资料日值数据 | 2000～2015 年 | 19 个站点 | 国家气象科学数据中心 |
| | 地表边界入流数据 | 2000～2015 年 | 12 个水文站 | 青藏高原数据中心 |
| | 地下边界入流数据 | 2000～2015 年 | 地下水边界条件 | 青藏高原数据中心 |
| 校正和验证数据 | 流量观测 | 2001～2015 年 | 4 个水文站 | 青藏高原数据中心 |
| | 地下水位观测 | 2001～2013 年 | 66 个观测井 | 青藏高原数据中心 |
| | ET 观测 | 2012～2015 年 | 10 个站 | 青藏高原数据中心 |
| | 土壤水含量监测 | 2012～2014 年 | 2 个站 | 青藏高原数据中心 |
| | ET 遥感产品：ETWatch | 2001～2012 年 | 1 km×1 km | Wu 等（2012） |
| | LAI 遥感产品：LAI-Yuan | 2001～2012 年 | 1 km×1 km | Yuan 等（2011） |
| | 土壤水遥感产品：ESA-CCI-SM | 2001～2015 年 | 0.25°×0.25° | Dorigo 等（2017） |

第一类为基础数据，主要用于构建地表水-地下水耦合的水文模型。DEM 数据用于确定地表 HRU 的汇流关系、地下水单元顶部高程和河段的河床高程；土壤数据用于确定地表 HRU 土壤带的物理参数；土地利用数据用于确定 HRU 的植被类型，并区分 HRU 的植被部分和裸地部分；水库分布数据用于确定模型中的湖泊 HRU；河网分布数据用于确定整个地表的水流网络；水文断面数据用于确定河道的几何参数；钻孔数据和水文地质图用于确定地下水模型中的地层结构及其参数赋值。

第二类为生态数据，用于初始化 HEIFLOW 的生态模块。植被物候数据（李静，2016）用于确定模型所考虑的植被类型的物候期；通用植被类型数据库参考了 SWAT 模型的数据库（Neitsch et al., 2011），为 GEHM 模块提供有效积温、基础温度、光能利用效率、最大 LAI、最大根系深度等植被生理参数；胡杨植被数据库为胡杨模块提供基本的植被生理参数。

第三类为人类活动数据，用于定义 HEIFLOW 所刻画的农业灌溉活动和生产生活用水（包括工业、生活和服务业用水）。灌区边界、渠系分布（马明国，2013a）和机井分布数据用于定义模型中农业及其他生产生活用水单元的基本空间结构；农业需水数据为水资源利用与管理模块（WRA）的输入数据，实际的地表引水、地下水开采则用于验证 WRA 模拟的人类用水过程。

第四类为驱动数据，用于驱动 HEIFLOW 的长时间序列动态模拟，主要包括气象数据和边界入流数据。气象数据是模型模拟的关键驱动数据。黑河中下游 HEIFLOW 模型的气象数据主要由区域气候模型 RIEMS 2.0 提供（Xiong and Yan，2013）。RIEMS 2.0 目前能提供的气象要素包括降水、温度（日最低、日最高和日平均）、相对湿度、风速、风向等，但无大气压和日照时间等 HEIFLOW 所需的其他气象数据。RIEMS 2.0 无法提供的气象数据由 19 个气象站［图 8-1（b）］观测数据进行插值补齐。图 8-2 展示了黑河中下游年平均降水量和平均温度的空间分布情况。年平均降水量为 103.2 mm，总体呈从南到北递减趋势，其中南部山前地区年平均降水量最多，高达 400 mm，而北部的戈壁滩年平均降水量最少，最低仅为 35 mm。平均温度为 9.54 ℃，低温区主要集中在高海拔的山前地区及水面区域。图 8-3 展示了黑河中下游 2000 ~ 2015 年逐月的平均降水量、平均温度、平均相对湿度、平均风速和平均大气压。RIEMS 2.0 输出气象数据的原始时间步长为 3 h，对于使用 PEM 的 HRU，还需通过线性插值生成小时步长的气象数据。地表边界入流数据为水文站［图 8-1（a）］的历史流量实测数据。在地下边界入流数据方面，由于缺乏直接的观测数据，本研究基于清华大学杨大文教授等的黑河流域上游集成模拟研究结果（Gao et al.，2016）估算确定。

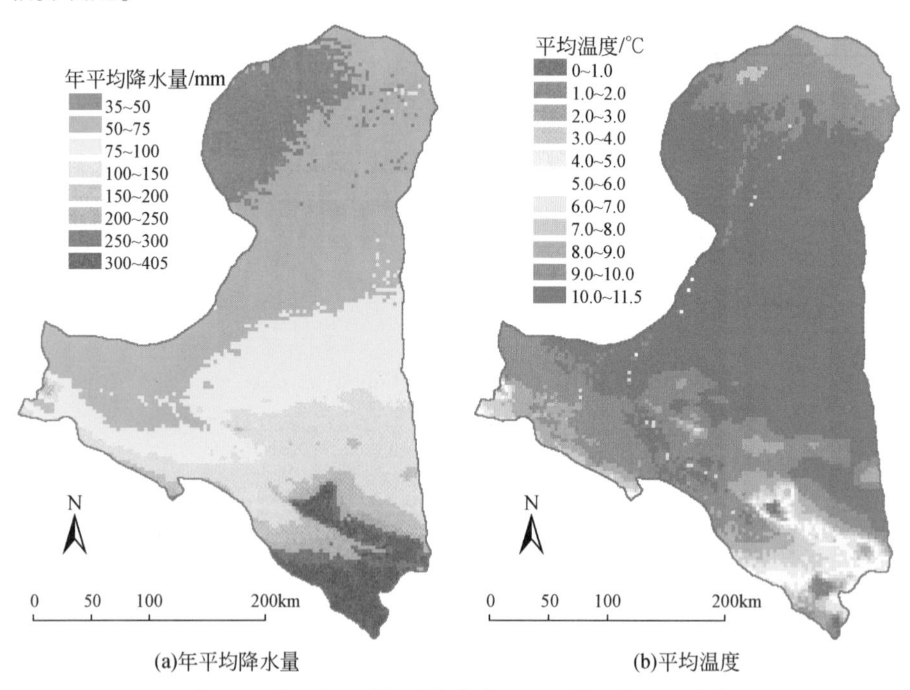


(a)年平均降水量　　(b)平均温度

图 8-2　黑河中下游年平均降水量和平均温度空间分布

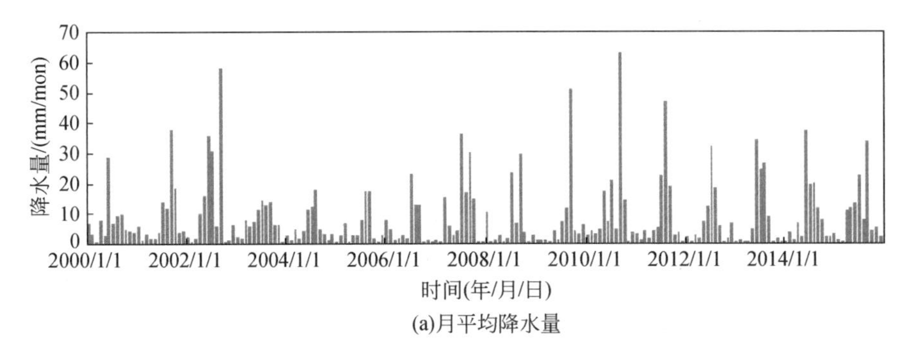


(a)月平均降水量

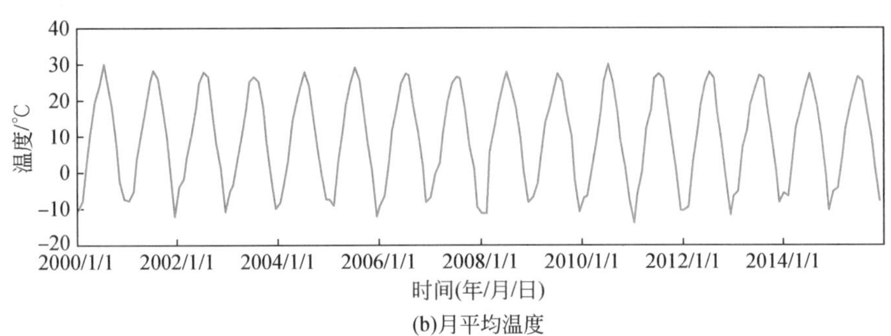


(b)月平均温度

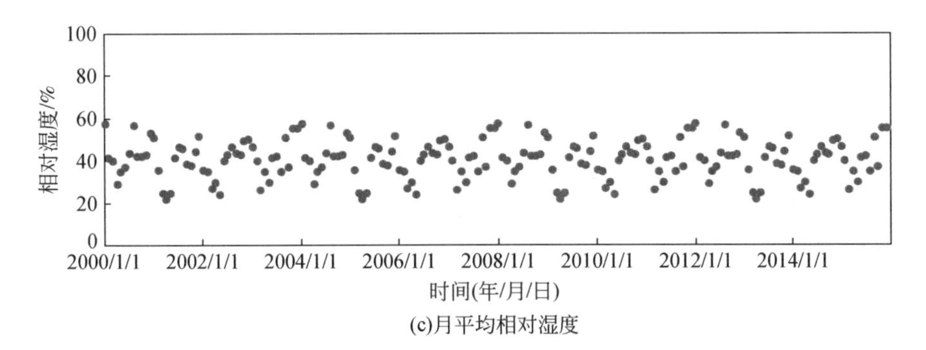


(c)月平均相对湿度

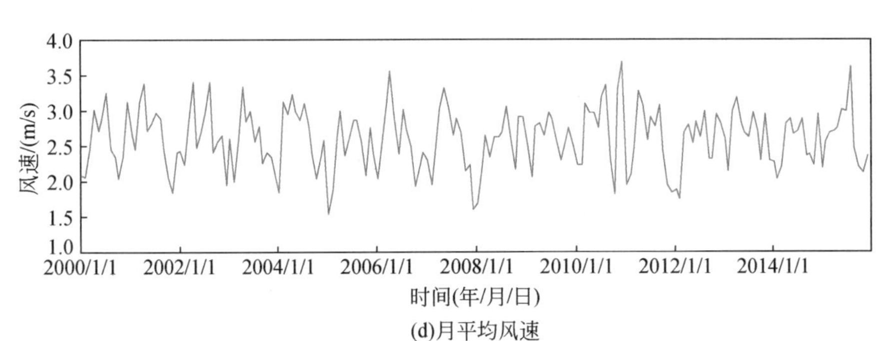


(d)月平均风速

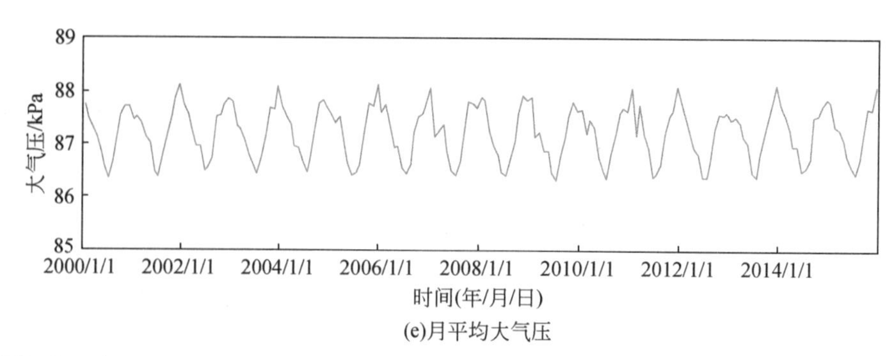

(e)月平均大气压

图 8-3　黑河中下游 2000 ~ 2015 年逐月的平均降水量、平均温度、平均相对湿度、平均风速和平均大气压

第五类为校正和验证数据，包括水文站数据、生态观测站数据和遥感观测数据。用于校正和验证的水文站数据包括黑河干流上四个水文站［图 8-1（a）中的高崖、正义峡、哨马营和狼心山］的日径流数据和 66 口观测井［图 8-1（b）］的地下水位观测数据。生态观测站数据包括 10 个站点的 ET 观测数据［图 8-1（a）中的 1 ~ 10］和 2 个站点的分层土壤水分监测数据［图 8-1（a）中的 A、B］，其中 ET 观测数据为逐日数据，由涡动相关仪或大孔径闪烁仪测量得到。这两套观测数据均产生于 HiWATER（Li et al.，2017b）。遥感观测数据有三个产品，分别为 ET 遥感产品 ETWatch（Wu et al.，2012），LAI 遥感产品 LAI-Yuan（Yuan et al.，2011）和土壤水遥感产品 ESA-CCI-SM（Dorigo et al.，2017）。

# 8.2　建模过程

## 8.2.1　地表部分

地表水建模过程包括地表计算单元划分与水体概化、HRU 参数赋值、植被设定、水体参数赋值等。本节依次介绍这几部分工作。

**(1) 地表计算单元划分与水体概化**

基于 90 m 分辨率 DEM 与河流分布数据集，利用 Visual HEIFLOW 软件完成子流域划分，并将建模区内河网概化为 116 个河道（segment）和 3119 个河段（reach）。确定子流域后，进一步采用 1 km×1 km 网格剖分地表空间，每个网格都代表一个单独的 HRU，建模区内共生成 90 589 个 HRU。参考黑河流域水库分布数据集（国家基础地理信息中心，2013），本次建模总共考虑 7 个主要的湖泊和水库（图 8-1），包括东居延海、西居延海、李桥水库、祁家店水库、大草滩水库、鸳鸯池水库和东风水库，水面总面积约为 346 $km^2$。此外，利用 Visual HEIFLOW 确定了 HRU 之间以及 HRU 与河网、湖泊之间的汇流关系。

**(2) HRU 参数赋值**

HRU 参数赋值主要根据土地利用图、土壤图等数据完成。在黑河中下游模型中，

HRU 的土壤带被分为 4 层，包括一个非常薄的表层（25.4 mm）和 3 个相同厚度的下层（37 ~ 663 mm）。土壤参数参考戴永久等制作的中国土壤数据集（Shangguan et al., 2013）。HEIFLOW 中的每个 HRU 分为植被和裸地两部分，每个 HRU 的植被部分只能定义一种植被。若现实情况中一个 HRU 的植被部分含多种植被类型，则按面积最大的植被定义。建模过程中使用了王建华和刘纪远（2013）制作的 2000 年黑河流域土地利用/土地覆盖数据集，李新等（2015）制作的 2007 年张掖市土地利用/土地覆盖数据集和王建华（2014）制作的 2011 年黑河流域土地利用/土地覆被数据集（图 8-4）。这三期土地利用数据分别对应三段模拟期，即 2000 ~ 2003 年、2004 ~ 2009 年和 2010 ~ 2015 年。

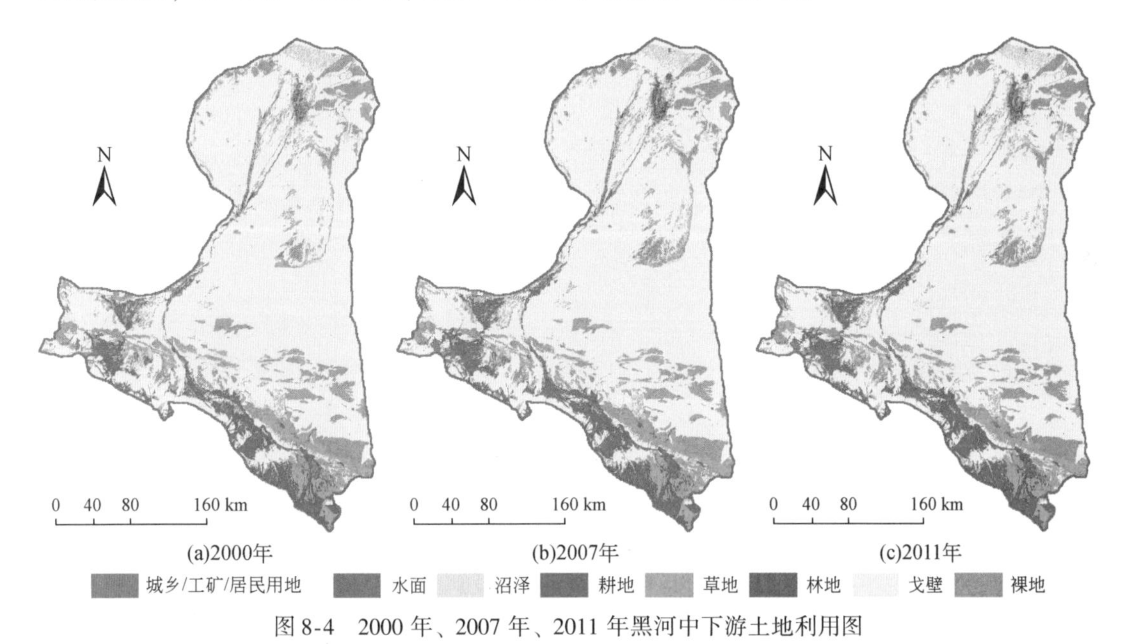


图 8-4 2000 年、2007 年、2011 年黑河中下游土地利用图

表 8-2 分析了黑河中下游三期土地利用变化情况，由表可知，2000 ~ 2011 年，黑河中下游城乡/工矿/居民用地、水面、沼泽、耕地、草地、林地面积均呈上升趋势，其中城乡/工矿/居民用地面积增加幅度最大，林地、水面和耕地面积次之，戈壁和裸地面积则呈下降趋势。

**表 8-2 黑河中下游土地利用的变化**

| 土地利用类型 | 2000 年面积/km² | 2007 年面积/km² | 2011 年面积/km² | 变化百分比/% |
|---|---|---|---|---|
| 城乡/工矿/居民用地 | 340.62 | 477.34 | 503.63 | 47.86 |
| 水面 | 375.26 | 454.52 | 450.03 | 19.92 |
| 沼泽 | 610.58 | 640.99 | 620.79 | 1.67 |
| 耕地 | 5 422.19 | 6 294.47 | 6 319.98 | 16.56 |
| 草地 | 7 533.33 | 7 634.65 | 7 635.94 | 1.36 |
| 林地 | 637.16 | 738.59 | 818.69 | 28.49 |

续表

| 土地利用类型 | 2000 年面积/$km^2$ | 2007 年面积/$km^2$ | 2011 年面积/$km^2$ | 变化百分比/% |
|---|---|---|---|---|
| 戈壁 | 65 592.50 | 64 460.28 | 64 374.81 | -1.86 |
| 裸地 | 10 077.36 | 9 888.16 | 9 865.13 | -2.11 |

**(3) 植被设定**

对应2000 年、2007 年、2011 年这三期土地利用数据，90 589 个 HRU 中分别有24 205 个、26 163 个、26 227 个 HRU 为植被 HRU（即 HRU 中包含植被部分），其余 HRU 均为裸地 HRU（即 HRU 内无植被）。植被 HRU 中，有 612 个 HRU 由 PEM 模拟，其余则由 GEHM 模拟。GEHM 模拟的植被类型有 16 种，包括 3 种树木、3 种灌木、4 种草地、2 种湿地植被和4 种种植作物。图 8-5 展示了 2010 年的植被类型分布情况，不同颜色代表了不同的植被类型，其中右边的子图展示了亚网格结构的细节。GEHM 所需的植被生理参数参考 SWAT 植被数据库确定初始值，需进一步率定。PEM 所需的植被生理参数同 5.2.3 节中所用参数。

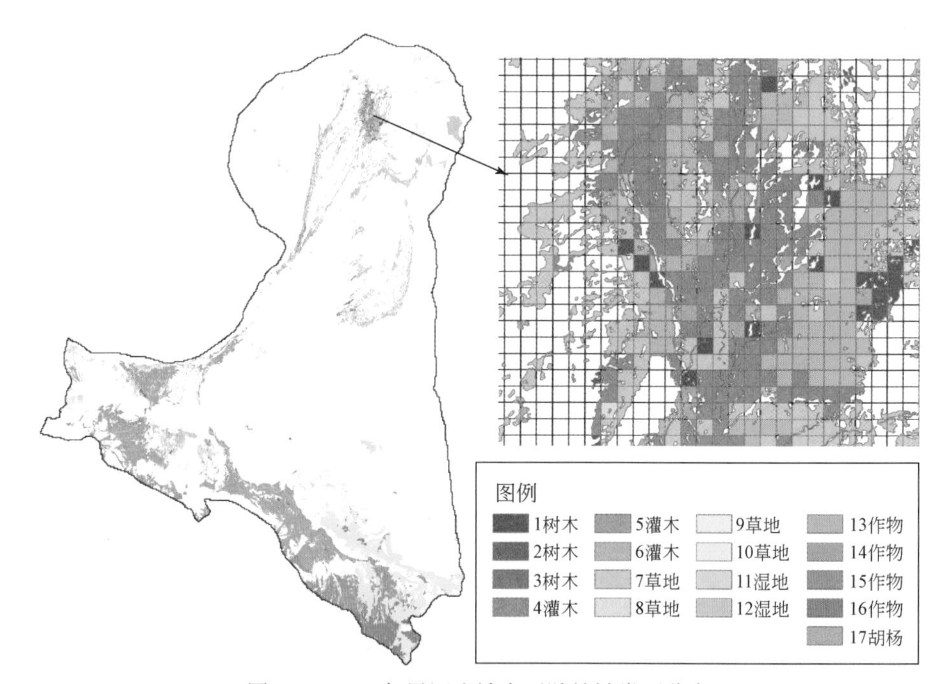


图 8-5　2000 年黑河流域中下游植被类型分布

1. 下游乔木林；2. 中游乔木林；3. 上游乔木林；4. 下游灌木林；5. 中游灌木林；6. 上游灌木林；7. 下游草地；8. 中游草地；9. 中上游草地；10. 上游草地；11. 下游湿地；12. 中游湿地；13. 下游作物；14. 中游作物；15. 中上游作物；16. 上游作物；17. 胡杨林

**(4) 水体参数赋值**

河网参数主要包括河道长度、断面形状等几何参数，以及河床厚度、河床垂向渗透系数等。黑河中游水文断面测量数据集（马明国，2013b）提供了莺落峡至正义峡共 21 个断面（Sec1 ~ Sec21）（图 8-6）高程、河床宽度数据。基于这些实测断面数据来确定干流河段的几何参数，其余支流河段均假定为矩形截面，河道宽度通过遥感影像确定。河床垂向渗透系数和曼宁糙率系数根据前人研究（张应华等，2003；李云玲等，2005；贾仰文等，2006；胡兴林等，2012）确定初始值，并进行率定。湖泊水库参数主要包括几何形状、湖床厚度和湖床垂向渗透系数。这些参数通过 GIS 数据和相关文献（任韶斐等，2011；邢正锋和仲香梅，2016；蒋晓辉和董国涛，2020）获得。

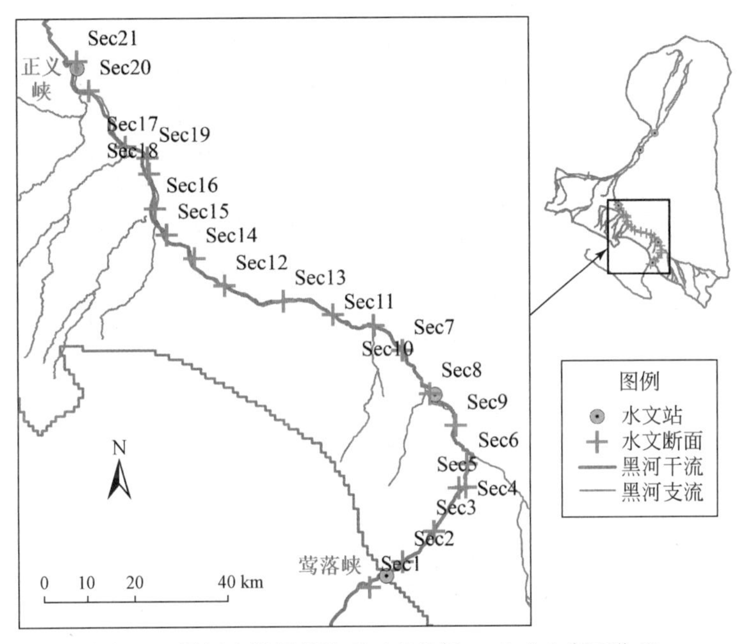


图 8-6　黑河中游莺落峡至正义峡间 21 个水文断面位置

## 8.2.2　地下部分

根据 1 : 50 万黑河流域水文地质图，将整个黑河流域的地下水系统划分为 3 个一级分区，包括上游山区补给区-Ⅰ、中游绿洲区-Ⅱ和下游荒漠区-Ⅲ。其中上游山区补给区被细分为两个二级分区，包括祁连山高山冰川融水补给区Ⅰ-1（简称高山区Ⅰ-1）和祁连山低山融水–降水–基岩裂隙补给区Ⅰ-2（简称低山区Ⅰ-2）。中游绿洲区被细分为 4 个二级分区，包括民乐大马营盆地Ⅱ-1（简称民乐Ⅱ-1）、张掖盆地Ⅱ-2、酒泉东盆地Ⅱ-3 和酒泉西盆地Ⅱ-4。下游荒漠区被细分为两个二级分区，包括金塔–花海子盆地Ⅲ-1（简称金塔Ⅲ-1）和额济纳盆地Ⅲ-2。上述分区空间分布及描述分别见图 8-7 和图 8-8。

在垂向上，根据钻孔揭示的岩性特征可划分为单一潜水含水层结构、双层或多层承压含水层结构。若含水层中砂岩连续，岩性比较单一，则为单一潜水含水层结构；若含有一个或多个连续的黏土层，则为双层或多层承压含水层结构。在中游绿洲盆地，河流挟带山区粗颗粒物进入该区并堆积，形成极好的地下水赋存空间，含水层厚度可达 700 m。含水

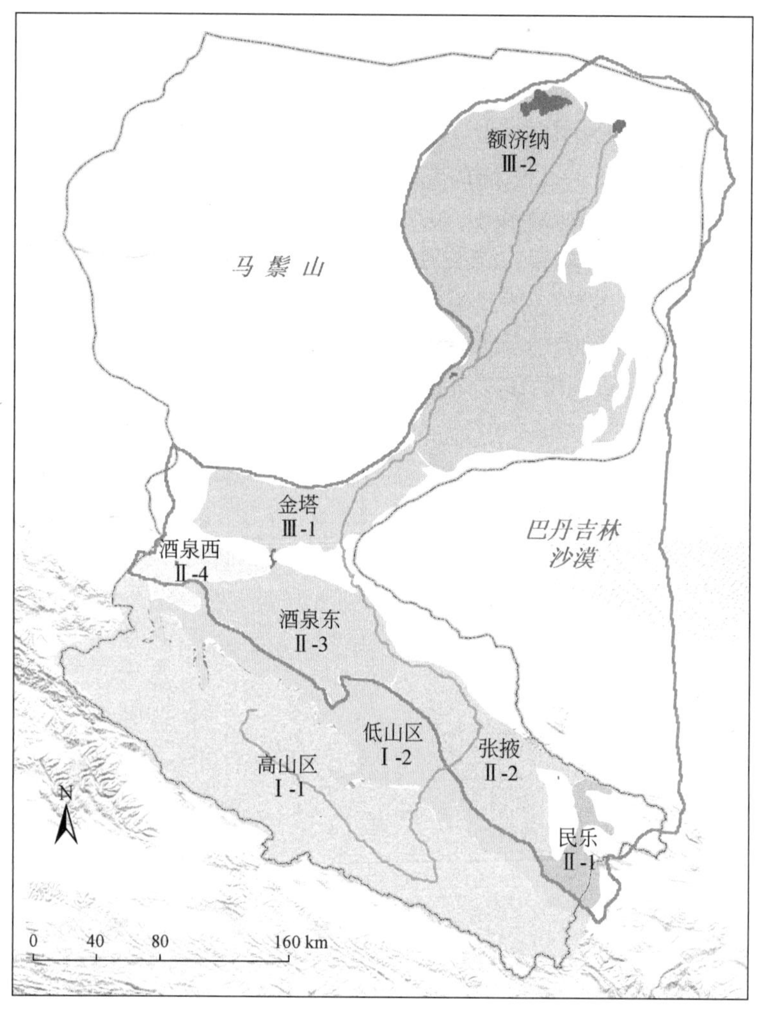


图 8-7　黑河流域地下水系统分区

层岩性呈自南向北逐渐变细的趋势。由于黑河和其他出山河流的冲积作用，张掖盆地东段及酒泉东盆地自南向北由单一的砾卵石层逐渐变为上部黏性土夹砂砾石，下部为大厚度砂砾石的双层结构，地下水类型由单一潜水含水层变为上部潜水下部承压水结构。图 8-8（a）为黑河中游张掖盆地南北向剖面图。下游盆地较中游含水层颗粒变细，富水性变弱。金塔–花海子盆地自南向北岩性逐渐变细，地下水类型由单一潜水层过渡为多层结构的潜水–承压含水层结构。额济纳盆地自南向北岩性渐细，水位埋深变浅，北部局部地段分布有自流水。地下水类型由潜水含水层逐渐过渡为多层承压含水层。图 8-8（b）为黑河下游额济纳盆地南北向剖面图。

图 8-9 总结了黑河流域含水层系统结构，表 8-3 则给出了黑河中下游 6 个地下分区详细的含水层性质及特点。

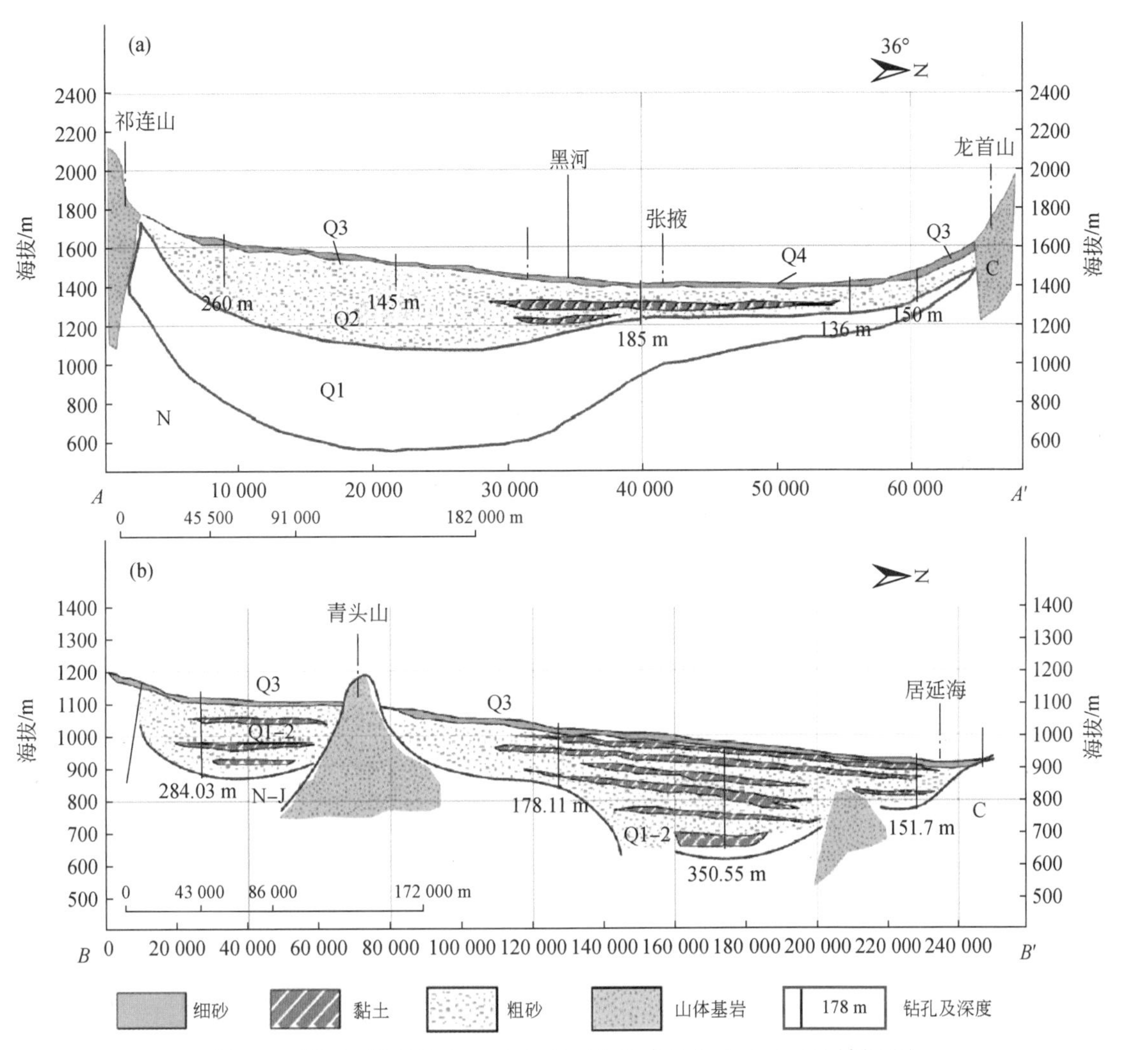


图 8-8 黑河中游张掖盆地（a）和下游额济纳盆地（b）地层剖面图

资料来源：Yao 等（2015）

**表 8-3 黑河中下游地下水系统岩性结构与含水层特点**

| 盆地分区 | 岩性与结构 | | 含水层特点 | | | | 基底 | |
|---|---|---|---|---|---|---|---|---|
| | 单层 | 多层 | 水位埋深/m | 承压顶板埋深/m | 厚度/m | 富水性 | 厚度/m | 岩性 |
| 民乐大马营盆地Ⅱ-1 | 砂砾石夹少量亚黏土 | — | 10～20 | — | 90～400 | 强 | 100～600 | 新近系泥岩 |
| 张掖盆地Ⅱ-2 | 砂砾石、砾卵石为主 | 亚黏土、粉细砂、砂砾石互层 | 0～200 | 10～15 | 100～700 | 较强 | 200～1000 | 新近系泥岩 |

续表

| 盆地分区 | 岩性与结构 | | 含水层特点 | | | | 基底 | |
|---|---|---|---|---|---|---|---|---|
| | 单层 | 多层 | 水位埋深/m | 承压顶板埋深/m | 厚度/m | 富水性 | 厚度/m | 岩性 |
| 酒泉东盆地Ⅱ-3 | 砂砾卵石、砂质砾卵石 | 亚黏土、粉细砂、砂砾石互层 | 1~200 | 10~15 | 100~800 | 较强 | 100~1000 | 新近系泥岩 |
| 酒泉西盆地Ⅱ-4 | 砾卵石、砂砾石 | — | 30~100 | — | 170~700 | 强 | 200~800 | 新近系泥岩 |
| 金塔花海子盆地Ⅲ-1 | 砾粗中砂、泥砂砾石、砂砾石 | 粗中砂、粉细砂与亚砂土、亚黏土 | 1~50 | — | 1~350 | 一般 | 100~400 | 新近系泥岩 |
| 额济纳盆地Ⅲ-2 | 含砾粗中砂、泥质砂砾石、砾质砂岩 | 粉细砂、黏土、中细砂互层 | 1~50 | 10~50 | 1~320 | 一般 | 50~350 | 新近系泥岩、白垩系砂岩 |

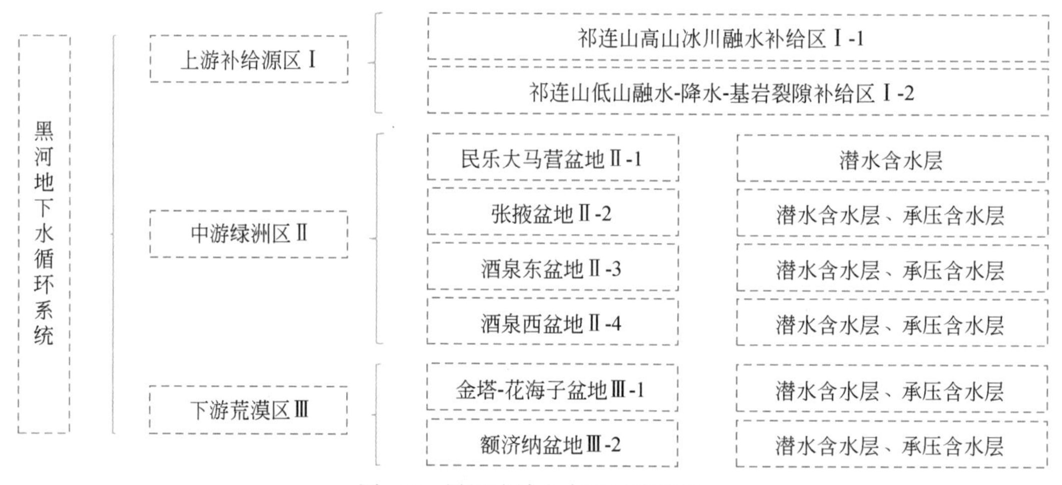


图 8-9　黑河流域含水层系统结构

将整个流域地下含水层概化成潜水含水层、浅承压含水层和深承压含水层。垂向上分为 5 个模拟层：第一层潜水含水层；第二层第一承压含水层顶板；第三层第一承压含水层；第四层第二承压含水层顶板（第一承压含水层底板）；第五层第二承压含水层。

在单一潜水含水层地区，承压含水层为虚拟层，其渗透系数保持均一。在多层承压含水层区域，将其分为浅、深两个承压含水层进行模型，渗透系数按照随深度衰减的规律进行参数赋值。每一层都被划分为 86 个参数分区［图 8-10（a）］，初始的参数化方案（渗透系数、储水系数、给水度等）参考了对同一建模区域的地下水建模研究（武选民等，2003；Hu et al.，2007；Yao et al.，2015）。

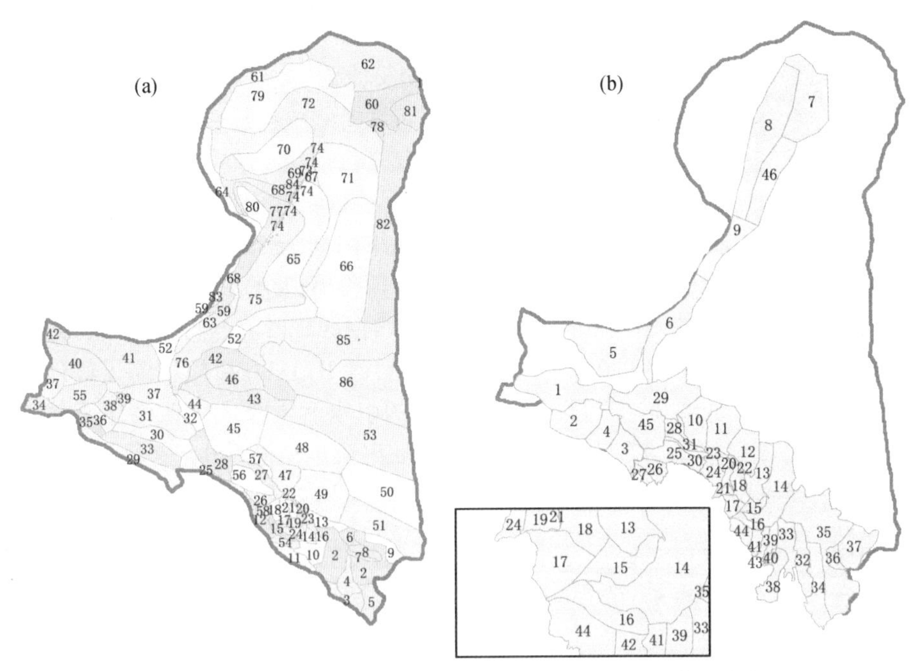


图 8-10　黑河流域中下游地下水模型参数分区（a）和灌区分布（b）

### 8.2.3　用水活动

为模拟黑河中下游复杂的灌溉活动，参考灌区边界、渠系分布、行政边界等数据集，将中下游划分为 46 个灌区［图 8-10（b）］，覆盖了山丹、民乐、甘州、临泽、高台、肃南、肃州、嘉峪关、金塔、额济纳旗 10 个县（市、区、旗）。通过收集整理大量水利年报、文献报告、实地调研数据等，推算出每个灌区的逐月河道引水量。此外，基于张掖灌区机井分布数据集以及其他地区的文献报告等资料，推算了 46 个灌区的年地下水开采量。

为模拟渠系引水的蒸发渗漏损失，基于渠系分布数据，通过 GIS 空间分析和文献报告查阅，确定了每个灌区内农田 HRU 的渠道面积占所在 HRU 面积比例以及农田 HRU 的渠道水渗漏比例这两个关键参数。将逐月的引水量数据、逐年抽水量数据以及渠系参数制作成 HEIFLOW 的输入文件，实现对灌溉活动的模拟。

## 8.3　参数率定与模拟结果验证

黑河中下游 HEIFLOW 模型的模拟期为 2000 ~ 2015 年。其中 2000 年为模型预热期，用于稳定模型的水平衡计算，避免初始条件对动态模拟结果的影响。2001 ~ 2008 年与 2009 ~ 2015 年分别作为模型的校正期与验证期。表 8-1 列出了用于模型校准（即参数率定）、验证和交叉检验的数据。使用手动调参的方式进行校正。高崖、正义峡、哨马营和狼心山四个水文站的流量观测及 66 个监测井的水位观测用于水文模拟的校准与验证；遥感反演的 LAI 数据产品用于植被生态模拟的校准和验证；遥感反演的 ET 数据（ETWatch）

和土壤水分数据（ESA-CCI-SM）、10 个生态观测站的 ET 数据、2 个土壤水监测站的土壤水分观测数据用于对模型模拟结果进行多源数据交叉检验。

## 8.3.1 水文模拟结果及其验证

图 8-11 展示了高崖、正义峡、哨马营和狼心山四个水文站河道流量的模拟结果及其与观测数据的对比。选择 NSE 和 RMSE 作为指标来评价模拟结果的拟合优度，表 8-4 总结了评价结果。4 个水文站在校正期和验证期的 NSE 均在 0.8 以上，特别是中游地区的高崖和正义峡两个水文站，NSE 接近 0.9。这说明校准后的 HEIFLOW 模型能很好地重现干流河道流量过程。此外，从图 8-11 可以看出，中游的引水活动极大地改变了天然的径流过程。例如，莺落峡在 6 ~7 月来流量较高，而正义峡出流量却接近 0，这是由于大部分河水都被引走用于灌溉农田。

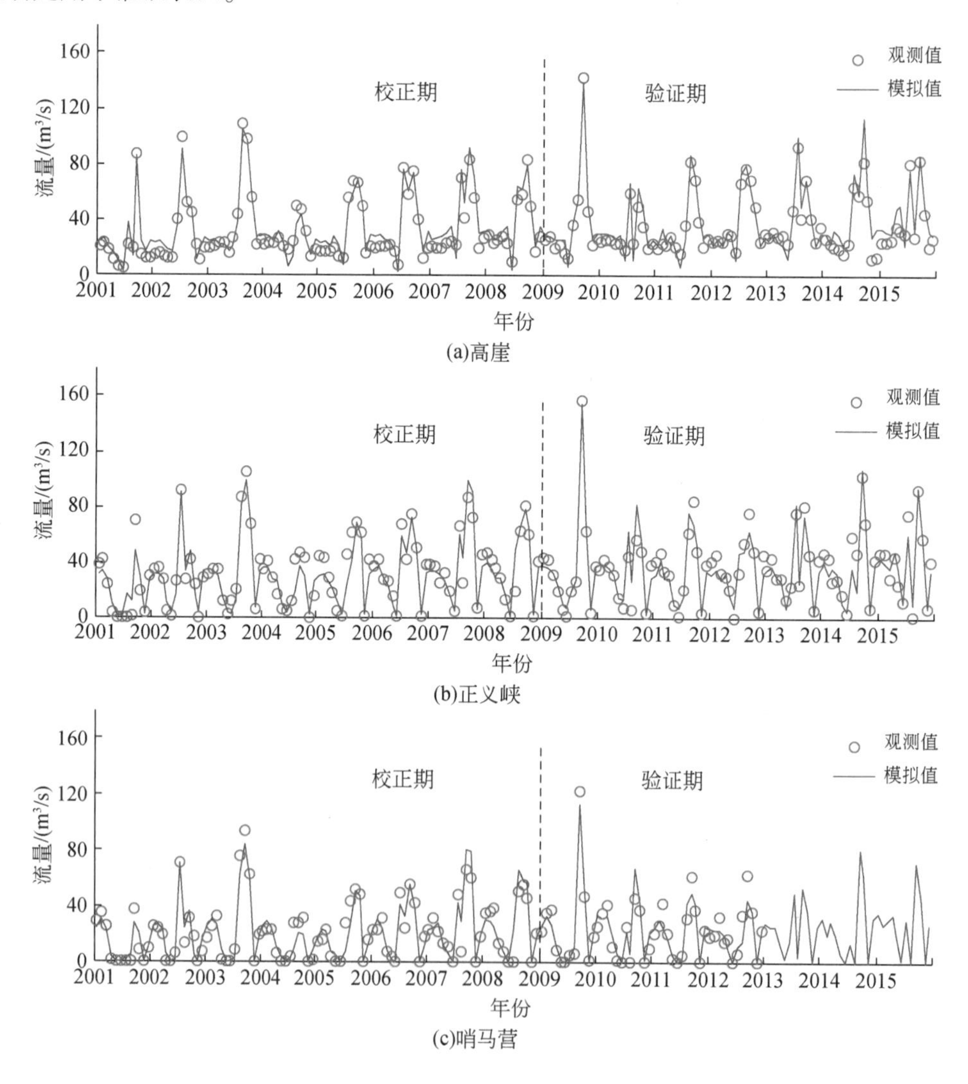

(a)高崖

(b)正义峡

(c)哨马营

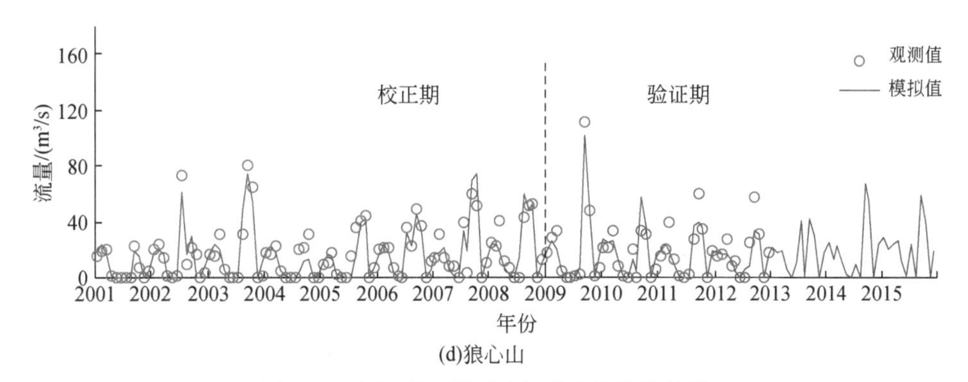

(d)狼心山

图 8-11　黑河中下游干流河道流量模拟结果

**表 8-4　月径流模拟效果**

| 水文站 | 校正期 | | 验证期 | |
|---|---|---|---|---|
| | NSE | RMSE/(m³/s) | NSE | RMSE/(m³/s) |
| 高崖 | 0.916 | 6.614 | 0.883 | 7.683 |
| 正义峡 | 0.879 | 8.500 | 0.894 | 8.498 |
| 哨马营 | 0.867 | 7.487 | 0.881 | 7.686 |
| 狼心山 | 0.838 | 7.327 | 0.843 | 8.180 |

图 8-12 展示了模拟和观测的地下水位对比结果，图中每个圆圈代表一处观测井在校正期（2001～2008 年）或验证期（2009～2015 年）内的平均地下水位。圆圈主要集中在对角线上，表明在校正期和验证期的地下水位模拟值与观测值均能良好匹配。

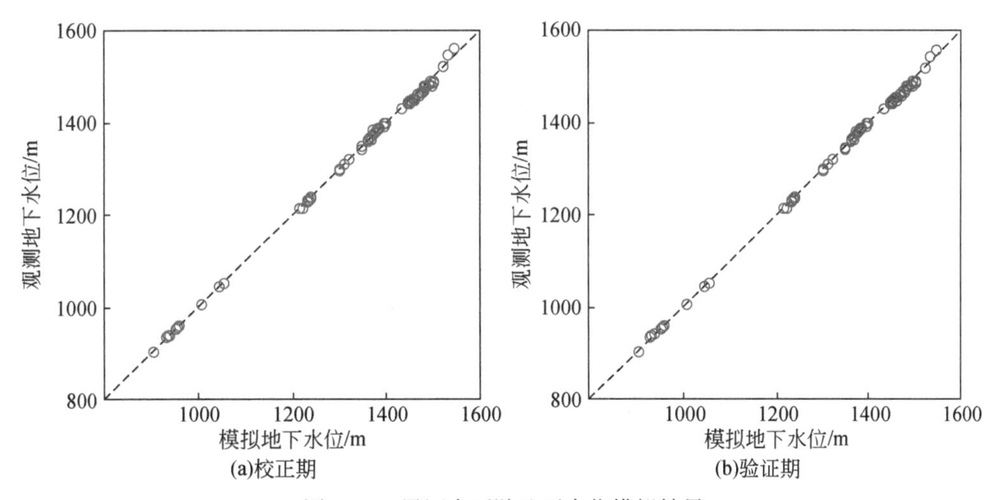

(a)校正期　(b)验证期

图 8-12　黑河中下游地下水位模拟结果

## 8.3.2　生态水文模拟结果及其验证

图 8-13 对比了校正期内 HEIFLOW 模拟的 LAI 和遥感反演的 LAI 产品，结果表明，模型成功地再现了中下游地区植被的动态生长过程，在校正期和验证期内，NSE 均接近或高于

0.90。图 8-14 比较了两种方法得到的 LAI 的空间分布，可见两者的空间格局非常相似。

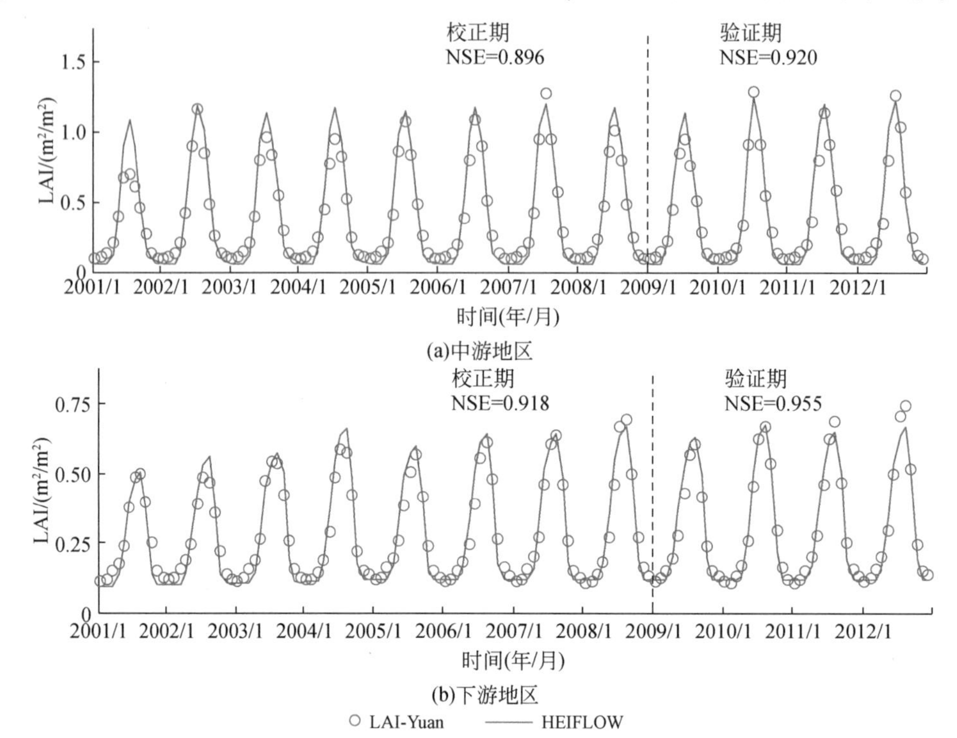


图 8-13　中游和下游地区 LAI 的校准与验证结果

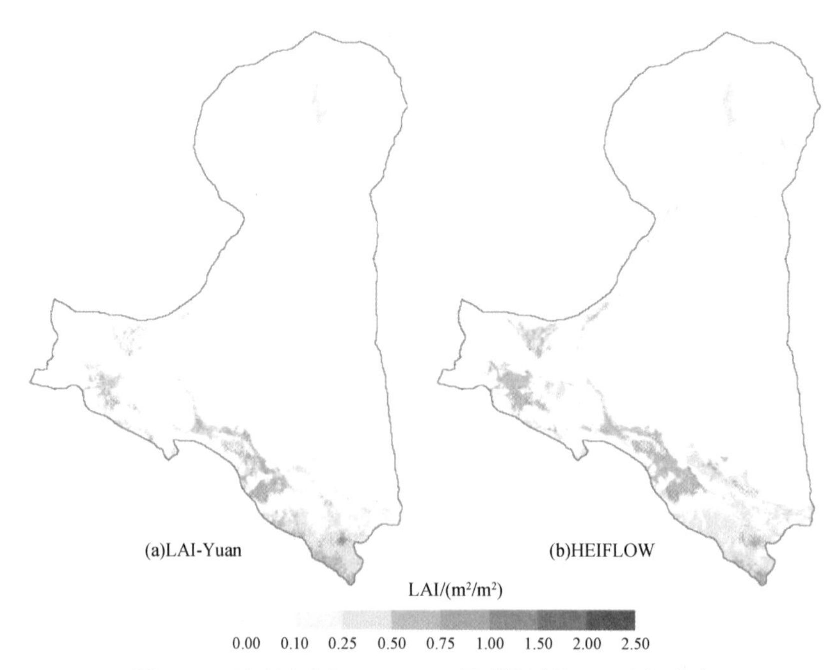


图 8-14　通过遥感和 HEIFLOW 得到的平均 LAI 空间分布

ET 是关键的生态水文变量，也是对 HEIFLOW 模型模拟结果进行验证的重点。图 8-15 展示了黑河中游地区和下游地区的 ET 模拟结果及其与遥感产品（ETWatch）的对比。可以看出，模拟结果基本再现了 ET 的时间变化规律。相较而言，中游的 ET 验证结果要好于下游。下游植被分布较为稀疏，遥感反演得到的 ET 结果存在着较大的不确定性。

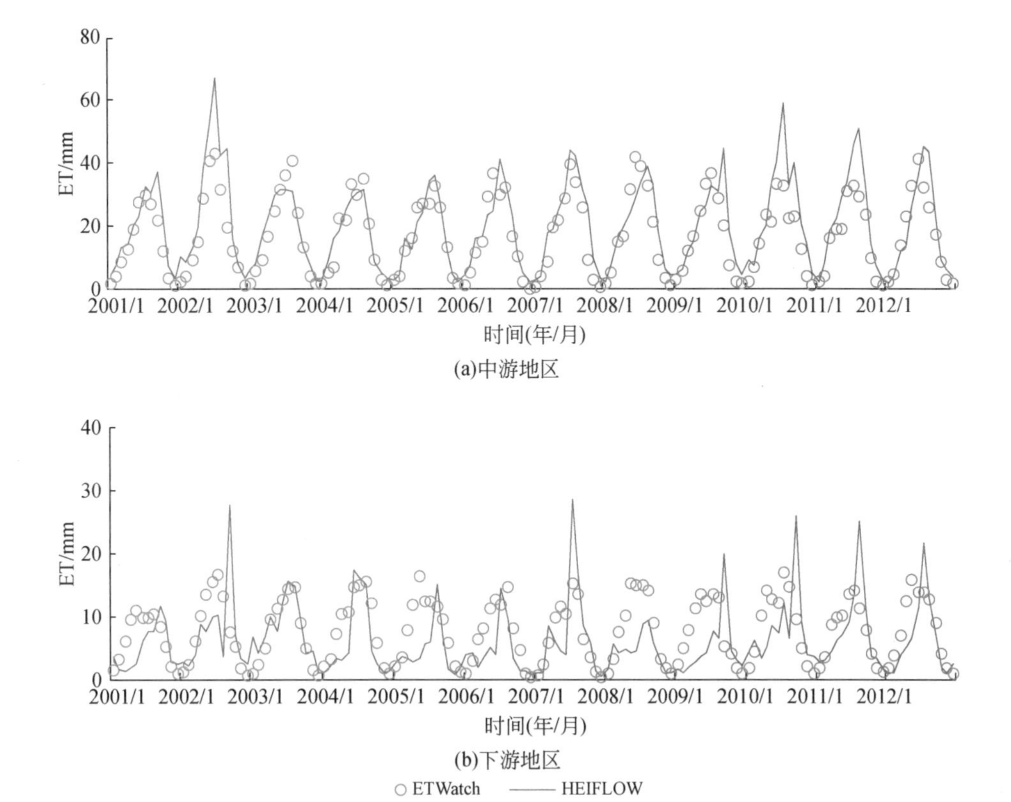


图 8-15　中游和下游地区平均 ET 时间序列对比

图 8-16 展示了模型模拟和遥感反演的年均 ET 在空间上的分布情况，图中空白部分表示遥感产品数据缺失。可以看出，模型结果和遥感产品在空间上也表现出了较好的一致性。ET 高值均集中于中游农田、河道等处。此外，HEIFLOW 对部分中游农田的模拟结果高于 ETWatch。

此外，还比较了 10 个生态观测站的 ET 观测（由涡动相关仪或大孔径闪烁仪测量得到）和对应的 HEIFLOW 模拟结果。在对比过程中，若 ET 观测站点位于植被区，则将其与对应 HRU 内植被部分的 ET 模拟结果进行对比；若 ET 站点位于裸地，则将其与 HRU 内裸地部分进行对比。图 8-17 和图 8-18 分别展示了中游 6 个站点和下游 4 个站点（图 8-1）的对比结果。需要说明的是，站点 ET 观测与 HEIFLOW 模拟结果的空间尺度不同，分别为田间尺度和 1 km×1 km 的网格/亚网格尺度。但由于 ET 空间差异性不显著，此处直接将

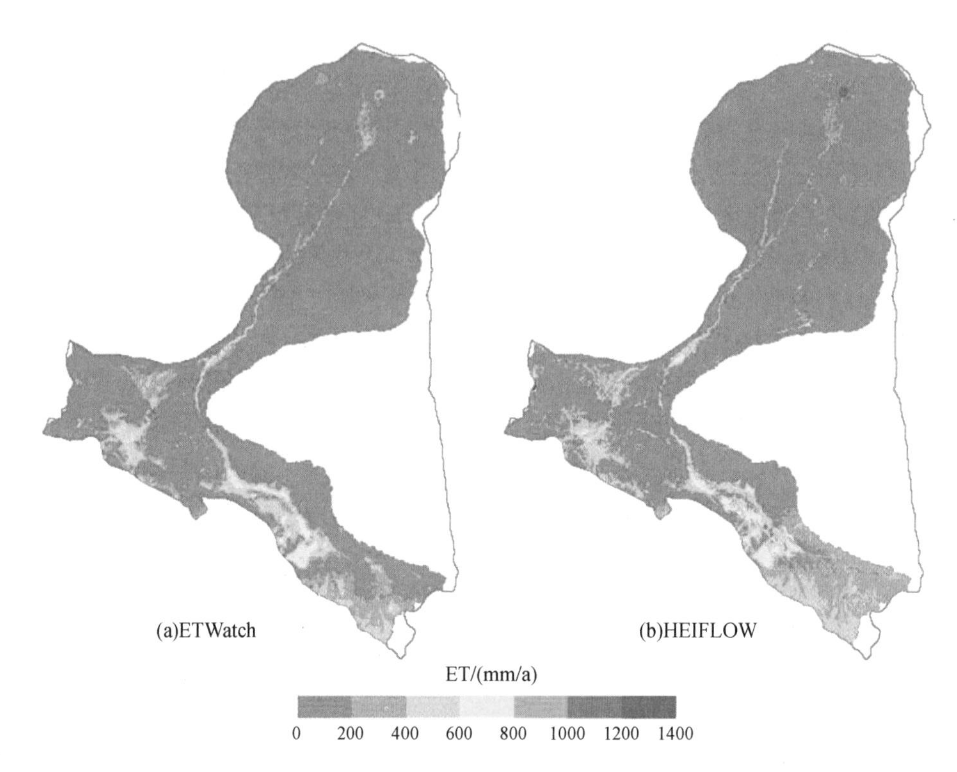


图 8-16　通过遥感（a）和 HEIFLOW（b）得到的年均 ET 空间分布

两者的时间序列进行了对比。从图 8-17 和图 8-18 中可以看到，HEIFLOW 模拟结果跟观测较为吻合，这也进一步验证了模拟结果的可靠性。

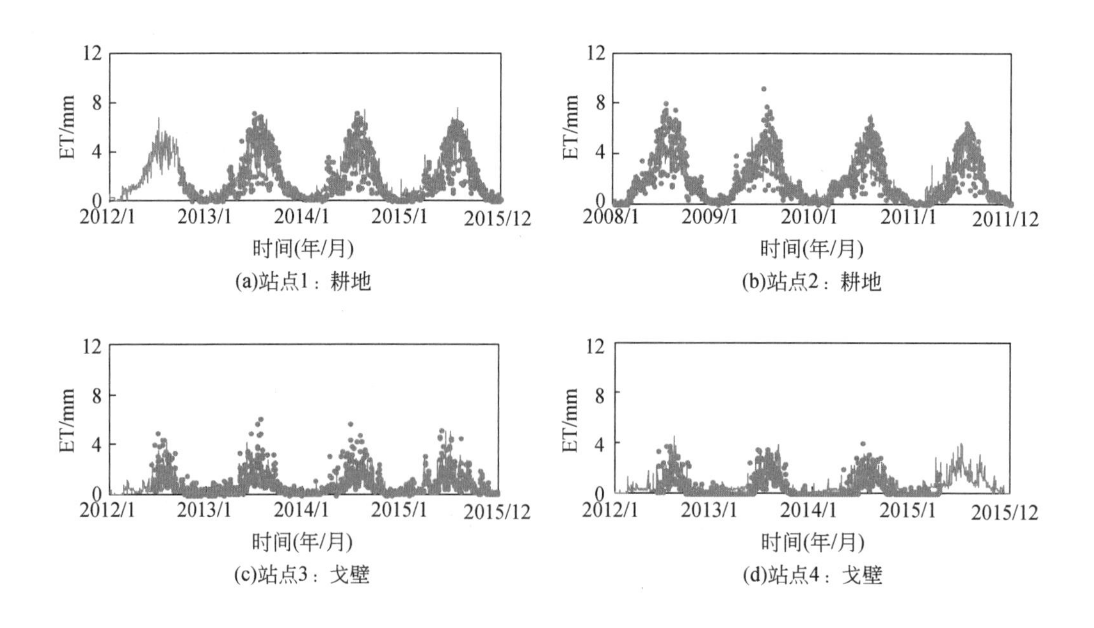

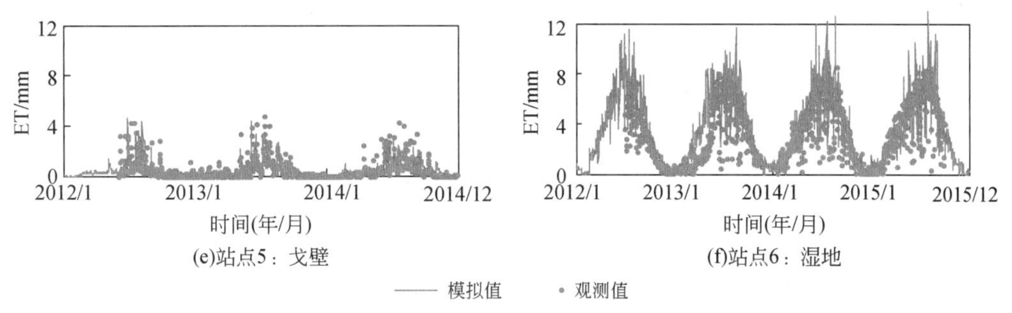


图 8-17　中游 ET 站点观测与 HEIFLOW 模拟结果对比（第 1 ~ 第 6 个站点）

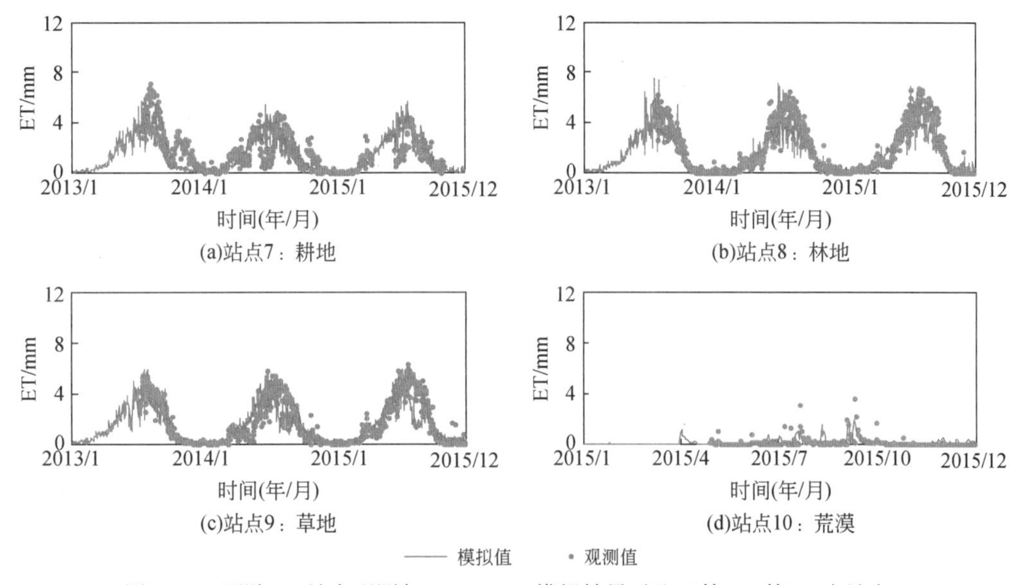


图 8-18　下游 ET 站点观测与 HEIFLOW 模拟结果对比（第 7 ~ 第 10 个站点）

土壤分层是 HEIFLOW 的一个重大结构性改进。为了验证改进后的土壤水模块，我们将 HEIFLOW 模拟的第一层土壤水分与基于遥感的土壤水分产品 ESA-CCI-SM 进行了比较。ESA-CCI-SM 产品中的土壤水含量代表了土壤表层 0 ~ 5 cm 的含水量（Dorigo et al., 2017）。HEIFLOW 模型的第一层土壤厚度为 2.54 cm。因此，两种方法得到的土壤水含量是可比的。ESA-CCI-SM 的空间分辨率为 0.25°×0.25°，因此在比较时将 HEIFLOW 模拟结果也总结为相应的空间尺度。图 8-19 显示了遥感产品和 HEIFLOW 得到的土壤含水率的空间分布。总的来说，这两种方法得到的结果非常相似，$R^2$ 高达 0.81。土壤含水率高的地方集中在河岸地区、流域南部和西部的山前地区，巴丹吉林沙漠土壤相对干燥。

图 8-20 比较了两种方法得到的流域平均的表层土壤含水率随时间的相对变化情况。某个月的土壤含水率相对变化是指当月的土壤含水率减去多年平均含水率。可以看出，HEIFLOW 模型得到的土壤含水率时间变化规律与遥感产品比较相似，$R^2$ 为 0.69。与单层土壤带相比，多层土壤带结构使蒸散发更多的发生在表层土壤水，表现为土壤水分达到峰

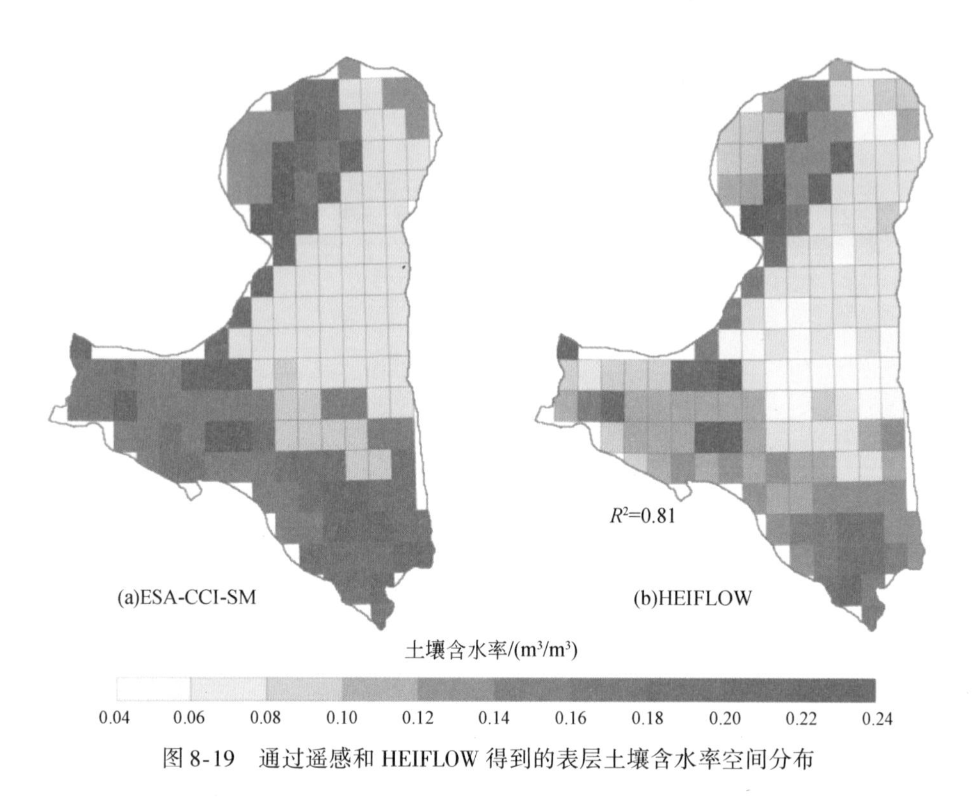


图 8-19 通过遥感和 HEIFLOW 得到的表层土壤含水率空间分布

值后会迅速下降，图 8-20 中，遥感产品和 HEIFLOW 模拟结果都可以看出这一点。这同时也说明，在土壤水模拟过程中，分离出一个薄的表层十分重要。

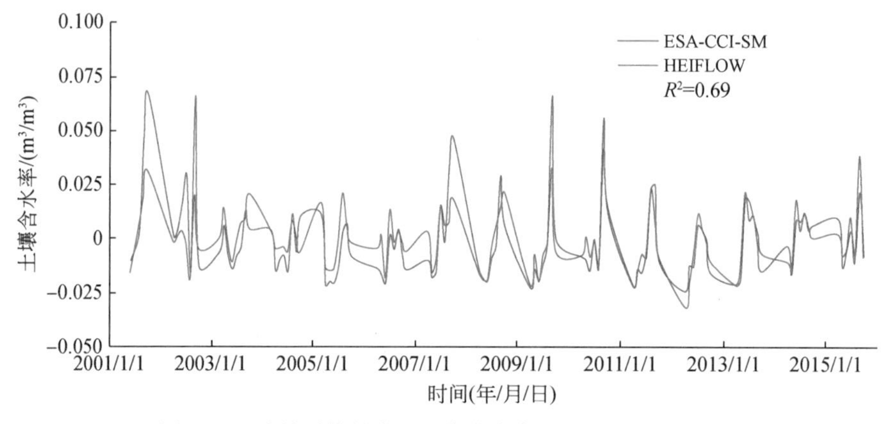


图 8-20 流域平均的表层土壤含水率相对变化规律对比

## 8.4 空间异质性和土壤水分层模拟影响研究

上一节已展示了最新版 HEIFLOW 在不同时空尺度上的模拟结果可靠性。在本节中，我们通过数值对比实验进一步展示亚网格尺度模拟和土壤水分层计算对于 HEIFLOW 模型实现跨尺度精准模拟的重要意义。这里将 8.1 ~ 8.3 节中的模型作为基线模型，简记为 P2-

L4-I1，其中“P2”表示考虑了亚网格结构（即网格被分为植被和裸地两个部分），“L4”表示 4 层土壤带，“I1”表示考虑了灌溉引起的空间异质性（即 4. 1. 5 节中将植被部分进一步分为灌溉区和非灌溉区）。除了 P2-L4-I1 之外，我们还建立了三个模型用于对比（表 8-5），即 P1-L1-I0、P2-L1-I0 和 P2-L4-I0。在这三个模型中，P1-L1-I0 没有采用亚网格结构（用“P1”表示），P1-L1-I0 和 P2-L1-I0 仅考虑单层土壤（用“L1”表示），P1-L1-I0、P2-L1-I0 和 P2-L4-I0 都没有考虑灌溉空间异质性（用“I0”表示）。构建 P1-L1-I0 时，当植被覆盖率（vcr）大于某预设阈值（0. 3 ~ 0. 4）时，假设 HRU 完全被植被覆盖，反之则假设 HRU 完全裸露。如表 8-5 所示，通过比较 P1-L1-I0 和 P2-L1-I0 的模拟结果评估考虑植被空间异质性的影响；通过比较 P2-L1-I0 和 P2-L4-I0 的模拟结果分析土壤水分层模拟的作用；通过比较 P2-L4-I0 和 P2-L4-I1 的模拟结果研究灌溉空间异质性的影响。

**表 8-5 空间异质性和土壤水分层模拟影响研究对比模型**

| 分析对象 | P1-L1-I0 | P2-L1-I0 | P2-L4-I0 | P2-L4-I1 |
|---|---|---|---|---|
| 考虑网格内植被空间异质性 | 否 | 是 | 是 | 是 |
| 进行分层土壤水模拟 | 否 | 否 | 是 | 是 |
| 考虑灌溉空间异质性 | 否 | 否 | 否 | 是 |

## 8. 4. 1 网格内植被空间异质性的影响

亚网格尺度模拟对于植被稀疏地区尤为重要。图 8-21 展示了 P2-L4-I1 模拟的两个样

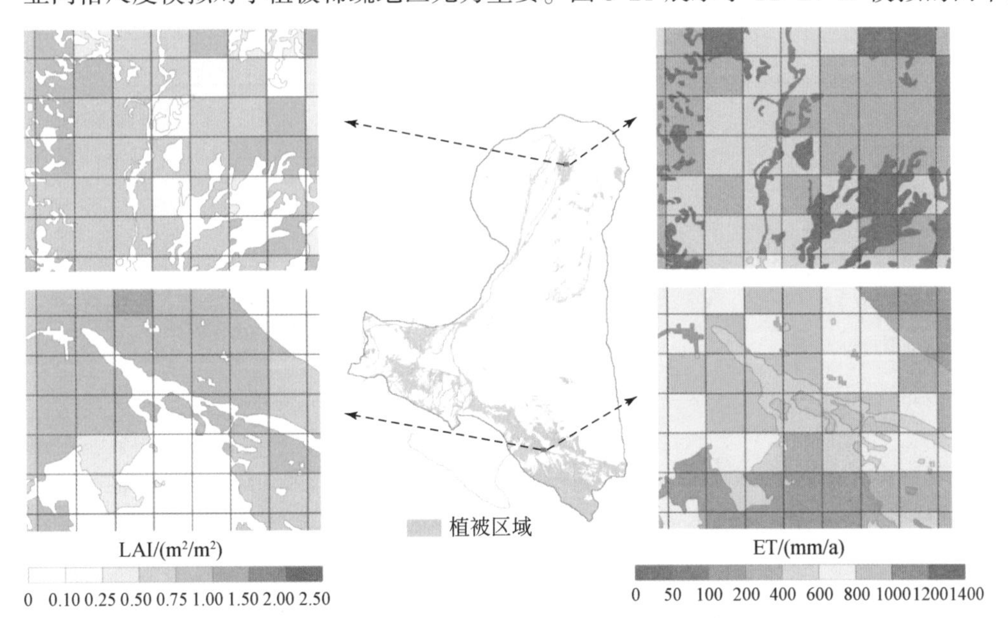


图 8-21 两个样本区域 LAI 和 ET 的亚网格尺度模拟结果

对于 LAI，空白区域表示裸地部分

资料来源：Han 等（2021）

本区域 LAI 和 ET 的空间分布。可以看出，P2-L4-I1 较为精细地刻画了亚网格尺度 LAI 和 ET 的空间变异性，这表明最新版的 HEIFLOW 模型能够有效支持水资源管理和生态系统保护。1 km×1 km 的计算网格对于考虑地下水过程的大流域生态水文模拟而言已属于较高分辨率水平，但对于实际管理工作而言仍较为粗略，无法准确指导灌溉、植被保护和放牧管理等现实管理活动。需指出的是，亚网格尺度模拟不会明显增加计算成本，若通过加密网格实现图 8-21 中的空间分辨率，其计算成本将数量级地增加。

图 8-22 展示了考虑和不考虑亚网格结构时 ET 模拟结果的差异（P2-L1-I0 和 P1-L1-I0 模拟的平均 ET 之差除以 P1-L1-I0 得到的平均 ET）。

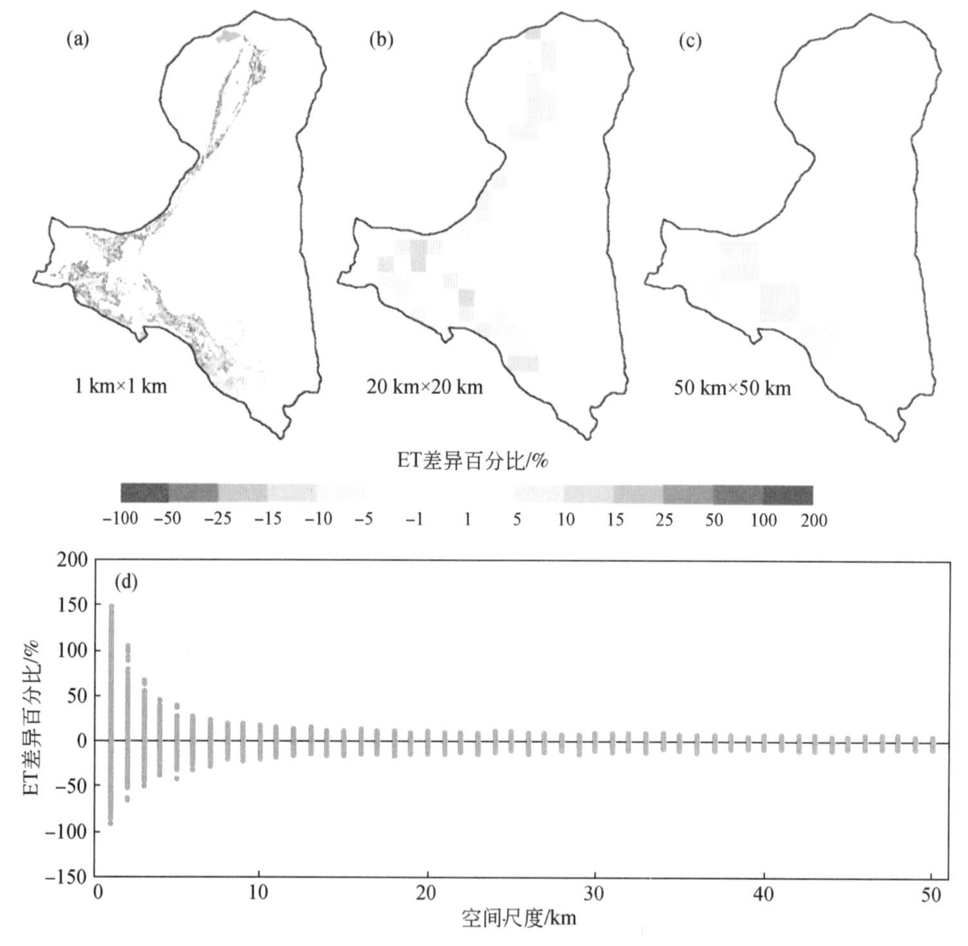


图 8-22 考虑和不考虑亚网格结构的模型（P2-L1-I0 和 P1-L1-I0）得到的 ET 差异百分比

（a）、（b）和（c）分别为 1 km×1 km、20 km×20 km 和 50 km×50 km 尺度上 ET 差异百分比的空间分布，（d）显示了 ET 差异百分比从 1 km×1 km 到 50 km×50 km 尺度上的减小趋势（Han et al.，2021）

图 8-22（a）展示了在原始 1 km×1 km 尺度上 ET 模拟的差异分布，每个网格对应图 8-22（d）中第一列的一个点。可以看出，在这个尺度上两个模型结果的差异非常显著。在某些 HRU 中，这种差异甚至高达 150%。红色区域（P2-L1-I0 模拟结果偏高）主

要分布在下游地区和中游地区的西北部。原因是这些地区植被稀疏，如果不采用亚网格结构，模型（P1-L1-I0）将忽略这些区域的植被。理论上，当模拟结果被升尺度后（即将数据聚合到更粗的分辨率），这种空间差异将会减小。为确定有无亚网格结构时模型表现相似的空间尺度，我们将模拟的平均 ET 从 1 km×1 km 的分辨率以 1 km 为间隔一直升到 50 km×50 km 的分辨率。图 8-22（b）和（c）分别展示了 20 km×20 km 和 50 km×50 km 分辨率下 ET 差异的空间分布。与图 8-22（a）相比，这两个图中的色块颜色较浅，说明 ET 的空间差异相对较小。图 8-22（d）显示了各个分辨率下 ET 的差异，图中每一个蓝色点对应一个计算网格。可以看出，随着统计尺度的增大，ET 的差异逐渐减小。在 10 km×10 km 之前，这种差异的衰减速度很快，之后逐渐变缓。当统计尺度增加到 20 km×20 km 时，差异百分比在-11.6% ~12.7%，当增加到 50 km×50 km 时，差异百分比减小到-7.4% ~ 6.9%。P1-L1-I0 和 P2-L1-I0 得到的全流域 ET 分别为 143.02 mm/a 和 141.99 mm/a，两者的差异百分比仅为-0.7%。

图 8-22 表明，在植被稀疏的地区是否考虑亚网格结构将导致显著的模拟差异，并且当模拟结果被上升到较大尺度时（如 50 km×50 km），这种差异仍然不可忽视。在将生态水文模型与气候模式（区域或全球尺度）耦合时，这一问题需要引起重视。因为气候模式的网格尺寸通常较大（如区域气候模式常为 10 ~ 60 km，全球气候模式常为 100 ~ 250 km），而生态水文模型的网格尺寸较小（如 1 ~ 10 km），耦合这两类模型需要将生态水文模型的模拟结果通过升尺度后传递给气候模式。上述结果表明，在植被稀疏的地区，忽略地表的亚网格特征可能会导致生态水文模拟存在显著误差，从而影响大尺度气候模拟的准确性。

## 8.4.2 土壤水分层模拟的重要性

这里，我们通过比较 P2-L1-I0 和 P2-L4-I0 的模拟结果来分析土壤水分层模拟的作用。图 8-23 检验了土壤带纵向离散化（详见图 3-5）对生态水文模型的影响。图 8-23（a）展示了单层土壤模型（P2-L1-I0）和多层土壤模型（P2-L4-I0）得到的流域平均土壤水储量的时间序列，可以看出，两个模型得到的土壤水储量有显著差异。两者之差（去除初始值影响）最高可高达 10 mm 左右，相当于 9.06 亿 $m^3$ 的水量。这种差异是由两个模型的 ET 模拟不同导致的。图 8-23（b）比较了两个模型模拟的流域平均 ET，每个点表示模拟期间的一日模拟结果。图 8-23（b）说明两个模型模拟的日尺度 ET 有显著差异。分析发现，图 8-23（b）中的 ET 差值与降水量存在强烈的正相关，相关系数为 0.70。图 8-23（c）展示了由单层模型和多层模型模拟的 ET 与土壤水分的动态，可以看到，当出现降水时，尽管多层模型［图 8-23（c）下图中的红色实线］中整个土壤带的土壤含水量低于单层模型的结果，但其 ET 值［图 8-23（c）上图中的红色实线］远高于单层模型的结果，这是因为干旱地区土壤通常十分干燥。在多层模型中，降水会滞留在土壤带的上部，这导致上层土壤含水量迅速增加，特别是在非常薄的表层土壤［图 8-23（c）下图中的紫色虚线］。高土壤含水量导致快速的 ET 过程。而在单层模型中，降水被加到整个土层，这导致土壤含水量没有明显升高［图 8-23（c）下图中的蓝色实线］，则 ET 也没有显著增加。这一效应在其他研究中也有报道，如 Xu 和 Xie（2001）。因此，设置多层土壤结构对于此类地区 ET 和土壤水过程的准确模拟十分必要。尤其是在干旱地区，从土壤带中分离出一个较薄的表层十分关键。图 8-23（d）还比较了单层模型和多层模型得到的平均 ET、$E$ 和 $T$。单层模型和多层模型的 ET 结果非常接近，分别为 141.99 mm/a 和 141.07 mm/a。然而，多层模型估算的 $E$ 较高（4.75 mm/a），$T$ 较低（−5.67 mm/a）。这种差异也反映在生态模拟上。如图 8-23（e）所示，单层模型得到的年最大 LAI 比多层模型高约 11%。需要说明的是，图 8-23（e）展示的是全流域的平均结果，LAI 的差异在农田上更为显著（约 13%），这说明土壤分层对农田的生态水文模拟更为必要。

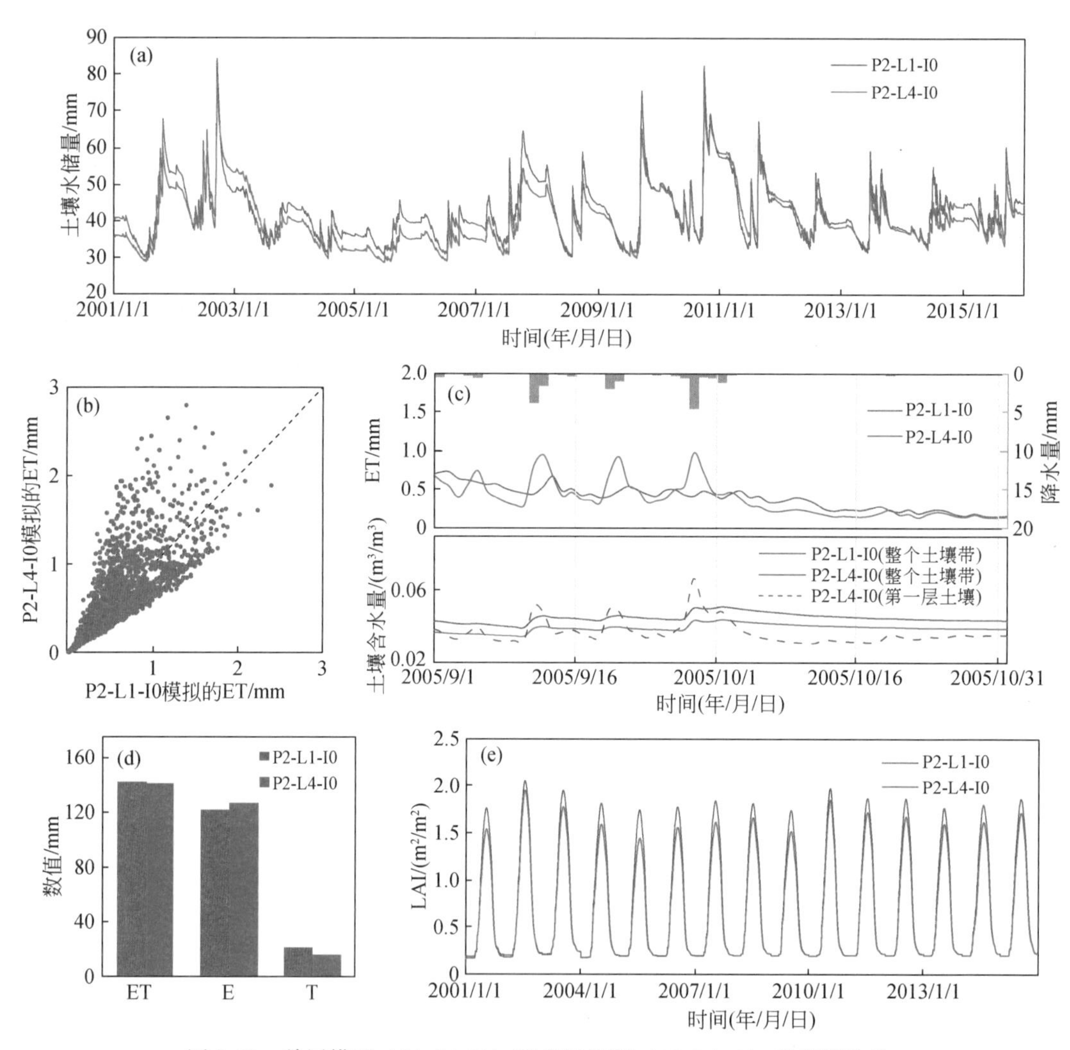


图 8-23 单层模型（P4-L1-I0）和多层模型（P2-L4-I0）的模拟差异

（a）流域平均土壤水储量的时间动态模拟结果；（b）流域平均 ET 逐日模拟结果对比；（c）流域平均 ET 和土壤含水量随降水量的变化情况；（d）全流域年平均 ET、年平均 $E$ 和年平均 $T$ 的对比；（E）流域平均 LAI 的时间动态模拟结果（Han et al.，2021）

### 8.4.3 灌溉空间异质性的影响

根据 P2-L4-I0（不考虑灌溉空间异质性）和 P2-L4-I1（考虑灌溉空间异质性）的模拟结果，考虑灌溉空间异质性会导致整个灌溉区的平均 $E$、$T$ 和 LAI 分别产生-31%、46%和13%的变化。图 8-24 比较了考虑和不考虑灌溉空间异质性时 HEIFLOW 模拟的中游地区灌溉面积、平均灌溉深度和土壤水储量。

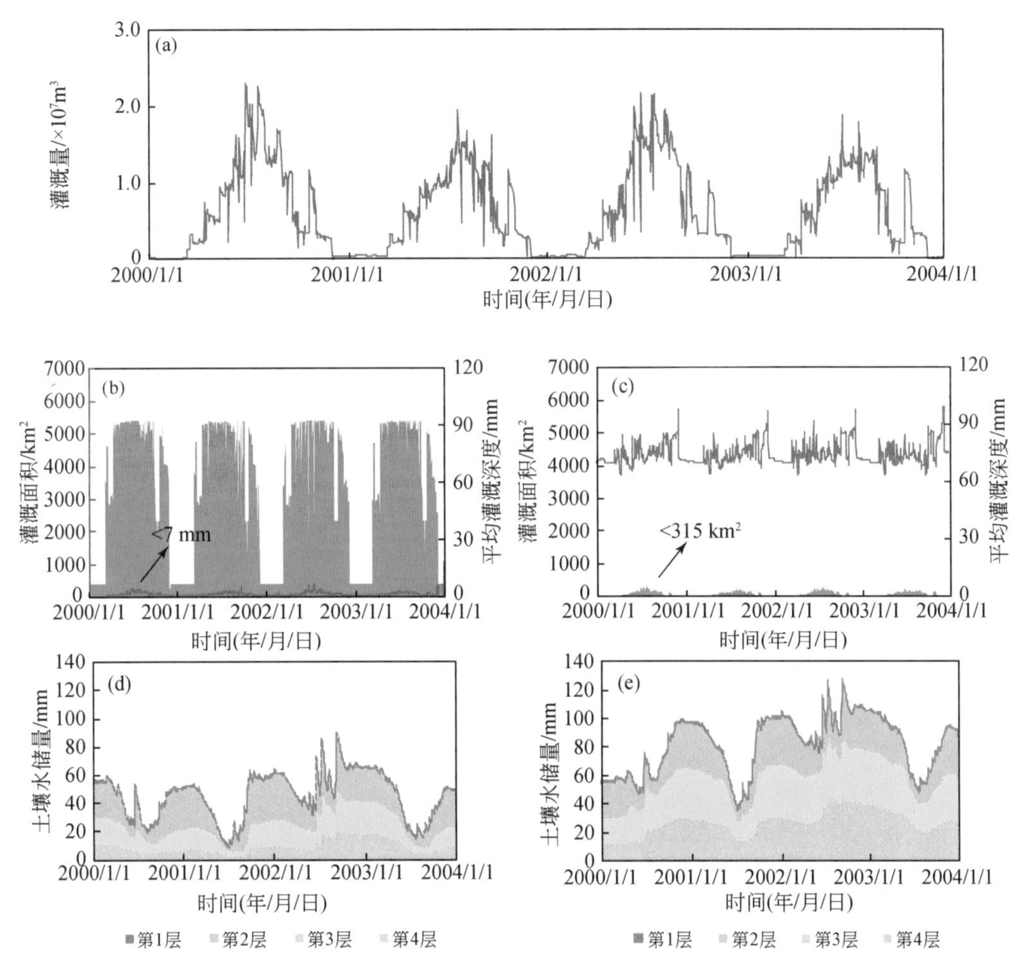


图 8-24 考虑和不考虑灌溉空间异质性（即 P2-L4-I1 和 P2-L4-I0）时黑河流域中游地区灌溉和土壤水模拟对比

（a）2000～2003 年的逐日灌溉量；（b）P2-L4-I0 模拟的日灌溉面积和日平均灌溉深度；（c）P2-L4-I1 模拟的日灌溉面积和日平均灌溉深度；（d）P2-L4-I0 模拟的分层土壤水储量；（e）P2-L4-I1 模拟的分层土壤水储量（Han et al.，2021）

图 8-24（a）给出了 HEIFLOW 模型中 WRA 模块模拟的黑河流域中游地区 2000～2003 年的逐日灌溉量。中游地区的灌溉量约为 $2.27\times10^9$ m³/a，最大日灌溉量为 2.31×

$10^7$ $m^3$。在 P2-L4-I0 中，每日灌溉量均匀地分配到灌溉 HRU 的整个植被部分，所以相应的日灌溉面积非常大［图 8-24（b）中的红色面积，对应左轴］，最大可达 5396 $km^2$。相应地，P2-L4-I0 中中游地区的日平均灌溉深度非常低［图 8-24（b）中的蓝线，对应右轴］，最大仅为 7 mm。因此，P2-L4-I0 中大部分灌溉水都滞留在上层土壤中，下层土壤获得的水量补给较少。图 8-24（c）则展示了 P2-L4-I1 模拟的日灌溉面积（红色面积，对应左轴）和日平均灌溉深度（蓝线，对应右轴）。在 P2-L4-I1 中，由于每日灌溉量准确分配到灌溉面积上，故日灌溉面积较小，最大不超过 315 $km^2$，日平均灌溉深度为 60～100 mm，更加符合现实情况。因此，P2-L4-I1 中灌溉水可以更多地入渗到下层土壤。两个模型得到的土壤水储量证实了这一效应。从图 8-24（d）和（e）中可以看出，P2-L4-I1 模拟的下层土壤（第 3 层和第 4 层）的水储量显著大于 P2-L4-I0 模拟的下层土壤的水储量。

我们将两个模型模拟的土壤含水量与两个测站（图 8-1 中的 A 站和 B 站）的观测值进行了对比（图 8-25）。A 站位于中游的一个农田 HRU，B 站位于下游的一个森林 HRU。这两个 HRU 都存在灌溉活动。由于土壤含水量直接受到灌溉活动影响，田间尺度土壤水观测的时间序列可能与网格/亚网格尺度的平均土壤水结果存在显著不同。因此，我们这里只比较土壤含水量的平均值，未比较时间变化规律。从图 8-25 中可以看出，考虑灌溉空间异质性时（P2-L4-I1）得到的土壤含水量随深度的变化趋势与实测值一致，土层越低，土壤含水量越高。而不考虑灌溉空间异质性时（P2-L4-I0）得到规律正好相反，上层土壤的含水量高于下层土壤。这是因为在 P2-L4-I0 中过多的灌溉水滞留在上层土壤中。这一结果表明，考虑灌溉活动的空间异质性对于准确模拟干旱半干旱地区农田的土壤含水量十分重要。

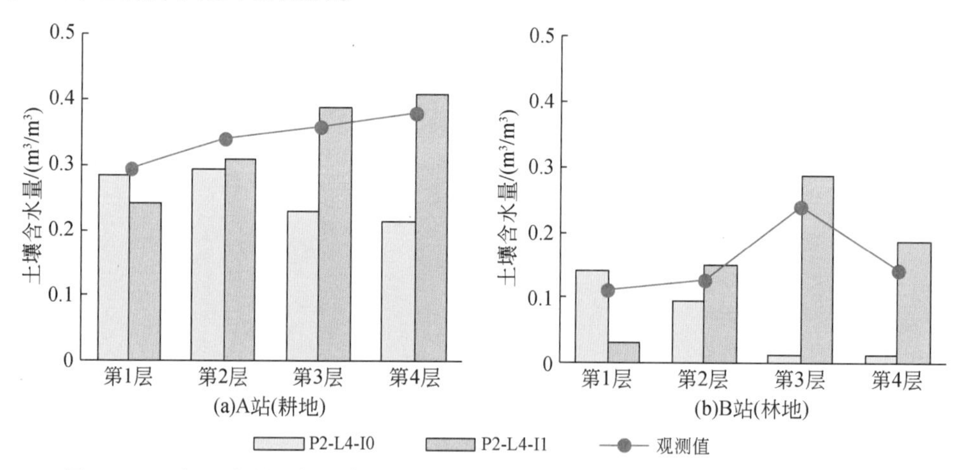


图 8-25　田间尺度的现场土壤含水量观测与网格/亚网格尺度模型模拟结果的比较

P2-L4-I1 和 P2-L4-I0 分别表示考虑和不考虑灌溉空间异质性的 HEIFLOW 模型（Han et al.，2021）

此外，我们还将 P2-L4-I0 和 P2-L4-I1 模拟的 ET 与 10 个生态观测站观测的 ET 进行了对比（其中 P2-L4-I1 的时间序列对比见图 8-17 和图 8-18）。若 ET 观测站点位于植被区，则将其与对应 HRU 内植被部分的 ET 模拟结果进行对比；若 ET 观测站点位于裸地，则将其与对应 HRU 内裸地部分进行对比。需要说明的是，站点 ET 观测与 HEIFLOW 模拟结果的空间尺度不同，分别为田间尺度和 1 km×1 km 的网格/亚网格尺度。但由于 ET 空间差异性不十分显著，此处直接将两者的时间序列进行对比。图 8-26（a）展示了两个模型得到的每个观测站点的 NSE 值，其中有 6 个观测站点位于植被覆盖区域，这些区域均存在灌溉活动，其余 4 个观测站点位于裸地区域。在考虑灌溉空间异质性时，有植被覆盖的 6 个观测站点的 NSE 显著增加。这一结果表明，改进土壤水模拟使得灌区的 ET 模拟也得到了改善。

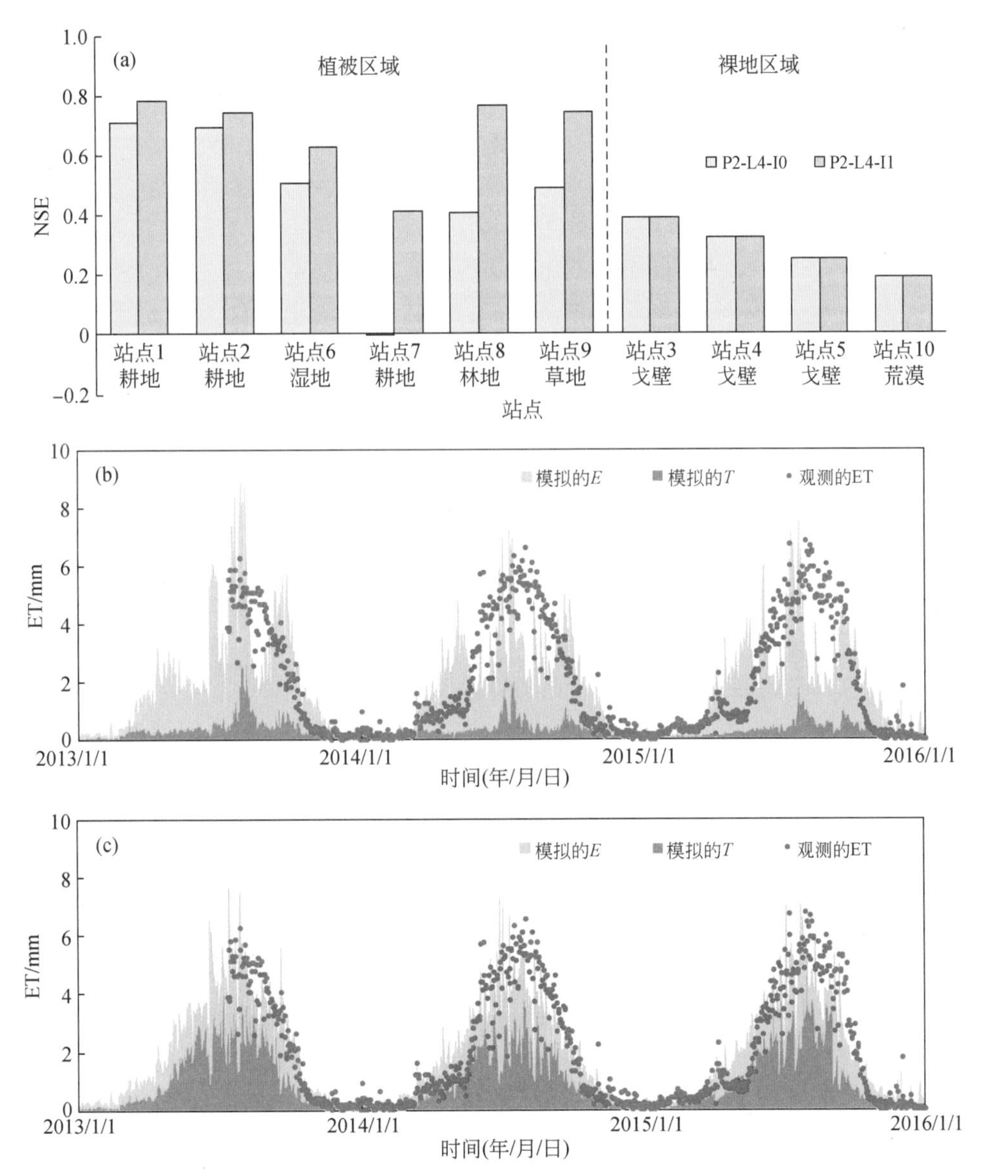


图 8-26　考虑灌溉空间异质性对 ET 模拟的改进

（a）P2-L4-I1 和 P2-L4-I0 得到的 10 个 ET 观测站点处的 NSE；（b）第 8 个 ET 观测站点的观测值和 P2-L4-I0 的模拟结果；（c）第 8 个 ET 观测站点的观测值和 P2-L4-I1 的模拟结果（Han et al.，2021）

图 8-26（b）和（c）分别展示了 P2-L4-I0 和 P2-L4-I1 模拟的第 8 个 ET 观测站点（即土壤水分监测的 B 站）的 ET 及其 *E*、*T* 划分。在 P2-L4-I0 中，由于灌溉水滞留在土壤的上层［图 8-25（b）］，土壤蒸发（即 *E*）被显著高估，*T* 对 ET 的贡献只有 23%。这一结果必然会影响植被生长的模拟。而在 P2-L4-I1 中，灌溉水更多的流向土壤下层［图 8-25（b）］，蒸发损失相对较小，植物吸收的灌溉水比例较高。P2-L4-I1 模拟的第 8 个 ET 测站的 *T*/ET 为 64%。这个值与 Liu S M 等（2018）报道的观测结果吻合得很好，在其研究中，黑河流域下游的一个森林生态系统 *T*/ET 平均为 60%。此外，从图 8-26（b）和（c）中也可以看出，P2-L4-I1 得到的 ET 随时间的变化规律与观测结果基本一致，而 P2-L4-I0 的模拟结果与观测结果存在较为明显的差异。此外我们还比较了 P2-L4-I0 和 P2-L4-I1 在第 8 个 ET 观测站点获得的 LAI 模拟结果。P2-L4-I1 模拟的平均 LAI 比 P2-L4-I0 高 27%。这一结果表明，考虑灌溉活动在 1 km 尺度内的空间异质性对于准确描述干旱半干旱区植被（特别是农作物）生长过程具有重要意义。

## 8.5 本章小结

本章系统介绍了黑河流域中下游的 HEIFLOW 模型。建模区面积为 90 589 $km^2$，其地表部分被划分成 90 589 个 1 km×1 km 的 HRU；地下部分水平上划分为一系列 1 km×1 km 的网格（与地表 HRU 一一对应），垂向上被分为 5 层（即 1 个潜水含水层、2 个承压含水层和 2 个弱透水层）；流域内的河网被概化为 116 个河道和 3119 个河段。本章使用河道流量、地下水位、ET、土壤水分等观测数据以及多种遥感数据产品对 HEIFLOW 模型进行校正和验证，结果显示 HEIFLOW 准确重现了黑河流域中下游的生态水文过程，实现了跨尺度（从田间尺度到流域尺度）的精准生态水文模拟。本章还研究了亚网格尺度模拟、土壤水纵向分层计算和考虑灌溉空间异质性对生态水文模拟的改进作用，主要研究结论如下：

1）考虑亚网格尺度的植被空间异质性可以显著提高模型模拟的空间精度。在植被稀疏的地区，忽略地表的亚网格特征将导致显著的模拟误差。当生态水文模型的结果用于支持管理决策或与更大尺度的气候模式耦合时，忽略亚网格特征导致的模拟误差可能会进一步传播并影响气候模拟结果。

2）多层土壤结构可以显著改善生态水文变量的动态模拟。在模拟干旱地区的土壤水过程时，从土壤带中分离出一个薄的表层（如 0～5 cm）有助于模拟降水事件发生后的快速蒸发过程。根据本章的研究结果，利用单层土壤结构模拟的年最大 LAI 存在 10% 以上的误差。

3）考虑灌溉活动空间异质性是成功模拟干旱地区土壤水、蒸散发和植被（特别是农作物）生长过程的关键。在本章案例中，考虑灌溉活动空间异质性使 HEIFLOW 模拟的灌溉区域平均裸土蒸发（*E*）、植被蒸腾（*T*）和 LAI 分别产生−31%、+46% 和+13% 的模拟结果差异。

上述结果表明，通过在水平和垂直方向上对模拟区域进行合理的离散化，可以在计算负担有限增加的前提下显著降低模拟误差，是提高生态水文模型小尺度模拟精度的可行方案。

# 第9章 耦合模型的不确定性分析

由于流域系统的高度复杂性和非均质性，分布式水文模拟的结果往往具有显著的不确定性。不确定性的主要来源包括模型参数赋值的主观性，模型结构对于现实的简化以及各类输入和验证数据本身的误差。对于 HEIFLOW 这类结构复杂、参数众多、数据量要求大的复杂模型，进行模拟结果的不确定性分析十分关键。系统的不确定性分析不但可以量化不确定性大小，为过程解析和管理决策提供更为可靠的信息，也可以为模型结构改进和数据优化收集提供重要反馈（Zheng and Keller，2007）。在各式各样的不确定性分析方法中，基于蒙特卡罗模拟（Monte Carlo simulation，MCS）的分析方法是最经典的一类，如基于马尔可夫链-蒙特卡罗（Markov chain-Monte Carlo，MCMC）的贝叶斯分析（Kuczera and Parent，1998；Marshall et al.，2004；Han and Zheng，2016）。虽然基于 MCS 的方法可以系统地完成不确定性分析，但其需要大量的模型运行次数，这对于单次运算时间较长的生态水文耦合模型而言是巨大的计算成本。目前，如何进行系统、高效的不确定性分析仍是生态水文耦合模型在实际应用中需要面对的一个难题。

本章将以黑河中游张掖盆地地表水-地下水耦合模拟为例，介绍概率配点法（probabilistic collocation method，PCM）在生态水文研究中的应用，展示系统的不确定性分析如何为生态水文过程理解、数据优化收集和水资源管理决策提供重要反馈信息（Wu et al.，2014）。PCM 通过建立原模型的随机响应面（stochastic response surface）替代模型（surrogate model）来快速完成基于 MCS 的不确定性分析，在水资源、水环境领域已有一些应用（Li and Zhang，2007，2009；王伟民等，2010；Dai et al.，2014；Pan et al.，2015；Man et al.，2018）。PCM 所需的原模型运行次数与随机参数的维度有关，一般在几十次到几百次量级。Zheng 等（2011）将 PCM 与经典的 Sobol' 方差分析方法（Sobol' variance decomposition）相结合，开发了全局参数敏感性分析方法 PCM-VD。PCM-VD 方法能根据响应面多项式的系数直接推导出随机参数的各阶方差贡献，从而在不进行额外原模型运算的情况下快速完成全局参数敏感性分析。

## 9.1 概率配点法的数学原理

PCM 以多项式混沌展开（polynomial chaos expansion，PCE）构建随机响应面，作为目标模型的替代模型。PCE 以埃尔米特（Hermite）多项式为基函数，通过基函数的加权组合构成一个多项式来代替原模型。PCE 的输入项一般是模型的随机参数，而输出项 $y$ 则是模型的输出变量。随机多项式进行 MCS 的计算成本十分低廉，且多项式系数可用于推导随机变量方差的解析表达形式，因此，PCM 在用于模型参数不确定性和全局敏感性分析时具有巨大的计算效率优势。

在应用 PCM 进行不确定性分析时，要求目标模型中待分析的随机参数 $\{x_i\}_{i=1}^k$（$k$ 是随机参数的个数）服从标准正态分布，并且这些随机参数之间相互独立。若参数 $\{x_i\}_{i=1}^k$ 的分布不是标准正态分布，需将其转化为标准正态分布参数 $\{\xi_i\}_{i=1}^k$ 的函数。例如，参数 $x_i$ 的分布为 $a$ 到 $b$ 之间的均匀分布，即 $x_i \sim U(a, b)$，那么 $x_i$ 可以通过式（9-1）转化为标准正态分布参数 $\xi_i$ 的函数：

$$x_i = a + (b - a)[1/2 + 1/2 \times \mathrm{erf}(\sqrt{2}/2\xi_i)] \tag{9-1}$$

目标模型的输出变量 $y$（亦为随机变量）可以表示为标准正态变量 $\{\xi_i\}_{i=1}^k$ 的 PCE（Ghanem and Spanos，1991；Xiu and Karniadakis，2002）：

$$y = a_0 + \sum_{i_1=1}^{k} a_{i_1}\Gamma_1(\xi_{i_1}) + \sum_{i_1=1}^{k}\sum_{i_2=1}^{i_1} a_{i_1i_2}\Gamma_2(\xi_{i_1},\xi_{i_2}) + \sum_{i_1=1}^{k}\sum_{i_2=1}^{i_1}\sum_{i_3=1}^{i_2} a_{i_1i_2i_3}\Gamma_3(\xi_{i_1},\xi_{i_2},\xi_{i_3}) + \cdots \tag{9-2}$$

式中，$\Gamma_p(\xi_{i_1}, \cdots, \xi_{i_p}) = (-1)^p \exp(\boldsymbol{\xi}^{\mathrm{T}}\boldsymbol{\xi}/2)(\partial^p \exp(-\xi^{\mathrm{T}}\xi/2)/\partial\xi_{i_1}\partial\xi_{i_2}\cdots\partial\xi_{i_p})$，表示 $p$ 阶的埃尔米特多项式；$\boldsymbol{\xi} = (\xi_{i_1}, \cdots, \xi_{i_p})$ 表示 $p$ 阶埃尔米特多项式的随机参数向量；$a_0$、$a_{i_1}$、$a_{i_1i_2}$ 等为待定的多项式系数。

式（9-2）也可简写为

$$y = a_0 + \sum_{i=1}^{\infty} a_i\Gamma_i(\boldsymbol{\xi}) \tag{9-3}$$

如果只保留式（9-2）中阶数小于等于 $d$ 的埃尔米特多项式，则可以得到一个 $d$ 阶的截断 PCE。式（9-3）的多项式项数是无穷的，在构建替代模型时，可使用截断的 PCE 来近似。$k$ 维的 $d$ 阶截断 PCE（$\hat{y}$）可以表示为

$$y \cong \hat{y} = a_0 + \sum_{i=1}^{n-1} a_i\Gamma_i(\boldsymbol{\xi}) \tag{9-4}$$

式中，$n$ 为多项式系数的总数，其值等于 $\mathrm{C}_{k+d}^d = (k+d)!/(k!\,d!)$。例如，二维的二阶截断 PCE 可写为

$$\hat{y} = a_0 + a_1\xi_1 + a_2\xi_2 + a_3(\xi_1^2 - 1) + a_4(\xi_2^2 - 1) + a_5\xi_1\xi_2 \tag{9-5}$$

根据前人研究，二阶 PCE 通常可以对目标输出变量 $y$ 有较好的近似（Phenix et al.，1998；Lucas and Prinn，2005；Shi et al.，2009）。更高阶的 PCE 可能会提升近似效果（Li and Zhang，2007），但计算成本会随着阶数提高而显著增加（即 $n$ 的值会随着 $d$ 的变大而迅速增加）。在实际应用中，需要先对截断 PCE 的近似效果进行验证方能用于不确定性和敏感性分析。

一般情况下，求解 PCE 的 $n$ 个待定系数需要 $n$ 组输入变量（即 $\boldsymbol{\xi}$）和输出变量（即 $y$）的取值，每一输入变量和输出变量的数据对（$\boldsymbol{\xi}$，$y$）构成一个配点（collocation point）。此时求得的系数（$a_i$）能保证 PCE 在这些配点处与原模型输出结果完全一致，但在配点以外的区域两者可能存在较大差异。为进一步提高 PCE 的精度，可以选择 $m$ 组配点（$m>n$）求解 PCE 的待定系数。这时会得到一个超定的线性方程组，然后通过回归求解这些系数。选择配点时，一般先在标准正态分布中采样 $\boldsymbol{\xi}$，再变换回原模型的

随机参数 $x$；随后将 $x$ 的样本值代入原模型，计算得到模型输出变量 $y$ 的相应取值；采样 $n$ 次后，将 $n$ 组（$\boldsymbol{\xi}$，$y$）数据对代入式（9-3）即可求得 PCE 系数，则式（9-3）就成为原模型的替代模型。

配点须按照特定的规则选取（Villadsen and Michelsen，1978；Tatang et al.，1997）。$d$ 阶 PCM 的配点要选择 $d+1$ 阶埃尔米特多项式的根。例如，三阶埃尔米特多项式的根为$\sqrt{3}$、$-\sqrt{3}$和 0，故二维的二阶 PCM 配点可从如下选择：（0，0）、（$-\sqrt{3}$，0）、（0，$-\sqrt{3}$）、（0，$\sqrt{3}$）、（$\sqrt{3}$，0）、（$\sqrt{3}$，$\sqrt{3}$）、（$-\sqrt{3}$，$-\sqrt{3}$）、（$-\sqrt{3}$，$\sqrt{3}$）和（$\sqrt{3}$，$-\sqrt{3}$）。Isukapalli 等（1998）提出了一种有效的配点选择方法 ECM（efficient collocation method）。根据 ECM，配点的选择要尽量接近 0，因为 0 是标准正态分布中概率密度最高的位置。此外，配点数目最好多于待定系数的数量，在此情形下，可用回归方法求解超定方程组以获得 PCE 的系数。

Sobol' 敏感性指数（Sobol' sensitivity indices）是一种基于方差分解（variance decomposition）的全局敏感性指数，其计算公式如下：

$$S_i = \mathrm{Var}[E(y \mid x_i)]/\mathrm{Var}(y) \tag{9-6}$$

$$S_{ij} = \{\mathrm{Var}[E(y \mid x_i, x_j)] - \mathrm{Var}[E(y \mid x_i)] - \mathrm{Var}[E(y \mid x_j)]\}/\mathrm{Var}(y) \tag{9-7}$$

$$S_{T_i} = S_i + \sum_{j \neq i} S_{ij} + \sum_{j \neq i} \sum_{l > j} S_{ijl} + \cdots + S_{12 \cdots i \cdots k} \tag{9-8}$$

式中，$x_i(i=1，\cdots，k)$ 为模型输入变量（如模型参数）；$y$ 为模型输出变量；$S_i$为 $x_i$的一阶敏感性指数；$S_{ij}$为 $x_i$与 $x_j$的二阶敏感性指数；$S_{ijl}$为 $x_i$、$x_j$与 $x_l$的三阶敏感性指数，更高阶的敏感性指数也可类似定义；$S_{T_i}$ 为 $x_i$的总敏感性指数。敏感性指数为无量纲量，代表输入变量对模型输出变量方差的贡献百分比。

Zheng 等（2011）将 PCM 与 Sobol' 敏感性指数结合，发展出 PCM-VD 方法。PCM-VD 方法假设截断 PCE 对原模型在参数空间有良好的近似效果。这种良好的近似效果表现为两个方面：首先，对于参数空间内任一点 $x$，有 $\hat{y}(\xi(x)) \approx y(x)$；其次，$\hat{y}$ 的概率分布与 $y$ 的概率分布也大致相同。在 PCM-VD 方法中，式（9-6）和式（9-7）中的 $\mathrm{Var}[E(y \mid x_i)]$、$\mathrm{Var}[E(y \mid x_i, x_j)]$、$\mathrm{Var}(y)$ 等方差无需 MCS，可以通过如下公式计算：

$$\mathrm{Var}(y) = \sum_{i=1}^{n} a_i^2 \prod_{j=1}^{M_i} p_{ij}! \tag{9-9}$$

$$\mathrm{Var}[E(y \mid x^F)] = \sum_{i=1}^{n_1} a_i^2 \prod_{j=1}^{M_i} p_{ij}! \tag{9-10}$$

式中，$x^F$为固定某个或某几个输入变量的值；$M_i$为 $\Gamma_i(\boldsymbol{\xi})$ 中包含的单变量埃尔米特多项式（univariate Hermite polynomials，UHP）个数；$p_{ij}$为第 $j$ 个 UHP 的阶数。式（9-9）中的 $n$ 为 PCE 的总项数，式（9-10）中的 $n_1$ 为 PCE 中仅含有固定输入变量的项数。更多关于 PCM 和 PCM-VD 的细节可参考 Zheng 等（2011）的论文。

需要指出的是，式（9-9）和式（9-10）仅适用于各随机输入变量服从独立的标准正态分布的情况。若随机输入变量服从独立的任意分布，使用二阶截断 PCE 作为替代模型时的输出变量方差 Var（$y$）可推导如下：

$$\hat{y} = a_0 + \sum_{i=1}^{n} a_i \Gamma_1(\xi_i) + \sum_{i_1=1}^{n} \sum_{i_2=1}^{i_1} a_{i_1 i_2} \Gamma_2(\xi_{i_1}, \xi_{i_2}) \tag{9-11}$$

其中，

$$\Gamma_1(\xi_i) = \xi_i \tag{9-12}$$

$$\Gamma_2(\xi_i, \xi_j) = \begin{cases} \xi_i \xi_j & i \neq j \\ \xi_i^2 - 1 & i = j \end{cases} \tag{9-13}$$

根据方差计算公式：

$$\mathrm{Var}(y) = E(y^2) - [E(y)]^2 \tag{9-14}$$

我们需要求出 $E(y)$ 和 $E(y^2)$ ：

$$E(y) = a_0 + \sum_{i=1}^{n} a_i E[\Gamma_1(\xi_i)] + \sum_{i_1=1}^{n} \sum_{i_2=1}^{i_1} a_{i_1 i_2} E[\Gamma_2(\xi_{i_1}, \xi_{i_2})] \tag{9-15}$$

对式（9-12）和式（9-13）取期望，有

$$E[\Gamma_1(\xi_i)] = E(\xi_i) \tag{9-16}$$

$$E[\Gamma_2(\xi_i, \xi_j)] = \begin{cases} E(\xi_i) E(\xi_j) & i \neq j \\ E(\xi_i^2) - 1 & i = j \end{cases} \tag{9-17}$$

将式（9-16）和式（9-17）代入式（9-15），即可计算 $E(y)$ 的值。

将式（9-11）两边取平方，则有

$$\begin{aligned} y^2 = 2a_0 y - a_0^2 &+ \sum_{i_1=1}^{n} \sum_{i_2=1}^{n} a_{i_1} a_{i_2} \Gamma_1(\xi_{i_1}) \Gamma_1(\xi_{i_2}) \\ &+ 2 \sum_{i_1=1}^{n} \sum_{i_2=1}^{n} \sum_{i_3=1}^{i_2} a_{i_1} a_{i_2 i_3} \Gamma_1(\xi_{i_1}) \Gamma_2(\xi_{i_2}, \xi_{i_3}) \\ &+ \sum_{i_1=1}^{n} \sum_{i_2=1}^{i_1} \sum_{i_3=1}^{n} \sum_{i_4=1}^{i_3} a_{i_1 i_2} a_{i_3 i_4} \Gamma_2(\xi_{i_1}, \xi_{i_2}) \Gamma_2(\xi_{i_3}, \xi_{i_4}) \end{aligned} \tag{9-18}$$

对其取期望，有

$$\begin{aligned} E(y^2) = 2a_0 E(y) - a_0^2 &+ \sum_{i_1=1}^{n} \sum_{i_2=1}^{n} a_{i_1} a_{i_2} E[\Gamma_1(\xi_{i_1}) \Gamma_1(\xi_{i_2})] \\ &+ 2 \sum_{i_1=1}^{n} \sum_{i_2=1}^{n} \sum_{i_3=1}^{i_2} a_{i_1} a_{i_2 i_3} E[\Gamma_1(\xi_{i_1}) \Gamma_2(\xi_{i_2}, \xi_{i_3})] \\ &+ \sum_{i_1=1}^{n} \sum_{i_2=1}^{i_1} \sum_{i_3=1}^{n} \sum_{i_4=1}^{i_3} a_{i_1 i_2} a_{i_3 i_4} E[\Gamma_2(\xi_{i_1}, \xi_{i_2}) \Gamma_2(\xi_{i_3}, \xi_{i_4})] \end{aligned} \tag{9-19}$$

其中，$E[\Gamma_1(\xi_{i_1}) \Gamma_1(\xi_{i_2})]$ 的计算如下：

$$E[\Gamma_1(\xi_{i_1}) \Gamma_1(\xi_{i_2})] = \begin{cases} E(\xi_{i_1}) E(\xi_{i_2}) & i_1 \neq i_2 \\ E(\xi_{i_1}^2) & i_1 = i_2 \end{cases} \tag{9-20}$$

$E[\Gamma_1(\xi_{i_1}) \Gamma_2(\xi_{i_2},\ \xi_{i_3})]$ 的情况较复杂，有以下 4 种类型：

$$E[\Gamma_1(\xi_{i_1})\Gamma_2(\xi_{i_2},\xi_{i_3})] = \begin{cases} E(\xi_{i_1})E(\xi_{i_2})E(\xi_{i_3}) & i_1,i_2,i_3\text{ 互不相等} \\ E(\xi_{i_1}^2)E(\xi_{i_3}) & i_2 \neq i_3, i_1 = i_2\text{ 或 }i_3 \\ E(\xi_{i_1})[E(\xi_{i_2}^2) - 1] & i_1 \neq i_2, i_2 = i_3 \\ E(\xi_{i_1}^3) - E(\xi_{i_1}) & i_1 = i_2 = i_3 \end{cases} \tag{9-21}$$

$E[\Gamma_2(\xi_{i_1},\ \xi_{i_2})\Gamma_2(\xi_{i_3},\ \xi_{i_4})]$ 的情况更为复杂，有以下7种类型：

$$E[\Gamma_2(\xi_{i_1},\xi_{i_2})\Gamma_2(\xi_{i_3},\xi_{i_4})] = \begin{cases} E(\xi_{i_1}^4) - 2E(\xi_{i_1}^2) + 1 & i_1 = i_2 = i_3 = i_4 \\ [E(\xi_{i_1}^2) - 1][E(\xi_{i_3}^2) - 1] & i_1 = i_2 \neq i_3 = i_4 \\ [E(\xi_{i_1}^2) - 1]E(\xi_{i_3})E(\xi_{i_4}) & i_1 = i_2 \neq i_3 \neq i_4 \\ [E(\xi_{i_1}^3) - E(\xi_{i_1})]E(\xi_{i_4}) & i_1 = i_2 = i_3 \neq i_4 \\ E(\xi_{i_1})E(\xi_{i_2})E(\xi_{i_3})E(\xi_{i_4}) & i_1 \neq i_2 \neq i_3 \neq i_4 \\ E(\xi_{i_1}^2)E(\xi_{i_2}^2) & i_1 = i_3 \neq i_2 = i_4 \\ E(\xi_{i_1}^2)E(\xi_{i_2})E(\xi_{i_3}) & i_1 = i_4 \neq i_2 \neq i_3 \end{cases} \tag{9-22}$$

将式（9-20）~式（9-22）代入式（9-19），即可计算出 $E(y^2)$。把 $E(y)$［式（9-15）］和 $E(y^2)$［式（9-19）］代入方差式（9-14），即可得到方差 $\mathrm{Var}(y)$ 的具体表达式。计算方差 $\mathrm{Var}(y)$ 需要用到随机变量 $\xi$ 的1~4阶矩。对于任意分布的 $\xi$，其各阶矩可以通过概率密度函数的积分进行计算。$\mathrm{Var}[E(y|x^F)]$ 的计算方法与 $\mathrm{Var}(y)$ 类似，不同之处在于只需考虑固定输入变量相关的项。

## 9.2 张掖盆地应用实例

### 9.2.1 张掖盆地概况

张掖盆地位于黑河流域中游（图9-1），河西走廊中段，“古丝绸之路”从这里穿过。在行政区划上，张掖盆地的大部分地区属甘肃省张掖市，包括山丹、民乐、甘州、临泽、高台等县（区），小部分地区属甘肃省酒泉市。张掖盆地南起祁连山山麓，北至龙首山、合黎山（统称北山），东临大马营盆地，西接酒泉西盆地，面积约9097 km$^2$。张掖盆地是东南—西北走向的狭长盆地，南北宽约60 km，东西长约150 km。盆地内的主要景观类型为荒漠和绿洲农田，前者主要分布于祁连山北麓的冲积扇，而后者主要分布于北山南麓黑河干流两岸。冲积扇地质结构松散、厚度大（一般厚达300~700 m），为戈壁倾斜平原地貌；绿洲地层较薄，主要为细土平原地貌（Wen et al., 2005）。

张掖盆地的气候为大陆性干旱气候，具有昼夜温差大、降水量小、蒸发量大等特点。年降水量约190 mm，主要集中于6~9月，由东向西、由南向北呈递减趋势。平均潜在蒸

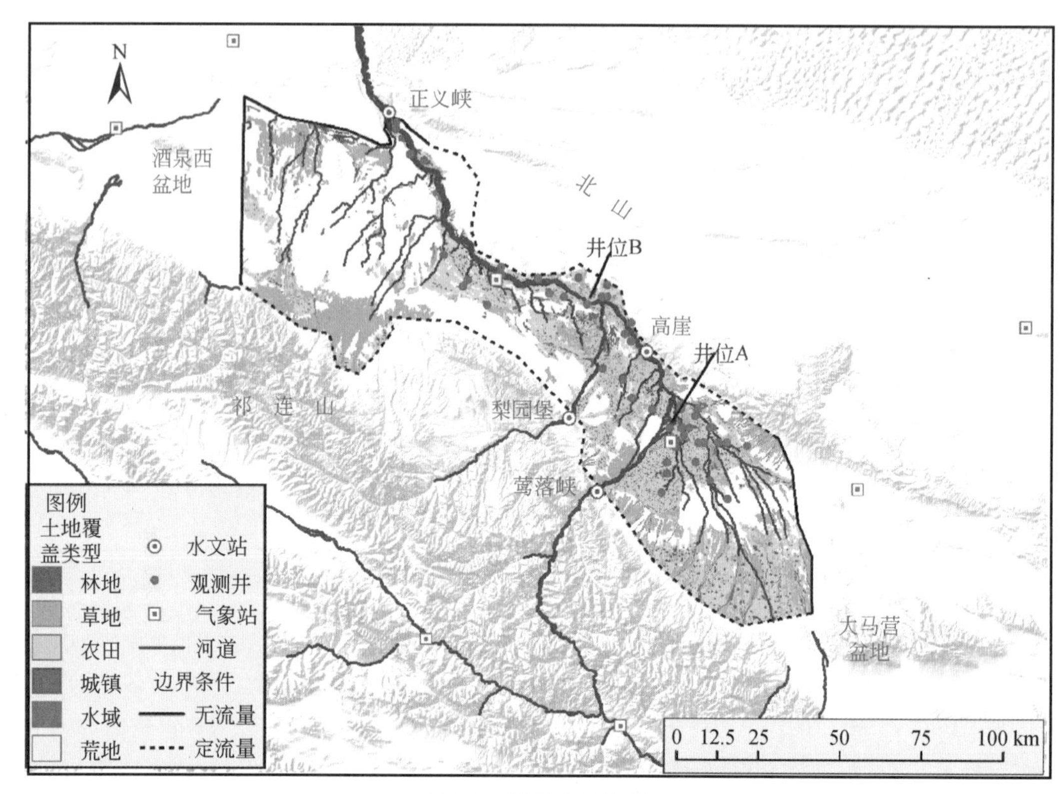


图 9-1 张掖盆地概况

散发为 1325 mm，空间分布规律与降水量相反，由东向西、由南向北呈递增趋势（仵彦卿等，2010）。张掖盆地的地表水绝大部分源自黑河上游祁连山区，本地降水形成的地表径流量很少。汇入张掖盆地的主要河流有黑河干流、梨园河等十余条河流，流出盆地的河流仅为黑河干流。梨园河的大部分流量被引入灌区，仅在洪水季有水汇入黑河干流；其余河流的流量很小，出山后或是在山前冲积扇完全入渗，或是被引入灌区用于农业生产，目前与黑河干流已无水力联系。由 2000～2008 年的观测数据可知，全区地表水汇入量每年约为 22.2 亿 $m^3$，其中 17.2 亿 $m^3$来自黑河干流，2.4 亿 $m^3$来自梨园河。黑河干流的出山口为莺落峡，梨园河的出山口是梨园堡。黑河干流从正义峡流出盆地，进入下游，2000～2008 年的年平均径流量为 9.7 亿 $m^3$。

张掖盆地地下水流向为自东南向西北，南部山前地下水埋深可达 200 m 以上，绿洲的埋深逐渐变为数十米至几米。盆地地表水和地下水转换频繁，黑河出山后在山前冲积扇大量入渗，补给地下水，至细土平原地区后转为地下水排泄补给地表水。除河道接受地下水补给外，绿洲区还有溢出的泉水汇入河道或被用于灌溉。前人研究表明，地下水补给地表水的量每年约为 9.9 亿 $m^3$，地表水补给地下水的量每年约为 12.3 亿 $m^3$（Hu et al., 2007）。盆地含水层还得到祁连山和北山的地下水侧向补给，其补给强度因缺乏直接观测数据尚无定论。流域出口正义峡附近为基岩，故张掖盆地无显著的地下水侧向流出。

张掖盆地是黑河流域内人类活动最集中的地方，人类活动深刻改变了当地的水循环过程。除了黑河干流之外，人工水系已基本取代天然水系，人工绿洲也已取代天然绿洲（程国栋等，2009）。随着社会经济的发展，人工绿洲的规模不断扩大，水资源利用量快速增长。人工绿洲的扩大是以绿洲荒漠过渡带的消失为代价的，而过渡带对水土保持和防风固沙有着十分重要的作用。张掖盆地内人工渠系广布，遍及所有的耕地。2000～2008 年平均地表水引用量达到每年 15.8 亿 $m^3$，占灌溉用水总量的 82%；其余灌溉用水则取自浅层或深层地下水。如图 9-2 所示，张掖盆地共有 20 个主要的灌区，其中黑河-梨园河水系的灌区有 18 个（1～18 号），其他水系的灌区有 2 个（19 号和 20 号）。黑河-梨园河灌区地下水埋深较浅，所以采用地表水-地下水联合灌溉；其他水系灌区地下水埋深较深，主要使用地表水（即祁连山出山径流）灌溉。黑河-梨园河水系共有干渠、总干渠 100 多条，大部分直接从黑河干流引水。为便于模型表征，本研究将引水口概化成 9 个，如图 9-2 中蓝色圆圈所示。

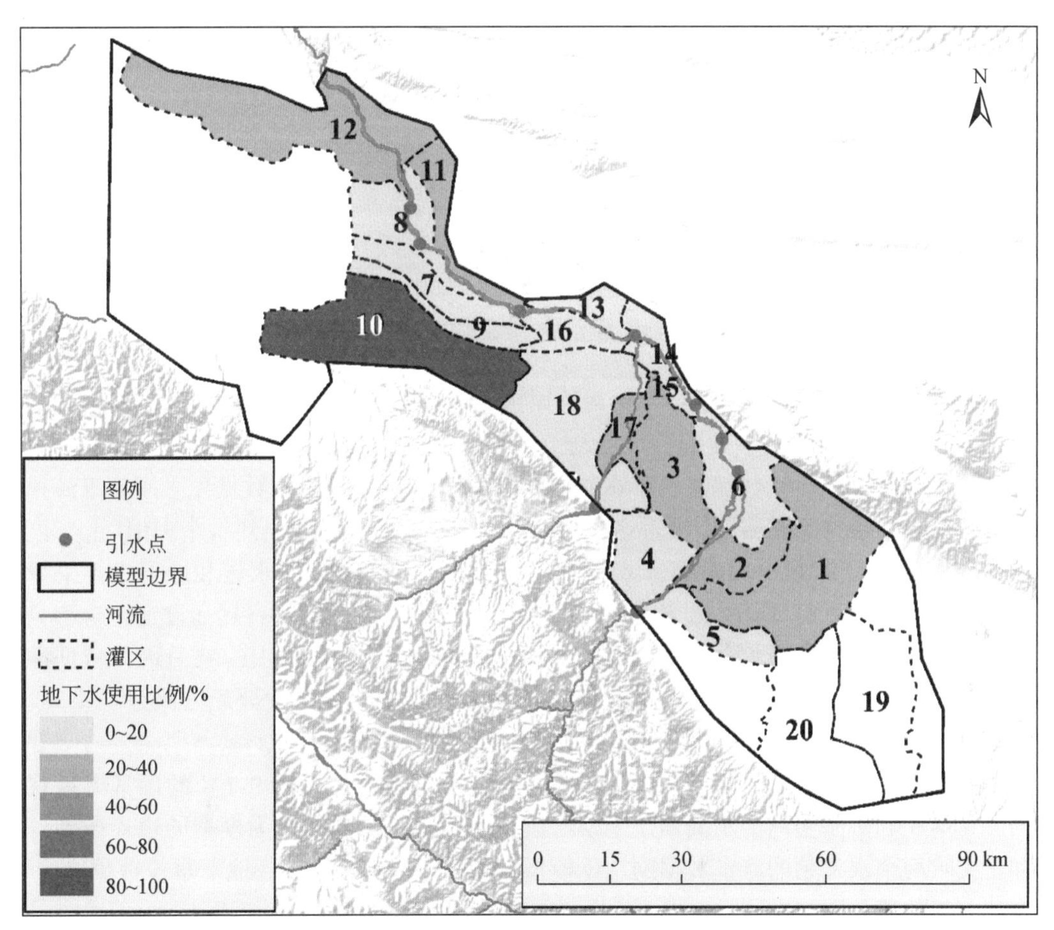


图 9-2 灌区分布及平均地下水使用比例（2000～2008 年）

2000 年之前，由于张掖盆地农业生产过度用水，正义峡下泄量急剧减少，尾闾湖东居延海也一度干涸（Guo et al.，2009），黑河下游土地沙漠化、地下水位下降、植被退化（Ji et al.，2006）等生态环境危机凸显。为了保护黑河下游的生态环境，国务院自 2000 年起强力推行黑河“97”分水方案，前面1.2.2节已对此进行了介绍。自“97”分水方案实施以来，正义峡下泄量显著增加，下游生态环境得以改善，东居延海水面也迅速恢复，但围绕“97”分水方案的争议从未停歇。“97”分水方案有利于下游生态环境保护，但忽视了中游自身的生态问题。由于限制使用地表水，中游张掖盆地的农民加大了地下水的抽用，从而在当地引发地下水位持续下降、湿地面积萎缩、局部地区植被退化、土地沙化盐碱化等问题。事实上，“97”分水方案对于中游地表水利用的刚性约束，使得原先中游农业和下游生态之间的用水矛盾，转化成为中游生态和中游农业之间的用水矛盾，从全流域来看，社会经济与生态环境之间的矛盾并未得到充分缓解。系统、深入地理解黑河中游的生态水文过程对于流域社会经济与生态环境的协调发展至关重要，也是生态水文耦合模拟能发挥重要作用的方向。

## 9.2.2 张掖盆地GSFLOW模型

本章使用HEIFLOW的早期版本，与GSFLOW差异不大，故书中仍称之为GSFLOW。因第8章已对黑河中下游的整体建模工作进行了详细介绍，本章对张掖盆地GSFLOW的介绍相对简略。

1. 数据收集

模型模拟期为2000~2008年，时间步长为天。数据收集与整理过程与8.1节类似，不再详述，主要建模数据见表9-1。水文地质信息，如剖面图、水文地质图等用于进行地下网格的分层和水文地质参数的分区。与第8章中黑河中下游整体建模不同的是，本章GSFLOW模型的气象驱动数据来自于6个气象站（图9-1）。气象站数据先采用基于海拔梯度的反距离权重法（Nalder and Wein，1998）进行插值，然后分配到每个HRU上。该版本的耦合模型尚无WRA、ABM等水资源利用与管理模块，地表引水量和地下水开采量参考张掖市水务局提供的数据（通常只有年或月尺度的水量数据）进行提前设定。对于只有年水量数据的灌区，参考相邻灌区的月间分配比例将数据降尺度到月。在月内，依据灌区的灌溉计划表和黑河干流的流量规律把月水量数据分配到日。这种分配方式存在主观性，与现实情况可能有一定差距，但其合理性要高于平均分配到日。

本章建模用到莺落峡、梨园堡、高崖和正义峡4个水文站（图9-1）的逐日流量观测数据。莺落峡和梨园堡两个水文站位于模型边界上，其流量数据作为模型的边界条件。高崖和正义峡两个水文站的流量数据则用于模型校正（即参数率定）。地下水位数据来自35口观测井，位置如图9-1所示。地下水位数据也被用于模型校正。

**表9-1 张掖盆地GSFLOW模型主要建模数据**

| 数据名称 | 时间 | 空间精度 | 数据来源 |
|---|---|---|---|
| DEM数据 | 2008年 | 90 m×90 m | 青藏高原数据中心 |
| 中国土壤特征数据库 | 2000年 | 1∶1 000 000 | 青藏高原数据中心 |

续表

| 数据名称 | 时间 | 空间精度 | 数据来源 |
| --- | --- | --- | --- |
| 黑河流域土地利用数据 | 2007 年 | 1 : 100 000 | 青藏高原数据中心 |
| 黑河流域河网分布图 | 2000 年 | 1 : 100 000 | 青藏高原数据中心 |
| 张掖灌溉渠系数据集 | 2000 年 | 1 : 100 000 | 青藏高原数据中心 |
| 水文地质图 | 2000 年 | 1 : 500 000 | 青藏高原数据中心 |
| 气象资料日值数据 | 2000 ~ 2008 年（逐日） | 6 个气象站 | 国家气象科学数据中心 |
| 地表引水数据 | 2000 ~ 2008 年（逐月） | 20 个灌区 | 青藏高原数据中心 |
| 地下水开采数据 | 2000 ~ 2008 年（逐年） | 20 个灌区 | 青藏高原数据中心 |
| 流量观测 | 2000 ~ 2008 年（逐日） | 4 个水文站 | 青藏高原数据中心 |
| 地下水位观测 | 2000 ~ 2004 年（逐月） | 35 个观测井 | 青藏高原数据中心 |

### 2. 模型建立

**（1）建模范围和边界条件**

建模范围参考 Hu 等（2007）的工作（图 9-1），主要包括张掖盆地和酒泉东盆地两部分，以张掖盆地为主。模型东部与大马营盆地相邻，两盆地之间有地形隆起，是天然的地下水隔水边界，也是地表水分水岭。大马营盆地与张掖盆地在南部通过浅层地下水相连，有微弱的地下水侧向流动；在北部通过山丹河相连，但山丹河已经断流，所以没有水力联系。因此，模型东部的边界条件设为无流边界和定流量边界。模型西部与酒泉西盆地相邻，两盆地相接处为一条南北向的地下断裂，也可视作地下水隔水边界。因此，模型西部的边界条件设为无流边界。模型南北两侧是山区，接受地下水和地表水的侧向补给。地表水的边界条件根据黑河干流（莺落峡）和梨园河（梨园堡）的观测流量给定，其流量在模型校正的过程中不再调整。而其他较小河流的流量被整合到地下水浅层边界入流部分。地下水边界条件根据边界附近的水力梯度、渗透系数和地层厚度等进行估算（仵彦卿等，2010），作为初始值在模型校正过程中进行调整，最终确定为 2.6 亿 $m^3/a$。模型下游出口处是正义峡，从正义峡到模型西南角的地下部分都是基岩，因此，模型假设地下水在正义峡附近河道全部转化为地表水，然后通过正义峡流向下游。

**（2）空间单元划分**

GSFLOW 允许采用不规则网格进行地表部分的空间划分。张掖盆地模型的地表部分划分为 104 个子流域，每个子流域对应一个河道。根据土壤类型和土地利用数据进一步划分出 588 个 HRU。子流域、河道和 HRU 的划分情况见图 9-3（a）。地下含水层的分层结构则参考了前人的研究（张荷生等，2003；Wen et al.，2005；仵彦卿等，2010），共分 5 层，其中第 1、第 3、第 5 层为含水层，第 2、第 4 层为隔水层。每层有 150 行、172 列，共 9106 个活动网格，网格大小为 1 km×1 km［图 9-3（b）］。最顶部的第 1 层根据水文地质条件划分为 21 个参数分区，第 2、第 4 层划分为 12 个参数分区，第 3、第 5 层划分为 14 个参数分区。每个参数分区对应一套渗透系数、储水系数或给水度。把地表划分的河流和地下水网格相叠加，得到1594个河段，每个河段对应一个地下水网格。

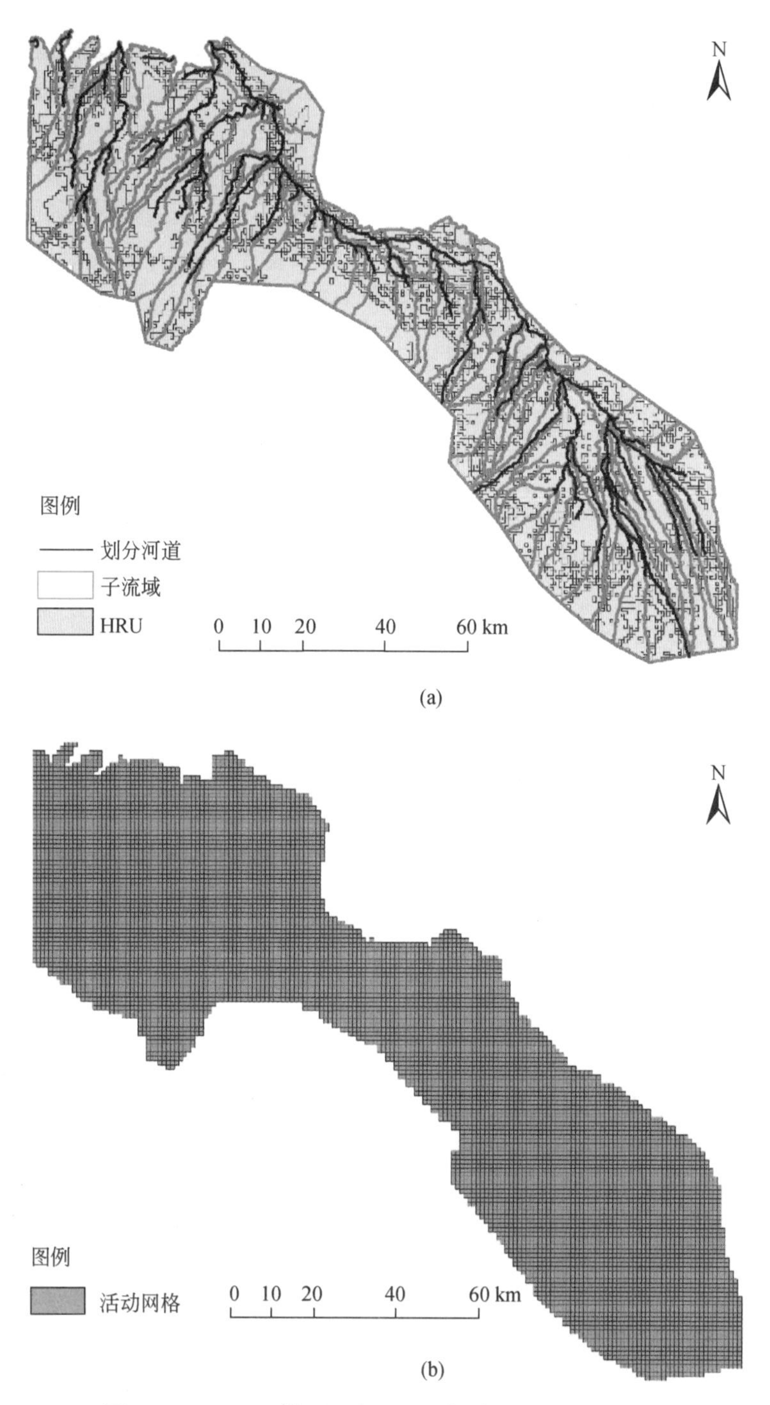


图9-3 GSFLOW模型地表和地下部分的空间单元划分

**(3) 模型参数赋值**

对于地表水模型，首先确定有实际物理意义的参数，如面积、海拔、纬度、坡度、坡向、植被类型、土壤类型、植被覆盖度、最大毛管水容量等，其余参数通过特定方式估算初始值或保持默认值。然后根据观测数据对最大/最小产流面积比例、侧流线性/非线性响应系数等敏感参数调参。表 9-2 列出了张掖盆地 GSFLOW 模型地表部分的主要模型参数及其参数赋值方法。

**表 9-2　张掖盆地 GSFLOW 模型地表部分的主要模型参数**

| 变量名 | 调参 | 含义 | 参数赋值方法 |
|---|---|---|---|
| cov_type | 否 | 土地覆盖类型 | 根据土地利用确定:0 裸地,1 草地,2 灌木,3 乔木 |
| covden_sum | 否 | 夏季植被冠层密度 | 根据土地利用确定 |
| covden_win | 否 | 冬季植被冠层密度 | 根据土地利用确定 |
| soil_type | 否 | 土壤类型 | 根据土壤数据确定:1 粗砂,2 细砂,3 黏土 |
| pref_flow_den | 是 | 优先库阈值比例 | 经调参后取值为 0.1 |
| soil_moist_max | 是 | 最大毛管库容量 | 根据土壤数据确定初始值,进一步调参后取值为 141 ~ 331 mm |
| soil_rechr_max | 是 | 最大蒸发深度 | 经调参后取值为 104 ~ 243 mm |
| snow_intcp | 否 | 林冠最大积雪容量 | 取默认值 2.54 mm |
| srain_intcp | 否 | 夏季林冠最大存水量 | 取默认值 2.54 mm |
| wrain_intcp | 否 | 冬季林冠最大存水量 | 统一取值为 0 |
| carea_min | 否 | 最小产流面积比例 | 取默认值 0.2 |
| carea_max | 是 | 最大产流面积比例 | 经调参后取值为 0.66 |
| slow_coeflin | 是 | 慢速侧流线性响应系数 | 经调参后取值为 0.015 |
| slow_coefsq | 是 | 慢速侧流非线性响应系数 | 经调参后取值为 0.1 |
| fast_coeflin | 是 | 快速侧流线性响应系数 | 经调参后取值为 0.1 |
| fast_coefsq | 是 | 快速侧流非线性响应系数 | 经调参后取值为 0.8 |
| hru_slope | 否 | HRU 坡度 | 根据 DEM 数据确定 |
| hru_aspect | 否 | HRU 坡向 | 根据 DEM 数据确定 |
| tmax_adj | 否 | 最高温度调整因子 | 根据坡向确定:$-1.8 \cdot \cos(0.0175 \cdot hru\_aspect)$ |
| tmin_adj | 否 | 最低温度调整因子 | 取与 tmax_adj 相同值 |
| jh_coef_hru | 是 | HRU Jensen-Haise (JH) 系数 | 通过公式确定初始值:$27.5-0.25 \cdot (sat_1-sat_2)-(elev/1000)$,其中 $sat_1$、$sat_2$ 分别表示最高温、最低温对应的饱和水汽压,elev 为海拔。进一步调参后取值为 0.014 ~ 0.025 |
| rad_trncf | 否 | 林冠辐射穿透率 | 通过公式确定:$0.9917 \cdot \exp(-2.7557 \cdot covden\_win)$ |

地下水模拟使用到的 MODFLOW 模块包括 LPF（地层水文参数）、UZF（非饱和带）、SFR（河流）、DIS（地层几何参数）、BAS（网格活动性和初始水头）、OC（输出控制）、PCG（求解方法）、GAGE（河流观测）、FHB（边界条件）、WEL（井）。表 9-3 列出了

MODFLOW 使用的主要参数及其参数赋值方法，其中敏感参数为水平渗透系数、垂向渗透系数、给水度、河床渗透系数和曼宁糙率系数。

**表 9-3 张掖盆地 GSFLOW 模型地下部分的主要模型参数**

| 变量名 | 调参 | 含义 | 参数赋值方法 |
|---|---|---|---|
| HK | 是 | 水平渗透系数 | 根据水文地质图确定初始值，进一步调参后取值为 0.15 ~ 130 m/d |
| VK | 是 | 垂向渗透系数 | 初始值取值为 HK 的 0.1 倍，进一步调参后取值为 0.015 ~ 13 m/d |
| Sy | 是 | 给水度 | 根据前人研究确定初始值（仵彦卿等，2010），进一步调参后取值为 0.15 ~ 0.30 |
| Ss | 否 | 储水系数 | 根据前人研究确定初始值（仵彦卿等，2010） |
| top | 否 | 网格顶部高程 | 根据 DEM 数据确定 |
| bot 1 ~ 5 | 否 | 每层网格底部高程 | 地层厚度根据水文地质图确定 |
| active | 否 | 网格状态 | 建模区内取值为 1，建模区外取值为 0 |
| initial_head | 否 | 初始水头 | 根据预热期模拟结果给定 |
| irunbnd | 否 | UZF 汇流编号 | 根据汇流关系确定 |
| infil_rate | 否 | 稳态入渗率 | 假设为平均降水量的 10% |
| seg_elev | 否 | 河床高程 | 根据 DEM 数据确定 |
| RVK | 是 | 河床渗透系数 | 根据前人研究给定初始值（张应华等，2003；仵彦卿等，2010；胡兴林等，2012），进一步调参后取值为 0.05 ~ 0.57 m/d |
| Roughness | 是 | 曼宁糙率系数 | 经调参后取值为 0.01 |

### 3. 参数校正

GSFLOW 的运行过程是首先单独运行稳态的 MODFLOW 模型，然后执行逐日的动态模拟。稳态模拟是为了使地下水的状态变量达到稳定。本案例的稳态模拟中，河流流量采用 2000 年平均水量，地表入渗量采用 2000 年总降水量和灌溉量之和的 10%，地下水开采量采用 2000 年的平均抽用量。校正模型时先校正稳态模拟时的地下水位，再进行动态模拟校正。模型校正的过程使用手动调参的方式进行。稳态模拟校正中使用了 35 口观测井在 2000 年初的观测水位，校正了渗透系数、给水度和储水系数。动态模拟校正使用了正义峡和高崖两个水文站的流量观测数据与 35 口观测井的动态水位观测数据，校正了 9 个地表部分参数和 5 个地下部分参数（表 9-2 和表 9-3）。此外还将其他一些模拟通量与前人研究结果进行了对比，如 ET 的总量和空间分布（Li et al.，2012）、地表水-地下水交换量（程国栋等，2009）、河床渗漏速度（仵彦卿等，2010）等。

### 4. 模拟结果

图 9-4 展示了参数率定后的月流量模拟结果，正义峡和高崖两站的 NSE 可分别达到 0.820 和 0.823，表明模型很好地再现了径流量的历史变化规律。图 9-5 展示了地下水位的校正结果，其中图 9-5（a）对比了 35 口观测井模拟水位和观测水位的平均值（2000 ~

2004 年)，图 9-5（b）对比了模型模拟稳态水位和 2000 年初的观测水位。观测水位等值线由 35 口观测井的水位经普通克里格方法插值得到。可以看到，模拟结果与观测值在西北和东南部的差异相对较为明显，原因是观测井大部分集中于模型中部，两侧很少或没有，所以插值结果本身的可靠性较差。图 9-5（a）和（b）说明平均水位和稳态水位的模拟结果是可以接受的。研究区地下水动态受到抽水活动的剧烈影响，而建模缺乏详细的地下水抽用信息。但即便如此，对于部分水位受河水影响较大的井位，模型也很好地再现了水位的动态过程，图 9-5（c）和（d）为其中两口观测井的示例（图 9-1）。

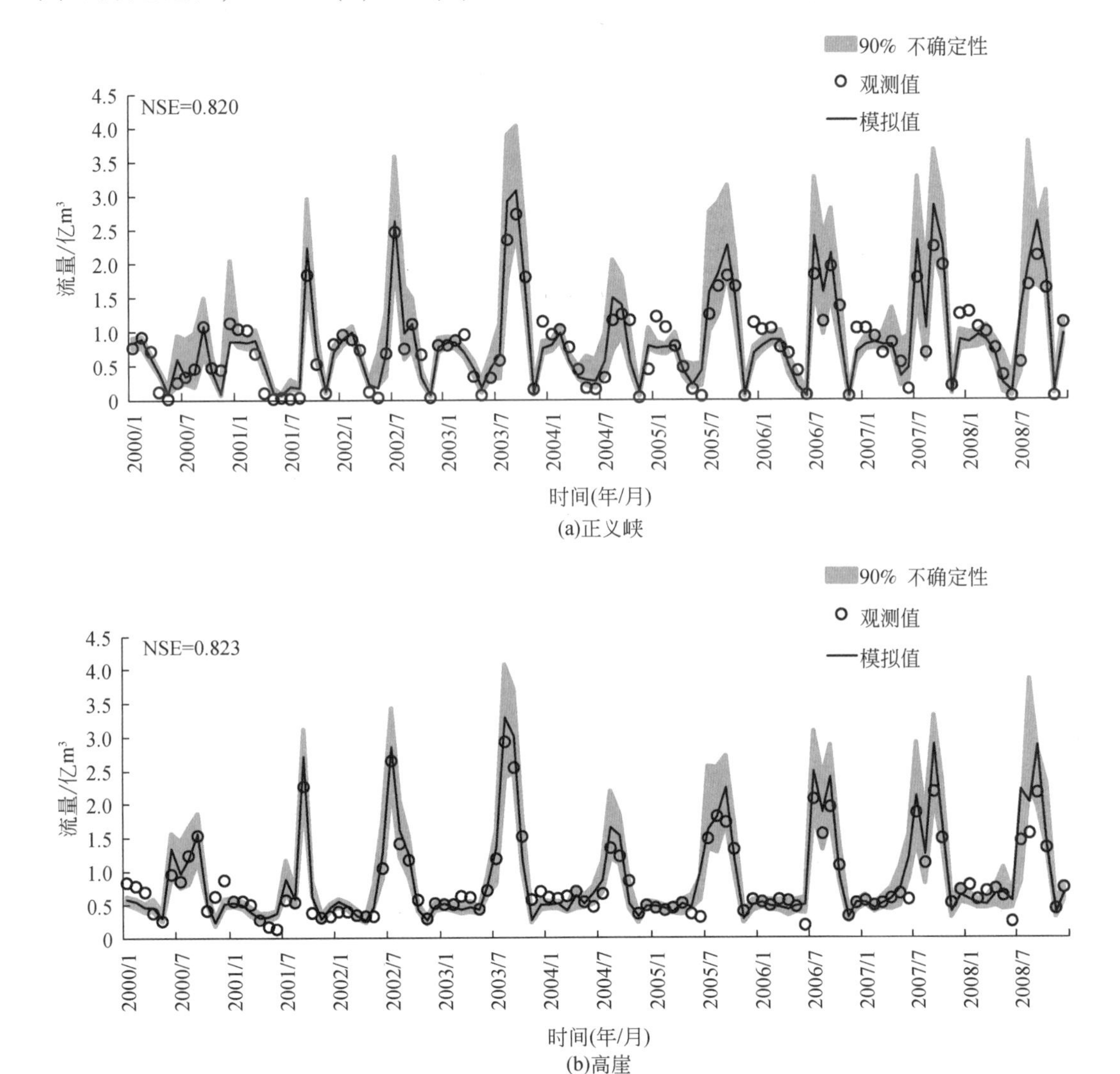


图 9-4　黑河干流月流量模拟和不确定性量化结果

不确定性条带计算方法在 9.3 节中介绍

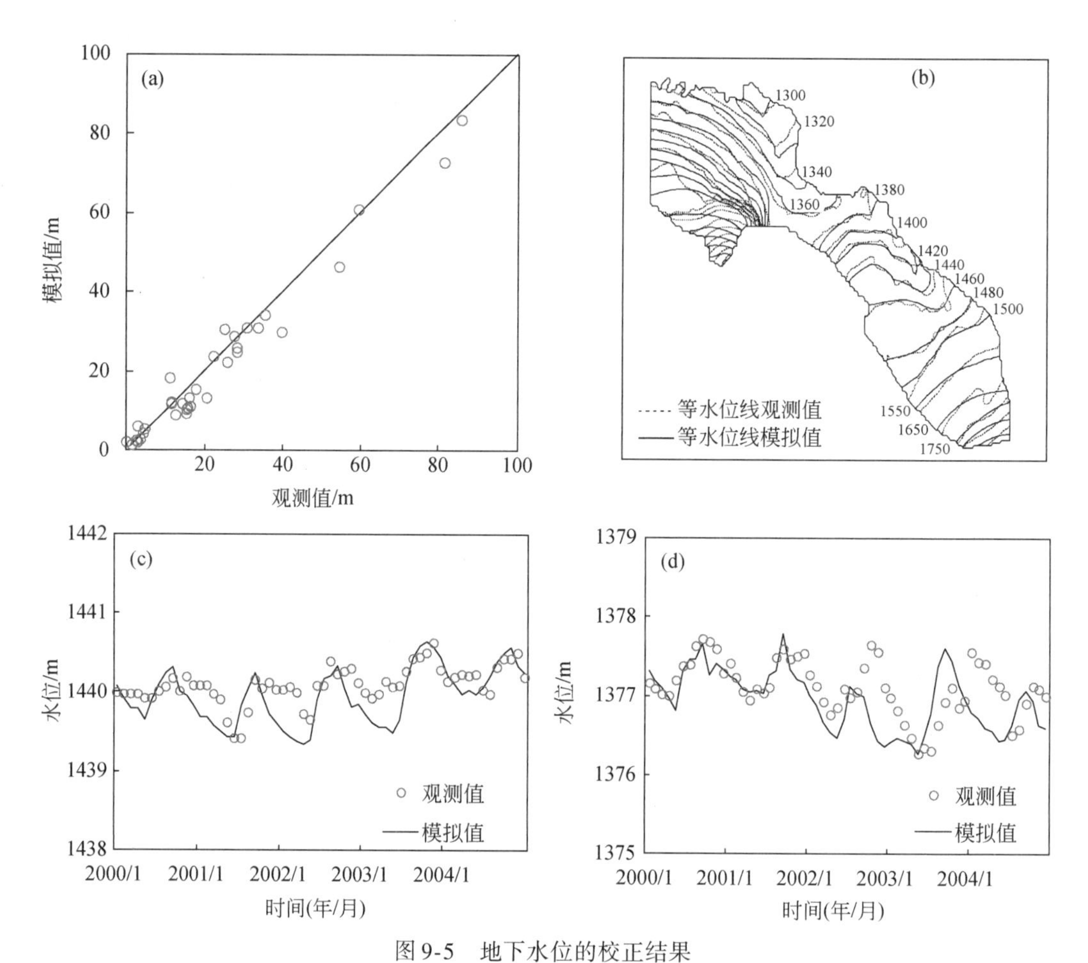


图 9-5　地下水位的校正结果

（a）平均地下水埋深；（b）稳态地下水等水位线（m）；（c）井位 A 的地下水动态变化；（d）井位 B 的地下水动态变化。井位 A 和 B 的位置见图 9-1

无论是从地表水还是从地下水来看，模型经过参数率定后已能合理再现历史水文过程。然而，由于数据不足、模型简化等诸多因素，模拟结果还存在一定误差。为了更加客观地描述水文过程，为水资源管理决策提供更为可靠的决策支撑，对模型模拟结果进行系统的不确定性分析十分必要。

## 9.2.3　不确定性分析实验设计

本章模型的参数率定是通过手动调参完成的。在手动调参过程中，对模拟结果有影响的主要参数得以识别。在应用 PCM 进行不确定性分析时，除了考虑这些主要模型参数的不确定性外，还考虑了关键驱动和边界条件（如降水、地表入流等）等数据的不确定性，表 9-4 总结了本章不确定性分析所涉及的 13 个参数或输入变量。由于许多参数或输入变量（如 HK）具有空间异质性，在不确定性分析中并不直接对这些原始参数或变量进行概率分布假设和采样，而是为其率定值或初始值设定一个乘数，称为“调整因子”。本研究中，将调整因子设为［0.8，1.2］范围内的均匀分布，构建 13 个调整因子与模型输出变量之间的 PCE 替代模型。本章后文提到的参数或其缩写同样用于指代这些调整因子，不再赘述。

**表 9-4　纳入不确定性分析的模型参数或输入变量**

| 编号 | 模型参数或输入变量 | 缩写 | 所代表的水文过程 |
|---|---|---|---|
| 1 | 地下水边界流量 | GWB | 边界条件 |
| 2 | 水平渗透系数 | HK | 地下水流动 |
| 3 | 垂向渗透系数 | VK | 地下水流动、入渗 |
| 4 | 给水度 | SY | 地下水流动 |
| 5 | JH 气温系数 | JHC | 蒸散发 |
| 6 | 最大毛管水容量 | SMM | 蒸散发、入渗、地表水流动 |
| 7 | 最大蒸发深度 | SRM | 蒸散发、入渗 |
| 8 | 最大产流面积比例 | CAM | 地表水流动 |
| 9 | 河床渗透系数 | RVK | 河床渗漏 |
| 10 | 地表引水量 | DIV | 农业用水 |
| 11 | 地下水开采量 | PMP | 农业用水 |
| 12 | 降水量 | PCP | 气象驱动 |
| 13 | 地表水边界流量 | SWB | 边界条件 |

本研究共分析了 GSFLOW 的 10 类输出变量，包括蒸散发（ET）、土壤含水量（SM）、地表入渗（$I$）、地下水补给量（UR）（补给到浅层地下水的量）、地下水出露量（GE）（地下水溢出到地面的量）、河道下渗量（SL）（河道与地下水之间的双向交换量，正值表示河道下渗，负值表示地下水出露）、地表水-地下水交换总量（SG）（UR、GE 和 SL 的和）、地下水水头（$H$）、正义峡流量（$R$）和流域总水储量（包括地下水、土壤水、积雪、林冠储水等）变化量（$\Delta S$）。这些输出变量的平均值、总量或它们时间动态、空间分布的取值均可建立相应的 PCE 替代模型。

本研究采用二阶 PCE，则 13 个随机变量共有 105 个待定的多项式系数（$C_{13+2}^{2}=105$）。选取 240 个配点求解超定方程组来确定系数的值，配点的选择使用 ECM 方法。所有 10 类输出变量（包括它们的各种统计量）的替代模型，都可用同样的 240 个配点（对应 240 次 GSFLOW 模型模拟）来建立。目标输出变量的概率分布通过对 PCE 替代模型的 10 000 次蒙特卡罗模拟来推得，其方差以及各个随机变量（即调整因子）的方差贡献百分比则可通过 PCM-VD 方法直接推求。此外，为验证 PCE 的替代效果，采用拉丁超立方采样（latin hypercube sampling，LHS）方法随机生成 200 个调整因子样本作为验证点，分别代入 PCE 替代模型和原 GSFLOW 模型进行计算，比较两者的差异。

## 9.3 分析结果与讨论

### 9.3.1 PCM 的有效性检验

图 9-6 是 PCE 替代模型与原 GSFLOW 模型模拟结果的对比，此处的目标输出变量均为全流域 2000～2008 年的平均值。图 9-6（a）～（d）是在 200 个验证点处的对比，$R^2$ 均大于 0.93，表明替代效果良好。对于空间分布（即以不同 HRU 或地下水网格处的变量取值作为目标输出变量）和时间动态（即以不同时间上的变量取值作为目标输出变量）的目标输出变量同样进行 PCE 替代效果检验，发现整体效果良好。例如，ET 的模拟值中，98.5% 的 HRU 的 $R^2$ 大于 0.9，99.8% 的 $R^2$ 大于 0.7；正义峡流量的模拟中，88.0% 的月流量结果 $R^2$ 大于 0.9，98.2% 的 $R^2$ 大于 0.7。少量替代效果不佳（$R^2$ 小于 0.7）的原因是目标输出变量本身具有较大的方差，导致二阶 PCM 的表现不好。Li 和 Zhang（2007）建议对于方差较大的变量可以使用更高阶（如四阶）的 PCM。本研究中这种情况占比很小，对不确定性分析结果无显著影响，故未考虑使用更高阶的 PCM。

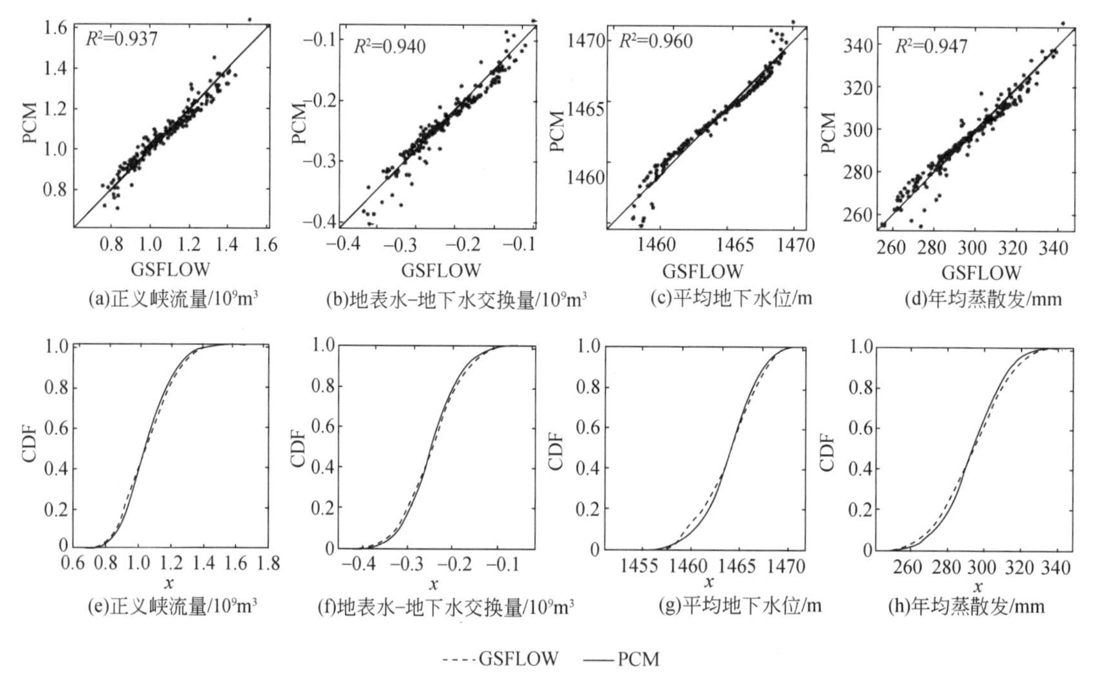


图 9-6 GSFLOW 与 PCM 的模拟结果对比

为了进一步验证 PCM 能否有效量化不确定性，分别对原 GSFLOW 模型和 PCE 替代模型进行 3000 次蒙特卡罗模拟，对比两种情况下目标输出变量的累积概率分布曲线（CDF）。图 9-6（e）～（h）显示，两种情况下的 CDF 非常接近。由 PCM 得到的分布比由

GSFLOW 得到的分布略为集中，这与 PCM 的配点选择策略（尽可能在靠近分布中心的位置选取）有关（Zheng et al.，2011）。

## 9.3.2 不确定性分析结果总览

表 9-5 总结了不确定性分析与敏感性分析的主要结果，所展示的输出变量（缩写参见表 9-4）都取 2000 ~ 2008 年的平均值。下标“. std”表示空间标准差。“+”表示水流方向从地表到地下，“-”表示水流方向从地下到地表。例如，ET 代表整个流域蒸散发的年均值，ET. std 代表各个 HRU 的蒸散发年均值的标准差，SG+代表流域内地表水补给地下水的总量的年均值，SG-代表流域内地下水补给地表水的总量的年均值。输出变量的不确定性大小用变异系数 CV 来定量表征，敏感性则用方差贡献（即 Sobol' 敏感性指数）来体现。13 个输入变量（即随机调整因子）只要对一个输出变量的方差贡献大于 0. 01，就列入表中，最终共有 9 个输入变量列入。表 9-5 中仅显示一阶敏感性指数，所有其他不敏感参数的一阶敏感性指数和所有高阶敏感性指数均合并于“其他”项中。用灰度背景突出显示敏感性指数大于 0. 1 的项，颜色越深代表敏感性越大。

**表 9-5　不确定性分析与敏感性分析的主要结果**

| 输出变量 | | 单变量方差贡献（即一阶 Sobol' 敏感性指数） | | | | | | | | | | 输出变量 CV |
|---|---|---|---|---|---|---|---|---|---|---|---|---|
| 代表的过程 | 缩写 | GWB | JHC | SMM | SRM | RVK | DIV | PMP | PCP | SWB | 其他 | |
| 蒸散发 | ET | 0. 00 | 0. 06 | 0. 00 | 0. 00 | 0. 00 | 0. 51 | 0. 02 | 0. 40 | 0. 00 | 0. 00 | 0. 056 |
| | ET. std | 0. 00 | 0. 21 | 0. 01 | 0. 00 | 0. 00 | 0. 74 | 0. 02 | 0. 00 | 0. 00 | 0. 02 | 0. 129 |
| 土壤含水量 | SM | 0. 01 | 0. 25 | 0. 61 | 0. 01 | 0. 00 | 0. 07 | 0. 00 | 0. 05 | 0. 00 | 0. 01 | 0. 089 |
| | SM. std | 0. 00 | 0. 06 | 0. 85 | 0. 03 | 0. 00 | 0. 05 | 0. 00 | 0. 00 | 0. 00 | 0. 01 | 0. 260 |
| 地表入渗 | *I* | 0. 00 | 0. 04 | 0. 00 | 0. 00 | 0. 00 | 0. 53 | 0. 02 | 0. 40 | 0. 00 | 0. 00 | 0. 061 |
| | *I*. std | 0. 00 | 0. 15 | 0. 01 | 0. 00 | 0. 00 | 0. 81 | 0. 03 | 0. 00 | 0. 00 | 0. 01 | 0. 140 |
| 地下水补给量 | UR | 0. 00 | 0. 35 | 0. 05 | 0. 03 | 0. 00 | 0. 52 | 0. 00 | 0. 00 | 0. 01 | 0. 02 | 0. 079 |
| | UR. std | 0. 03 | 0. 44 | 0. 01 | 0. 09 | 0. 00 | 0. 39 | 0. 00 | 0. 00 | 0. 00 | 0. 04 | 0. 262 |
| 地下水出露 | GE | 0. 92 | 0. 01 | 0. 00 | 0. 01 | 0. 00 | 0. 01 | 0. 05 | 0. 00 | 0. 01 | 0. 00 | 0. 100 |
| | GE. std | 0. 97 | 0. 00 | 0. 00 | 0. 00 | 0. 00 | 0. 00 | 0. 01 | 0. 00 | 0. 01 | 0. 00 | 0. 208 |
| 地下水位 | *H* | 0. 96 | 0. 00 | 0. 00 | 0. 00 | 0. 04 | 0. 00 | 0. 00 | 0. 00 | 0. 00 | 0. 00 | 0. 002 |
| | *H*. std | 1. 00 | 0. 00 | 0. 00 | 0. 00 | 0. 00 | 0. 00 | 0. 00 | 0. 00 | 0. 00 | 0. 00 | 0. 065 |
| 正义峡流量 | *R* | 0. 03 | 0. 00 | 0. 00 | 0. 00 | 0. 00 | 0. 20 | 0. 00 | 0. 03 | 0. 73 | 0. 01 | 0. 145 |
| 地表水-地下水交换量 | SG+ | 0. 00 | 0. 01 | 0. 00 | 0. 00 | 0. 60 | 0. 02 | 0. 00 | 0. 00 | 0. 37 | 0. 00 | 0. 079 |
| | SG- | 0. 29 | 0. 00 | 0. 00 | 0. 00 | 0. 66 | 0. 00 | 0. 02 | 0. 00 | 0. 03 | 0. 00 | 0. 067 |
| | SG | 0. 56 | 0. 00 | 0. 00 | 0. 00 | 0. 01 | 0. 03 | 0. 07 | 0. 01 | 0. 32 | 0. 00 | 0. 239 |

续表

| 输出变量 | | 单变量方差贡献（即一阶 Sobol' 敏感性指数） | | | | | | | | | | 输出变量 CV |
|---|---|---|---|---|---|---|---|---|---|---|---|---|
| 代表的过程 | 缩写 | GWB | JHC | SMM | SRM | RVK | DIV | PMP | PCP | SWB | 其他 | |
| 河道下渗量 | SL+ | 0.00 | 0.00 | 0.00 | 0.00 | 0.60 | 0.05 | 0.00 | 0.00 | 0.35 | 0.00 | 0.092 |
| | SL- | 0.12 | 0.00 | 0.00 | 0.00 | 0.84 | 0.00 | 0.01 | 0.00 | 0.03 | 0.00 | 0.071 |
| | SL | 0.29 | 0.00 | 0.00 | 0.00 | 0.02 | 0.11 | 0.06 | 0.01 | 0.51 | 0.01 | 0.269 |
| 储量变化 | $\Delta S$ (SW) | 0.04 | 0.14 | 0.59 | 0.02 | 0.00 | 0.15 | 0.00 | 0.05 | 0.00 | 0.02 | 1.657 |
| | $\Delta S$ (GW) | 0.00 | 0.00 | 0.00 | 0.00 | 0.03 | 0.05 | 0.28 | 0.01 | 0.61 | 0.01 | 0.206 |
| 合计 | | 5.22 | 1.72 | 2.13 | 0.19 | 2.80 | 4.24 | 0.59 | 0.96 | 2.98 | 0.16 | — |

表 9-5 提供了关于不确定性的系统性认识。首先，对于不同的输出变量，其不确定性的主要来源不同，起主导作用的通常是少数（本案例中不超过 3 个）。解析不确定性来源对于进一步的数据优化收集有着重要的指导意义。例如，要提高对 ET 的模拟精度，需要有更精确的降水量（PCP）和地表引水量（DIV）数据。其次，高阶的方差贡献在本案例中并不显著，表明各关键输入变量之间的交互作用并不显著。再次，对于 ET、SM 等输出变量，空间上的均值与方差的主控因素并不相同，表明复杂地表水-地下水耦合模型的校正需要考虑多目标。最后，对于实验所设计的±20% 的输入变量不确定性（即调整因子变化范围为 0.8 ~ 1.2），不同输出变量的 CV 变化范围为 0.002 ~ 1.657，表明不同输出变量的模拟不确定性存在显著差异。

表 9-5 也定量比较了各输入变量对于目标输出变量模拟不确定性的贡献大小。例如，GWB 和 DIV 的方差贡献合计（见表 9-5 中最后一行）是最高的，它们分别影响地下水运动过程和地表水运动过程：对于地下水模拟，表征边界流量的 GWB 至关重要；而对于地表水模拟，表征人类活动强度的 DIV 至关重要。又如，对于表征地表水-地下水交互的各输出变量（SG+、SG-、SL+、SL-），RVK 是最重要的输入变量，这意味着河床渗透系数对于地表水-地下水交互的模拟十分关键。

值得一提的是，本研究仅用 440 次 GSFLOW 模拟（240 次用于 PCE 构建，200 次用于替代有效性验证）即获得上述系统性的不确定性分析结果。与 GSFLOW 运算时间相比，其他环节的运算时间可忽略不计。如果对 GSFLOW 直接进行 MCS，这么大规模的不确定性分析至少需要数万次的 GSFLOW 模拟才有可能完成。张掖盆地 GSFLOW 模型（模拟 2000 ~ 2008 年）在 3 GHz 的单个 CPU 上大约需运行半个小时，可见，PCM 极大地节省了不确定性分析的计算成本。

## 9.3.3 整体水平衡的不确定性

利用 PCM 和 PCM-VD，能非常便捷地对研究区整体水平衡进行不确定性量化和归因。图 9-7 显示了 GSFLOW 模拟的研究区整体水平衡，以及水平衡中各通量和存量的模拟不确定性。饼图显示了方差分解结果，黑色部分代表除已显示的影响因素之外的其他因素。由

图 9-7 可见，上游地表来流是研究区主要的入流，其次是本地降水；地表水–地下水的双向交换量均十分显著，交互总量几乎等于本地降水量，但净交换量较小；与地表水–地下水交换量相比，地下水抽用量很小；模拟期内地下水储量的减少比地表水储量的减少更为显著。总之，图 9-7 体现了研究区地表水与地下水的紧密联系，表明当地的水资源管理应综合考虑两者的交互作用。

图 9-7 中各模型输出变量的标准差存在很大差异。ET 与正义峡流量的不确定性最为

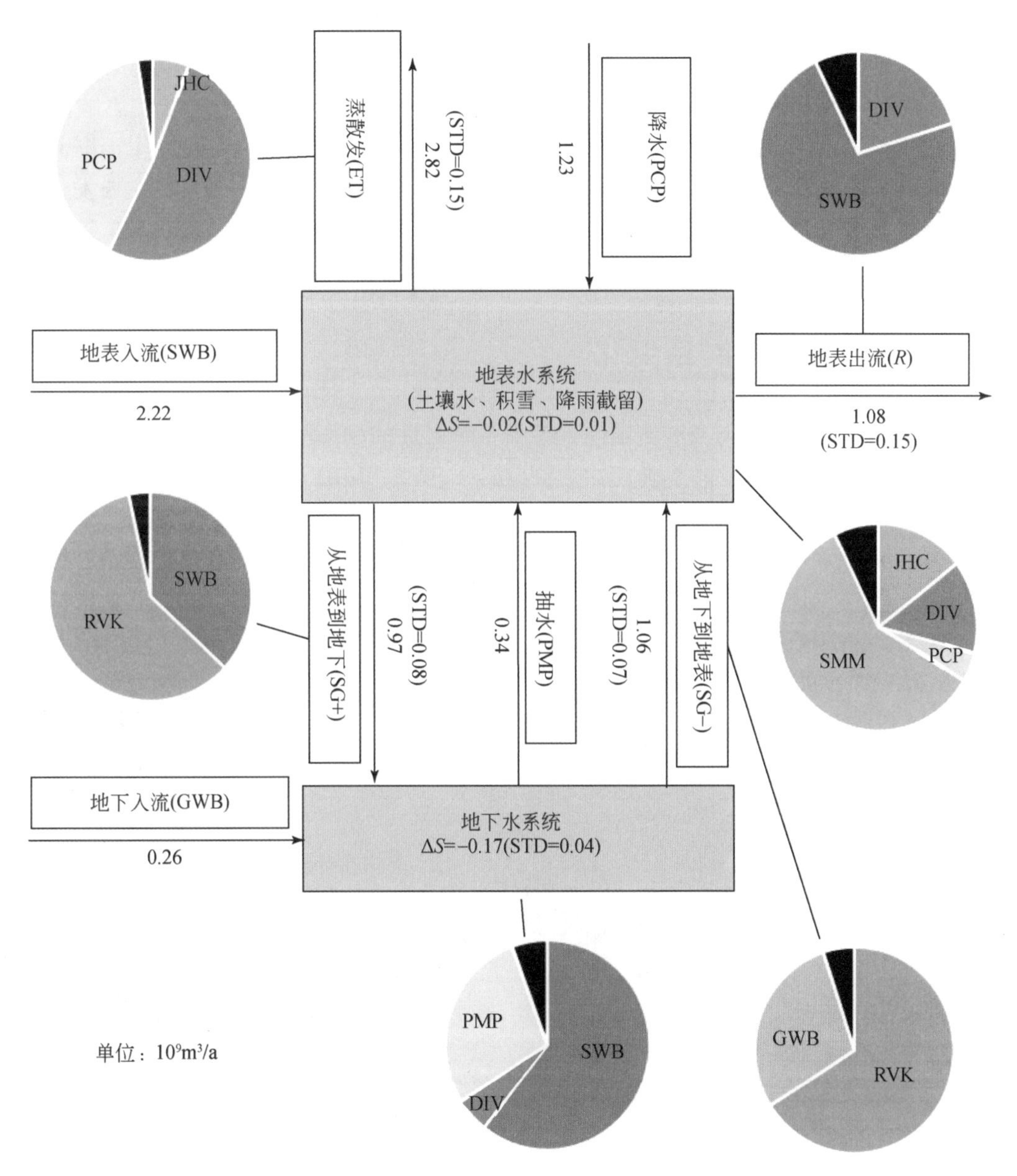


图 9-7 张掖盆地整体水平衡模拟结果及其不确定性的量化与归因

饼图表示方差贡献百分比，STD 表示标准差

显著，而地下水储量变化的不确定性较小，意味着研究区的地下水储量变化对水文条件变化和人类活动的影响不如 ET 和地表出流量敏感。这对于水资源管理者有如下启示：一方面，当地的地下水系统的韧性（resilience）较高，在外界条件有所变化时不会急剧变化；另一方面，一旦地下水系统遭到破坏，其恢复也将是十分困难的。

从方差分解的结果看，PCP 和 DIV 的波动对于 ET 的影响最为显著，证明张掖盆地的蒸散发过程整体上仍属水分条件限制（尽管绿洲有大量的农业灌溉），而非能量条件限制。SWB 和 DIV 对于正义峡下泄量的影响最大，也证明本地降水对张掖盆地地表出流量基本没有影响。对于地表水-地下水的交换量（SG+和 SG-）而言，RVK 的影响居首位，但与居第二位的影响因素不同：SG+的第二位影响因素是 SWB，而 SG-的第二位影响因素是 GWB。这主要是由于 SG+与 SG-发生在研究区的不同空间位置，SG+主要发生于南部冲积扇上，地下水埋深较深，河水大量入渗，故 SG+受 SWB 的显著影响；SG-则主要发生于细土平原，地下水埋深很浅，河道宽阔，故交换量主要受地下水位影响，而 GWB 是对地下水位影响最大的因素，故 SG-受 GWB 的影响也较为显著。

## 9.3.4 不确定性的时空变化

图 9-8 进一步展示了正义峡流量模拟结果不确定性的动态变化规律。虽然总体水平衡分析（图 9-7）显示该流量的不确定性主要归因于 SWB 和 DIV，但图 9-8 表明不确定性归因存在显著的季节性变化，在特定的季节，除 SWB 和 DIV 以外的因素也会产生影响。例如，12 月至次年 2 月为枯水期，无灌溉，河道流量较低且主要由地下水基流贡献；在这段

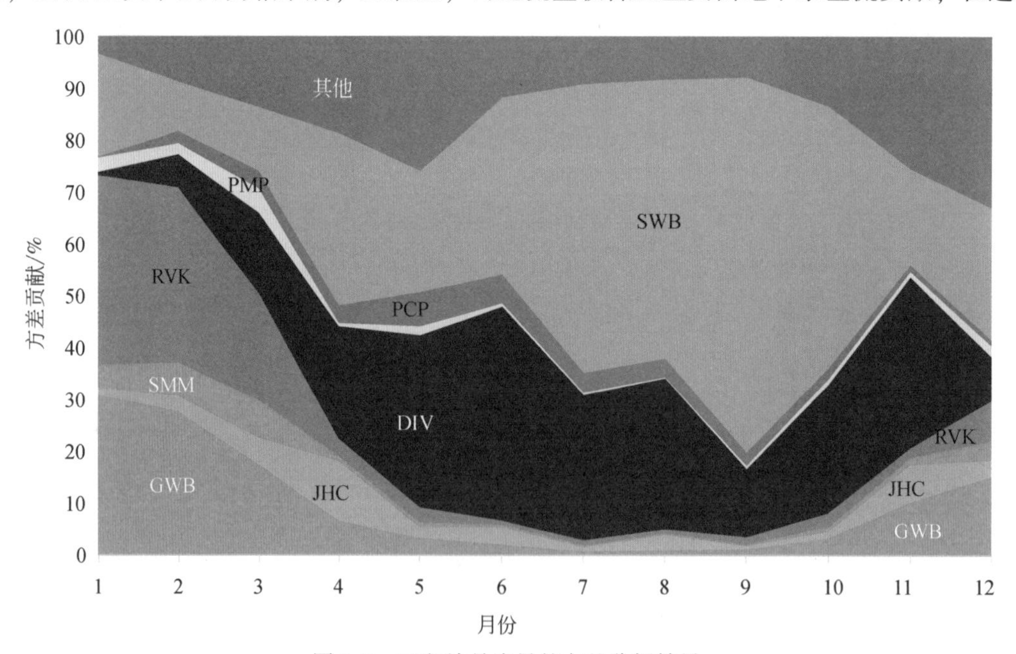


图 9-8　正义峡月流量的方差分析结果

时期，RVK 和 GWB 综合影响了河道与地下水的交换量，故对河道流量有显著影响。又如，3～5 月及 11 月有大量灌溉，并且温度不高，此时影响 ET 的主要因素不只是供水条件，还包括能量条件，即潜在蒸散发，故 JHC 的影响得以体现。正义峡的流量一直是张掖盆地水资源管理最重要的一环，影响中游和下游的关系。对于正义峡流量控制因素的分析可以帮助决策者更好地制定政策。

模型输出变量的不确定性在空间上同样存在显著分异。图 9-9 展示了年平均 ET 不确定性的空间分布规律，其中图 9-9（a）是各 HRU 年平均 ET 的标准差，图 9-9（b）则是 HRU 年平均 ET 不确定性的首要影响因素。图 9-9（a）中不确定性最显著的区域与 ET 的高值区域基本重合，即农田区域（图 9-1）的 ET 模拟值不确定性较大。图 9-9（b）则显示影响 ET 的主要因素在空间上并不均一，可为 DIV、PCP、JHC、SMM、PMP 或 GWB。在灌区位置，DIV 和 PMP 是影响不确定性的主要因素，因为两者代表灌溉用水的主要来源，这一类不确定性成因可概括为“人类活动控制”（human activities controlled）。在大多数荒漠区域，PCP 是首要影响因素，因为荒漠的主要蒸发来源是降水，此类不确定性成因可概括为“降水条件控制”（rainfall controlled）。JHC 为首要因素的地区水量充足，此类不确定性成因可概括为“能量条件控制”（energy controlled）。在地下水潜水蒸发为主要蒸发来源的地区，GWB 为首要影响因素，此类不确定性成因可概括为“水文地质条件控制”（hydrogeology controlled）。在其他一些地区，SMM（最大毛管水容量）是 ET 不确定性的首要影响因素，此类不确定性成因可概括为“土壤条件控制”（soil controlled）。

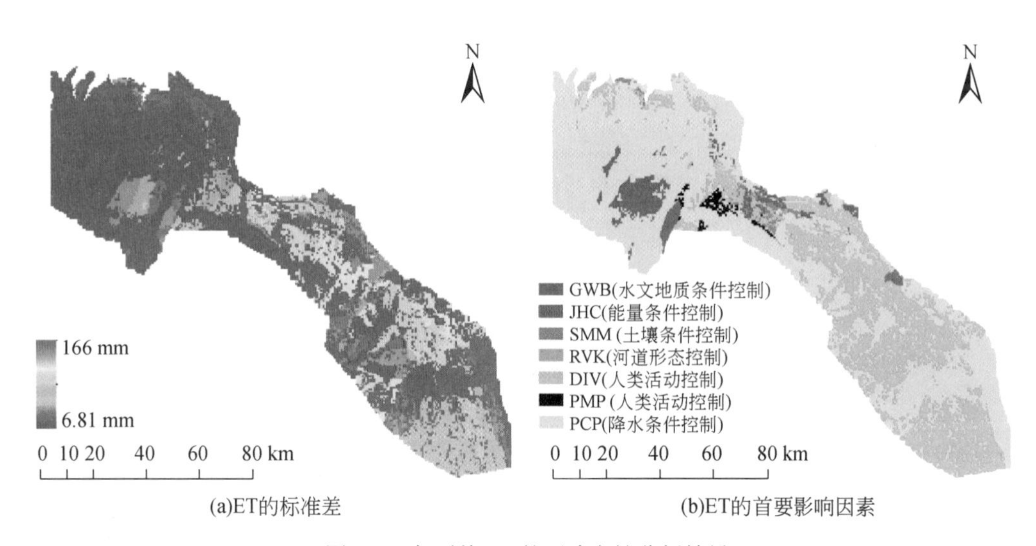


图 9-9　年平均 ET 的不确定性分析结果

类似地，图 9-10 展示了地下水水头变化 $\Delta H$ 的不确定性空间分布，其中图 9-10（a）为年平均 $\Delta H$ 的标准差，图 9-10（b）为首要影响因素。图 9-10 显示 $\Delta H$ 不确定性最大的地区在黑河干流的冲积扇上（图中圆圈框定的区域），其次为一些沿河地区。这是由于地表水-地下水交换主要发生在河道中，而黑河干流的冲积扇是最主要的地下水补给区。$\Delta H$ 不确定性主控因素的空间异质性要比 ET 更加突出，表明该地区地表水-地下水交换过程十分复杂。图 9-9 和图 9-10 可以为进一步的数据优化收集提供十分关键的信息，对于水资源管理决策也有重要意义。

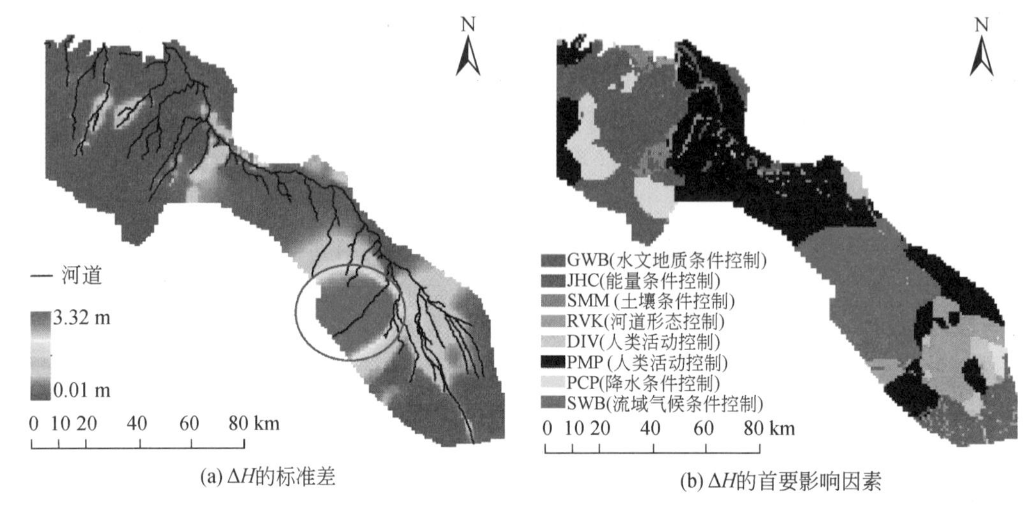


图 9-10　年平均地下水水头变化（$\Delta H$）的不确定性分析结果

## 9.4　本章小结

本章用 PCM 方法建立了张掖盆地 GSFLOW 模型的替代模型（二阶 PCE），应用 PCM-VD 方法完成了对复杂地表水-地下水耦合模型的不确定性分析，得到了以下几个主要结论：

1）基于 PCM 的替代模型构建方法在地表水-地下水耦合模型上得到了很好的应用，说明二阶 PCE 能够满足大多数情况下的近似需求。

2）基于 PCM 的不确定性分析方法不仅可以给出关于模型不确定性的总览，而且可以分析时间、空间上的不确定性细节，这对于理解水文过程、指导数据收集和水资源管理有重要意义。

3）张掖盆地案例研究结果表明，流域出口流量在不同时间的主要影响因素不同，其中夏季受地表水边界流量和地表引水量的影响较大，而冬季主要受地下水边界流量和河床渗透系数的影响。蒸散发过程在不同位置的主要影响因素不同，其中最大的影响因素是降水量和灌溉量。地表水-地下水交换量主要受河床渗透系数、地下水边界流量和地表水边界流量的影响。

4）张掖盆地地下水储量变化的不确定性较小，这体现了地下水系统的稳定性。对于管理者来说，一方面地下水系统非常稳定，在外界条件有所变化时也能保持平衡；另一方面当地下水系统遭到破坏时，其恢复治理也将会十分困难。

# 第 10 章　生态水文过程的多尺度分析

尺度效应一直是生态水文过程研究的关键问题之一（Guswa et al., 2020）。生态水文过程发生的机制随尺度变动发生明显的变化：在大尺度上，生态水文过程由气候特征及变化主导（Wang L et al., 2012）；而在中小尺度上，则更多地受地形地貌、土壤特性及生物作用的影响（Baird and Wilby, 1998; Whitney et al., 2015）。从流域水资源管理的角度来看，把握小尺度生态水文过程与大尺度流域水循环系统行为之间的关系十分重要（Lane et al., 2018）。生态水文耦合模型为开展尺度效应研究展现了强有力的工具（Krysanova and Arnold, 2008; Istanbulluoglu et al., 2012），可以提供不同空间尺度上生态水文状态变量和通量的时间动态特征。

本章将应用黑河中下游 HEIFLOW 模型（见第 8 章）开展多尺度水平衡分析，分别计算流域尺度（黑河中下游整体）、子流域尺度（中游、下游）、土地利用尺度上的详细水平衡。采用多元线性回归分析方法，分析不同空间尺度上蒸散发和叶面积指数的主要影响因素。本章成果可以为理解黑河中下游水循环和关键生态水文过程提供新的角度。

## 10.1　黑河中下游多尺度水平衡分析

### 10.1.1　水平衡计算式

1. 水平衡计算分区

在进行水平衡分析时，首先应用黑河中下游 HEIFLOW 模型，对黑河中下游整体进行计算，此处的中下游边界采用图 10-1 所示的建模边界。之后再针对东部子水系分别开展中游和下游的水平衡计算。此处东部子水系采用传统的黑河边界，下游包括了马鬃山地区（图 1-2）。第 8 章所建立的 HEIFLOW 模型不包括马鬃山地区，因此计算东部子水系水平衡时，除使用 HEIFLOW 模型模拟结果外，还使用包括区域气象模型数据、遥感反演模型数据等多源数据。

2. 区域水平衡计算式

对于黑河中下游整体而言，不存在地表径流和地下水的流出，故整体水平衡可表示为

$$P + R_{in} + G_{in} = ET + \Delta S \tag{10-1}$$

图 10-1　水平衡计算分区

式中，$P$ 为降水量；$R_{in}$ 和 $G_{in}$ 分别为地表水和地下水边界入流；ET 为蒸散发量；$\Delta S$ 为总储量变化。式中所有变量均以年均水量表示。

整体水平衡中，降水量 $P$ 来源于气象驱动数据，地表水边界入流 $R_{in}$ 来源于水文站实测数据，地下水边界入流 $G_{in}$ 估算方法见 8.2.2 节。蒸散发量 ET 和总储量变化 $\Delta S$ 来源于模型模拟值。

黑河中游存在地表水出流和地下水出流，因此中游的水平衡可用式（10-2）表达：

$$P + R_{in} + G_{in} = ET + R_{out} + G_{out} + \Delta S \tag{10-2}$$

式中，$R_{out}$ 和 $G_{out}$ 分别为地表水和地下水的边界出流，以年均水量表示。式（10-2）中，$P$、$R_{in}$ 和 $G_{in}$ 估算方法与式（10-1）相同，其余各项均来源于模型模拟值。

### 3. 河段水平衡计算式

任意河段的多年平均水平衡可用式（10-3）表示：

$$R_u + P_s + Q_{dis} + Q_{surf} = R_d + E_s + Q_{wd} + Q_{rch} + \Delta ch \tag{10-3}$$

式中，$R_u$ 为来自上游河段的入流；$P_s$ 为槽面降水量；$Q_{dis}$ 为地下水向河流的排泄量；$Q_{surf}$ 为地表汇入水量（包括坡面流和壤中流）；$R_d$ 为进入下游河段的出流；$E_s$ 为水面蒸发；$Q_{wd}$ 为河段的取水；$Q_{rch}$ 为河水渗漏补给地下水的量；Δch 为河段内水储量变化。式中所有变量可以平均流量表示，也可以年均水量表示。除位于最上游边界河道中 $R_u$ 来源于观测值外，其余变量均来源于模型模拟值。

## 10. 1. 2　黑河中下游整体水平衡

图 10-2 显示了基于 HEIFLOW 模拟结果计算的黑河中下游水平衡（2001 ~ 2012 年多年平均）。在输入项中，本地降水所占比例最高，为总输入水量的 67. 9%，其次是来自上游的地表和地下边界入流，分别占 27. 5% 和 4. 6%。根据模型设定，全区地下边界出流量为零；黑河作为内陆河，其流域边界的地表出流量也为零。因此，所有输入水量最终均转换为 ET。$\Delta S$ 为负值表示地下水储量的减少（$\Delta S_{gw}$ = −3. 11 亿 $m^3/a$）以及非饱和带储水量的减少（$\Delta S_{uz}$ = −1. 2 亿 $m^3/a$）。总 $\Delta S$（$\Delta S$ = − 4. 56 亿 $m^3/a$）的量级与地下水入流量接近，约为总抽水量的一半，表明流域蓄水总量在模拟期内呈显著下降趋势，这意味着当前流域的水资源利用方式不可持续，亟待加强水资源管理。

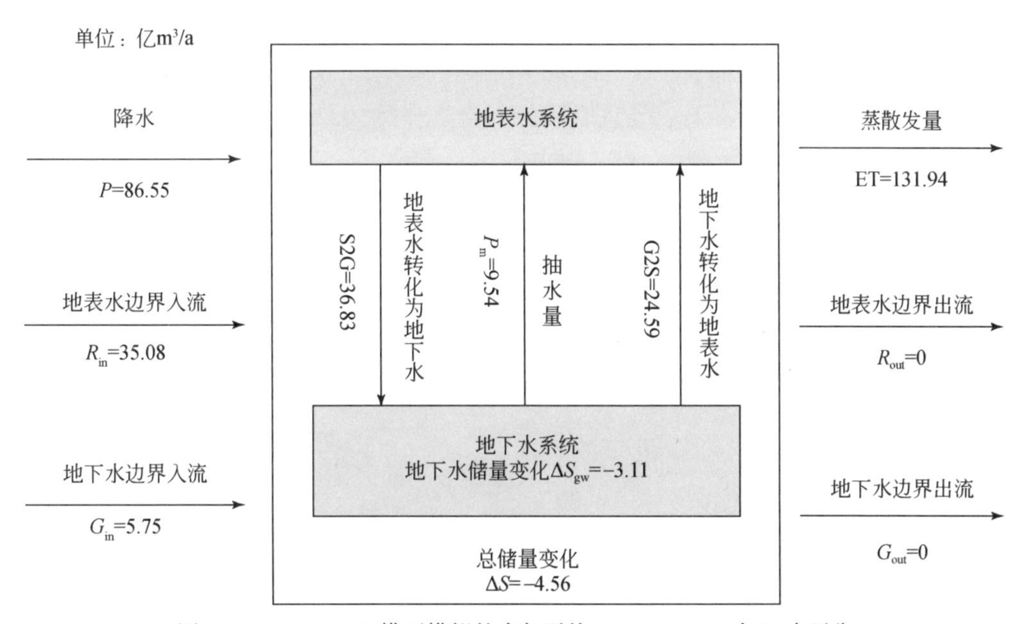


图 10-2　HEIFLOW 模型模拟的多年平均（2001 ~ 2012 年）水平衡

图 10-2 也表明地表水–地下水交互非常显著和复杂，在区域水循环中发挥关键作用。总的地下水补给项（S2G = 36. 83 亿 $m^3/a$）包括河道入渗（19. 13 亿 $m^3/a$）和面上入渗（17. 70 亿 $m^3/a$）。根据模拟结果，约 70% 的面上补给（12. 31 亿 $m^3/a$）发生在农田。另外，总的地下水排泄（G2S = 24. 59 亿 $m^3/a$）由河道排泄（10. 75 亿 $m^3/a$）和地表出露（13. 84 亿 $m^3/a$）组成。就交互强度而言（单位面积上交互量），最显著的交互发生在河网。

### 10.1.3 黑河中游水平衡

1. 中游整体水平衡

图 10-3 显示了 2001 ~2012 年东部子水系中游整体水平衡。东部子水系中游区域建模面积约 13 120.50 $km^2$，降水总量为 2.483×$10^9$ $m^3$/a（189.3 mm/a）。降水量从山前平原的 290.2 mm/a 逐渐减少至北部绿洲的 102.3 mm/a。进入中游的出山径流总量 $R_{in}$ 为 2.594×$10^9$ $m^3$/a(197.71mm/a)，几乎与本地降水量相等。进入中游的地下水边界流量 $G_{in}$ 为 0.235×$10^9$ $m^3$/a。系统输出中蒸散发 ET 为 4.275×$10^9$ $m^3$/a（325.8 mm/a），约占整个系统输入量的 80.5%。在不同的景观中，农田消耗了最多的水量，ET 为 2.176×$10^9$ $m^3$/a（569.0 mm/a）。草地、湿地、森林和荒漠（裸地、砂质沙漠、砂砾沙漠）耗水量分别为 0.803×$10^9$ $m^3$/a（288.3 mm/a）、0.029×$10^9$ $m^3$/a(584.3 mm/a)、0.064×$10^9$ $m^3$/a(398.9 mm/a）以及 1.016×$10^9$ $m^3$/a（171.2 mm/a）。年内生长季农田蒸腾量占蒸散发量的比例约为 0.73，其他土地类型的蒸腾比例见表 10-1。中游地表径流流出量 $R_{out}$（即正义峡断面的下泄量）约为 1.101×$10^9$ $m^3$/a。中游地下水流出量 $G_{out}$ 约为 0.038×$10^9$ $m^3$/a。地下水储量变化 ΔGW 呈下降趋势，地下水超采量为 0.138×$10^9$ $m^3$/a，导致地下水位年均下降约 0.21m。

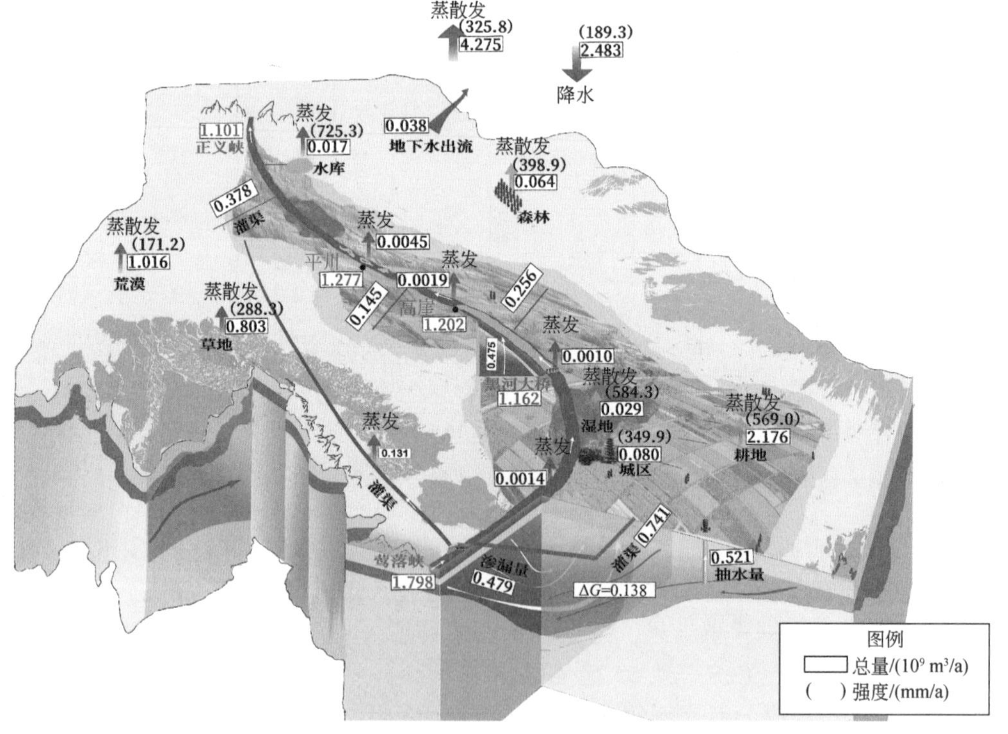


图 10-3 黑河中游水循环概念图

资料来源：Li 等（2018）

### 2. 中游不同土地利用

表 10-1 给出了中游不同土地利用类型的降水与蒸散发。可以看出，中游荒漠面积最大（5939.12 $km^2$），接收了最多的降水总量（$0.857\times10^9$ $m^3/a$）。农田面积仅次于荒漠（3823.69 $km^2$），但由于大量灌溉，其蒸散发总量最大（$2.176\times10^9$ $m^3/a$）。荒漠和草地的蒸散发量为 $1.016\times10^9$ $m^3/a$ 和 $0.803\times10^9$ $m^3/a$，其他下垫面的蒸散发量较小。而从蒸散发强度来看，水体（包括水库和河流）最大，其次为湿地（584.3 mm/a），再次为农田（569.0 mm/a），荒漠最小（171.2 mm/a）。

**表 10-1　黑河中游不同土地利用类型的降水与蒸散发量**

| 土地利用类型 | 面积/$km^2$ | 降水 | | 蒸散发 | | 蒸腾/蒸散发 |
|---|---|---|---|---|---|---|
| | | 总量/($10^9$ $m^3/a$) | 强度/(mm/a) | 总量/($10^9$ $m^3/a$) | 强度/(mm/a) | |
| 农田 | 3 823.69 | 0.781 | 204.3 | 2.176 | 569.0 | 0.73 |
| 草地 | 2 783.36 | 0.748 | 268.6 | 0.803 | 288.3 | 0.51 |
| 湿地 | 48.89 | 0.005 | 102.6 | 0.029 | 584.3 | 0.58 |
| 森林 | 161.59 | 0.026 | 158.8 | 0.064 | 398.9 | 0.54 |
| 城区 | 227.68 | 0.039 | 171.7 | 0.080 | 349.9 | 0.41 |
| 荒漠 | 5 939.12 | 0.857 | 144.4 | 1.016 | 171.2 | 0.34 |
| 水库 | 23.7 | 0.003 | 127.7 | 0.017 | 725.3 | — |
| 河流 | 112.47 | 0.024 | 216.4 | 0.090 | 803.9 | — |
| 总计或平均 | 13 120.5 | 2.483 | 189.3 | 4.275 | 325.8 | — |

### 3. 中游河流水平衡

表 10-2 给出了黑河中游河流分段的水平衡计算结果。考虑到河道内水储量变化极小，故忽略该项。根据河水与地下水相互作用关系，将中游黑河干流从上至下分为四段，第一段为莺落峡—黑河大桥（即 312 黑河大桥），此段位于山前洪积扇，长约为 35 km，河床坡度非常陡峭，达到 0.01，是黑河的强烈渗漏段，河水经巨厚的第四纪沉积物补给地下水，年均河水渗漏量达到 $0.479\times10^9$ $m^3$，约占出山径流的 1/4。黑河大桥—正义峡，长约为 180 km，河道的平均河床坡度小于 0.001，地下水常年补给河道。其中黑河大桥—高崖为地下水的强烈出露带，年均地下水排泄量达到 $0.219\times10^9$ $m^3$；高崖—平川年均地下水排泄量为 $0.110\times10^9$ $m^3$，平川—正义峡年均地下水排泄量为 $0.157\times10^9$ $m^3$。

**表 10-2　黑河中游河流水平衡**　　（单位：$10^9$ $m^3/a$）

| 河段 | $R_u$ | $P_s$ | $Q_{dis}$ | $Q_{surf}$ | $R_d$ | $E_s$ | $Q_{wd}$ | $Q_{rch}$ |
|---|---|---|---|---|---|---|---|---|
| 莺落峡—黑河大桥 | 1.798 | 0.0005 | 0.000 | 0.071 | 0.648 | 0.0014 | 0.741 | 0.479 |
| 黑河大桥—高崖 | 1.162 | 0.0005 | 0.219 | 0.013 | 1.135 | 0.0010 | 0.256 | 0.002 |

续表

| 河段 | $R_u$ | $P_s$ | $Q_{dis}$ | $Q_{surf}$ | $R_d$ | $E_s$ | $Q_{wd}$ | $Q_{rch}$ |
|---|---|---|---|---|---|---|---|---|
| 高崖—平川 | 1.202 | 0.0010 | 0.110 | 0.044 | 1.199 | 0.0019 | 0.145 | 0.012 |
| 平川—正义峡 | 1.277 | 0.0022 | 0.157 | 0.064 | 1.101 | 0.0045 | 0.378 | 0.016 |

## 10.1.4 黑河下游（含马鬃山）水平衡

### 1. 下游整体水平衡

图 10-4 显示了下游水平衡，由图可以看出，下游降水总量为 $4.532\times10^9\ m^3/a$ (51.7 mm/a)。与黑河其他区域相比，下游虽然降水量减少，但空间分布相对均一。下游另一重要水源来自正义峡的下泄量，自黑河流域实施“97”分水方案以来，正义峡

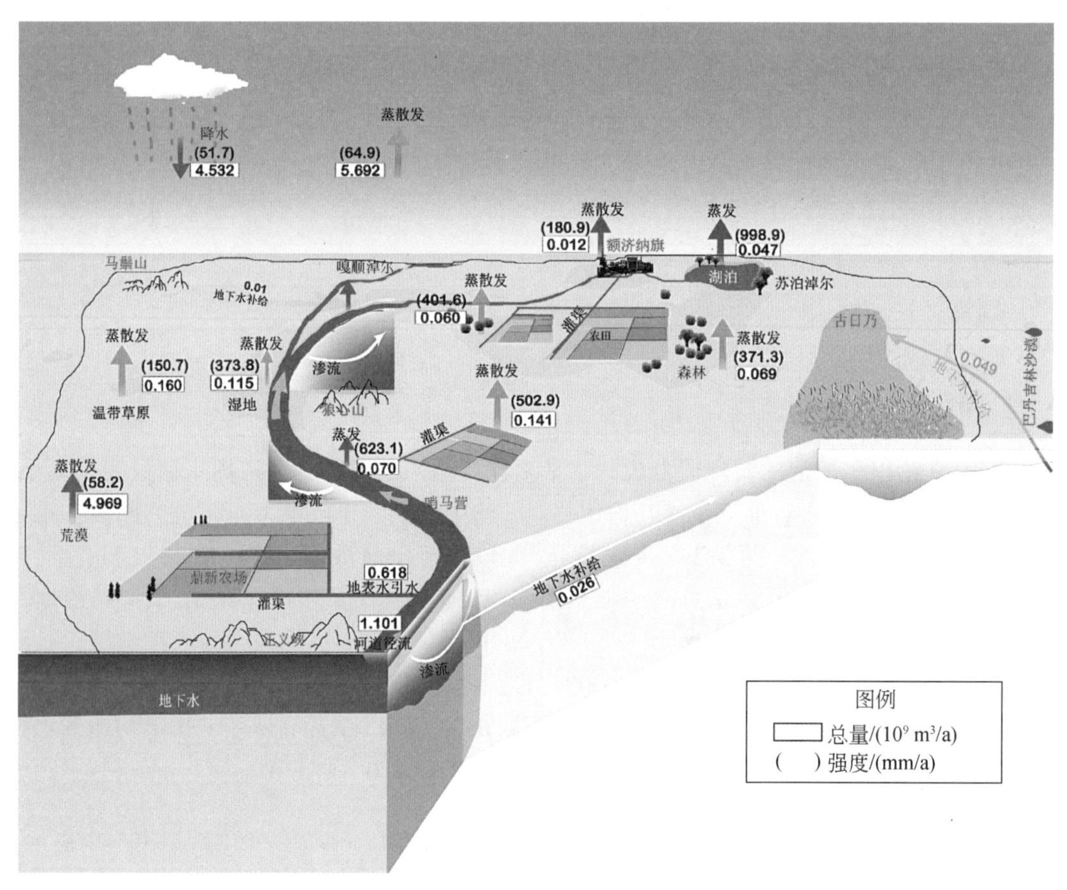


图 10-4 黑河下游水循环概念图

资料来源：Li 等（2018）

下泄量呈增加趋势，达到 1.101×$10^9$ $m^3$/a。地下水入流对下游水循环同样有贡献。地下水入流来自三方面：一是来自中游的地下水入流，为 0.026×$10^9$ $m^3$/a；二是来自巴丹吉林沙漠边缘的排泄量，为 0.049×$10^9$ $m^3$/a；三是来自西边马鬃山地区的地下水排泄量，为 0.010×$10^9$ $m^3$/a。

下游水分主要以蒸散发形式消耗掉，多年平均蒸散发量为 5.692×$10^9$ $m^3$/a（64.9 mm/a）。下游蒸散发量大于降水量，意味着来自中游的地表径流也以蒸散发的形式耗散掉。自黑河流域实施“97”分水方案以来，下游的地下水储量和尾闾湖水储量得以恢复。其中，地下水储量恢复速率为 0.014×$10^9$ $m^3$/a（0.16 mm/a）。尾闾湖储量恢复更为迅速，自 2006 年后，东居延海水储量维持在 0.051×$10^9$ $m^3$以上。

### 2. 下游不同土地利用

表 10-3 列出了下游不同土地利用类型的降水与蒸散发量。可以看出，水体和植被覆盖区（如森林、柽柳、沙漠灌木丛和湿地）的蒸散发强度远高于荒漠，但下游荒漠面积巨大因而蒸散发总量最大。考虑到降水强度很小，可以使用蒸散发与正义峡下泄量比值来粗略表达不同土地利用所消耗的环境流量。表 10-3 最后一列给出了除荒漠之外其他土地利用类型的蒸散发与正义峡下泄量比值。可以看到，天然植被（包括森林、柽柳、其他沙漠灌木、温带草原和湿地）、农田和湖泊分别消耗了大约 39%、13% 和 4% 的正义峡下泄量，其余 34% 被荒漠耗散。

**表 10-3　黑河下游不同土地利用类型的降水与蒸散发量**

| 土地利用类型 | 面积/$km^2$ | 降水 | | 蒸散发 | | 蒸散发/正义峡下泄量 |
|---|---|---|---|---|---|---|
| | | 总量/($10^9$ $m^3$/a) | 强度/(mm/a) | 总量/($10^9$ $m^3$/a) | 强度/(mm/a) | |
| 森林 | 184.95 | 0.008 | 43.5 | 0.069 | 371.3 | 0.063 |
| 柽柳 | 149.53 | 0.007 | 43.8 | 0.060 | 401.6 | 0.054 |
| 其他沙漠灌木 | 150.86 | 0.007 | 46.8 | 0.025 | 165.6 | 0.023 |
| 温带草原 | 1 058.75 | 0.054 | 50.8 | 0.160 | 150.7 | 0.145 |
| 湿地 | 308.15 | 0.016 | 52.4 | 0.115 | 373.8 | 0.104 |
| 农田 | 280.56 | 0.015 | 52.7 | 0.141 | 502.9 | 0.128 |
| 城区 | 64.76 | 0.003 | 50.5 | 0.012 | 180.9 | 0.011 |
| 湖泊 | 46.69 | 0.002 | 42.3 | 0.047 | 998.9 | 0.043 |
| 水库 | 26.31 | 0.001 | 54.0 | 0.024 | 912.7 | 0.022 |
| 河流 | 112.42 | 0.006 | 50.9 | 0.070 | 623.1 | 0.064 |
| 荒漠 | 85 348.79 | 4.413 | 51.7 | 4.969 | 58.2 | — |
| 总计 | 87 731.77 | 4.532 | 51.7 | 5.692 | 64.9 | — |

### 3. 下游河流水平衡

表 10-4 给出了黑河下游河流分段的水平衡计算结果。下游河流整体分为四段。第一

段为正义峡—哨马营，长约为 180 km，此段以河水补给地下水为主，年渗漏量约为 $0.3\times10^9$ $m^3$，在流经金塔县鼎新灌区及酒泉卫星发射基地时，有超过 2 亿 $m^3$ 的河水用于农业灌溉和工业生产。第二段为哨马营—狼心山，长约为 20 km，此段也以河水入渗为主。黑河干流至狼心山后，经狼心山水利枢纽分为东西两支。第三段为狼心山—东居延海，第四段为狼心山—西居延海。这两段出狼心山后流经厚约 100 m 的第四纪沉积物含水层，河水大量入渗补给地下水，渗漏量约占来水量的 40%。除入渗外，每年还有约 3 亿 $m^3$ 的河水用于灌溉农田和草场，最终进入尾闾湖的水量年均值约为 0.6 亿 $m^3$。

**表 10-4　黑河下游河流水平衡**　　（单位：$10^9$ $m^3/a$）

| 河段 | $R_u$ | $P_s$ | $Q_{dis}$ | $Q_{surf}$ | $R_d$ | $E_s$ | $Q_{wd}$ | $Q_{rch}$ |
|---|---|---|---|---|---|---|---|---|
| 正义峡—哨马营 | 1.103 | 0.0009 | 0.0258 | 0.107 | 0.703 | 0.0083 | 0.226 | 0.3 |
| 哨马营—狼心山 | 0.703 | 0.0001 | 0.0004 | 0.014 | 0.638 | 0.0015 | 0.031 | 0.0466 |
| 狼心山—东居延海 | 0.489 | 0.0021 | 0.0025 | 0.047 | 0.051 | 0.0067 | 0.288 | 0.195 |
| 狼心山—西居延海 | 0.15 | 0.001 | 0.0006 | 0.018 | 0.018 | 0.0033 | 0.073 | 0.0751 |

## 10.2　基于多元线性回归的多尺度生态过程分析

不管是模型模拟还是实测数据，不同水文变量和生态变量之间的关系均可利用多元线性回归分析进行探索。多元线性回归模型具有如下的通用形式：

$$Y=\beta_0+\sum_{i=1}^{k}\beta_i X_i+\varepsilon \tag{10-4}$$

式中，$Y$ 为因变量；$X_i$ 为自变量；$\beta_0$ 为回归截距；$\beta_i$ 为回归系数；$\varepsilon$ 为随机误差。为解决多重共线性问题，本研究采用了逐步回归方法。可决系数（$R^2$）或者调整的可决系数（$R_a^2$）反映了由所有自变量所解释的因变量 $Y$ 方差的比例。半偏相关系数的平方（$sr_i^2$）反映了由 $X_i$ 所单独解释 $Y$ 方差的比例，$sr_i^2=R^2_{Y;1,2,\cdots i,\cdots,k}-R^2_{Y;1,2,\cdots(i),\cdots,k}$，式中，第二个 $R^2$ 中带括号的 $i$ 表示从回归中排除 $X_i$。为求每个自变量的独立方差贡献，可采用如下的方差分解方法：首先计算 $Y$ 方差中未被解释的比例，即 $1-R_a^2$；然后对每一 $X_i$ 计算 $sr_i^2$；最后计算所有因变量的共同方差贡献，即 $R_a^2-\sum_{i=1}^{k}sr_i^2$。

为研究不同尺度的 ET 过程，我们选择降水量（$P$）、土壤含水量（SM）、潜在蒸散发（PET）、地下水埋深（DW）、灌溉用水量（IW）作为潜在的解释变量，ET 作为因变量。在回归分析中，ET 数据由校正后的 HEIFLOW 模型产生。$P$ 和 IW（包括地表引水量和地下水抽水量）为 HEIFLOW 模型输入，而 SM、PET 和 DW 数据可通过模型模拟获得。所有变量均采用水量单位 mm，这样其边际效应（由回归系数 $\beta_i$ 反映）就可相互对比。原始的 DW 单位为 m，为将其转换为水量单位，将 DW 乘以平均重力给水度（0.1）来反映地下水储量的变化。本研究分析的空间尺度包括全流域、子流域（单独考虑中游和下游）以及植被覆盖类型（农田、草地和戈壁）；分析的时间尺度包括年和月。

对 LAI 也同样进行多元回归分析，其中解释变量包括 *P*、PET、IW 和 DW。PET 替代气温来反映能量状态，DW 进行类似于 ET 分析中的转换，这样所有的解释变量单位均为水量单位 mm。在三个空间尺度上的月均和年均 LAI 作为因变量，其数据从前文所述的遥感产品中获得。因存在明显的偏态分布，所有的 LAI 数据均进行了对数变换。在分析时，所有 LAI 为 0 的网格被排除在外。在下游，某种空间尺度下冬季的月 LAI 会为 0，这样的数据同样被排除。所有的回归分析均使用 MATLAB 软件完成。

## 10.3 尺度依赖的蒸散发过程

图 10-5 和表 10-5 分别显示了月 ET（样本数为 144）和年 ET（样本数为 12）的回归系数。回归分析中的每个数据点都为空间平均值。图 10-5 和表 10-5 表明 ET 与其解释变量之间有很强的尺度依赖关系。

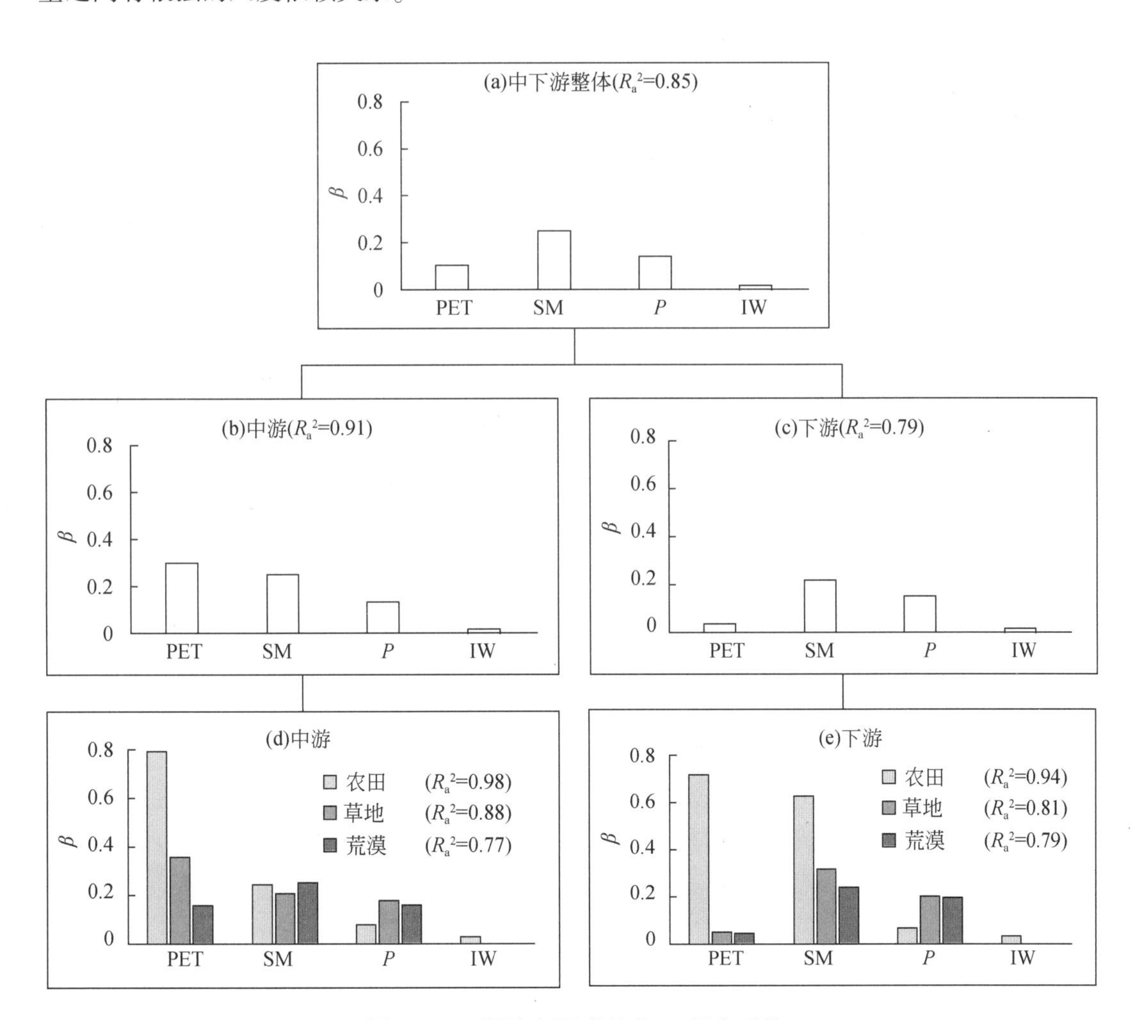


图 10-5　不同空间尺度的月 ET 回归系数

表 10-5　年蒸散发 ET 的回归系数

| 空间范围 | 空间单元 | $\beta_0$ | $\beta_{PET}$ | $\beta_{SM}$ | $\beta_P$ | $R_a^2$ |
|---|---|---|---|---|---|---|
| 流域 | 中下游整体 | -179.38 | — | 3.51 | — | 0.76 |
| 子流域 | 中游（M-HRB） | -99.88 | — | 2.93 | — | 0.67 |
|  | 下游（L-HRB） | -203.48 | — | 3.88 | — | 0.82 |
| 植被覆盖 | 中游农田 | -620.53 | 0.75 | 2.99 | — | 0.72 |
|  | 中游草地 | -1028.20 | — | 2.75 | — | 0.79 |
|  | 中游荒漠 | -20.29 | — | 3.30 | — | 0.76 |
|  | 下游农田 | -1028.20 | 0.40 | 10.27 | — | 0.91 |
|  | 下游草地 | 33.16 | — | 2.04 | 0.43 | 0.85 |
|  | 下游荒漠 | -217.65 | — | 3.80 | — | 0.84 |

首先，在不同的空间尺度上，月 ET 具有不同的控制因素。对整个流域和下游来说，SM 对 ET 具有最高的边际影响，且显著高于 PET。SM 在水分限制环境中起着关键作用，同时反映了气候、植被和人类活动的综合影响。对中游来说，PET 对 ET 的影响显著增加，甚至超过了 SM，表明中游 ET 过程很大程度上存在能量限制的情况，这是由于中游有大面积的灌溉农田。

其次，对年 ET 而言，SM 在所有空间尺度上都表现出主导作用。PET 的影响仅对农田体现，而 $P$ 的影响仅对下游草地体现。此外，灌溉用水量 IW 与年 ET 无统计上的显著关系。需要指出的是，这并不意味着气候条件（PET 和 $P$）和人类活动对年 ET 没有影响，而是说明在年尺度上 SM 可以综合体现其他解释变量的影响。其中一个证据是 SM 与 $P$ 有很强的相关性（$R^2$=0.70）。这意味着，对于本研究区域而言，仅利用土壤水分信息就可以获得可靠的年 ET 估计值。

上述回归结果不仅增强了我们对 ET 过程的理解，而且提供了可靠的简化关系式用于计算黑河流域不同尺度的 ET 值。这些关系式在管理决策中非常有用，因为复杂而耗时的模型计算得以避免。

图 10-5 和表 10-5 反映了 ET 对其解释变量的敏感性。为进一步解析哪些变量控制了 ET 的时间变异性，对月尺度 ET 开展了基于偏相关系数的方差分解，所使用的数据与图 10-5 和表 10-5 相同。图 10-6 显示了月尺度 ET 的方差分解结果，图中 Joint 表示所有解释变量的联合方差贡献，反映了变量之间协同效应的大小；Others 是指现有解释变量无法解释的方差。方差分解的结果为我们提供了关于 ET 过程尺度依赖性的有用信息，具体分析如下。

在各空间尺度上，PET 对 ET 年内变化的独立方差贡献最大，其次为 SM。$P$ 和 IW 的贡献相对较小。这表明尽管总体上黑河流域的 ET 过程多受水分限制（图 10-5 和表 10-5），ET 的时间变化很大程度上取决于能量条件。如果气候变化增强了黑河流域温度的季节性波动，则 ET 的时间变异性将更强。总的来说，图 10-6 表明，相比于人类活动（如引水和

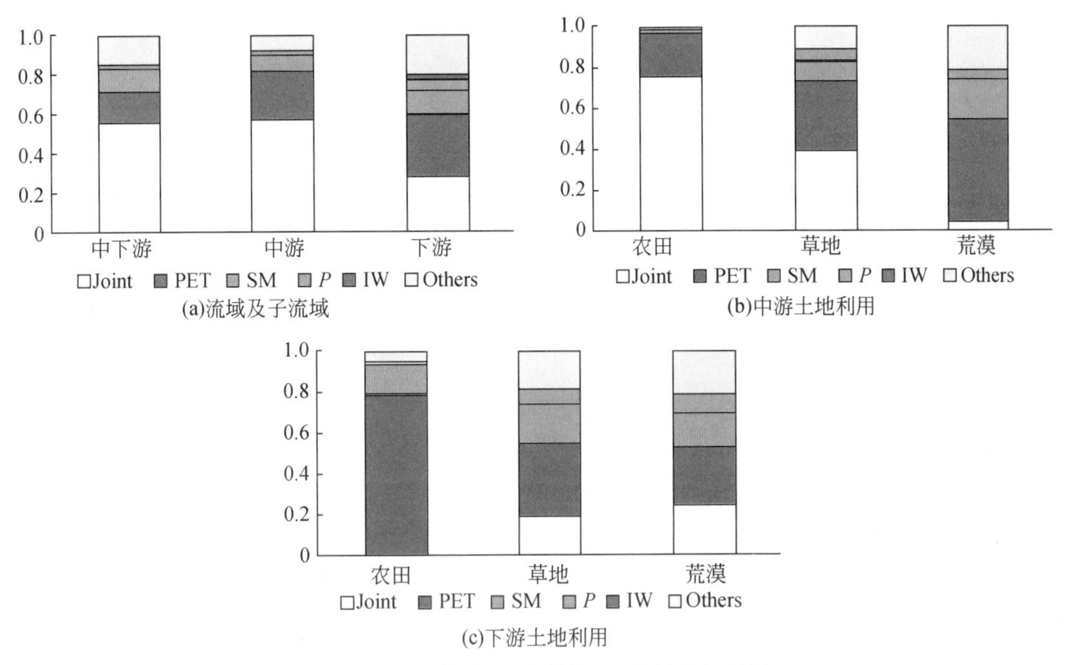


图 10-6 不同空间尺度的月 ET 方差分解结果

抽水），ET 的年内变化更容易受到气候变化的影响。

对于黑河中游的 ET，解释变量联合方差贡献占总方差的大部分，远远高于黑河下游［图 10-6（a）］。这表明解释变量的协同效应更为显著，这可能是由中游较强的水循环所致。这种协同效应对中游的农田最为明显［图 10-6（b）］，因为农田上有强烈的引水和抽水活动，并且大气、地表、土壤和含水层之间的水量交换迅速。对于下游的农田，协同效应最不明显，ET 的变化主要由能量条件（即 PET）主导。对于下游的草地和荒漠，未知方差较大，表明解释变量和月 ET 之间可能存在显著的非线性关系，或有其他重要的解释变量未被纳入。

## 10.4 尺度依赖的植被生长过程

采用 LAI 及其相关的解释变量（包括 PET、*P*、IW、DW）来分析植被生长过程的尺度依赖效应。图 10-7 显示了不同空间尺度上月 LAI（经对数变换）与四个解释变量之间的回归系数。所有的回归数据点都为空间平均结果。从图 10-7 中可明显看出 LAI 的尺度依赖效应，中游的结果与全流域的结果非常相似，即能量因素（PET）为主导因素。事实上这个结果并不意外，因为 91.5% 的植被生长在中游，而中游的水量限制相对较弱。对下游来说，*P* 成为植被生长的主控因素。但在特定土地利用类型上，尤其是下游的农田，DW 的影响会有所体现。

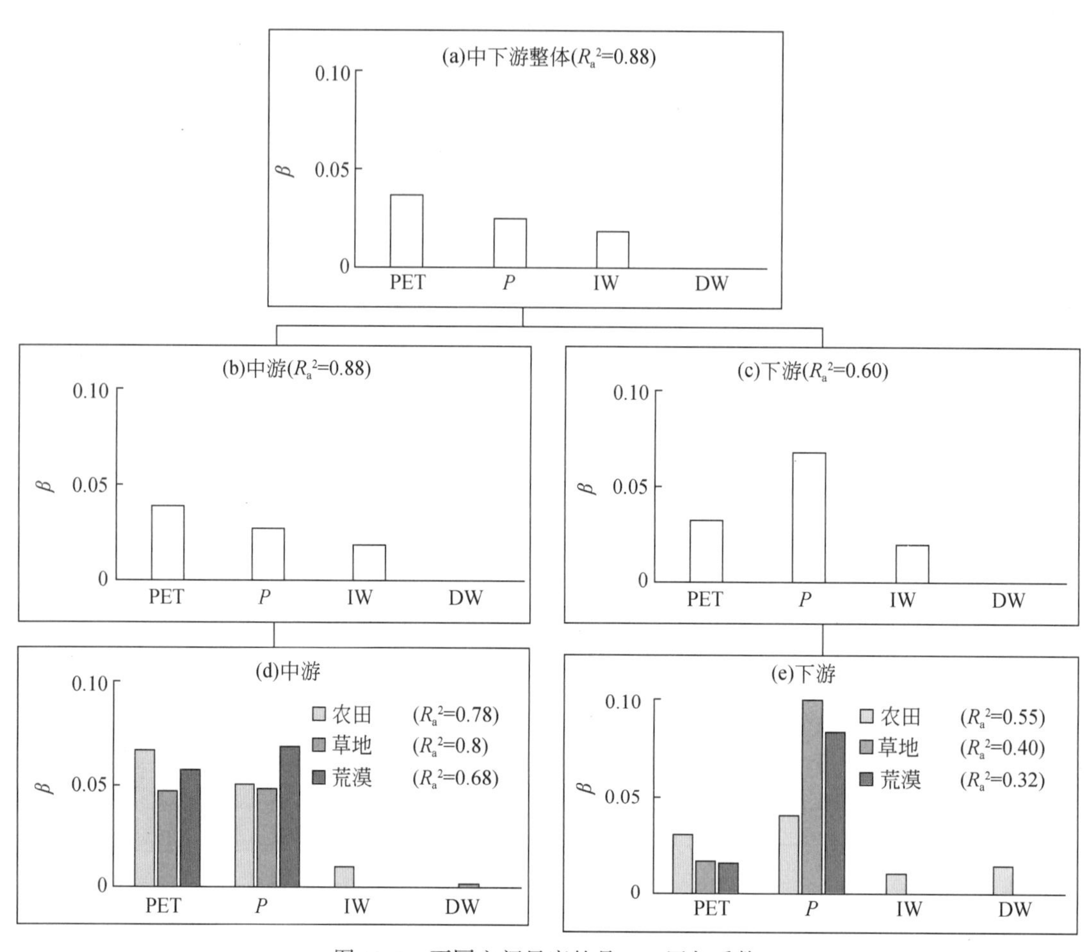


图 10-7　不同空间尺度的月 LAI 回归系数

图 10-8 显示了月 LAI 的方差分解结果，所使用的数据点与图 10-7 相同。就独立方差贡献而言，PET 在所有空间尺度上都是最高的。在黑河下游，*P* 的独立方差贡献在草地和荒漠上最为显著，而 IW 的独立方差贡献在农田上最为显著。DW 的独立方差贡献几乎可忽略不计。黑河中游的联合方差贡献远大于黑河下游，这表明中游有更强的水循环过程。与月 ET 相比，月 LAI 包含更高的未解释方差，尤其是在下游。这可能是由于其他影响植被生长的重要解释变量被忽略了，如二氧化碳浓度、养分、土壤盐分等。

表 10-6 给出了年 LAI（经对数转换）的多元线性回归模型系数。有趣的是，PET 和 *P* 没有进入模型。对于黑河中游以及整个中下游而言，IW 是唯一的解释变量。而对于下游而言，DW 是唯一的解释变量。表 10-6 和图 10-8 表明，植被生长过程对人类活动的长期响应远大于短期响应。表 10-6 中相对较低的 $R_a^2$ 值也表明模型遗漏了一些重要的解释变量。

表 10-6 年 LAI（经对数变换）的多元线性回归模型系数

| 空间范围 | 空间单元 | $\beta_0$ | $\beta_{IW}$ | $\beta_{DW}$ | $R_a^2$ |
|---|---|---|---|---|---|
| 流域 | 中下游整体 | -2.61 | 0.0017 | — | 0.50 |
| 子流域 | 中游 | -2.57 | 0.0018 | — | 0.53 |
| | 下游 | 134.44 | — | -0.067 | 0.61 |
| 植被覆盖 | 中游农田 | -1.60 | 0.0006 | — | 0.19 |
| | 中游荒漠 | -45.59 | — | 0.0048 | 0.57 |
| | 下游农田 | 1.12 | — | -0.01 | 0.45 |
| | 下游草地 | 16.05 | — | -0.017 | 0.67 |
| | 下游荒漠 | 203.99 | — | -0.13 | 0.60 |

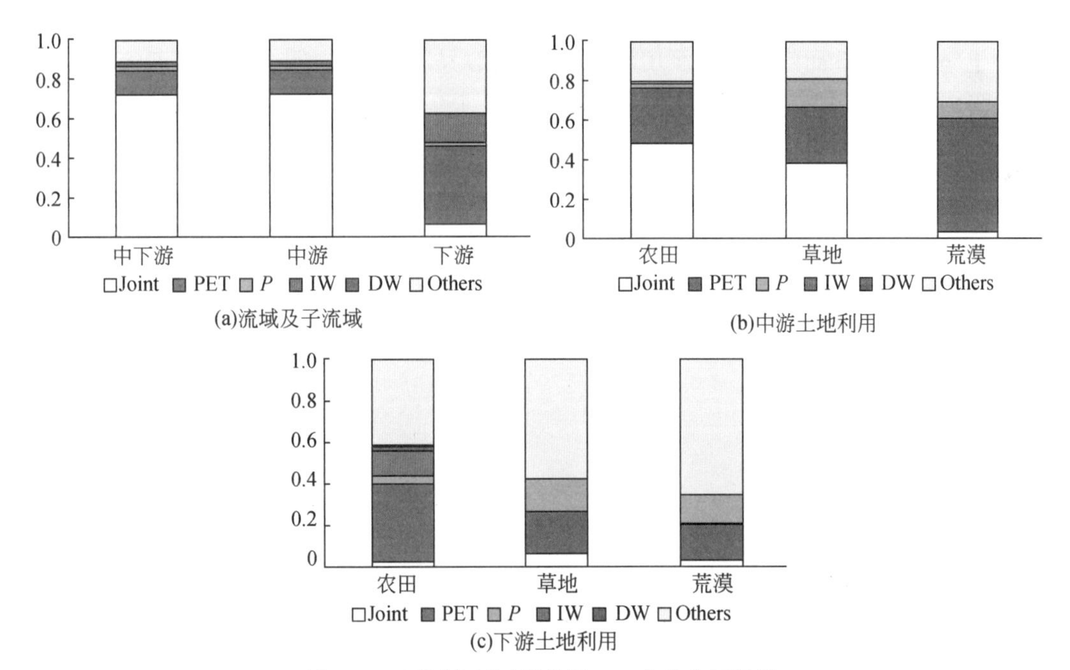


图 10-8 不同空间尺度的月 LAI 方差分解结果

## 10.5 本章小结

本章应用黑河中下游 HEIFLOW 模型，给出了不同空间尺度上（流域尺度、子流域尺度和土地利用尺度）详细的水平衡，分析了蒸散发过程和植被生长过程的时空尺度依赖效应。本章主要结论如下：

1）2001～2012 年，黑河流域总水储量呈显著下降趋势，年均水储量下降约 4.56 亿 $m^3$，这意味着当前水资源尤其是地下水资源被过度消耗。在子流域尺度上，计算结果表明：黑河中游年均地下水超采量达 1.38 亿 $m^3$，导致地下水位年均下降约 0.21m；黑河下游接受的正义峡下泄量呈增加趋势，达到 1.101 $\times10^9$ $m^3/a$。下游地下水系统接受来自中游的地下入流为 0.026$\times10^9$ $m^3/a$，来自巴丹吉林沙漠边缘的排泄量为 0.049 $\times10^9$ $m^3/a$，来自西边马鬃山地区的地下水排泄量为 0.010$\times10^9$ $m^3/a$。在土地利用尺度上，对不同的下垫面，中游蒸散发强度从大到小依次为水体（其中水库 725.3 mm/a，河流 803.9 mm/a）、湿地（584.3 mm/a）、农田（569.0 mm/a）、森林（398.9 mm/a）、城区（349.9 mm/a）、草地（288.3 mm/a）、荒漠（171.2 mm/a）；下游蒸散发强度从大到小依次为水体（其中湖泊 998.9 mm/a，水库 912.7 mm/a，河流 623.1 mm/a）、农田（502.9 mm/a）、柽柳（401.6 mm/a）、湿地（373.8 mm/a）、森林（371.3 mm/a）、城区（180.9 mm/a）、温带草原（150.7 mm/a）和荒漠（58.2 mm/a）。

2）蒸散发和叶面积指数与其主要影响因素（包括潜在蒸散发、土壤含水量、降水量、灌溉用水量、地下水埋深等）之间存在强烈的尺度依赖关系。在各空间尺度上（包括流域尺度、子流域尺度和土地利用尺度），潜在蒸散发对蒸散发年内变化的独立方差贡献最大，其次为土壤含水量，而降水和灌溉用水量的贡献相对较小。这表明，尽管黑河流域的蒸散发过程多为水分限制，蒸散发的时间动态很大程度上仍取决于能量条件。对叶面积指数而言，在黑河中游，能量为主控因素，而在下游，降水成为主控因素。但在特定土地利用类型上，尤其是下游的农田，地下水埋深的影响会体现出来。

# 第 11 章 地表水-地下水联合灌溉优化研究

地表水和地下水是不可分割的统一整体，在水资源利用与管理中须进行合理统筹。从第 10 章的水平衡分析可见，内陆河流域地表水-地下水交互作用强烈，转换频繁。因此，充分利用地表水-地下水相互转化的特征，优化地表水与地下水的联合使用，对内陆河流域水资源可持续利用十分关键。如本书第 9 章介绍，张掖盆地是黑河流域人类活动最集中的地方，有大量的绿洲农业灌溉，具有频繁、强烈的地表水-地下水交互。因此，张掖盆地是开展地表水-地下水联合灌溉优化研究的理想单元。

本章以张掖盆地为例，通过生态水文耦合模拟与代理建模优化（surrogate-based optimization）算法的结合，定量探讨内陆河流域地表水-地下水联合灌溉的优化策略及其背后的水文学机理。11.2 节介绍专为生态水文耦合模型设计开发的代理建模优化算法 SOIM（Surrogate-based Optimization for Integrated surface water-groundwater Modeling），集成 GSFLOW（同第 9 章，本章使用早期 HEIFLOW 版本，故仍以 GSFLOW 称之）与 SOIM 进行张掖盆地地表水-地下水联合灌溉配比空间优化（Wu et al.，2015）的研究，以及耦合经典代理建模优化算法 DYCORS（DYnamic COordinate search using Response Surface models）与 GSFLOW 进行张掖盆地地表水-地下水联合灌溉配比时间优化的研究（Wu et al.，2016）。通过地表水-地下水联合灌溉优化的研究，本章将剖析黑河中下游社会经济与生态之间的用水矛盾，揭示中游地区提升用水效率的“地下水库蓄水”和“坎儿井输水”机制，探讨缓解用水矛盾的路径。本章所介绍的研究成果对我国干旱半干旱内陆地区水资源管理具有重要参考价值。

## 11.1 张掖盆地的农业灌溉

张掖盆地内人工渠系分布广泛，已经遍及所有的耕地。2000 ~ 2008 年平均地表水引用量每年达到 15.8 亿 $m^3$，占到灌溉用水量的 82%。其余灌溉用水为深层或浅层地下水。盆地内有平原型中型水库 9 座，设计库容共 2537 万 $m^3$，有效库容 2213 万 $m^3$；小型水库 3 座，设计库容共 219 万 $m^3$，有效库容 108 万 $m^3$（冯婧，2014）。水库主要起到短时间调蓄的作用，由于其总库容较小，对黑河的水文循环影响很小。张掖盆地共有 20 个主要灌区，各灌区的编号和空间分布如图 9-2 所示。

张掖盆地的农业灌溉不但是当地社会经济发展的基石，还关系到黑河中游生态环境与下游生态环境之间的权衡取舍，合理规划张掖盆地的灌溉用水是当地乃至整个黑河流域可持续发展的关键之一。黑河流域“97”分水方案虽然已经对下游的生态恢复发挥了积极的作用，但其对张掖盆地地表水灌溉的刚性约束也饱受争议，所引起的盆地内地下水位下降、湿地萎缩等问题不容忽视。如何在现有分水方案约束下实现流域尺度的节水，合理平衡生态与农业的关系、中游与下游的关系？现有分水方案是否需要改进，以及如何改进？这些问题都急需科学的回答。

## 11.2 代理建模优化算法

生态水文耦合模型对流域过程有全面、细致的刻画，可为流域系统行为解析和综合管理提供科学支撑。但此类模型的计算成本十分高昂，以黑河中下游 HEIFLOW 模型为例，运行 17 年模拟所需的 CPU 时间约为 8 h。优化是科研和工程实践中常用的分析手段，启发式（heuristic）算法是最为通用的一类优化算法，需要评估成千上万个备选点才能得到最终优化结果。由于计算资源所限，复杂生态水文耦合模型通常情况下很难被用于评估启发式优化算法中数量巨大的备选点，难以在科研和工程实践中充分发挥作用。代理建模优化是突破此技术瓶颈的一种有效方法，即在优化过程中利用简单的数学形式替代原始复杂模型，对全部或部分的备选点进行评估，从而在数量级地减少优化计算成本的同时发挥复杂模型的过程解释功能。以下简要介绍经典代理建模优化算法 DYCORS 和专为生态水文耦合模型设计开发的代理建模优化算法 SOIM，两者均成功应用于黑河流域生态水文研究。

### 11.2.1 DYCORS

2013 年 Regis 和 Shoemaker 提出的 DYCORS 是代理建模优化的代表性算法（Regis and Shoemaker，2013）。DYCORS 采用动态联合搜索（dynamic coordinate search）的策略，并利用响应面（response surface）（通常用径向基函数，radial basis functions，RBFs）替代复杂模型进行备选点的生成与评估，较好地平衡了全局搜索和局部搜索之间的关系，从而使搜索效率更高。DYCORS 在经典目标函数（如 Ackley 函数、Rastrigin 函数、Griewank 函数等）优化中的表现明显优于遗传算法，数量级地缩减全局优化需要的时间成本。DYCORS 的良好表现已在水文水资源领域得到了证明（Espinet et al.，2013；Li et al.，2015），但在黑河研究之前，尚未被用于 GSFLOW 这种复杂程度的模型。

DYCORS 算法的一般性框架和关键输入参数如下：①目标函数 $f(\boldsymbol{x})$。决策变量 $\boldsymbol{x}$ 为 $d$ 维向量，定义在实空间的闭子集上，定义域 $\mathcal{D}=[a,\ b]^d\subseteq\mathcal{R}^d$。②目标函数的最大计算次数 $N_{\max}$。③初始备选点个数 $n_0$ 以及值域为［0，1］的减函数 $\varphi(n)$，$n$ 为整数且 $n_0\leqslant n\leqslant N_{\max}$。④初始变异参数 $\sigma_{\text{init}}$ 与最小变异参数 $\sigma_{\min}$。⑤每次迭代尝试的备选点个数 $k$。⑥一个响应曲面作为代理模型，常用 RBFs。⑦初始备选点 $\mathcal{I}=\{\boldsymbol{x}_1,\ \boldsymbol{x}_2,\ \cdots,\ \boldsymbol{x}_{n_0}\}$。⑧失败搜索预警迭代数 $T_{\text{fail}}$。

算法核心步骤如下（Regis and Shoemaker，2013）。

步骤 1：（计算初始备选点对应的目标函数值）对所有的 $i=\{1,\ \cdots,\ n_0\}$ 计算 $f(\boldsymbol{x}_i)$。置 $n=n_0$，令点集 $\mathcal{A}_n=\mathcal{I}$。令 $\boldsymbol{x}_{\text{best}}$ 为初始 $n_0$ 中目标函数值最小的点，$f_{\text{best}}$ 为对应的目标函数的值。

步骤 2：（初始化步长）令 $\sigma_n=\sigma_{\text{init}}$，$C_{\text{fail}}=0$，$C_{\text{success}}=0$。$\sigma_n$ 为变异时高斯分布的标准差；$C_{\text{fail}}$为“连续失败搜索”次数，$C_{\text{success}}$为“连续成功搜索”次数。

步骤 3：（迭代）当终止条件不满足时（即 $n<N_{\max}$）进行如下循环。

步骤 3.1：基于已计算目标函数的备选点集及对应的目标函数值，更新响应面。新的响应面使用了之前所有的目标函数结果，即点对集 $\mathcal{B}_n=\{(\boldsymbol{x},f(\boldsymbol{x})):\boldsymbol{x}\in\mathcal{A}_n\}=\{(\boldsymbol{x}_i,f(\boldsymbol{x}_i)):i=1,\cdots,n\}$。

步骤 3.2：计算变异概率 $p=\varphi(n)$。

步骤 3.3：产生新的备选点。对于 $j=1$，…，$k$，按以下步骤选择 $z_{n,k}$，生成 $\Omega_n=\{z_{n,1},\ \cdots,\ z_{n,k}\}$。

步骤 3.3.1：选择变异的维度。生成独立在［0，1］上均匀分布的随机数 $\omega_1$，…，$\omega_k$。令集合 $I=\{i:\omega_i<p\}$。若 $I$ 为空集，在 1 ~ $k$ 中等概率随机选择一个整数作为集合 $I$ 的唯一元素。

步骤 3.3.2：生成。令 $z_{n,j}=\boldsymbol{x}_{\text{best}}+\boldsymbol{z}$。$z$ 为一个 $d$ 维向量，其在步骤 3.3.1 中选定的维度上进行变异。即对于 $i\notin I$，$z^{(i)}=0$；而对 $i\in I$，$z^{(i)}$为一个白噪声，服从期望为 0，标准差为 $\sigma_n$ 的高斯分布。

步骤 3.3.3：检查生成的备选点是否在定义域内。若 $z_{n,j}\notin\mathcal{D}$，则取其关于 $D$ 的边界的对称点置换原 $z_{n,j}$。

步骤 3.4：根据 $\Omega_n$，$\mathcal{B}_n$ 与 $s_n(\boldsymbol{x})$ 选择该次迭代中计算原函数的点 $\boldsymbol{x}_{n+1}$。该步骤细节见文献 Regis 和 Shoemaker（2007）中详述。

步骤 3.5：计算 $f(\boldsymbol{x}_{n+1})$。

步骤 3.6：若 $f(\boldsymbol{x}_{n+1})<f_{\text{best}}$，则该步迭代“成功”搜索到更好的备选点。令 $C_{\text{success}}=C_{\text{success}}+1$，$C_{\text{fail}}=0$；否则，则该步骤迭代搜索失败。令 $C_{\text{fail}}=C_{\text{fail}}+1$。

步骤 3.7：基于 $\sigma_n$、$C_{\text{success}}$、$C_{\text{fail}}$与 $T_{\text{fail}}$更新下一步的参数，即生成 $\sigma_{n+1}$。

步骤 3.8：更新最优点。若 $f(\boldsymbol{x}_{n+1})<f_{\text{best}}$，则令 $\boldsymbol{x}_{\text{best}}=\boldsymbol{x}_{n+1}$，$f_{\text{best}}=f(x_{n+1})$。

步骤 3.9：更新点集信息。令 $\mathcal{A}_n=\mathcal{A}_n\cup\{\boldsymbol{x}_{n+1}\}$，$n=n+1$。

步骤 4：返回 $\boldsymbol{x}_{\text{best}}$与 $f_{\text{best}}$。

## 11.2.2 SOIM

SOIM 是黑河研究中专为复杂生态水文耦合模型设计的代理建模优化算法（Wu et al.，2015），其计算流程如图 11-1 所示，关键步骤如下。

**（1）选择 N 个初始备选点训练替代模型**

生成 $N$ 个决策变量（即需要优化的模型参数或输入变量）的实现（realization）作为初始的备选点来训练替代模型。使用 LHS 方法（Mckay et al.，1979；Stein，1987）进行采样，以使备选点合理覆盖整个决策变量空间。初始备选点数量 $N$ 的大小与原始模型的非线性程度相关，原始模型的非线性程度越高，需要越大的 $N$。考虑到计算成本，$N$ 的值也不宜取得过大，实际应用中须权衡可用的计算资源来确定一个合理的 $N$ 值。

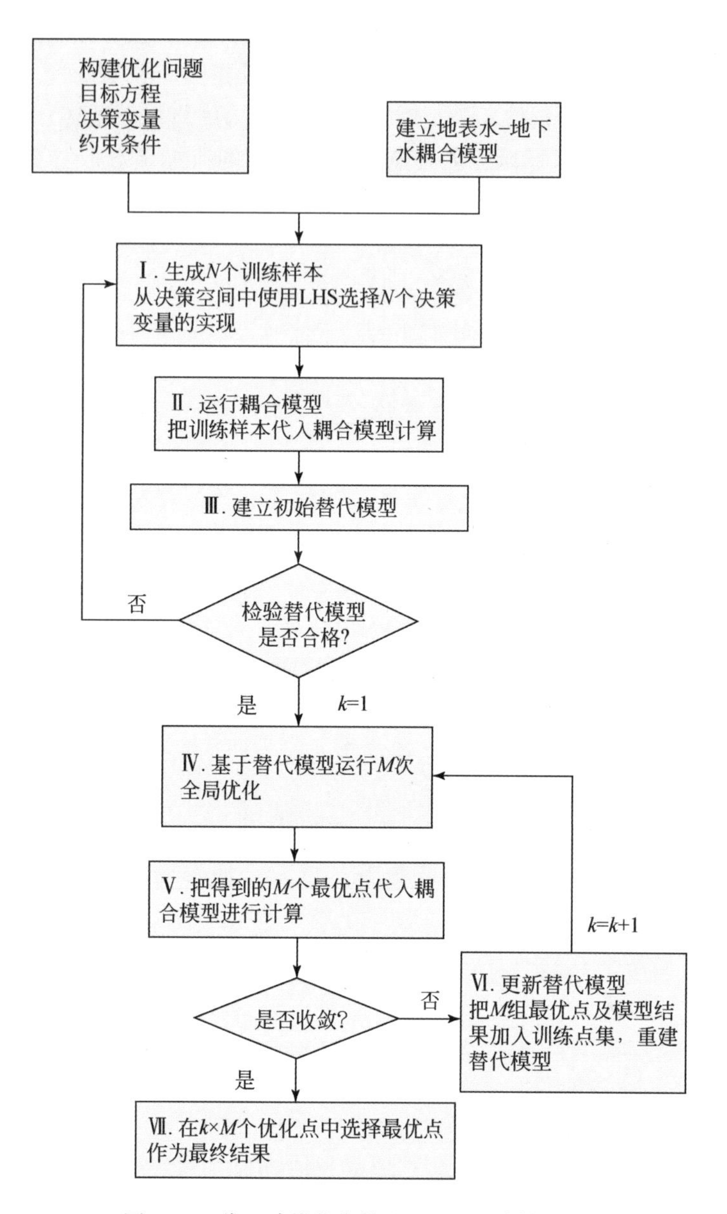


图 11-1　代理建模优化算法 SOIM 的计算框架

**（2）运行耦合模型**

把生成的训练样本（即 $N$ 个初始备选点）代入耦合模型中运行，模型结果用于计算优化问题的目标函数和约束条件。为叙述方便，下文中将所有的训练样本及其对应的目标函数值和约束条件值称为备选点集。

**（3）建立初始替代模型**

生态水文耦合模型可有一系列的输出变量。对每一个优化所需的输出变量（可能出现在目标函数或约束条件中），建立其与决策变量之间的响应面，作为原始模型的替代模型。

选择何种数学形式的替代模型对于优化效果和效率十分关键。建立初始替代模型后，随机采样检验替代模型的表现，如果替代效果不好，则增加初始样本量，重建模型。

**（4）基于替代模型进行全局优化**

复杂的优化问题通常为非线性，故这一步需要采用高效的启发式全局优化算法进行搜索。由于启发式算法具有随机性，可使用不同的随机数种子重复进行 $M$ 次独立搜索，产生 $M$ 个最优点作为备选点。$M$ 的值不宜过大，一般小于 10 即可。本步优化基于替代模型完成，所需的计算时间很短。

**（5）计算 *M* 个备选点的模型计算值**

将产生的 $M$ 个备选点代入耦合模型，计算目标函数和约束条件，然后进行收敛性判断，决定是否更新替代模型。共考虑三个判断条件：第一，$M$ 个备选点的耦合模型计算值是否收敛于一个小区间中，具体做法是判断 $M$ 个模型计算值与它们中心点之间的距离是否小于一个阈值 $e_1$；第二，$M$ 个备选点的替代模型计算值和相应的耦合模型计算值之差是否小于一个阈值 $e_2$；第三，迭代总数目 $k$ 是否大于预设的最大迭代次数 $T$。若前两个条件同时满足，或第三个条件满足，则停止迭代，进入步骤（7）；否则进入步骤（6），开始迭代。

**（6）更新替代模型**

把 $M$ 个备选点及其耦合模型计算值加入备选点集，重新建立替代模型。初始的替代模型虽然总体来看效果较好（因为有初步验证），但在决策变量取值空间的一些局部区域仍会存在显著误差。此更新步骤是为了确保在可能的最优点附近，替代模型的模拟是较为准确的。如果 $M$ 个点的收敛性较好（决策变量集中于某一区间），更新替代模型时可以只新增该区间附近的点，以避免效果很差的备选点产生干扰。

**（7）确定最终结果**

选择 $k$　$M$ 个备选点中的最优点作为最终结果，$k$ 为迭代次数。

在黑河研究中，步骤（3）中替代模型的数学形式选用支持向量机（support vector machine，SVM）。SVM 是代表性的小样本机器学习算法，对于非线性模型有很好的适用性，已在生态环境领域得到广泛应用（Liong and Sivapragasam，2002；Guo et al.，2005；Zhang et al.，2009）。SVM 对于样本的选择没有特殊的要求，所以在步骤（6）的迭代过程中能任意添加样本量来改善响应面的拟合效果。步骤（4）中的启发式全局优化算法则选用 SCE-UA（shuffled complex evolution），该算法是水文领域应用最广的优化算法，其效果已经过大量验证（Duan et al.，1992；Dakhlaoui et al.，2012；Khakbaz et al.，2012）。关于 SVM 和 SCE-UA，均有大量的文献介绍，感兴趣的读者可从文献中了解两者的技术细节。需要指出的是，虽然推荐使用 SVM 和 SCE-UA 作为 SOIM 的算法组成，但 SOIM 允许采用任何类别的替代模型和启发式算法。对于不同的流域问题，可以通过预先测试来选定最合适的替代模型和搜索算法。

传统的基于代理建模的优化算法分为直接应用（batch approaches）和自适应（adaptive approaches）两种类型。第一种方法建立替代模型后不再更新，直接用于优化，因此要求替代模型十分精确，需要大量、全面的样本来训练替代模型。第二种方法在开始时使用小样本训练替代模型，在优化过程中根据需要逐渐完善替代模型。SOIM 算法介于这两种方法之间，其需要初始模型相对准确，但又不要求像第一种方法那样建立完美的替代模型，同时 SOIM 也有更新替代模型这一步骤。所以 SOIM 兼有两种思路的优点。收敛性判断这一步骤是 SOIM 的创新，据我们所知，之前的所有基于代理建模的优化方法都没有这一步骤。这一步骤保证了替代模型与耦合模型结果的一致性，搜索结果不会由于代理模型的误差产生错误，同时确保算法在合适的时机停止搜索，防止浪费计算时间。

除了收敛性判断外，SOIM 相比传统方法的优势还体现在：首先，较之直接应用法，SOIM 算法更节省时间，而且结果更为可靠。原因在于直接应用法计算了大量表现差的点，而且最后无法保证替代模型与原模型在最优点一致。其次，较之自适应法，SOIM 算法更适合同一复杂模型用于一批优化问题的情况。由于 SOIM 初始替代模型更完善，这些初始点在不同优化问题（使用了同一复杂模型）中可以重复利用，从而节省总计算时间。

## 11.3 张掖盆地灌溉用水配比的空间优化

### 11.3.1 空间优化问题的数学表述

农业是张掖盆地的主要产业，并且当地人口正在不断上升，短时间内灌溉用水需求很难减少。在黑河“97”分水方案实施后的前 10 年，政府对地下水的抽用监管力度很小，所以农户在地表水使用受限的情况下开始大量开采地下水用于灌溉。地下水灌溉比地表水灌溉的用水效率更高，因为地下水抽到地表后就近灌入农田，而地表水要通过很长的引水渠道才能到达农田。张掖盆地的引水渠道系统建立时间很早，很多的渠道并没有进行衬砌，比较接近天然河道。为了使渠道水能在重力作用下自行流动，很多渠道直接从海拔较高的河段进行引水，然后经过长距离输送引入灌区。有些渠道长度甚至超过 50 km。在输水过程中会损失掉很多水，这些水或是蒸发，或是入渗，到达田间的水量只有 50% 左右。用地下水代替地表水可以减少无效蒸发（即输水过程中的蒸发），因此，在不改变灌溉需求总量的前提下对灌区地下水使用比例进行优化理论上可以实现流域尺度上的节水。

本节介绍如何应用 GSFLOW 模型和代理建模优化算法进行地下水使用比例的空间优化。空间优化问题的决策变量（$\boldsymbol{X}$）为每个灌区地下水灌溉占总灌溉用水的百分比。根据图 9-2，可设 $\boldsymbol{X}$ 为一个 18 维的向量，$\boldsymbol{X}$ 的每个分量分别代表每个灌区的地下水使用比例。19 号和 20 号灌区由于地下水埋深过大，基本不使用地下水，而且这两个灌区不受黑河“97”分水方案的管制，所以在优化中不考虑这两个灌区。为了简化分析，暂不考虑 $\boldsymbol{X}$ 随时间的变化。第 $i$ 个灌区第 $t$ 天的地下水开采量 $G_{i,t}$ 和地表水引水量 $D_{i,t}$ 可以表示为

$$G_{i,t}=F_{i,t}\times x_i \tag{11-1}$$

$$D_{i,t}=\frac{F_{i,t}\times(1-x_i)}{r_i} \tag{11-2}$$

式中，$F_{i,t}$ 为灌溉需求，表示实际田间所需要的水量；$x_i$ 为第 $i$ 个灌区的地下水使用比例；

$r_i$为渠系利用系数，等于通过渠系引水到达田间的水量除以渠首的引水量，假设其不随时间变化。式（11-1）还隐含一个假设，即地下水利用效率为 1。$G_{i,t}$和 $D_{i,t}$随着 $X$ 的变化而变化，$F_{i,t}$和 $r_i$是事先给定的值，在优化过程中保持不变。$r_i$的值是从张掖市水务局的资料中提取的，$F_{i,t}$的值通过历史数据推求：

$$F_{i,t}=D_{i,t}^{*}\cdot r_i+G_{i,t}^{*} \tag{11-3}$$

式中，$D_{i,t}^{*}$和 $G_{i,t}^{*}$分别为实际的地表水引水量和地下水抽用量。我们假设在现实中灌溉需求恰好得到满足。

在优化中考虑两个模型输出变量：正义峡总流量（$R$）和区域地下水储量变化量（$\Delta S$）。总流量为每日流量的加和，储量变化量为年末地下水储量减去年初地下水储量。$\Delta S$ 负值表示地下水储量减少，正值表示地下水储量增加。

共设计了两种类型的优化问题（记为类型 A 和 B）。A 类型的优化目标是最大化 $R$，以 $\Delta S$ 为约束；B 类型的优化目标为最大化 $\Delta S$，约束为 $R$。此外增加一个约束条件，即引水量小于河道流量。

A 类型的优化问题可以表示为

$$\begin{aligned}&\underset{X}{\mathrm{Max}}\quad R(\boldsymbol{X})\\&\mathrm{s.\,t.}\begin{cases}\Delta S\geqslant S_{\mathrm{f}}\\Q_{j,m}\geqslant D_{j,m}\end{cases}\end{aligned} \tag{11-4}$$

式中，$S_{\mathrm{f}}$ 为事先设定的最小地下水储量变化量，通常为负值，即设定一个地下水减少速度的最大值；$Q_{j,m}$为第 $j$ 个引水口在第 $m$ 个月引水前的流量。

B 类型的优化问题可以表示为

$$\begin{aligned}&\underset{X}{\mathrm{Max}}\quad \Delta S(\boldsymbol{X})\\&\mathrm{s.\,t.}\begin{cases}R\geqslant R_{\mathrm{f}}\\Q_{j,m}\geqslant D_{j,m}\end{cases}\end{aligned} \tag{11-5}$$

式中，$R_{\mathrm{f}}$为事先设定的正义峡最小流量。B 类型的问题模拟了目前张掖盆地的水资源管理机制，即设定流量的下限。

解决有约束优化问题的一个方法是设置惩罚函数，把约束转化为目标方程的一部分，把优化问题转化为无约束优化问题。

A 类型的目标方程变为

$$h(\boldsymbol{X})=R(\boldsymbol{X})+P(\Delta S)+\sum_{j}\sum_{m}P(D_{j,m}) \tag{11-6}$$

式中，$P(\Delta S)$ 和 $P(D_{j,m})$ 为惩罚函数，它们的表达式如下：

$$P(\Delta S)=\begin{cases}0 & \Delta S\geqslant S_{\mathrm{f}}\\(R_{\max}-R_{\min})\cdot(\Delta S-S_{\mathrm{f}}) & \Delta S<S_{\mathrm{f}}\end{cases} \tag{11-7}$$

$$P(D_{j,m})=\begin{cases}0 & Q_{j,m}\geqslant D_{j,m}\\(\Delta S_{\max}-\Delta S_{\min})\cdot(Q_{j,m}-D_{j,m}) & Q_{j,m}<D_{j,m}\end{cases} \tag{11-8}$$

式中，$R_{max}$和$R_{min}$为初始备选点集中计算的最大流量和最小流量；$\Delta S_{max}$和$\Delta S_{min}$为初始备选点集中计算的最大储量变化量和最小储量变化量。

B类型的目标方程变为

$$h(X)=\Delta S(X)+P(R)+\sum_{j}\sum_{m}P(D_{j,m}) \tag{11-9}$$

式中，$P(R)$ 为惩罚函数，它的表达式如下：

$$P(R)=\begin{cases}0 & R\geqslant R_{\mathrm{f}}\\(\Delta S_{max}-\Delta S_{min})\cdot(R-R_{\mathrm{f}}) & R<R_{\mathrm{f}}\end{cases} \tag{11-10}$$

在惩罚函数中我们使用（$R_{max}-R_{min}$）和（$\Delta S_{max}-\Delta S_{min}$）作为乘子，一方面是为了保证惩罚函数之间的数量级一致，另一方面是为了使惩罚力度加大。如果约束得不到满足，那么惩罚函数是一个绝对值很大的负数，由于目标是最大化目标函数，这样的结果肯定会被抛弃。这样可以确保得到的结果一定是满足约束的。

A类型的优化问题更侧重于关注张掖盆地的生态环境问题，而B类型的优化问题则更侧重于关注下游的生态环境问题。

## 11.3.2 数值实验

### 1. SOIM算法参数

SOIM的计算速度和表现与算法本身的参数设置有关。在计算中，初始备选点的数目定为200次，即$N=200$。另外为了检验SVM替代模型的效果，额外增加了100个随机产生的检验点。在张掖盆地研究中，200个备选点足以保证替代模型的有效性，计算量也在可以接受的范围内。SVM的核函数选择了径向基函数（Burges，1998）：

$$\varphi(x^*,x_i)=\exp(-\gamma\cdot|x^*-x_i|^2) \tag{11-11}$$

式中，$x^*$为需要计算的目标点；$x_i$为第$i$个备选点。两个类型的优化问题需要的替代函数是相同的，区别在于哪个是目标，哪个是约束。SVM的MATLAB程序使用Fan等（2005）提供的公开代码。SVM的参数中最敏感的是$\gamma$，所以主要调整$\gamma$的值使得SVM的替代效果最好。调整方式是把$\gamma$以0.01为间隔取遍0～1的值，试验得出SVM表现最好的值。每次更新SVM模型都要优化一遍$\gamma$的值。其他SVM的参数保持默认值。相比于耦合模型的运行时间，这个优化过程所耗费的时间是微不足道的。

SOIM计算框架的步骤4中SCE-UA重复次数定为10次，即$M=10$。SCE-UA的MATLAB程序使用Duan等（1992）提供的公开代码。SCE-UA中的计算次数上限定为一万次，其他参数为代码的默认值。

在检验收敛性的步骤中，三个阈值定为$e_1=1\quad 10^6\ \mathrm{m}^3$，$e_2=1\quad 10^6\ \mathrm{m}^3$以及$T=10$。$e_1$和$e_2$的值看起来很大，但是和$R$与$\Delta S$的数量级（$10^8\sim10^9\ \mathrm{m}^3$）相比仍然是小量。在一次优化中，GSFLOW模型最多运行300次（$N+M\quad T$），充分体现了算法的高效性。

### 2. 优化情景

我们一共设计了 5 种优化情景，其中两种属于 A 类型，三种属于 B 类型。数值实验设计如表 11-1 所示。情景 A1 的约束为 $\Delta S>0$，即地下水储量不能减少。情景 A1 代表了一种对中游地下水严格保护的情景。情景 A2 的约束为 $\Delta S>-0.15$  $10^9$ m$^3$，代表地下水储量缓慢减少的情景。每年 1.5 亿 m$^3$ 的减少量相当于 2000～2008 年实际的地下水下降速度的中位值。

**表 11-1　数值实验设计**

<table>
<tr><th colspan="2" rowspan="2">流量条件</th><th colspan="2" rowspan="2">实际情况<br>/$10^9$ m$^3$</th><th colspan="5">约束/$10^9$ m$^3$</th></tr>
<tr><th colspan="2">A 类型<br>（目标：最大化 $R$）</th><th colspan="3">B 类型<br>（目标：最大化 $\Delta S$）</th></tr>
<tr><th>水平年</th><th>用水压力/%</th><th>$R$</th><th>$\Delta S$</th><th>情景 A1<br>储量不减少</th><th>情景 A2<br>储量缓慢减少</th><th>情景 B1<br>流量不减少</th><th>情景 B2<br>平水年约束</th><th>情景 B3<br>分水曲线约束</th></tr>
<tr><td>2000</td><td>35</td><td>0.717</td><td>-0.143</td><td rowspan="9">$\Delta S>0$</td><td rowspan="9">$\Delta S>-0.15$</td><td>$R>0.717$</td><td rowspan="9">$R>0.95$</td><td>$R>0.818$</td></tr>
<tr><td>2001</td><td>47</td><td>0.69</td><td>-0.391</td><td>$R>0.69$</td><td>$R>0.640$</td></tr>
<tr><td>2002</td><td>35</td><td>0.967</td><td>-0.248</td><td>$R>0.967$</td><td>$R>0.992$</td></tr>
<tr><td>2003</td><td>27</td><td>1.192</td><td>-0.024</td><td>$R>1.192$</td><td>$R>1.310$</td></tr>
<tr><td>2004</td><td>35</td><td>0.819</td><td>-0.156</td><td>$R>0.819$</td><td>$R>0.871$</td></tr>
<tr><td>2005</td><td>32</td><td>0.985</td><td>-0.104</td><td>$R>0.985$</td><td>$R>1.220$</td></tr>
<tr><td>2006</td><td>30</td><td>1.104</td><td>-0.139</td><td>$R>1.104$</td><td>$R>1.216$</td></tr>
<tr><td>2007</td><td>25</td><td>1.186</td><td>0.083</td><td>$R>1.186$</td><td>$R>1.531$</td></tr>
<tr><td>2008</td><td>29</td><td>1.089</td><td>-0.028</td><td>$R>1.089$</td><td>$R>1.363$</td></tr>
</table>

注：用水压力定义为灌溉需水量占区域总水资源的百分比，其中总水资源定义为地表入流量与降水量的和。

情景 B1 的约束是正义峡的流量不比当年实际流量少。情景 B2 的约束是黑河"97"分水方案规定的平水年的下泄量，情景 B3 的约束是根据分水方案插值所得的约束。如前所述，分水方案规定了正义峡下泄量与莺落峡来流量的关系。我们用分水方案规定的 5 个点进行插值得到分水曲线，进而计算出不同水文年要求的下泄量。

对于以上 5 个情景，使用 SOIM 对 2000～2008 年中每一年所代表的水文状况都进行单独的优化，这样做的目的是分析不同水文状况下的优化结果有何区别，共有 45 个优化案例。

### 3. SOIM 与 DYCORS 的对比

选择已经被验证其有效性的 DYCORS 算法（Regis and Shoemaker，2013）作为参考来验证 SOIM 的效率和有效性。为确保对比的公平性，DYCORS 的最大运算次数也设为 300 次。DYCORS 的初始采样数目与决策变量维度相关，对于 $n$ 个决策变量，初始采样数目为 $2n+1$，在此案例中为 37 个。DYCORS 的替代模型主要用于指导选点，所以对初始采样数目要求很小。在总运算次数一定的条件下，增加初始备选点的数目并不一定会显著改善DYCORS的优化结果。

对于表11-1中介绍的45个优化案例，同样使用DYCORS进行优化，并与SOIM的结果进行对比。

### 11.3.3 空间优化结果与讨论

1. SOIM的效率和有效性

图11-2是SVM替代模型与GSFLOW原模型在200个备选点［图11-2（a）~（c）］和100个验证点［图11-2（d）~（f）］的对比。对比说明SVM替代模型的效果非常好。图11-2显示的是3个替代模型的例子，实际上对于45组优化案例我们共建立了990个替代模型，每个年份110个，包括$R$的替代模型1个，$\Delta S$的替代模型1个，$Q_{j,m}$的替代模型108个（9个引水点，12个月）。所有的对比在备选点上的$R^2$都在0.99以上，在验证点上的$R^2$都在0.96以上。

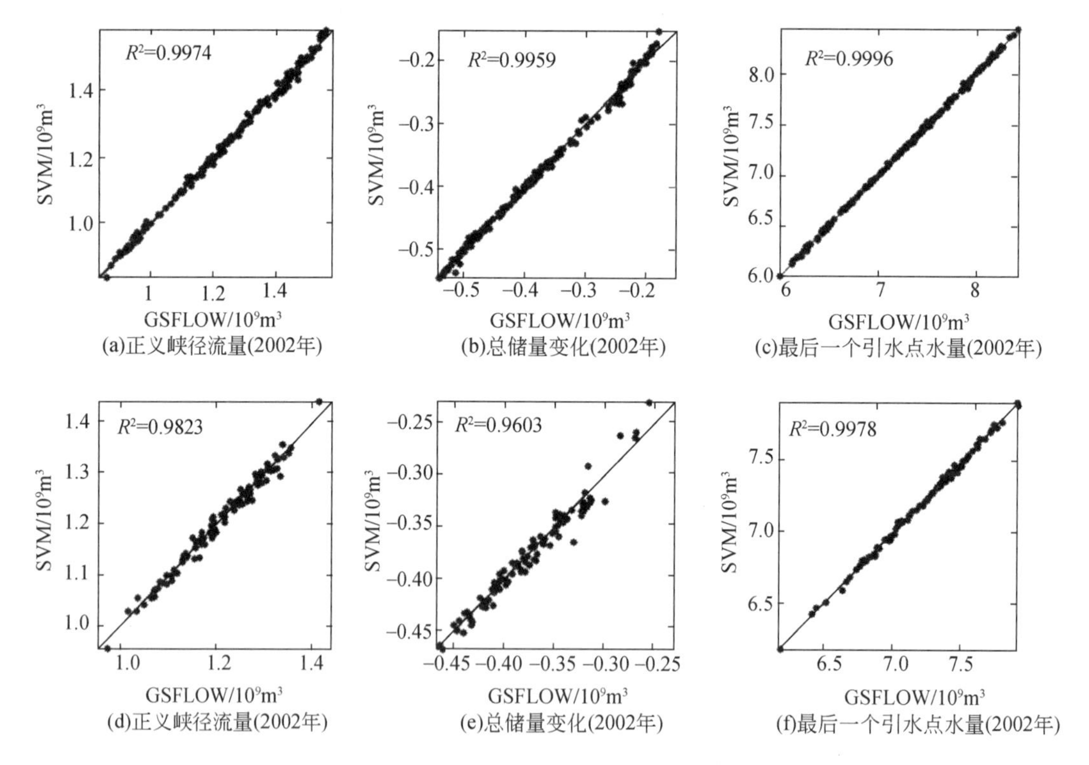


图11-2 SVM替代模型与GSFLOW原模型模拟结果的对比

（a）~（c）200个备选点处的对比；（d）~（f）100个验证点处的对比

图11-3展示了SOIM和DYCORS的搜索进程对比，以情景B1为例。首先，两种算法都对目标方程值有显著提高，说明两种方法都是有效的。在大多数案例中，SOIM的最终结果要优于DYCORS的结果。其次，两种方法的效率都是很高的，在300次GSFLOW运行限制下得到不错的结果，而直接应用SCE-UA对于高维优化问题求解一般需要几千次乃至上万次。其他几个情景的对比都获得了类似的结果。

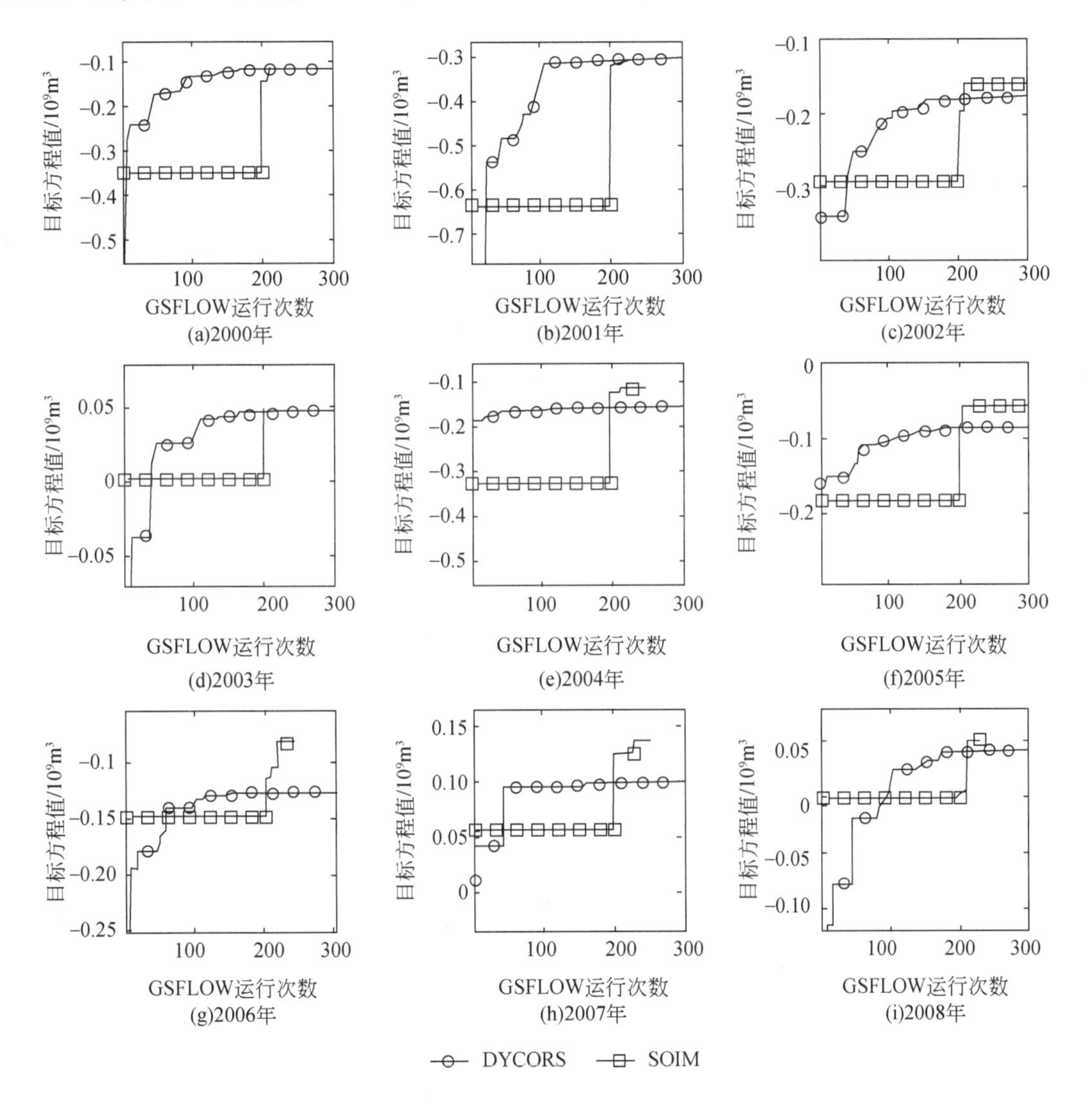


图11-3　SOIM与DYCORS搜索进程对比

SOIM的前200次为初始备选点，为5个情景共用

需要注意的是，SOIM中同一水文年中所有5种情景共享一组初始备选点。因此，平均而言每种情景需要40次初始训练，和DYCORS的37次已经非常接近。虽然DYCORS比SOIM看起来在开始阶段收敛更快，但是实际上SOIM比DYCORS需要的GSFLOW运行次

数要少得多。表 11-2 总结了 45 个案例下 SOIM 运行所需的 GSFLOW 运行次数。加上 100 个验证点，45 个案例共运行了 5120 次 GSFLOW，平均每个案例约 114 次，远少于 DYCORS 的 300 次。如果情景增加，平均运行次数将进一步减少。运行效率随着情景增加而增加是 SOIM 的优势之一。

**表 11-2 45 个 SOIM 案例中 GSFLOW 的运行次数**

| 年份 | 备选点 | 验证点 | 搜索过程 | | | | | 合计 |
|---|---|---|---|---|---|---|---|---|
| | | | 情景 | | | | | |
| | | | A1 | A2 | B1 | B2 | B3 | |
| 2000 | 200 | 100 | 100 | 10 | 20 | 10 | 10 | 450 |
| 2001 | 200 | 100 | 100 | 100 | 10 | 100 | 10 | 620 |
| 2002 | 200 | 100 | 100 | 70 | 100 | 100 | 100 | 770 |
| 2003 | 200 | 100 | 50 | 30 | 10 | 30 | 30 | 450 |
| 2004 | 200 | 100 | 100 | 30 | 40 | 70 | 20 | 560 |
| 2005 | 200 | 100 | 60 | 50 | 100 | 70 | 20 | 600 |
| 2006 | 200 | 100 | 20 | 10 | 40 | 50 | 10 | 430 |
| 2007 | 200 | 100 | 100 | 100 | 50 | 40 | 100 | 690 |
| 2008 | 200 | 100 | 70 | 100 | 30 | 20 | 30 | 550 |
| 合计 | 1800 | 900 | 700 | 500 | 400 | 490 | 330 | 5120 |

地表水-地下水耦合模型的计算量一般很大，从几小时到几天都有可能。这样的模型单纯使用启发式算法来进行搜索耗时是很长的。我们的耦合模型在主频 4.4 GHz 的 CPU 上模拟一年的时间是 5min，而 SCE-UA 的搜索次数一般是几千次，这样一次优化的时间需要十几天。如果没有像 SOIM 或 DYCORS 这样的基于替代模型的方法，优化时长是难以承受的。

2. SOIM 的优化结果

图 11-4 展示了情景 A1（地下水不减少）下的 2000 ~ 2008 年优化结果。黑点表示最终的优化结果（即最终解），星号表示初始状态（即真实情况）。在 2000 ~ 2008 年的优化中黑点的位置都离星号的位置很远，可见真实情况与优化结果的差距很远，说明优化是有用的。灰色点表示初始的备选点（即初始训练集，此处仅展示了优化点和初始点附近的区域，并没有展示出所有的备选点位置），灰色圆圈表示在迭代过程中新增加的备选点（即增加的备选点）。灰色圆圈都位于优化点附近，远离初始点，这显示出迭代运算的重要性。图中的箭头表示优化方向。

2000 ~ 2002 年、2004 ~ 2006 年由于地下水减少量非常大，$\Delta S$ 远小于 0，为满足地下水变化的约束，图 11-4 中这几年的优化方向为左上方。表 11-1 中的用水压力（灌溉需水

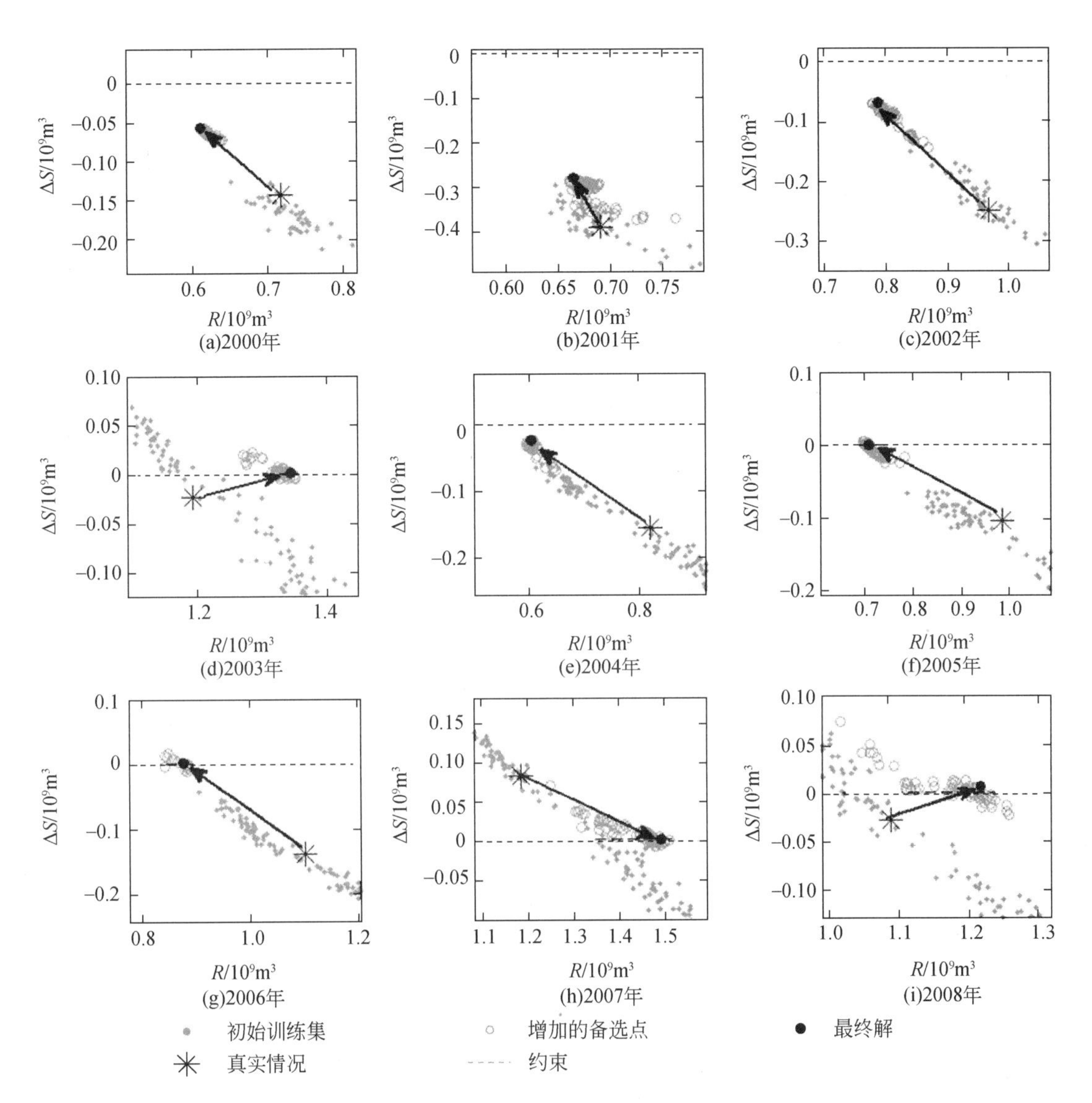


图 11-4　SOIM 优化结果（情景为 A1）

图中 $\Delta S$ 为区域地下水储量变化量，$R$ 为正义峡总流量

量占地表入流量与降水量之和的百分比）在这几年是最大的。对于用水压力大的年份，地表径流和地下水储量之间的矛盾也很大。2000 年、2001 年、2002 年、2004 年即使所有的抽水都停止，地下水仍然会减少。

2007 年代表非常湿润的年份，该年的地下水可以得到充分的补充，所以优化方向为右下方。这表示该年的地下水资源量充足，可以增加地下水的抽用量来代替地表水的用量。

2003 年和 2008 年介于上面两种情况之间，属于适中年份。在这些年份的优化方向为右上方，即通过优化既可以增加地下水储量，也可以增加地表径流量。从以上三种状况中可以发现，湿润年份的优化空间大于干旱年份的优化空间，这也符合常理。

与图 11-4 类似，图 11-5 展示了情景 B1（流量不减少）的情况。在情景 B1 中，所有年份的流量约束（虚线）均能得到满足，所有的优化点都比现状点的储量多。

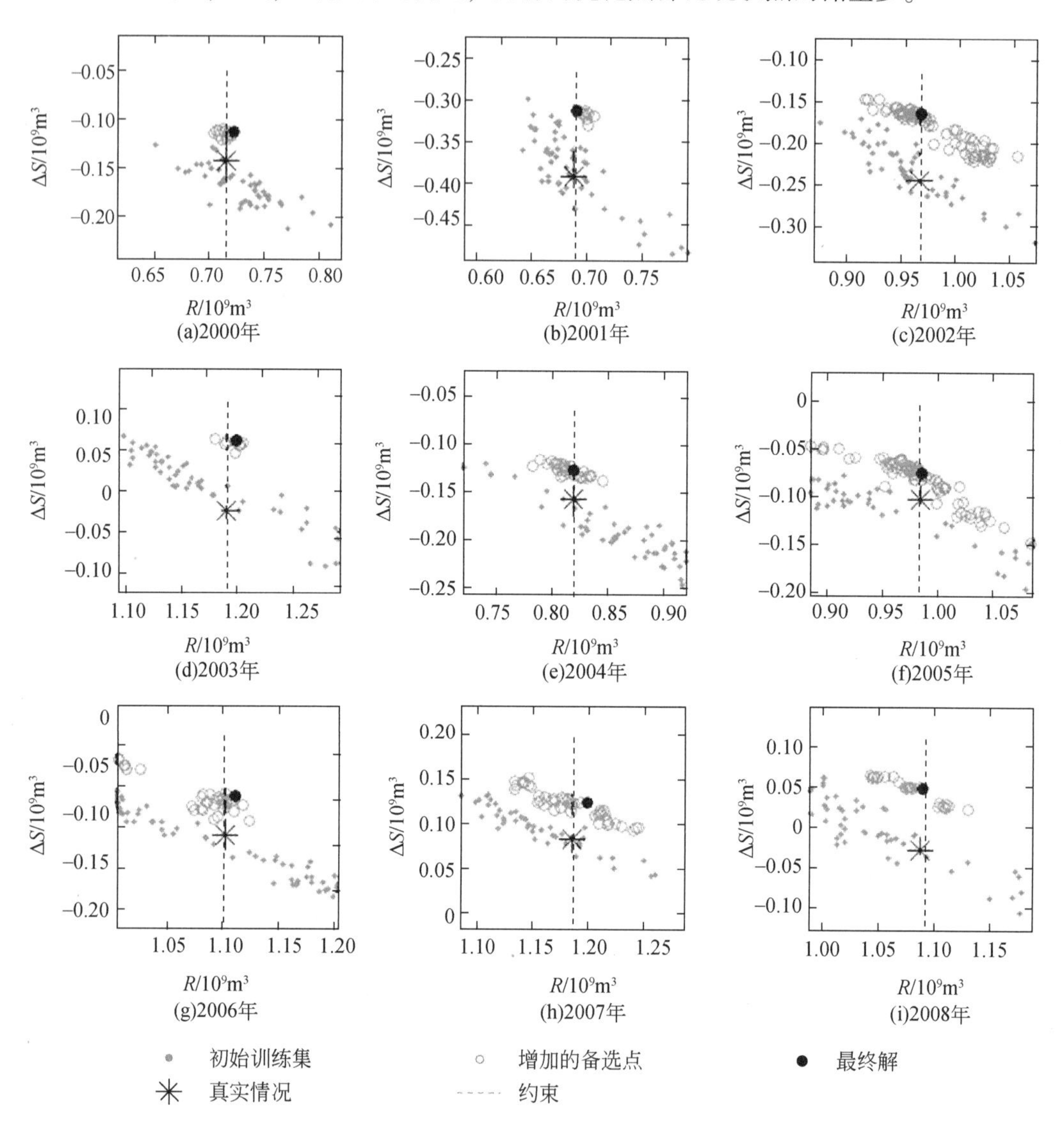


图 11-5　SOIM 优化结果（情景为 B1）

图中 ΔS 为区域地下水储量变化量，R 为正义峡总流量

3. 地下水使用比例的空间规律

图 11-6 比较了优化前后地下水使用比例的分布，优化情景为 B1，年份为 2002 年。2002 年的来流量处于 2000 ~ 2008 年的平均水平，因此选择该年份为代表分析地下水使用比例的分布规律。图 11-7（a）表示实际地下水使用比例，（b）表示优化后的地下水使用比例，（c）表示优化后的地下水使用比例与实际地下水使用比例之差，（d）显示了模型

模拟的地下水排泄区（地下水补给地表水）与补给区（地表水补给地下水）的分布。对照（a)、(d）可以看出，实际情况下，地下水补给区使用地下水更多，地下水排泄区使用地表水更多。这是因为地下水补给区或是海拔较高（1 号、2 号、17 号灌区），或是离河较远（10 号灌区），所以河道引水很难进行。对照（b)、（c）则可以看出，优化结果建议削减大多数地下水补给区的地下水使用比例，增加了大多数地下水排泄区的地下水使用比例。这种结果的原因在于地下水排泄区的埋深较浅，与地表水的交互十分频繁，在排泄区多使用地下水，地下水的损失可以很快从河道补给回来。另外，补给区到排泄区地下水流动增加可以减少蒸发损失。

值得注意的是，图 11-6 中显示的 A、B 两个区域并没有参与优化，但是这两个区域的地下水储量变化是显著的。这种变化来源于周围区域的地下水流动。局部地下水开采有可

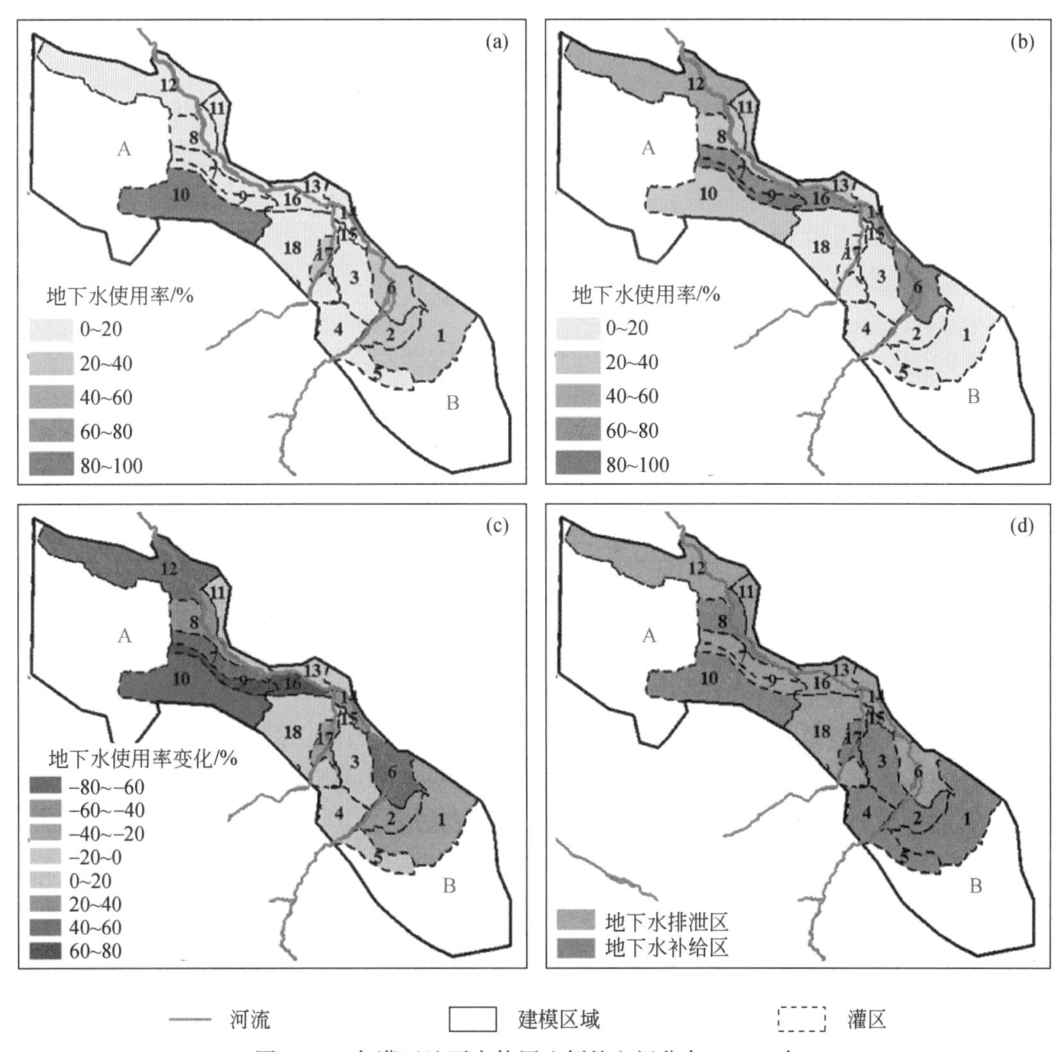


图 11-6　各灌区地下水使用比例的空间分布（2002 年）

(a）实际地下水使用比例；(b）优化后的地下水使用比例（情景 B1)；(c）优化后的地下水使用比例与实际地下水使用比例之差；(d）地下水排泄区与补给区的分布

能影响到周围很大区域。例如，优化的状况下 A 区域的地下水储量是减少的，原因在于 A 区域东侧的地下水排泄区的地下水用量增加了；B 区域的地下水储量是增加的，原因是 B 区域西侧的地下水补给区的地下水用量减少了。

图 11-6（c）中平均地下水使用率的变化是 8%，这表明地下水使用总量增加了，但从图 11-6（c）的结果看，地下水储量增加了 1 亿 $m^3$，增加的地下水储量来源于无效蒸发的减少。原因之一是地下水使用比例增加使得输水损失减少；原因之二是 A 区域及地下水排泄区的地下水位下降，潜水蒸发减少了。理论上，地下水位越高，潜水蒸发越高，但是这种关系在埋深较大的区域是很弱的。所有地下水位上升的区域埋深都在 10 m 以上，水位上升对蒸散发影响很弱；大部分地下水位下降的区域埋深在 10 m 以下，地下水位下降使蒸散发减少。综合来看，蒸散发是减少的。

4. 潜在节水量

图 11-7 是 5 个情景共 45 个优化案例中 ET 变化量和节水量的关系。此处，节水量指由优化带来的潜在水资源节约量，即正义峡总流量与地下水储量之和的变化量 $\Delta(R+S)$，在数值上等于 $\Delta(R+\Delta S)$，因为优化与现状的地下水储量的初始值是相同的。图 11-7 中的两个变量之比总是保持 1∶1 的关系（$R^2=0.9084$），这意味着一单位的 ET 减少量大致可以带来一单位的节水量。这一结论与上一节的结论相吻合，即潜在节水量来源于无效蒸发的减少。之所以不是准确的 1∶1 关系，是因为非饱和带和土壤带的储水量也有一定变化，而我们没有统计这两部分水量。注意，在 A1 和 B2 两个情景下有些点位于虚线 $x=0$ 的左边，表明这些案例优化后不能节水。情景 A1 中不能节水的案例都是比较干旱的年份，

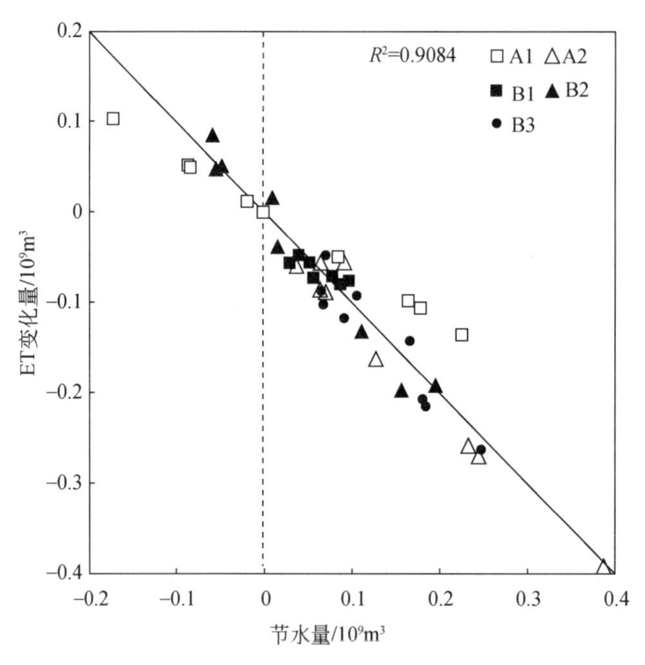


图 11-7　45 个优化案例中 ET 变化量和节水量的关系

这些年份要满足约束条件（地下水不减少）是不可能的，所以只能靠停用地下水来尽量满足约束。而全部使用地表水必然使无效蒸发更大。相反，情景 B2 中不能节水的案例是比较湿润的年份，约束流量大于 9.5 亿 $m^3$ 很容易得到满足，为了使地下水储量最大化，只能多使用地表水，少用地下水，从而使无效蒸发变大。

图 11-8 进一步比较了地表水资源总量和潜在节水量的关系。情景为 B1、B2 和 B3。此处，地表水资源总量定义为张掖盆地地表入流量和本地降水量之和。B1 情景下潜在节水量与地表水资源总量没有明显关系，因为 B1 情景的约束随着年份而变化。B2 情景下的潜在节水量随着地表水资源总量增加而减少，原因如之前所述，地表水资源总量越多，约束相对越宽松，地表水的使用量也就越多，无效蒸发也就越多。值得注意的是 B3 情景，其约束为分水曲线。在图 1-7 中我们已经知道实际正义峡流量与分水曲线规定的流量是有差距的，这个差距在水资源量越多的年份越大。在湿润年份，为了弥补这个非常大的差距，只能多抽地下水来灌溉，这使得无效蒸发减少，节水量也变大。

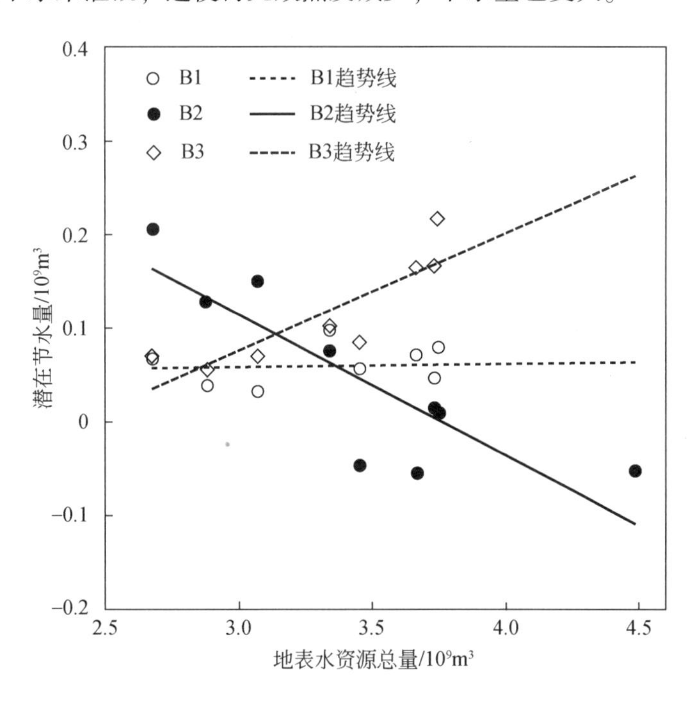


图 11-8　地表水资源总量和潜在节水量的关系

5. 关于分水曲线

分水曲线作为强制性的管理措施已经实行了十几年了，但是关于分水曲线的合理性讨论却一直没有停止。其中一个关键点是分水曲线是否对中游过于严苛，导致下游的生态恢复以中游的生态破坏为代价。当然，调整产业结构，减小中游的灌区规模是一个解决方案，但是近几年下游由于水量增加，一些高耗水的作物（如哈密瓜）种植面积迅速增长。这就涉及上下游的公平问题，社会公平是一个十分重要的问题，政府间气候变化专门委员会（Intergovernmental Panel on Climate Change，IPCC）报告上也有关于社会公平问题的讨论（Field et al.，2014）。同时我们也对分水曲线的合理性进行了一些分析。

图 11-9 对比了情景 A1、A2 的优化结果与分水曲线。前面已经提到，A 类型优先考虑的是中游的生态问题，因为约束是中游的地下水储量变化速度。

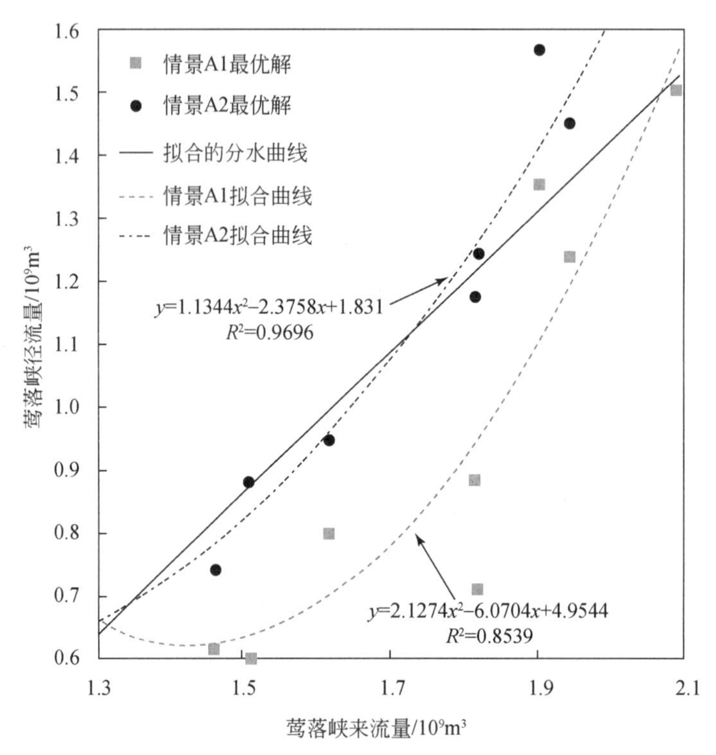


图 11-9　情景 A1、A2 的优化结果与分水曲线的比较

在 A1 情景下，分水曲线与 A1 的拟合曲线在两端相交，这意味着只有在极端水文条件下（极端干旱或极端湿润）分水方案才能与实际用水需求相吻合。在极端干旱条件下，地下水储量不减少这一约束条件不可能达到，但是分水曲线要求的下泄量很低；而在极端湿润条件下总入流量可以同时满足上下游的需要。在 A2 情景下，分水曲线与 A2 的拟合曲线吻合较好，只在极端湿润条件下不同，A2 的优化流量高于分水曲线。图 11-9 表明，要想满足分水曲线的要求，即使在优化的条件下，中游地下水储量也必然会缓慢下降，即如果分水曲线和中游需水量都不做改变，中游的生态环境必将呈现恶化趋势。

## 11.4　张掖盆地灌溉用水配比的时间优化

### 11.4.1　时间优化问题的数学表述

利用张掖盆地地表水-地下水相互转换频繁且强烈的特点，通过优化月尺度上灌区地表水和地下水的使用配比，减少用水过程中的无效蒸发，同样可实现流域尺度节水。根据搜集的资料和对当地水资源利用的了解，灌溉取用地表水和地下水的时间优化决策问题可概化如下：用下标 $i$ 代表月（共 12 个月），下标 $j$ 代表灌区序号（共 17 个灌区）。记灌溉用水需求矩阵 $\boldsymbol{F}(12\times17)$，则第 $i$ 个月第 $j$ 个灌区的灌溉用水需求为矩阵元素 $F_{ij}$。$F_{ij}$ 与很多因素有关，如作物种类、灌溉方式、节水方式、土壤情况等。在这些外在因素既定的情况下，当地农民基于经验和习惯，认为 $F_{ij}$ 是既定的外生变量。然而，由于地表水的取用被政府严格管理，第 $j$ 个灌区在第 $i$ 个月从取水口取用的地表水是有上限的。记矩阵 $\boldsymbol{d}(12\times17)$ 为地表水取用量矩阵，则第 $i$ 个月第 $j$ 个灌区的地表水取用量为矩阵元素 $d_{ij}$。由于渠道的蒸发和下渗损失，该月实际到达该灌区田间的地表水为 $\eta_j\cdot d_{ij}$。这里的 $\eta_j$ 为第 $j$ 个灌区的平均渠系水利用效率。记矩阵 $\boldsymbol{p}(12\times17)$ 为地下水取用量矩阵。当 $\eta_j\cdot d_{ij}$ 小于灌溉需求 $F_{ij}$ 时，农民将自行打井，地下水抽取量（记为 $p_{ij}$，矩阵 $\boldsymbol{p}$ 的元素）刚好等于 $F_{ij}-\eta_j\cdot d_{ij}$。

灌区平均渠系水利用效率 $\eta_j$ 的数值参考自张掖市水务局提供的各个灌区的资料。不同灌区 $\eta_j$ 的值在 0.48～0.57。灌区资料的地表水和地下水取用记为 $d^0$ 和 $p^0$，第 $i$ 个月第 $j$ 个灌区的地表水和地下水取用量分别为 $d_{ij}^0$ 与 $p_{ij}^0$。根据以上资料，$F_{ij}$ 被确定为 $\eta_j\cdot d_{ij}^0+p_{ij}^0$，反映了“农民行为假定”，即农民自行取用的地下水量刚好等于地表水不能满足灌溉需求的部分。而 $\eta_j$ 与月度无关。基于此可以计算每个月整个研究区地表水在灌溉用水中的比例 $r_i$，定义为 $(\Sigma_j d_{ij}\cdot\eta_j)/(\Sigma_j F_{ij})$。

根据资料计算的结果如图 11-10 所示。由于 1 月、2 月和 12 月没有灌溉行为，月度用水需求（$F_{ij}$）在 3～11 月。作物的主要生长季为 5～8 月，3 月和 11 月并没有作物生长，但为了维持土壤水分、温度和洗去多余盐分依然需要灌溉。5～8 月地表水比例达到 60% 以上，而 11 月冬灌全部使用地表水。3 月、4 月、9 月和 10 月使用地表水较少，为甘肃省地表水取用管制较为严格的时期，增加正义峡流量以完成分水曲线规定的下泄任务。

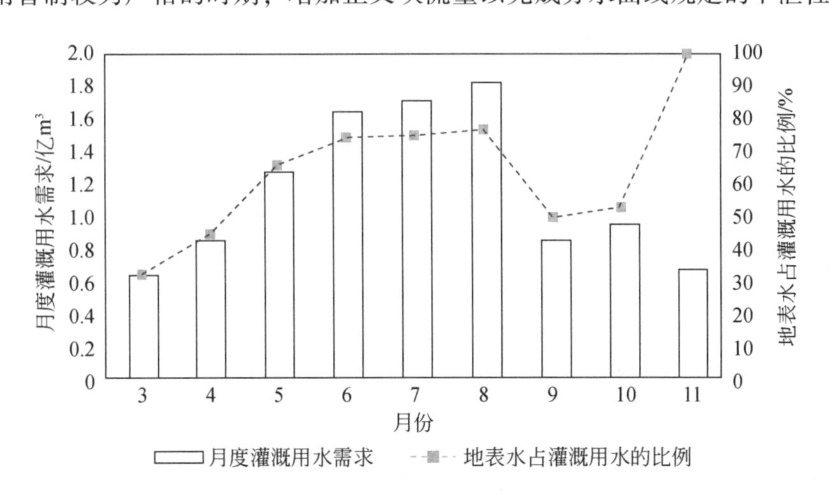


图 11-10　张掖盆地 17 个灌区 2000～2008 年平均月度灌溉用水需求及地表水占灌溉用水的比例

时间优化问题的决策变量为 17 个灌区每个月从黑河干流取用的地表水总量 $\boldsymbol{X}=(X_1, X_2, \cdots, X_{12})$。对于第 $i$ 个月，$X_i=\Sigma_j d_{ij}$。实际上，12 个月只是一种更直观的表达方式。

由于 1 月、2 月和 12 月没有灌溉，$X_1$、$X_2$ 和 $X_{12}$ 恒等于 0，决策变量实际为 9 维。目标函数为研究区地下水储量的年变化量（年末储量-年初储量），记为 $\Delta S$。$\Delta S$ 为正值代表该年地下水储量增加，负值则代表减少。

考虑两方面约束条件：①下泄量约束，即正义峡的年度下泄总量不小于规定流量 $Q_0$。$Q_0$ 为人为设置的约束量。讨论不同的 $Q_0$ 下中游的状态可以帮助讨论下泄量标准对中游的影响。②自然约束，每个月在每个引水口取用的地表水量不大于该月该引水口的流量。综上，优化问题的框架可表述为

$$\begin{aligned} &\operatorname*{Max}_{X} \quad \Delta S(\boldsymbol{X}) \\ &\text{s. t.} \begin{cases} Q_z \geqslant Q_0 \\ \sum\limits_{j \in I_l} d_{ij} \leqslant Q_{il}, \forall i, l \end{cases} \end{aligned} \tag{11-12}$$

式（11-12）第一个约束条件中，$Q_z$ 为正义峡下泄量。第二个约束条件中，$Q_{il}$ 为第 $l$ 个引水口第 $i$ 个月的河流流量；$I_l$ 为从第 $l$ 个取水口的灌区编号集合。第二个约束条件保证了在每个月，第 $l$ 个引水口的河流流量大于等于所有取自该引水口的灌区在该月取用地表水的总和。$Q_z$ 与 $Q_{il}$ 均由 GSFLOW 模型计算。

决策变量 $\boldsymbol{X}$ 对应的目标函数 $\Delta S$ 要通过 GSFLOW 模型计算，为此首先需要确定在 $\boldsymbol{X}$ 下每个灌区每个月的引用地表水量，即须有 $\boldsymbol{X} \rightarrow \boldsymbol{d}$ 的映射关系。该映射关系假设如下：当决策变量 $\boldsymbol{X}$ 改变时（即整个研究区每个月取用的地表水量发生变化），分到每个灌区的地表水等比例变化。具体而言，$X_i$ 的值必须在 0 ~ $\sum\limits_j (F_{ij}/\eta_j)$，且必须保证在 $X_i = 0$ 时，该月所有灌区都不取用地表水，而在 $X_i = \sum\limits_j (F_{ij}/\eta_j)$ 时，该月所有灌区都全部使用地表水，不进行地下水抽取。因此，$\Delta X_i = X_i - \sum\limits_j d_{ij}^0$，$\Delta X_i$ 为矩阵 $\boldsymbol{\Delta X}$ 第 $i$ 行的元素。与现状情况相比，当第 $i$ 个月地表水用量 $X_i$ 相对现状增加时（$\Delta X_i > 0$），每个灌区该月取用地表水量均增加，第 $j$ 个灌区按 $p_{ij}^0/\eta_j$ 的比例分配 $\Delta X_i$；当 $\Delta X_i$ 减少时（$\Delta X_i < 0$），每个灌区该月取用地表水量均减少，第 $j$ 个灌区按 $d_{ij}^0$ 的比例分配 $\Delta X_i$。$d_{ij}$ 的数学表达式如下：

$$d_{ij} = \begin{cases} d_{ij}^0 + \Delta X_i \dfrac{d_{ij}^0}{\sum\limits_j d_{ij}^0} & \Delta X_i < 0 \\ d_{ij}^0 + \Delta X_i \dfrac{p_{ij}^0/\eta_j}{\sum\limits_j (p_{ij}^0/\eta_j)} & \Delta X_i \geqslant 0 \end{cases} \tag{11-13}$$

式（11-12）为有约束的优化问题。为转化为无约束的优化问题，惩罚项是一种常用的方法。这里加入两个惩罚项，分别对应式（11-12）中的两个约束条件：

$$P_1(Q_z) = \begin{cases} 0 & Q_z \geqslant Q_0 \\ \omega \cdot |Q_z - Q_0| & Q_z < Q_0 \end{cases} \tag{11-14}$$

$$P_2(Q_{il}) = \begin{cases} 0 & Q_{il} \geqslant \sum_{j \in I_l} d_{ij} \\ \omega \cdot \left| Q_{il} - \sum_{j \in I_l} d_{ij} \right| & Q_{il} < \sum_{j \in I_l} d_{ij} \end{cases} \tag{11-15}$$

式（11-14）中的 $\omega$ 为惩罚项的放大系数。这里设置为 5，为保证惩罚项的量级与目标函数相当。加入惩罚项后，最终优化问题可写成

$$\underset{X}{\text{Min}} \quad y = -\Delta S(\boldsymbol{X}) + P_1(Q_z) + \sum_{i=1}^{12} \sum_{l=1}^{8} P_2(Q_{il}) \tag{11-16}$$

## 11.4.2　数值实验

### 1. DYCORS 算法的应用

灌溉用水配比的时间优化问题用 DYCORS 作为代理建模优化算法来完成求解。图 11-11 显示了 DYCORS 与 GSFLOW 结合用于本次优化问题研究的计算框架。对于决策变量 $\boldsymbol{X}$，首先将计算 $\Delta\boldsymbol{X}$。$\Delta\boldsymbol{X}$ 的一个分量 $\Delta X_i$ 定义为（$X_i - \sum_j d_{ij}^0$）。之后，根据 $\Delta X_i$，使用式（11-13）计算 $d_{ij}$。接下来，根据 $\boldsymbol{d}$ 计算 $\boldsymbol{p}$（$p_{ij} = F_{ij} - \eta_j \cdot d_{ij}$）。根据 $\boldsymbol{d}$ 与 $\boldsymbol{p}$ 改写 GSFLOW 的河道引水（.sfr）、降雨（.pre）和井抽取地下水（.wel）文件，运行 GSFLOW，输出 $Q_z$、$Q_{il}$ 和 $\Delta S$，进而计算式（11-16）中的 $y$。

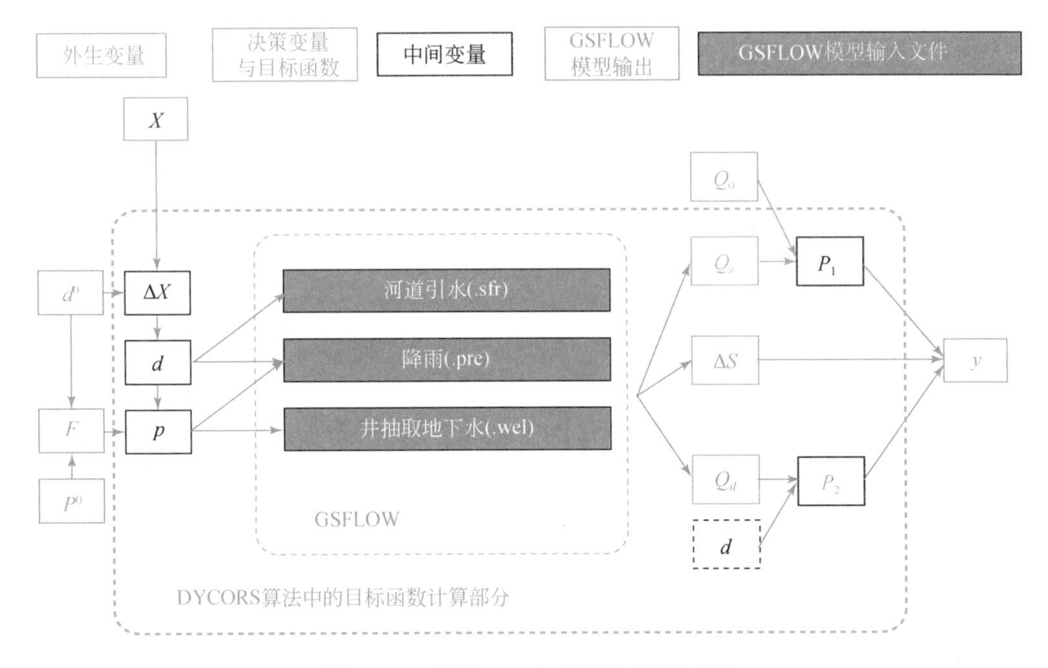


图 11-11　基于 DYCORS 的优化算法结构

### 2. 优化情景

针对灌溉时间优化问题，设置了 A 与 B 两类情景（表 11-3）。两类情景的区别在于下泄约束 $Q_0$ 不同。A 情景为现状约束，回答的是“若保持当前量不减少，地下水储量可以提高多少”的问题；B 情景为分水曲线规定的下泄量约束，回答的是“分水曲线要严格执行，中游地下水储量会发生什么变化”的问题。表 11-4 为 2000 ~ 2008 年在 A 和 B 情景下的参数条件。其中 B 情景的 $Q_0$ 是根据分水曲线求得的正义峡下泄量约束。灌溉需求削减则是将 $F_{ij}$ 直接减少相应比例，即每个灌区每个月的灌溉用水需求都同比例减少，即同比例削减每个月、每个灌区灌溉用的地表水和地下水量。

**表 11-3　时间优化情景设置**

| 规定下泄量 $Q_0$ | 现状灌溉需求 | 削减 10% 灌溉需求 | 削减 20% 灌溉需求 | 削减 30% 灌溉需求 |
|---|---|---|---|---|
| 现状正义峡流量 | A1 | A2 | A3 | A4 |
| 分水曲线规定量 | B1 | B2 | B3 | B4 |

**表 11-4　2000 ~ 2008 年在 A 和 B 情景下莺落峡来流量与正义峡下泄量约束**

（单位：亿 $m^3$）

| 年份 | 莺落峡来流量 $Q_y$ | 正义峡下泄量约束 $Q_0$ | | | | |
|---|---|---|---|---|---|---|
| | | B1 ~ B4 | A1 | A2 | A3 | A4 |
| 2000 | 14.63 | 8.19 | 6.66 | 7.43 | 8.27 | 9.08 |
| 2001 | 13.05 | 6.45 | 6.57 | 7.07 | 7.54 | 8.28 |
| 2002 | 16.18 | 9.92 | 9.00 | 9.83 | 10.81 | 11.53 |
| 2003 | 19.01 | 13.14 | 12.57 | 13.30 | 14.21 | 15.01 |
| 2004 | 15.10 | 8.71 | 7.20 | 7.71 | 8.58 | 9.38 |
| 2005 | 18.18 | 12.18 | 9.79 | 10.58 | 11.54 | 11.96 |
| 2006 | 18.14 | 12.11 | 10.64 | 11.61 | 12.17 | 12.85 |
| 2007 | 20.92 | 15.25 | 12.04 | 13.09 | 14.27 | 15.16 |
| 2008 | 19.44 | 13.53 | 11.22 | 11.74 | 12.62 | 13.29 |

## 11.4.3　时间优化结果与讨论

### 1. 算法效率和有效性

图 11-12 展示了 2000 ~ 2008 年 A 情景中最优目标函数值 $y_{min}$ 随计算模型运行次数 $n$ 增加时的变化过程。可以看出，在所有年份的实验中，$y_{min}$ 在前 100 次都经历了非常明显的下降过程，在 200 次之后变化趋缓。因此可以认为设置 $N_{max}=400$ 足以找到质量较高的点。

使用4.4 GHz 的 CPU，GSFLOW 模型运行一次约需 8min，一次优化运行 400 次 GSFLOW 模型需要 2 ~ 3 天。B 情景中重用了对应 A 情景实验的结果，B 情景只需要额外运行 GSFLOW 150 次即可找到质量很高的点，因此一组 A 与 B 情景共需运行 550 次 GSFLOW。共 36 组 550 次的搜索过程在刀片服务器上并行，约需要 3.5 天得到全部结果，重用结果节省了超过 30% 的运算时间。考虑到 GSFLOW 的复杂性，DYCORS 在该研究中表现出很高的效率。

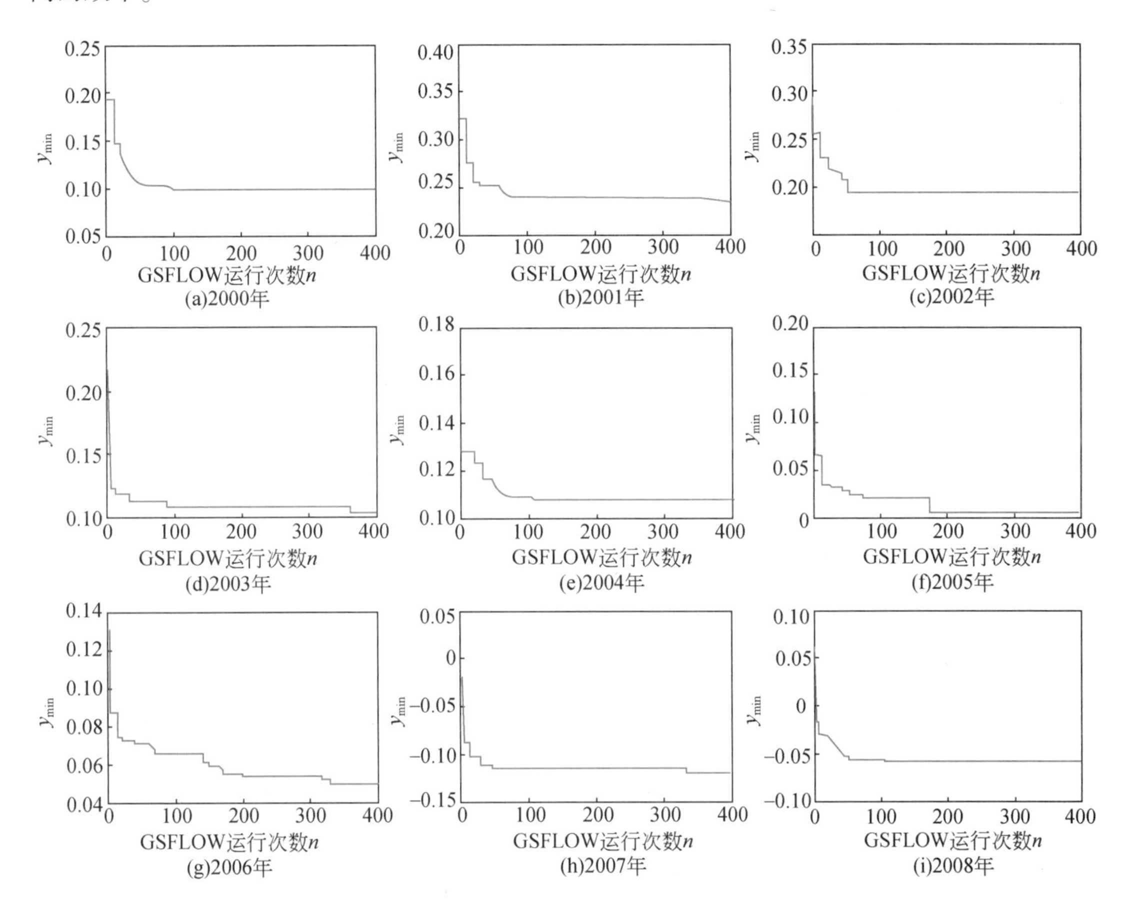


图 11-12　A 情景中最优目标函数值 $y_{min}$ 随 GSFLOW 运行次数下降过程

为证明代理建模优化算法的有效性，进一步分析了 A 与 B 情景中张掖盆地储水量 $\Delta S$ 与正义峡下泄量 $Q_z$ 相对于优化之前的变化（图 11-13）。A 情景的下泄约束为现状流量，因此其 $Q_z$ 变化几乎为0；地下水储量提升 0.06 亿 ~0.4 亿 $m^3$。B 情景的下泄约束为分水流量，由于大多数年份优化前并没有完成分水流量规定的下泄任务，B 情景中大多数年份的正义峡流量显著提升。B 情景实际上是一个“分水曲线要严格执行”的情景，地下水储量相对于现状减少 0.25 亿 ~1.38 亿 $m^3$。

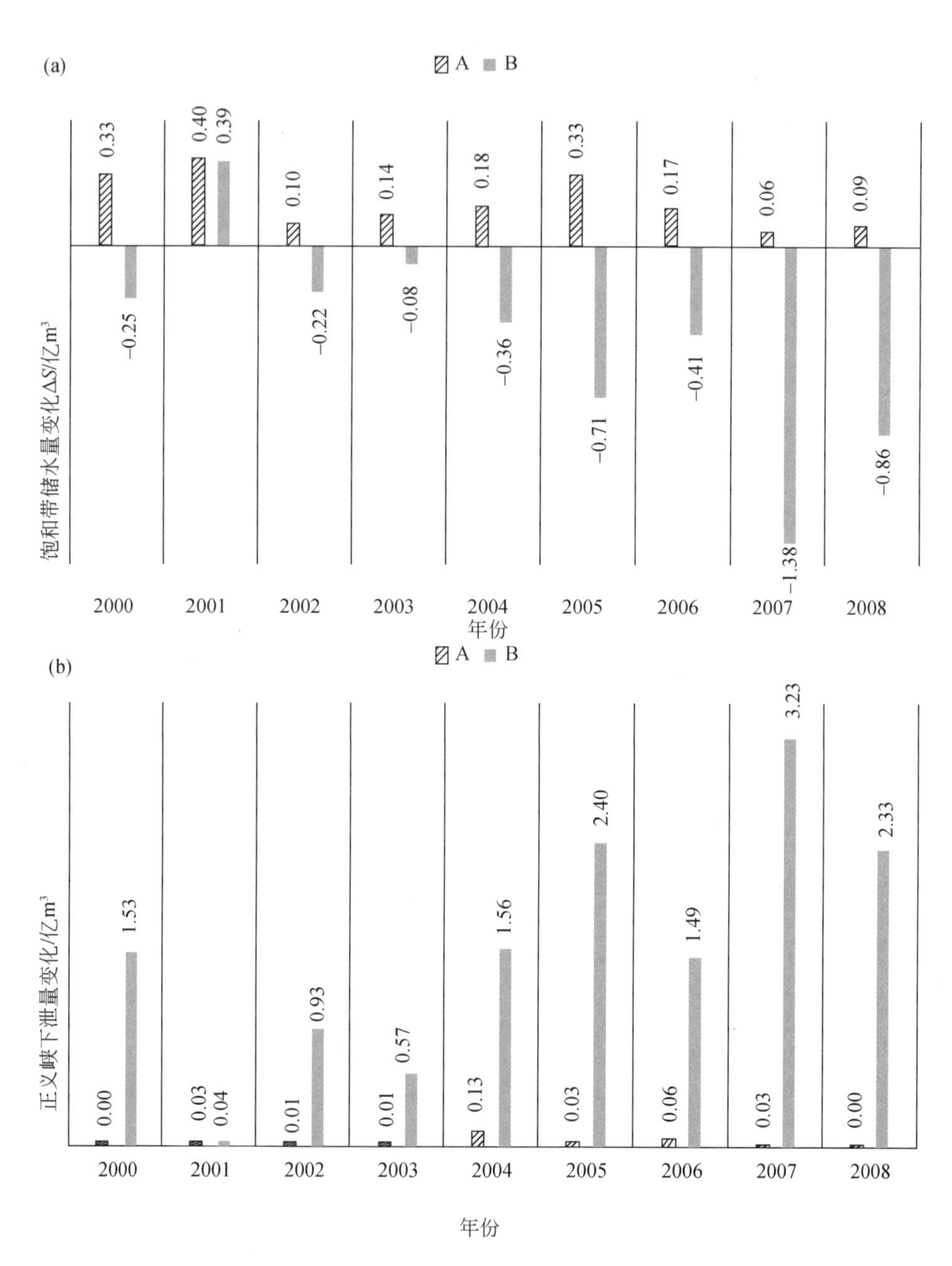


图 11-13　A 与 B 情景中优化结果相对于未优化时饱和带储水量和正义峡下泄量的变化

（a）饱和带储水量变化；（b）正义峡下泄量变化

值得注意的是，图 11-13 中，优化后地下水储量的提升在 2006 年之后越来越不显著。在 A 情景中［图 11-13（a）］，2007 年和 2008 年的储量提升不到 0.1 亿 m³，现实意义已经不大。主要原因是从 2005 年起莺落峡来水进入一个丰水期，在 2005 年之后地表水入流都非常丰富，2007 年和 2008 年分别达到 19 亿 $m^3$ 和 20 亿 $m^3$；而在 2000 ~ 2008 年，张掖盆地地下水位回升，储量增大，完全因来水条件较好所致。因此，图 11-13 展示的结果并非说明随着时间的推移优化方法越发没有意义，相反，这段丰水期带来了新一轮的土地开垦，增加了耕地面积。一旦丰水期过去，恢复到莺落峡来水 15 亿 $m^3$ 左右的平水期，甚至 14 亿 $m^3$ 以下，情况将比 2004 年、2000 年、2001 年等更加严峻，优化方法对今后十几年、几十年更具现实意义。

图 11-14 为 A 情景中优化前与优化后每个月的地表水和地下水使用量，选取 2000 年、2004 年、2007 年和 2008 分别作为枯水年、平水年、丰水年和丰水年的代表性年份。各个年份由于莺落峡来水在月度分配有所不同，优化的结果也稍有不同，但整体趋势为 5 月和 11 月增加地下水用量，减少地表水用量；7 ~ 9 月则相反。在不同年份上得出大体一致的模式，也证明了 DYCORS 对 GSFLOW 的优化取得了预期效果，得出了高效利用水资源的季节调配一般规律。

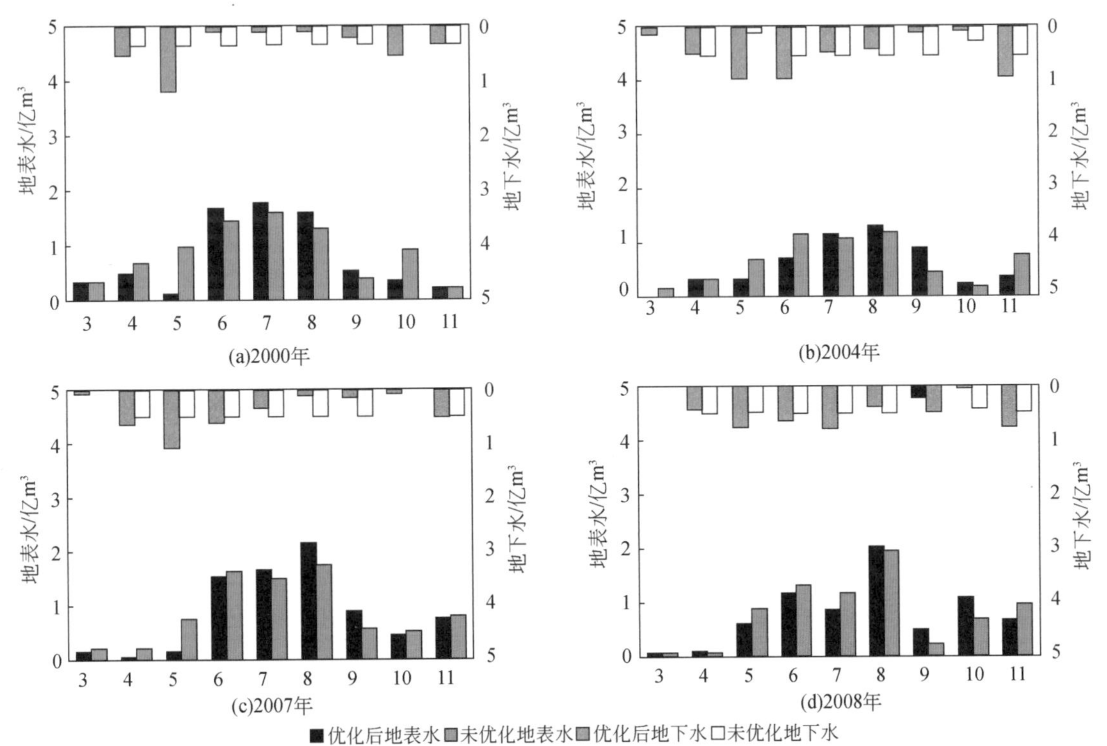


图 11-14　A 情景中几个代表性年份的地表水、地下水使用量

图 11-15 展示了 A1、B1、A4 和 B4 四种情景下三个代表性年份（2000 年、2001 年和 2008 年）的优化结果。2000 年与 2001 年为枯水年，莺落峡来流量分别只有 14.6 亿 $m^3$ 和 13.1 亿 $m^3$。而 2001 年为 2000 ~ 2008 年中唯一正义峡流量达到分水曲线规定任务的一年。2008 年为丰水年，莺落峡来流量达到 19.4 亿 $m^3$。图 11-15 中，$Q_z$ 或 $\Delta S$ 都得到了显著提高。

A1 和 A4 情景代表的是“现状流量不减少”的下泄量约束。$\Delta S$ 的提高（在 $x$ 轴上右移）在枯水年更为明显［图 11-15（a）和（c）］，在丰水年就非常微小［(图 11-15（b)］。主要原因是，在丰水年，张掖盆地的含水层已经被充分回补，地下水储量几乎没有提高空间。在 B1 和 B4 情景中，若分水曲线任务未被完成［图 11-15（a）和（b）］，优化点相对于未优化的点向左上方移动，即提高正义峡下泄量将造成地下水储量的损失。而对于分水曲线任务完成的年份［图 11-15（c）］，优化使得点相对于未优化的点向右下方移动，意味着“多用地表水，少用地下水”。在 2000 年和 2001 年，即使不用地下水，全部使用地表水，正义峡下泄量 $Q_z$ 依然可以达到分水曲线的要求。

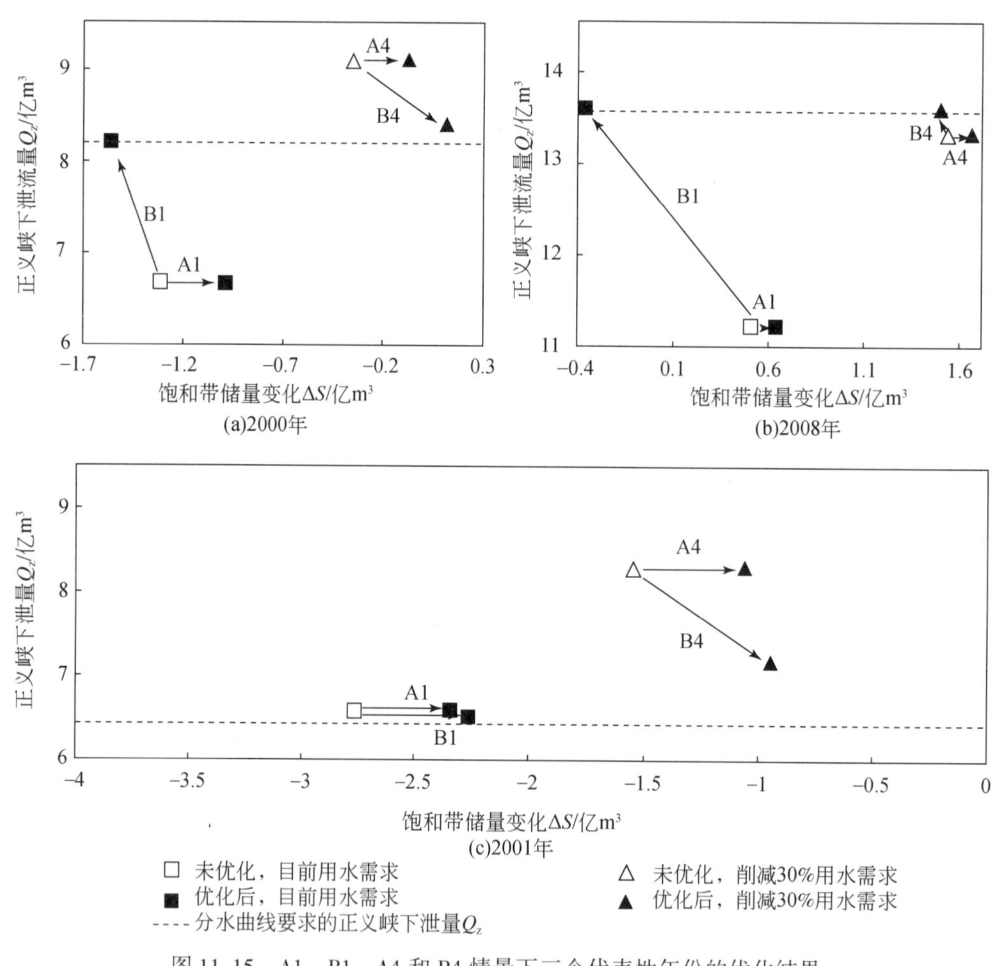


图 11-15　A1、B1、A4 和 B4 情景下三个代表性年份的优化结果

## 2. 优化配置的时间规律

将每个月整个研究区地表水在灌溉用水中的比例用 $r_i$ 表示，$r_i = \Sigma_j d_{ij} \cdot \eta_j / (\Sigma_j F_{ij})$。在未优化状态下，该地区在夏季（6～8 月）使用地表水比例相对较高，而在春季使用地表水比例较少。而图 11-16 则显示在 A1 和 B1 情景下，优化后的 $r_i$ 相对未优化状态的变化百

分比。2000～2008 年水文条件不同，这里取 2000～2008 年平均值和标准差，以便展示年内季节规律。

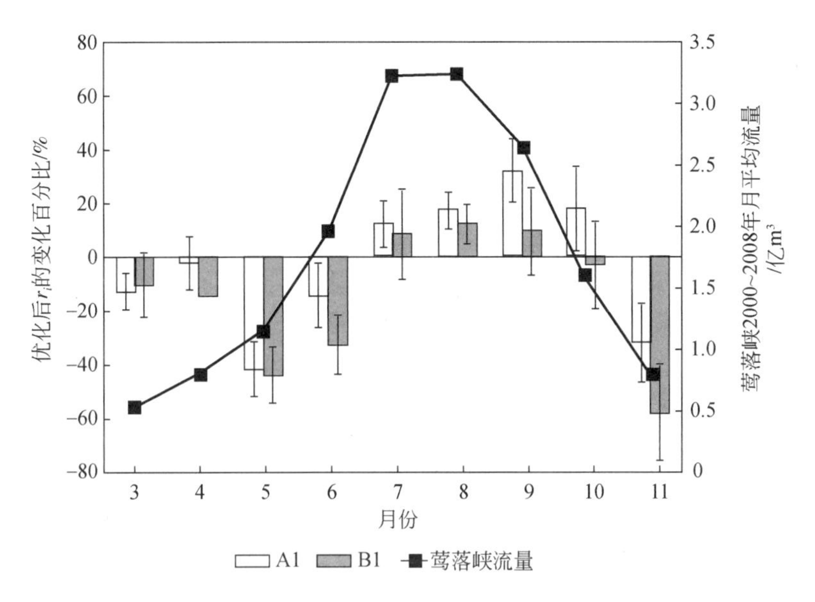


图 11-16　多年平均情况下 $r_i$的变化（A1 和 B1 情景）及莺落峡 2000～2008 年月平均流量

A1 和 B1 的季节变化规律大体一致，即 $r_i$在 7～9 月增加，在 5 月、6 月和 11 月减少。而 3 月、4 月和 6 月标准差较大，即年际差别较大。图 11-16 同时展示了莺落峡 2000～2008 年月平均流量。显然，优化结果显示，在莺落峡来流较大的夏季，应当多使用地表水，少使用地下水；而在莺落峡来流较小的春季则反之。为进一步探求优化结果背后的物理机制，图 11-17 展示了 A1 情景下 2000～2008 年各月饱和含水层储量的变化。虽然存在年际差异，但大体规律一致。总体而言，优化后，5 月和 6 月储量有更大的损耗量（即图 11-17 中更明显的负值），而在 7～9 月汛期则有更大的恢复量。

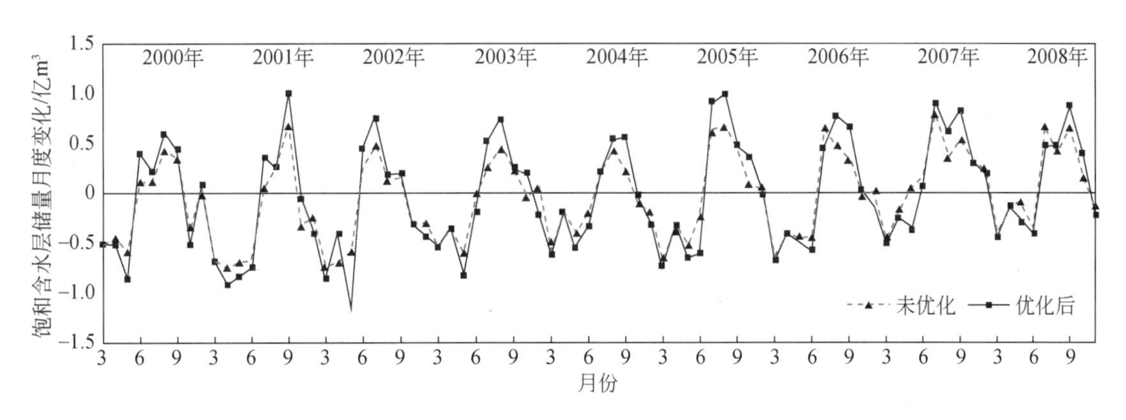


图 11-17　A1 情景下饱和含水层储量月度变化

图 11-16 与图 11-17 共同体现出地下含水层的“水库”功能，而优化后的用水方案相当于增强了地下水“水库”的调蓄功能：在 5 月和 6 月从“水库”中释放出更多的水，而在 7～9 月汛期，腾空库容的“水库”具有更好的储水能力，含水层得到充分的回补，从而使年末地下水储量上升。

目前，黑河流域管理局采用“全线闭口，集中下泄”方案，闭口期主要集中在汛期，导致夏季的地下水使用优先，地表水被集中输往正义峡。而上述讨论揭示，若综合考虑正义峡下泄量和中游地下水储量，优化的用水方案恰恰是夏季多用地表水，让含水层充分回补。这一结果说明干旱内陆地区的水资源管理需要充分考虑地表水与地下水的复杂交互作用。

3. 优化方案的节水机理

本研究进一步基于模型模拟的关键通量（蒸散发、地表水下泄量、取用地表水和地下水量）来解释优化用水方案如何实现地下水储量的上升。首先，从整个黑河流域的角度来看，($Q_z+\Delta S$) 代表了张掖盆地的“用水剩余”（water saving，WS）：$Q_z$为流往下游的水资源量，而 $\Delta S$ 为储存在本地饱和带的水资源量。优化的本质就是提高这个“用水剩余”量。用 ΔWS 代表优化后与优化前用水剩余的差值；用 ΔET 代表优化后与优化前研究区年度总蒸散发的差值。图 11-18 为整个 72 组实验 ΔWS 与 ΔET 的散点图。显然，ΔWS 与 ΔET 基本呈 1∶-1 的负相关关系（$R^2=0.9867$）。从流域尺度来看，本地降水与莺落峡来流为区域水资源输入项；ET 为输出项，而 WS 即两者之差。优化后与优化前相比，输入项保持不变，所以增加 WS 实质上为减少总蒸散发。72 个点与-45°曲线的微小偏离由模型计算误差及其他较小的储量变化项（如包气带）导致。

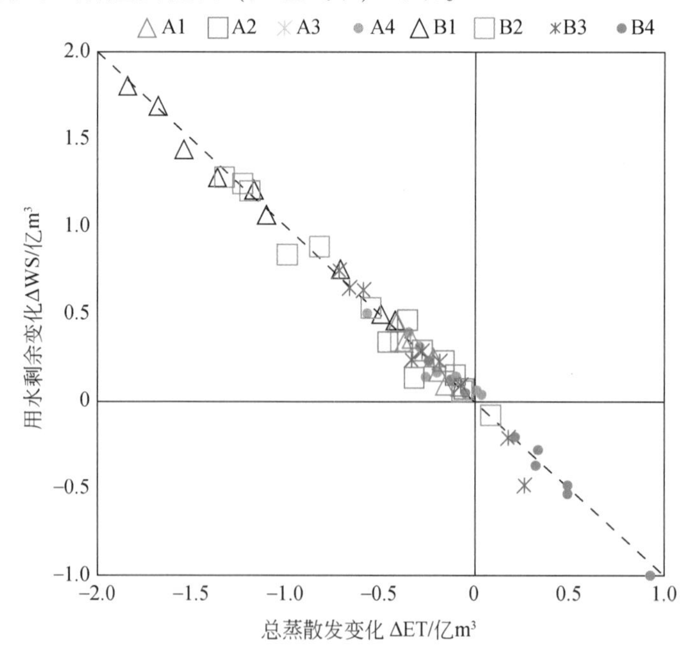


图 11-18　72 组实验优化后总蒸散发变化与用水剩余变化的关系

在情景 A1～A4 中，ΔWS 为 $1\times10^7$～$5\times10^7 m^3$，同时总蒸散发减少。换言之，优化使一部分无效蒸散发转化成了 WS，或是 $\Delta S$ 增加，或是 $Q_z$ 增加。在 B1～B4 情景中，由于下泄约束为分水曲线上的值，需强制提高 $Q_z$；而每年的情况有所不同，故图中点的分布也比较分散。少数点出现在负的 ΔWS 区域，这是因为在这些特定情境下，分水曲线的下泄约束在未优化时即已满足，下泄约束没有实际作用，而优化过程牺牲了更多的 $Q_z$ 提高 $\Delta S$，总的用水剩余反而减少。此类点以 B4 情景下居多，这是由于 B4 情景下的灌溉需求只有 B1 情景现状需求的 70%，很多年份在未优化的状态下已经可以达到分水曲线规定的正义峡下泄标准。

表 11-5 展示了 A1～A4 情景中优化前后关键水文变量的变化。首先，A 情景的下泄量约束为现状流量，所以正义峡下泄量的改变（$\Delta Q_z$）都非常少。优化实验中设置了约束条件，因而 $\Delta Q_z$ 一定大于 0，一般是一个较小的正数。其次，除了 A4 情景中的 2007 年外，优化后蒸散发量都变小了（即 ΔET 为负值）。由表 11-4 中可知，2007 年是地表水资源最丰富的一年，莺落峡来流量超过了 20 亿 $m^3$。而 A4 情景又是削减 30% 现状需求的情景，因而 A4 情景下，2007 年在未优化的情况下，含水层本身已经得到了充分的回补，几乎没有优化空间。A4 情景中 2007 年 ΔET 为 0.01 亿 $m^3$，其他各项也几乎为 0，可以看作误差项，即优化后与优化前无异。从储量的增加来看，2003 年、2007 年和 2008 年储量增加较小，即优化空间很小。这几年莺落峡来水丰富，本身在未优化的情况下含水层已经得到了有效恢复。同时，A1～A4 储量优化空间降低，因为较小的灌溉需求与丰富的莺落峡来水有类似的效果，区域整体水资源压力较小，即使在未优化时含水层也处于良好的稳定状态。

从表 11-5 中的地表水和地下水使用量可以看出，4 种情景下 2000～2008 年的优化结果无一例外的增加了地下水使用量，减少了地表水使用量。由于灌溉需求给定，地下水减少量和地表水增加量比例数值上与灌溉效率 $\eta$ 相等，在 0.48～0.57。从全年范围来看，地下水使用量增加了，而饱和带的储量反而也增加了。这充分体现了地表水与地下水资源统筹管理的重要性。

**表 11-5　A1～A4 情景中优化前后关键水文变量的变化**　（单位：亿 $m^3$）

| 情景 | 变量 | 2000 年 | 2001 年 | 2002 年 | 2003 年 | 2004 年 | 2005 年 | 2006 年 | 2007 年 | 2008 年 |
|---|---|---|---|---|---|---|---|---|---|---|
| A1 | 蒸散发量 ΔET | −0.35 | −0.41 | −0.12 | −0.19 | −0.35 | −0.34 | −0.22 | −0.07 | −0.16 |
| | 下泄量 $\Delta Q_z$ | 0.00 | 0.03 | 0.01 | 0.01 | 0.13 | 0.03 | 0.06 | 0.03 | 0.00 |
| | 储量 $\Delta S$ | 0.33 | 0.40 | 0.10 | 0.14 | 0.18 | 0.33 | 0.17 | 0.06 | 0.09 |
| | 地下水使用量 | 0.67 | 0.78 | 0.38 | 0.36 | 0.64 | 0.55 | 0.45 | 0.08 | 0.16 |
| | 地表水使用量 | −1.19 | −1.38 | −0.69 | −0.69 | −1.15 | −0.98 | −0.81 | −0.16 | −0.29 |
| A2 | 蒸散发量 ΔET | −0.46 | −0.36 | −0.31 | −0.10 | −0.17 | −0.28 | −0.31 | −0.05 | −0.18 |
| | 下泄量 $\Delta Q_z$ | 0.01 | 0.01 | 0.04 | 0.03 | 0.02 | 0.00 | 0.00 | 0.02 | 0.01 |
| | 储量 $\Delta S$ | 0.33 | 0.39 | 0.15 | 0.11 | 0.17 | 0.26 | 0.11 | 0.07 | 0.14 |
| | 地下水使用量 | 0.92 | 1.06 | 0.95 | 0.14 | 0.31 | 0.60 | 0.54 | 0.02 | 0.35 |
| | 地表水使用量 | −1.64 | −1.87 | −1.71 | −0.28 | −0.59 | −1.07 | −0.96 | −0.06 | −0.61 |

续表

| 情景 | 变量 | 2000 年 | 2001 年 | 2002 年 | 2003 年 | 2004 年 | 2005 年 | 2006 年 | 2007 年 | 2008 年 |
|---|---|---|---|---|---|---|---|---|---|---|
| A3 | 蒸散发量 ΔET | -0.39 | -0.47 | -0.33 | -0.13 | -0.08 | -0.15 | -0.26 | -0.10 | -0.13 |
| | 下泄量 $\Delta Q_z$ | 0.06 | 0.02 | 0.01 | 0.01 | 0.04 | 0.00 | 0.02 | 0.01 | 0.00 |
| | 储量 $\Delta S$ | 0.29 | 0.46 | 0.21 | 0.10 | 0.08 | 0.17 | 0.23 | 0.07 | 0.08 |
| | 地下水使用量 | 0.84 | 0.95 | 1.02 | 0.19 | 0.14 | 0.33 | 0.45 | 0.13 | 0.18 |
| | 地表水使用量 | -1.51 | -1.66 | -1.82 | -0.45 | -0.25 | -0.73 | -1.01 | -0.24 | -0.33 |
| A4 | 蒸散发量 ΔET | -0.29 | -0.54 | -0.34 | -0.12 | -0.25 | -0.03 | -0.19 | 0.01 | -0.10 |
| | 下泄量 $\Delta Q_z$ | 0.01 | 0.02 | 0.04 | 0.01 | 0.01 | 0.04 | 0.06 | 0.02 | 0.00 |
| | 储量 $\Delta S$ | 0.28 | 0.41 | 0.32 | 0.11 | 0.12 | -0.01 | 0.10 | 0.03 | 0.13 |
| | 地下水使用量 | 0.56 | 1.10 | 0.78 | 0.10 | 0.43 | 0.02 | 0.30 | 0.02 | 0.16 |
| | 地表水使用量 | -1.01 | -1.94 | -1.39 | -0.20 | -0.79 | -0.03 | -0.54 | -0.04 | -0.29 |

表 11-6 展示了 B1 ~ B4 情景中优化前后关键水文变量的变化。ΔET 在 B1 和 B2 情景的 2000 ~ 2008 年都为负值；在 B3 情景的 2002 年和 2003 年出现正值；在 B4 情景中，正值的年份更多。这是因为随着灌溉需求的降低，大多数年份在未优化时，正义峡下泄量已经超过分水曲线的规定量。这种情况下，优化后的结果趋向于下降到流量刚好等于分水曲线规定的流量，即 $\Delta Q_z$ 为负值。从表 11-6 中可以看出，B2 情景中就出现了 $\Delta Q_z$ 为负值的情况，到 B3 和 B4 情景中则更多，这些即图 11-18 中右下角区域的点。这种情况从流域尺度来看是不经济的，未被植物利用的无效蒸发增加是总蒸散发增加的主要原因，尤其是渠道蒸发增加，造成水资源浪费，以上提到的情况其地表水与地下水使用量也有所不同。当无效散发减小时，用水剩余增加，地下水使用增加，地表水使用减少；当无效蒸散发增大时，用水剩余减小，地下水使用减少，地表水使用增加。

**表 11-6　B1 ~ B4 情景中优化前后关键水文变量的变化**　（单位：亿 m³）

| 情景 | 变量 | 2000 年 | 2001 年 | 2002 年 | 2003 年 | 2004 年 | 2005 年 | 2006 年 | 2007 年 | 2008 年 |
|---|---|---|---|---|---|---|---|---|---|---|
| B1 | 蒸散发量 ΔET | -1.36 | -0.42 | -0.71 | -0.49 | -1.17 | -1.67 | -1.10 | -1.83 | -1.53 |
| | 下泄量 $\Delta Q_z$ | 1.53 | 0.04 | 0.93 | 0.57 | 1.56 | 2.40 | 1.49 | 3.23 | 2.33 |
| | 储量 $\Delta S$ | -0.25 | 0.39 | -0.22 | -0.08 | -0.36 | -0.71 | -0.41 | -1.38 | -0.86 |
| | 地下水使用量 | 2.36 | 0.99 | 1.71 | 0.82 | 1.84 | 2.71 | 1.62 | 2.65 | 2.14 |
| | 地表水使用量 | -4.19 | -1.75 | -3.05 | -1.48 | -3.28 | -4.81 | -2.87 | -4.72 | -3.83 |
| B2 | 蒸散发量 ΔET | -1.00 | -0.08 | -0.39 | -0.06 | -0.82 | -1.24 | -0.55 | -1.32 | -1.19 |
| | 下泄量 $\Delta Q_z$ | 0.79 | -0.60 | 0.10 | -0.16 | 1.06 | 1.60 | 0.54 | 2.17 | 1.84 |
| | 储量 $\Delta S$ | 0.05 | 0.50 | 0.21 | 0.21 | -0.20 | -0.38 | -0.01 | -0.86 | -0.63 |
| | 地下水使用量 | 1.67 | -0.01 | 1.01 | -0.01 | 1.34 | 1.96 | 0.85 | 1.91 | 1.71 |
| | 地表水使用量 | -2.98 | 0.03 | -1.81 | -0.02 | -2.40 | -3.47 | -1.52 | -3.42 | -3.05 |

续表

| 情景 | 变量 | 2000 年 | 2001 年 | 2002 年 | 2003 年 | 2004 年 | 2005 年 | 2006 年 | 2007 年 | 2008 年 |
|---|---|---|---|---|---|---|---|---|---|---|
| B3 | 蒸散发量 ΔET | -0.34 | -0.03 | 0.18 | 0.26 | -0.27 | -0.72 | -0.19 | -0.59 | -0.66 |
| | 下泄量 $\Delta Q_z$ | -0.07 | -0.53 | -0.85 | -1.03 | 0.18 | 0.75 | -0.03 | 0.99 | 0.93 |
| | 储量 $\Delta S$ | 0.30 | 0.54 | 0.57 | 0.52 | 0.09 | -0.02 | 0.24 | -0.36 | -0.26 |
| | 地下水使用量 | 0.62 | 0.27 | 0.09 | -0.36 | 0.47 | 1.26 | 0.35 | 0.89 | 0.97 |
| | 地表水使用量 | -1.09 | -0.47 | -0.18 | 0.60 | -0.84 | -2.23 | -0.61 | -1.61 | -1.71 |
| B4 | 蒸散发量 ΔET | 0.22 | 0.49 | 0.50 | 0.93 | 0.33 | -0.12 | 0.33 | -0.04 | -0.23 |
| | 下泄量 $\Delta Q_z$ | -0.70 | -1.09 | -1.24 | -1.85 | -0.67 | 0.25 | -0.70 | 0.09 | 0.28 |
| | 储量 $\Delta S$ | 0.47 | 0.56 | 0.67 | 0.83 | 0.28 | -0.12 | 0.41 | -0.04 | -0.03 |
| | 地下水使用量 | -0.29 | -0.61 | -0.52 | -1.44 | -0.48 | 0.27 | -0.39 | 0.06 | 0.32 |
| | 地表水使用量 | 0.51 | 1.09 | 0.91 | 2.53 | 0.83 | -0.47 | 0.70 | -0.11 | -0.56 |

### 4. 水量平衡分析

基于 GSFLOW 的详细模拟，得到了 A1 与 B1 情景下多年平均的水量平衡图（图 11-19）。系统的输入项为降水、地下水边界入流和地表入流（即莺落峡来流量），输出项为蒸散发和地表出流（即正义峡下泄量）。输入项与输出项的差值转化为系统储量的变化。河流、土壤带和非饱和带（渗流带）的水储量变化十分微小，因而储量变化主要体现在饱和带。显然，从全年角度来看，优化后的用水方案减少了地表水使用，取而代之的是增加了地下水的抽取。由于河道地表水与地下水相对水头差的上升，河道向地下水的渗漏明显增加，地下水向河道的排泄也有一定程度的减少。这使得地表补给地下的净值明显上升，成为优化后地下水储量增加的主要原因。同时，地下水排泄减少也相应地减少了蒸发，因为该地区大量分布地下水出露形成的泉，在十分干旱的地区出露的泉造成大量的蒸发。另外，地表水的使用通过渠道进行，而渠道输水过程本身就会造成一部分蒸发和渗漏。渗漏的水进入土壤层，形成壤中流，增加土壤湿度，土壤水亦更容易蒸发；同时，地表水漫灌会引起地表产流，产流过程也是增加蒸发的过程。因而，从整体来看，使用地表水是一种利用率较低的行为。优化后的用水方案减少了渠道引水，也就相应地减少了地表产流和壤中流，这使得地表直接的无效蒸发减少，达到节约水资源的目的。

从地表水-地下水耦合的角度来看，由于该地区强烈而频繁的地表水-地下水交互，含水层实际上提供了一条更为高效的输水通道：将地表水先“引入”含水层，再通过机井从含水层中抽取，则可以显著减少地表输水过程中的无效蒸发。体现在图 11-19 中，即两根红箭头通量显著加强。而抽取地下水使得其“吸水能力”加强，可使含水层得到更快恢复，此即地下水研究中经典的“取用-捕获”（depletion-and-capture）过程（Konikow and Leake，2014）。这一节水机制与坎儿井的作用类似，可以形象地称为“坎儿井效应”。

整体上，优化后由于无效蒸发减少，降低了 ET，整体含水层储水量得到恢复。在 A1 情景中，ET 减少 0.25 亿 $m^3$，相应的即饱和带含水层的增加量，因为地表水出流保持不

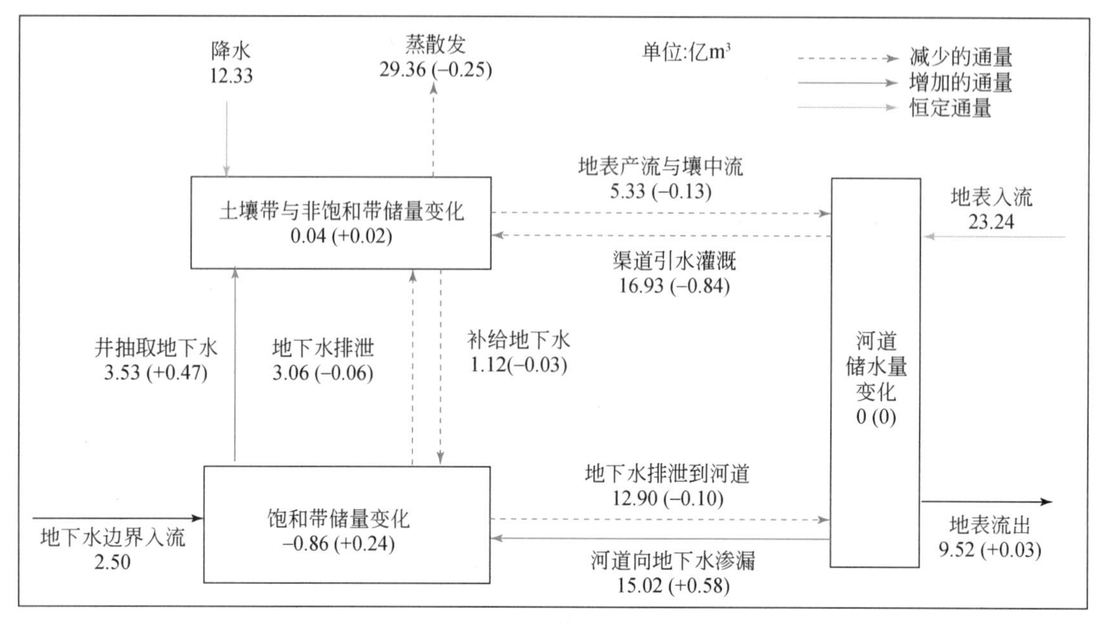


(a)A1情景

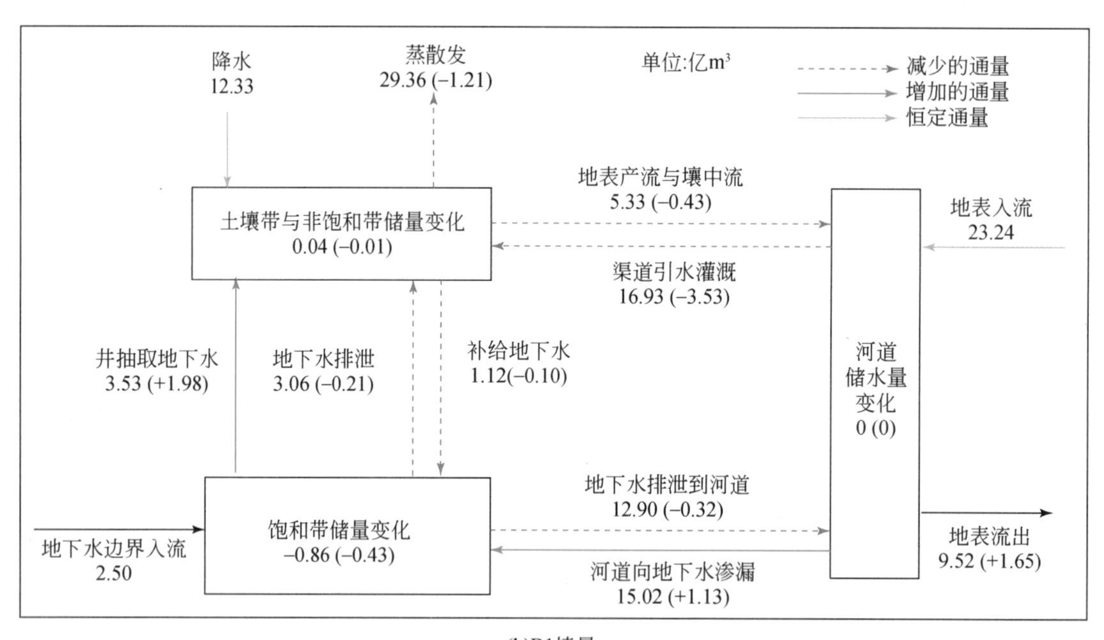


(b)B1情景

图 11-19 优化前后区域水量平衡情况的变化（多年平均）

变。在 B1 情景中，为了满足分水曲线规定的下泄量，地表水出流必须增加，2000 ~ 2008 年平均值为 1.65 亿 m³，但饱和带储量仅减少了 0.43 亿 m³。用水剩余的增加来源于 ET 的减少。B1 情景下，需要抽用更多的地下水来满足分数曲线的下泄量要求。地下水抽用量增加了 1.98 亿 $m^3$，渠道引地表水减少了 3.53 亿 $m^3$。

5. 对分水曲线的进一步思考

黑河流域“97”分水方案实施以来，下游生态得到了长足的改善。但事实上，如果中游的农业生产保持现状，即灌溉需求不减少，则目前下游的生态恢复实际上是以中游地下水储量的损失为代价的（Tian et al.，2015）。中游地下水位的下降本身是一个潜在的生态危机，需要引起充分的重视。本研究根据 72 组优化实验的结果定量探讨不同水文条件（莺落峡来水量 $Q_y$）、不同正义峡下泄量（$Q_z$）约束及不同灌溉需求水平对中游地下水储量的影响。定义总灌溉需求 $D=\Sigma_{i,j}F_{ij}$，并对 $\Delta S$ 建立以 $D$、$Q_y$、$Q_z$为自变量的多元线性回归方程，即

$$\Delta S=\beta_0+\beta_1 \cdot D+\beta_2 \cdot Q_y+\beta_3 \cdot Q_z+\varepsilon \tag{11-17}$$

式中，$\beta$ 为回归系数；$\varepsilon$ 为零均值高斯噪声项。优化前与优化后的用水方案不同，因此对优化前和优化后分别建立回归方程。回归模型 1 使用了优化前四种灌溉需求水平、2000～2008 年水文条件下的 36 个样本，而回归模型 2 使用了优化后四种灌溉需求水平、2000～2008 年水文条件和两种下泄量约束下的 72 个样本。

表 11-7 中展示了两个回归模型的结果。调整的 $R^2$ 都达到 0.9 以上，而且所有回归系数都通过了显著性检验。若设定目标为 $\Delta S=0$，即保持中游地下水储量不减少，则在 $Q_y=$ 17.1 亿 $m^3$（莺落峡来流量年均值）和 $Q_z=9.52$ 亿 $m^3$（正义峡下泄量年均值）情况下，回归模型 1 得出中游灌溉需求要削减 10.2%，而回归模型 2 得出在优化用水的条件下，中游灌溉需求要削减 7.9%。回归模型 2 的 $\beta_1$、$\beta_2$ 和 $\beta_3$的绝对值都比模型 1 中的要小。这表明优化后的用水方案实际上促进了地下水储量的稳定性。无论是遇到来流量小、下泄量要求更加严苛还是灌溉需求增加的情况，优化后的方案对中游地下水储量的影响都较小。

**表 11-7　未优化与优化后两组线性回归结果**

| 回归模型 | 情景 | 样本量 | $\beta_0$ | $\beta_1$ | $\beta_2$ | $\beta_3$ | 调整 $R^2$ |
|---|---|---|---|---|---|---|---|
| 1 | 优化前 | 36 | -2.574 | -0.8112 | 0.9928 | -0.7188 | 0.9490 |
| 2 | 优化后 | 72 | -2.840 | -0.6312 | 0.8270 | -0.5542 | 0.9030 |

从另外一个角度来看，若给定 $\Delta S$ 值，则可在不同的灌溉需求下得到莺落峡来流量 $Q_y$ 与正义峡下泄量 $Q_z$ 的关系，如图 11-20 所示。图 11-20 上的三条线分别为 $\Delta S$ 为 0、-1 亿 $m^3$ 与-2 亿 $m^3$ 时（即中游地下水储量保持不变、平均每年损失 1 亿 $m^3$ 及 2 亿 $m^3$ 的情况）回归模型 2 的模拟结果。从图 11-20（a）中可看出，分水曲线点在 $\Delta S=-1$ 亿 $m^3$ 与 $\Delta S=$ -2 亿 $m^3$ 两者间，在枯水年更接近 $\Delta S=-2$ 亿 $m^3$，丰水年更接近 $\Delta S=-1$ 亿 $m^3$。这表明，分水曲线所要求的正义峡流量，中游即使在优化的用水方案下，每年仍将损失 1 亿～2 亿 $m^3$ 的地下水储量。这表明，若中游农业规模不变、灌溉需求不减少，则中游地下水位下降的趋势仍将持续。图 11-20（b）为削减 20% 用水需求的情况。此时，分水曲线点在 $\Delta S=-1$ 亿 $m^3$ 与 $\Delta S=0$ 之间，在枯水年接近 $\Delta S=-1$ 亿 $m^3$，丰水年接近 $\Delta S=0$。这说

明，如果分水曲线保持不变，而正义峡的下泄任务又强制完成，张掖盆地至少应削减 20% 左右的灌溉用水需求，才能维持地下水储量的稳定。从目前张掖盆地社会经济情况来看，短时间内削减 20% 的农业灌溉需求是不可行的。总之，上述分析表明，分水曲线在考虑下游生态用水需求时忽略了中游的地下水系统。目前虽然下游生态恢复良好，但中游地下水位不断下降却有可能引发新的生态危机。

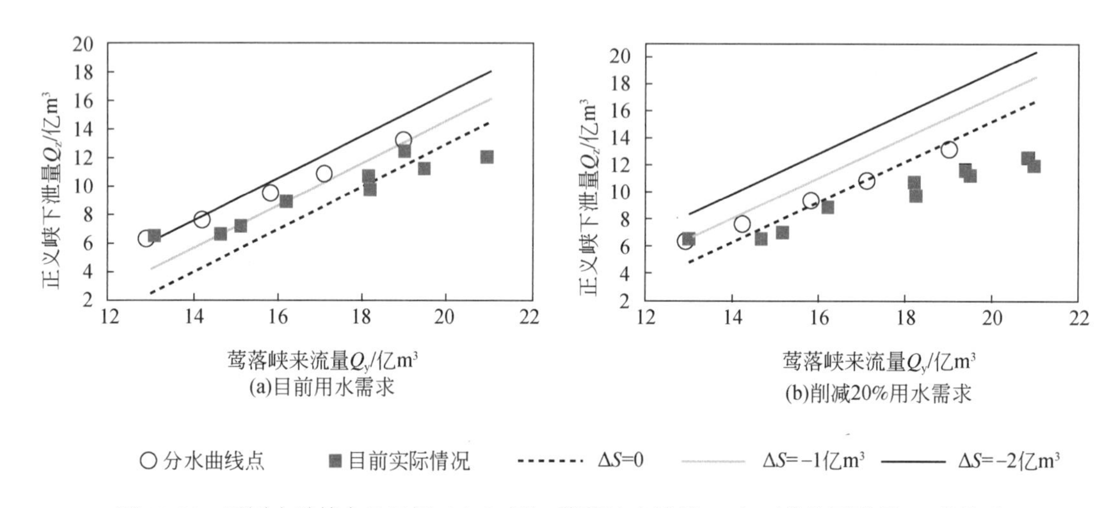


图 11-20　不同中游储水量目标（ΔS）下，莺落峡来流量 $Q_y$ 与正义峡下泄量 $Q_z$ 的关系

## 11.5　本章小结

本章介绍了一种专为生态水文耦合模型设计开发的代理建模优化算法 SOIM。SOIM 算法耦合了 SVM 替代模型和 SCE-UA 启发式搜索算法，是一种基于代理建模方法的自适应优化算法。以张掖盆地为例，应用 SOIM 及其对标的经典代理建模优化算法 DYCORS 完成了地表水-地下水联合灌溉配比的时空优化，并揭示了流域尺度节水的水文学原理。本章主要结论如下：

1）代理建模对于计算量巨大的地表水-地下水耦合模型的优化、不确定性分析和数据同化等应用来说是一个非常高效的方法。本研究所发展的优化算法 SOIM 具有计算效率高、结果准确等特点，可显著提高复杂地表水-地下水耦合模型用于实际流域水资源管理问题的可行性。

2）在对张掖盆地灌溉水管理的研究中发现，通过在空间上优化不同灌区的地表水、地下水使用比例，可以有效节水，节约的水量来源于潜水蒸发和输水渠道中无效蒸散发的减少。在时间上通过优化地表水和地下水的月度配比，增加夏季汛期地表水使用、减少春季地表水使用，可以从整体上减少张掖盆地无效蒸发损失，有利于整个区域的饱和含水层储水量恢复，而不减少正义峡的出口流量，张掖盆地整体上可实现水资源的节约并减缓地下水位的下降。研究表明，基于物理过程的耦合模型可以准确把握整个流域的水文变量之间的关系，这对于实现流域水资源的优化管理十分关键。而代理建模的方法则使得地表水-

地下水耦合模型进行决策优化计算成为可能。

3）分析不同灌溉需求情景表明，当前的分水曲线对于中游张掖盆地过于苛刻，若保持目前灌溉需求不变，中游地下水位将持续下降。即使灌溉时使用最佳的地表水和地下水配比，若要完成目前分水曲线规定的下泄量而保持含水层储水量不变，张掖盆地需要削减至少 20% 的灌溉用水。

# 第12章 水-生态-农业系统关联研究

如前面章节所述，以黑河干流水量为纽带，黑河流域中游农业活动与下游生态系统之间存在复杂的相互牵制、协同共变关系。20世纪90年代，迅猛增长的中游农业活动用水使得下游生态环境急剧恶化，而在2000年政府强力推行分水方案后，又引起了中游地下水储量快速下降、生态退化等问题。如何平衡中游社会经济、中游地下水资源及其支撑的生态系统和下游生态环境这三者之间的关系是黑河流域可持续发展面临的关键问题。这一问题在我国西北乃至全球内陆干旱地区具有典型性，寻求该问题的答案对我国的水安全、粮食安全和生态安全保障具有重要意义，也能为世界其他内陆干旱半干旱区的社会经济发展与生态环境保护提供中国智慧。

本章将从系统关联的视角对黑河中下游水资源、生态和农业三大系统之间的耦合关系进行定量研究。应用黑河中下游HEIFLOW模型（第8章）模拟中游不同灌溉情景下中游农业产量、中游地下水储量和下游植被LAI之间复杂、非线性的共变关系，探索通过农业节水灌溉措施实现水资源、生态、农业协同改善的路径。

## 12.1 系统关联视角

国际水文科学协会的Panta Rhei（“万物皆流”）十年科学计划（2013~2022年）（Montanari et al., 2013）推动了国际上关于“人-水耦合系统”的研究，社会水文学（socio-hydrology）应运而生（Sivapalan et al., 2012），国内也发展了“自然-社会”二元水循环（王浩和贾仰文，2016）等新理论。近年来，更具普遍意义的“人-自然系统关联”（human-nature nexus）成为可持续发展领域新的热点（Cai et al., 2018；Liu J G et al., 2018）。系统关联（nexus）是指多个系统间的相互作用，以及它们相互促进（synergy）或互为消长（tradeoff）的关系（Liu J G et al., 2018）。在2015年之前，约80%的人-自然系统关联研究只涉及两个系统结点，如“能-水”（energy-water）、“粮-水”（food-water）、“粮-能”（food-energy）等，对于三个或更多结点的系统关联研究甚少。最近几年的研究逐渐转向三个或更多结点的复杂系统关联，尤以“粮-能-水”系统关联（food-energy-water nexus，FEW nexus）最具代表性。美国和欧洲国家均启动了关于FEW nexus的研究计划，中国国家自然科学基金委员会与美国国家科学基金会也于2017年首次启动资助FEW nexus合作研究项目。

系统关联代表了一种方法论，从已有文献中可总结出系统关联研究的一些主要特点：①聚焦关键系统，清晰定义各系统边界，进而量化多系统间的相互作用；②所分析的多个系统处于平等地位，并非主次关系或从属关系；③必须分析多个系统的协同演化而非单个系统的演化。总之，系统关联研究就是一个从复杂系统中梳理出核心脉络的过程，其成果较容易为决策者所理解和参考。系统关联研究的兴起为自然资源综合管理提供了全新的视角和方法。例如，FEW nexus 研究可为土地资源、能源矿产资源、生物资源和水资源的统筹管理与系统优化提供理论基础。而以往，各类资源通常是孤立分析、各自优化的，即便有研究将多种资源放在一起讨论，也往往存在明确的主次关系或从属关系。

系统关联的定量研究方法尚在不断发展中。在黑河研究中，我们发展了基于“扰动-演化”模拟的流域系统关联分析方法。图 12-1（a）展示了流域内多个相互关联的系统在某一扰动作用下各自状态及其相互作用的动态演化过程，是定量评估系统关联的理论框架。图 12-1（b）则展示了进行“扰动-演化”模拟的方法路线：首先，设计多种扰动情景（如气候变化、土地管理、水资源开发等）；然后，针对每一扰动情景，利用流域集成模型模拟各系统状态变量的变化，在此基础上定量归纳各系统在该扰动作用下的共变关系；最后，根据不同情景下的“扰动-演化”模拟结果，提炼系统关联主要特征。本章利用黑河中下游 HEIFLOW 模型，定量研究内陆地区典型的水-生态-农业系统关联（water-ecosystem-atriculture nexus，WEA nexus）。

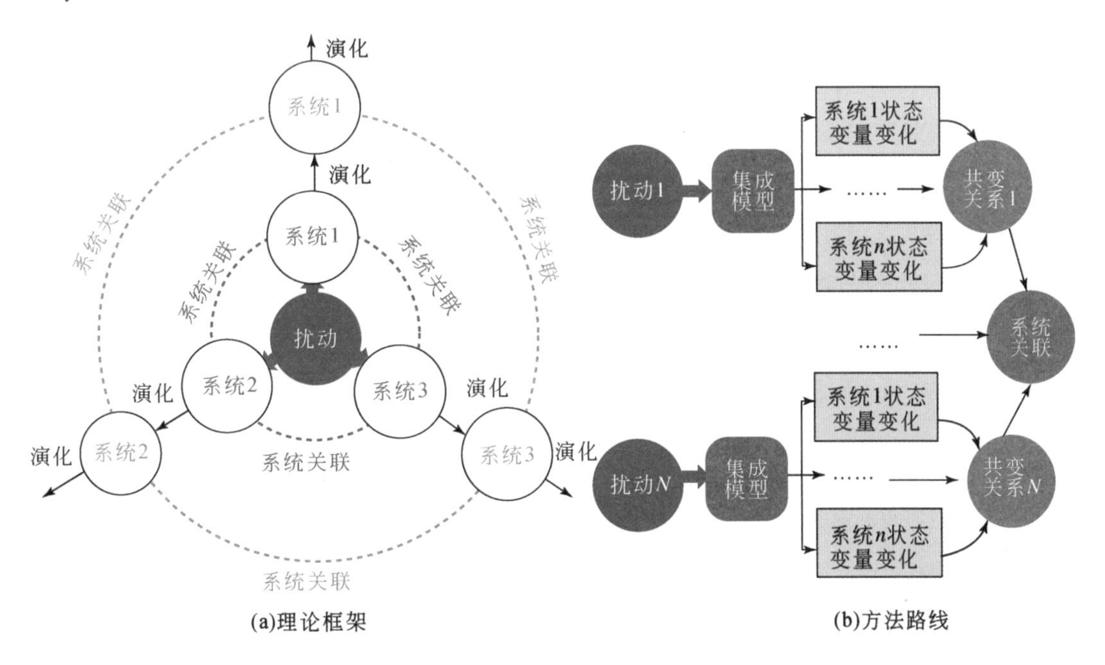


图 12-1　基于“扰动-演化”模拟评估流域系统关联的理论框架与方法路线

## 12.2　灌溉情景设计

随着分水方案的实施，黑河流域中游向下游释放的地表水流量增加，加之流域在近十几年内处于暖湿的气候状态（Li et al.，2018），下游生态环境有所恢复。然而，考虑到中游快速增加的地下水灌溉开采量引起的中游地下水问题，以及未来气候变化周期可能带来的干冷型气候状态，下游的生态恢复目标仍充满不确定性。在可预见的未来，很可能会对中游进行更严格的用水管理，包括对灌溉总量进行更严格的控制以及大面积推广实施节水灌溉措施等。本节介绍用于 HEIFLOW 模拟的退耕还水和节水灌溉情景。

### 12.2.1 退耕还水

中游灌溉总量控制情景（A 类情景）是指在中游各灌区上等比例地缩减灌溉用水量。共设置四档灌溉量减少比例，分别为 5%、10%、15% 和 20%。最大削减比例 20% 是基于分水方案实施以来中游向下游的实际下泄量与计划下泄量的最大亏缺程度设置的。同时，灌溉削减量的分配方式有三类：①只从地表引水量中削减，地下水灌溉开采量不变（SW 系列）；②只从地下水灌溉开采量中削减，地表引水量不变（GW 系列）；③按照实际灌溉的地表水-地下水配比，等比例地从地表水与地下水灌溉量中削减（SG 系列）。根据以上设置，A 类情景共计 12 个子情景，见表 12-1。

**表 12-1 中游灌溉总量控制情景（A 类情景）**

| 灌溉总量减少比例 | 情景编号 | | |
|---|---|---|---|
| | 只控制地表引水 | 只控制地下水开采 | 等比例控制 |
| 5% | A-SW-5 | A-GW-5 | A-SG-5 |
| 10% | A-SW-10 | A-GW-10 | A-SG-10 |
| 15% | A-SW-15 | A-GW-15 | A-SG-15 |
| 20% | A-SW-20 | A-GW-20 | A-SG-20 |

### 12.2.2 节水灌溉

农田覆膜是一种有效的节水措施。农作物在覆膜状态下，可以节约生长期的无效土壤蒸发。在 HEIFLOW 模型的通用生态模块 GEHM 中引入了农田 HRU 覆膜比例（$k_m$）这一参数。农田覆膜情景（B 类情景）是指通过不同面积比例的农田覆膜减少中游农田灌溉量，从而在中游农业不退耕的情况下增加正义峡下泄量，试图达到中游农业活动与下游生态系统双赢的目的。

农田覆膜比例也设置了四个子情景。最大的农田覆膜比例（30%）参考了同类区域可行的情况，其余子情景的比例分别为 5%、10% 和 20%，各子情景的编号见表 12-2。HEIFLOW 可以模拟理性用水的灌溉农户在不同覆膜比例下根据覆膜带来的节水潜力调整灌溉量的行为，从而仿真覆膜带来的节水效应（Sun et al.，2018）。

表 12-2　中游农田覆膜情景（B 类情景）

| 农田覆膜比例 $k_m$ | 情景编号 |
|---|---|
| 5% | B-5 |
| 10% | B-10 |
| 20% | B-20 |
| 30% | B-30 |

## 12.3　生态水文响应

前述 12 种灌溉总量控制情景（A 类情景）和 4 种农田覆膜情景（B 类情景）所对应的中游灌溉水量与来源组成分别如图 12-2（a）和（b）所示。图中的红线代表基准情景（Baseline，即现实情况模拟）的中游年均灌溉水量，柱状图中的蓝色部分表示地表水引水灌溉量，灰色部分表示地下水抽水灌溉量。从图 12-2（a）可以看出，同等灌溉总量削减比例下，不同情景（SW、SG、GW）总灌溉量相同，但地表水–地下水配比发生改变。在农田覆膜情景中［图 12-2（b）］，不同的农田覆膜比例下地表引水灌溉量的实际扣减量（即土壤蒸发节约量）有所区别，但地下水灌溉量保持不变。总体来说，农田覆膜比例越大，蒸发节约量也就越大，在 30% 农田覆膜比例的情况下，较基准情景约扣减了 5% 的地表引水灌溉量。

A 类与 B 类各情景在 2000 ~ 2012 年所模拟的正义峡年均下泄量如图 12-2（c）和（d）所示，图中红线代表基准情景的年均下泄量；除 A-GW 情景之外，其他所有情景的正义峡下泄量均有所上升，其中下泄量最大的情景为 A-SW-20。可以看出，中游削减越多地表水引水量，从正义峡向下游下泄的地表水流量也就越高，而削减地下水抽水量并不能增加正义峡下泄量。

### 12.3.1　中游生态水文效应

近十几年来，由于中游不断增长的农业用水需求和分水方案的实施，中游地下水整体呈负均衡状态。在不同的灌溉总量控制情景（A 类情景）下，中游地下水储量变化情况存在较大差异（图 12-3）。在不同灌溉总量削减比例下，A-GW 情景的地下水储量减少量最低。其原因是 A-GW 情景中所有灌溉削减量均来自地下水，使得中游地下水不可持续的问题得到了最大程度的缓解；而 A-SW 情景下地下水储量减少量最大，甚至超过了基准情景。其原因是在减少地表水灌溉的同时，也减少了地表灌溉水向地下水的补给，而抽水量并没有减少。

农田覆膜情景（B 类情景）下，中游累积地下水储量变化如图 12-4（a）所示。在 B 情景下，中游地下水储量有所恢复，但效果没有 A-GW 情景显著。B 情景没有对地下水抽

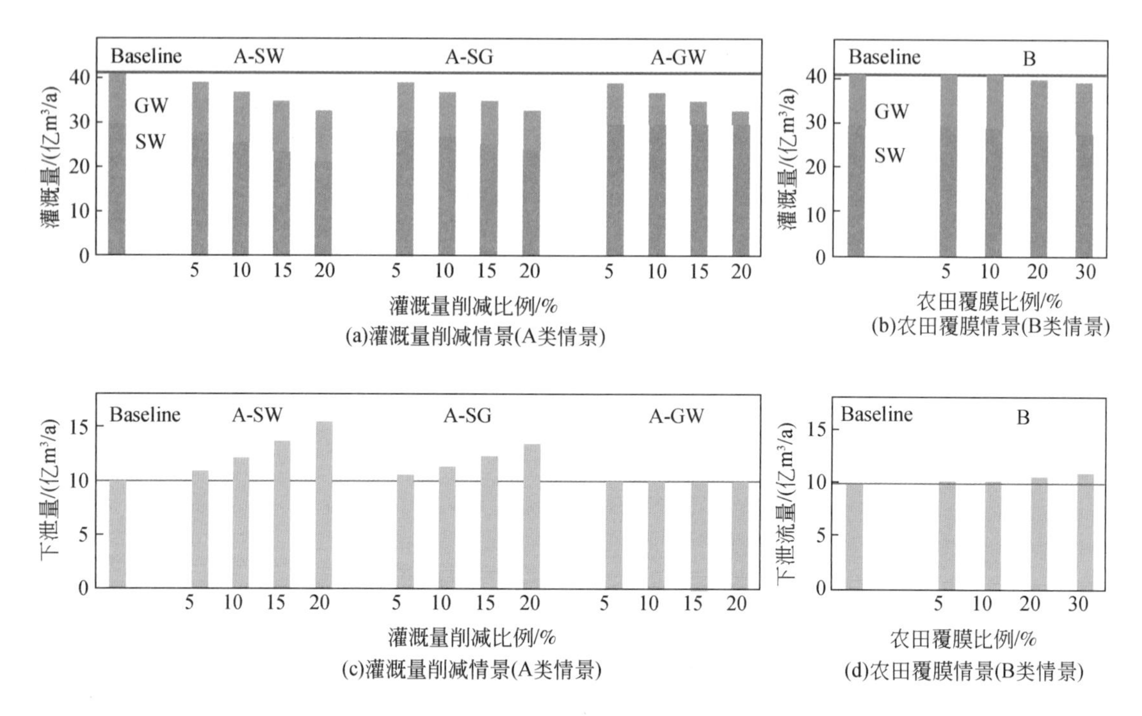


图 12-2　不同节水灌溉措施情景下灌溉量与正义峡下泄量

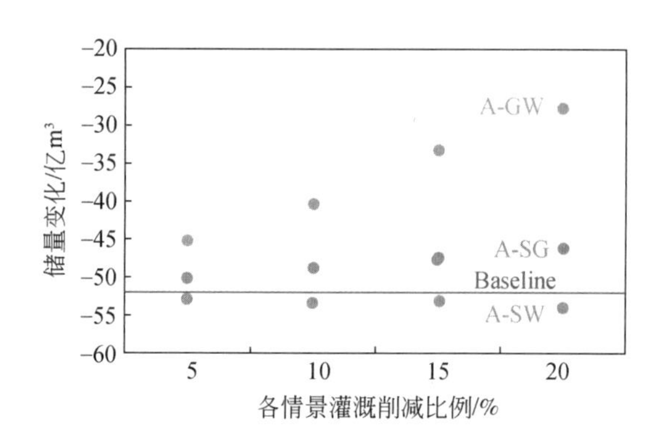


图 12-3　2001～2012 年不同灌溉总量控制情景下中游累积地下水储量变化

水量做出改变，因而地下水储量的变化实质上来源于 B 情景相比于基准情景所节约的水量（土壤蒸发节约量与其他平衡项增量的差值）。图 12-4（b）展示了 B 类情景随覆膜比例增大，中游土壤蒸发（$E$）、植被蒸腾（$T$）以及正义峡向下游下泄量（$R$）的变化。随着覆膜比例的提高，土壤蒸发逐渐减小，同时向下游的下泄量逐渐增加［同图 12-2（d）中的结果］。值得注意的是，在覆膜比例增大、灌溉量减少的 B 情景下，中游植被蒸腾量随覆膜比例增加反而有所增加。其原因是覆膜使得土壤中的水分含量得以保持，植被蒸腾随之提高，而中游植被主要是农作物，植被蒸腾的增加也反映出农作物长势变好。

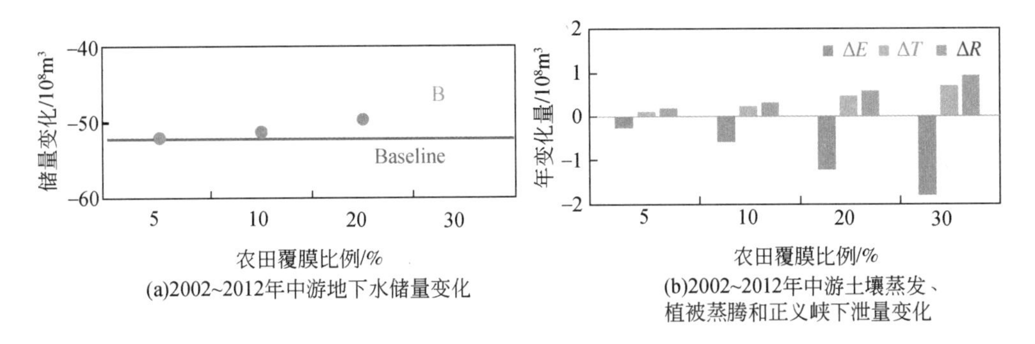


图 12-4　不同覆膜比例下中游水平衡通量与地下水储量变化

## 12.3.2　下游生态水文效应

黑河流域下游多年平均降水量不足 50 mm，而潜在蒸发量可达 3000 mm，下游的植被和地下水几乎完全依靠中游从正义峡下泄的地表径流量（$Q_z$）。下游年平均总水储量变化、植被年平均蒸腾量及 LAI 与 $Q_z$的关系如图 12-5 所示。图 12-5 中包含了除 A-GW 情景之外的全部情景，因为 A-GW 情景向下游释放的流量几乎与基准情景完全一致。下游总水储量变化可分解为与植被生长直接相关的地下水和土壤水储量变化 $\Delta S_{SS}$（灰色条带），以及下游生态系统的重要恢复指标——尾闾湖储量 $\Delta S_L$。由图 12-5 可见，在下泄量超过虚线标注的阈值（约为 11.5 亿 m³）后，增加的下泄量几乎完全用于补充尾闾湖，同时植被蒸腾量与 LAI 也趋于稳定，不再增加。可以认为，在当前的下游植被分布情况下，当下泄量低于 11.5 亿 m³ 时，下游植被受到水分胁迫，河道流量增加对于植被恢复有显著作用；当下泄量高于 11.5 亿 m³ 时，增加的河道流量对植被恢复贡献较小，主要用于尾闾湖扩张。

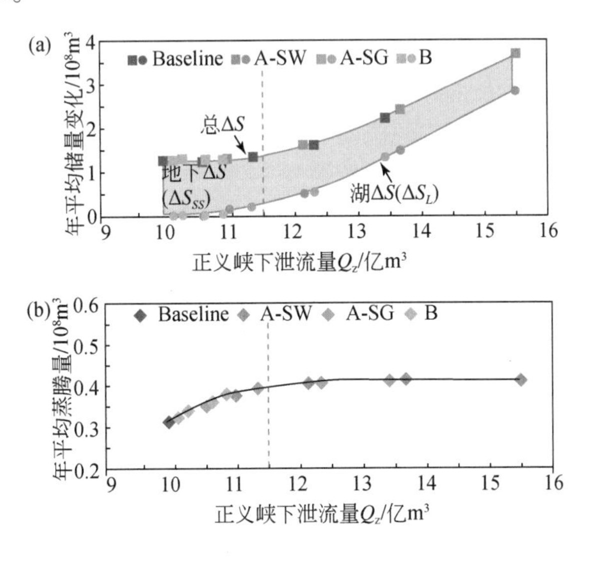

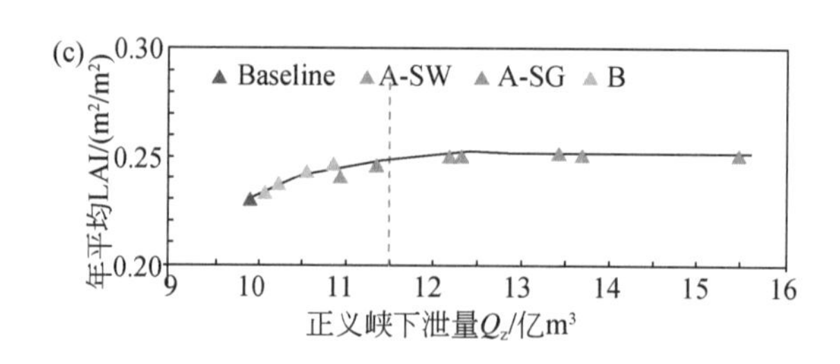


图 12-5　不同节水灌溉情景中，下游（a）年平均储量变化量；（b）年平均蒸腾量；（c）年平均 LAI 与正义峡下泄量的关系

## 12.4　水-生态-农业系统关联的特征

本研究定义了变化指数（change index，CI），用于衡量各情景与基准情景之间的变化：

$$\mathrm{CI}=100\cdot\frac{\mathrm{var_s}-\mathrm{var_b}}{|\mathrm{var_b}|} \tag{12-1}$$

式中，$\mathrm{var_s}$ 为某变量在某情景中的值；$\mathrm{var_b}$ 为这个变量在基准情景当中的值。中游地下水指数即指中游地下水位变化量（$\Delta\mathrm{GWL_{mid}}$）的 CI；下游生态指数即指下游植被年平均 LAI（$\mathrm{LAI_{down}}$）的 CI；中游农业指数则指中游农田植被蒸腾量（$T_{\mathrm{mid}}$）的 CI。

水、生态、农业指数在不同情景下的共变关系如图 12-6 所示。图 12-6 中 $x$ 轴代表中游地下水指数；$y$ 轴代表下游生态指数；圆圈的形态与大小代表中游农业指数，其中实心圆圈代表农业指数为正，反之为负，农业指数绝对值越高，圆圈越大。蓝色的 A-SW 情景显示了完全倾向于下游生态的结果，下游植被显著恢复，然而空心圆圈变大，地下水指数变小，意味着中游整体的水资源和农业生产状况受到了影响。黄色的 A-GW 情景显示了倾向于中游地下水恢复的结果，中游地下水指数远高于其他情景。在 A-GW 情景中，下游生态指数也有所提高，但中游农业指数却不断降低，表明在 A-GW 情景下，下游生态恢复和中游地下水存在协同关系，然而这种协同关系以中游农业减产为代价。A-SG 情景的表现比较均衡，其下游生态指数几乎与 A-SW 情景一致，同时体现了中游地下水的部分恢复。然而这种协同与 A-GW 情景一样，以中游农业减产为代价。绿色实心的 B 类情景是所有灌溉情景中唯一达到了水资源、生态、农业“三方受益”的情况，在提高了中游地下水指数、下游生态指数的同时，还通过节约无效蒸发保墒的方式，促进了蒸腾量，提高了中游农业产量。

图 12-7 更为直观地概括了“扰动-演化”模拟所揭示的黑河中下游 WEA nexus 特征。

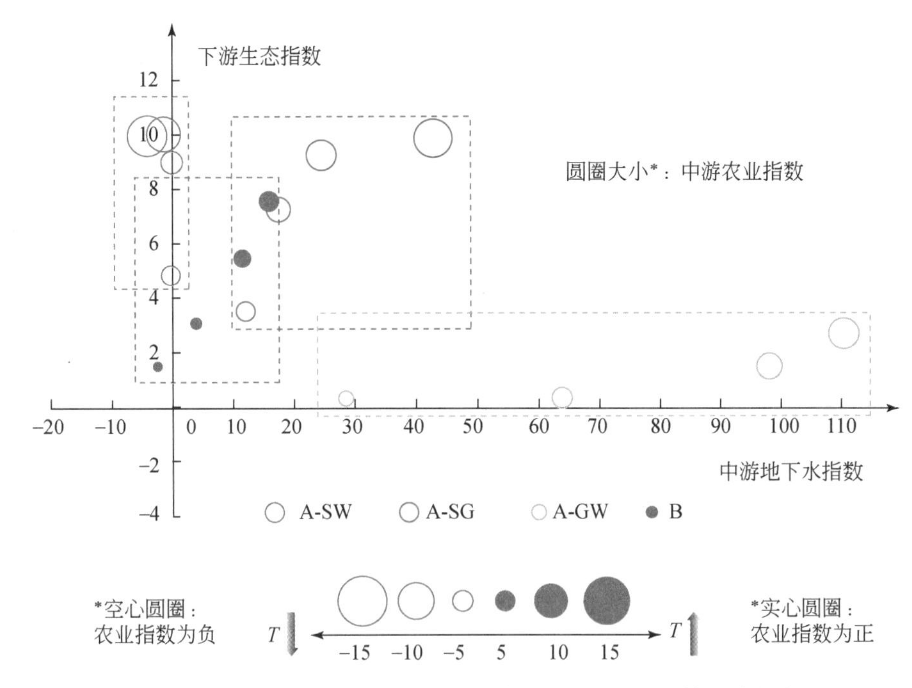


图 12-6　不同灌溉情景下黑河中下游水、生态、农业指数的共变关系

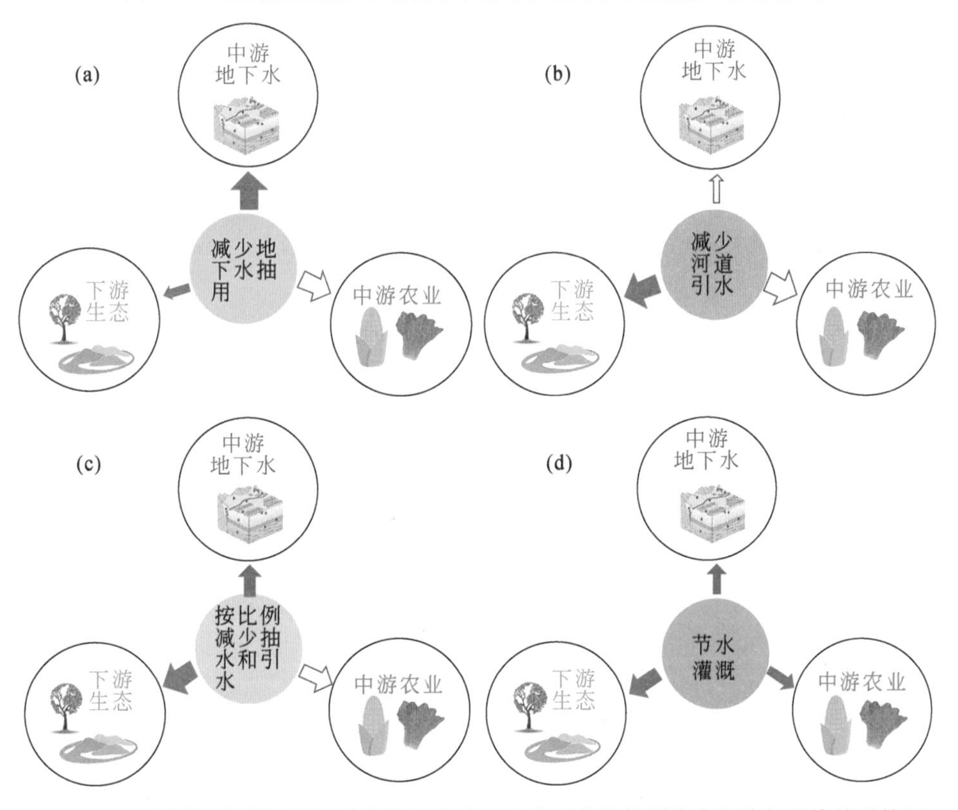


图 12-7　不同灌溉情景下黑河水资源、生态、农业系统的协同演化规律与系统关联特征

实心箭头为正影响，空心箭头为负影响，箭头宽窄指示影响强弱

## 12.5 本章小结

本章以系统关联的视角对黑河中下游水资源、生态、农业三大系统之间的耦合关系进行了定量研究。利用率定后的黑河中下游整体 HEIFLOW 模型，定量分析两类不同的灌溉情景下中游农业产量、中游地下水储量和下游植被 LAI 之间复杂的共变关系。这两类情景包括灌溉总量控制情景和节水灌溉情景。第一类灌溉总量控制情景中包含 12 个子情景，分别对应 4 种不同的灌溉总量削减比例以及 3 类水源配置方式。第二类情景包含 4 个子情景，分别对应 4 种不同的农田覆膜比例。通过模拟和分析 16 种灌溉情景下中游的地下水储量、中游植被蒸腾、中游向下游下泄量、下游地下水储量以及下游 LAI 变化等指标，对中下游水-生态-农业系统关联进行了剖析，具体研究结论如下：

1）对于灌溉总量控制情景而言，同一灌溉削减比例下，削减不同水源会对流域水平衡带来不同的影响。削减中游地表水灌溉会显著增加正义峡下泄量，与此同时也使得中游地下水储量下降速度更加明显；而削减中游地下水灌溉会减缓中游地下水储量下降趋势，但对正义峡流量增加没有明显效果；同时削减地表水-地下水灌溉量的效果则介于两者之间。

2）在下游当前植被面积不变的情况下，中游向下游释放的径流量超过 11.5 亿 $m^3/a$ 时，超过部分的流量从短期来看对植被生长的贡献较小，更多的流量会进入尾闾湖最终蒸发。

3）流域内水资源、生态、农业的权衡协同关系与水管理措施高度相关。相比于单纯的灌溉总量限制方案，在中游推广农田覆膜等农田节水措施，才能在维持中游农业发展和地下水可持续的同时保护与恢复下游生态环境，获得中下游水资源、生态、农业三者共赢的局面。

# 第 13 章　水资源调控研究

本章将基于黑河中下游整体 HEIFLOW 模型模拟，探讨利用政策工具和工程措施来缓解黑河流域农业与生态、中游与下游之间用水矛盾的可能性及路径。利用 WRA 和 ABM 模块，HEIFLOW 模型能够直接模拟水资源利用与管理过程，在气象数据驱动下再现流域用水活动的历史动态以及预测其未来变化趋势，这在第 6 章中已有介绍。13.1 节将基于启用 WRA 模块的 HEIFLOW 模型，探讨不同生态环境约束条件对中游水资源利用行为的影响（Tian et al., 2018）；13.2 节将基于启用 ABM 模块的 HEIFLOW 模型，分析多种水资源管理政策组合对中游水资源利用行为的调控效果和机制（Du et al., 2020）；13.3 节则研究黑河上游在建水利枢纽工程黄藏寺水库的水资源调度（Joo et al., 2018），分析水库对中下游生态水文过程的调节作用。本章将为读者展示复杂生态水文耦合模型在现实管理中所能发挥的重要作用。

## 13.1　生态约束下的水资源利用

### 13.1.1　模块设置

在黑河中游分布有 20 个灌区（图 13-1），总灌溉面积超过 23 万 $hm^2$。复杂的渠系网络将河水引至田间，渠道总长超过 12 430 km，地下水抽水井也已超过 10 000 眼。根据以往研究（Liu et al., 2015），黑河中游灌溉用水中来自黑河干流及其他小支流的地表引水量占比为 70%，地下水抽水量占比为 23%，而天然降水量占比为 7%。为探讨不同生态环境约束条件对中游水资源利用行为的影响，在 HEIFLOW 模型中启用 WRA 模块，进行黑河中下游整体模拟，模拟时间段为 2000 ~ 2015 年，关于 WRA 模块的介绍详见 6.1 节。模型的气象驱动数据采用熊喆等提供的黑河流域 3 km、6 h 模拟气象强迫数据（Xiong and Yan, 2013）。采用 2000 ~ 2015 年正义峡水文站和高崖水文站的日流量观测数据，以及 2000 ~ 2012 年月地下水位观测数据来验证模型的性能。为准备 WRA 模块的输入数据，收集了黑河中下游的多种地理空间数据（如土地利用、灌溉渠系网络）和水资源统计报表。根据土地利用数据，可确定每个 IHRU 内的农田面积（即 $A_{IHRU,i,j}$）；使用 2007 年的灌溉渠系网络数据，估算渠道面积占 IHRU 面积的比例（即 $RC_{IHRU,i,j}$）；使用定时灌溉方法来计算农业需水量。根据张掖市水务局提供的 2000 ~ 2015 年年度水资源报表，估算了各灌区的渠系水利用效率和定时灌溉计划，同一灌区内所有 IHRU 使用相同的渠系水利用效率和定时灌溉计划。HEIFLOW 模型支持动态土地利用变化，为此使用了 2000 年、2007 年和 2011 年三期土地利用图来准备三期 WRA 模块输入文件，分别对应的模拟时段为 2000 ~ 2006 年、2007 ~ 2010 年和 2011 ~ 2015 年。在每个模拟时段内，WRA 模块的参数保持不变。表 13-1 ~ 表 13-3 分别列出了上述三个时段内黑河中游 20 个灌区的关键参数。

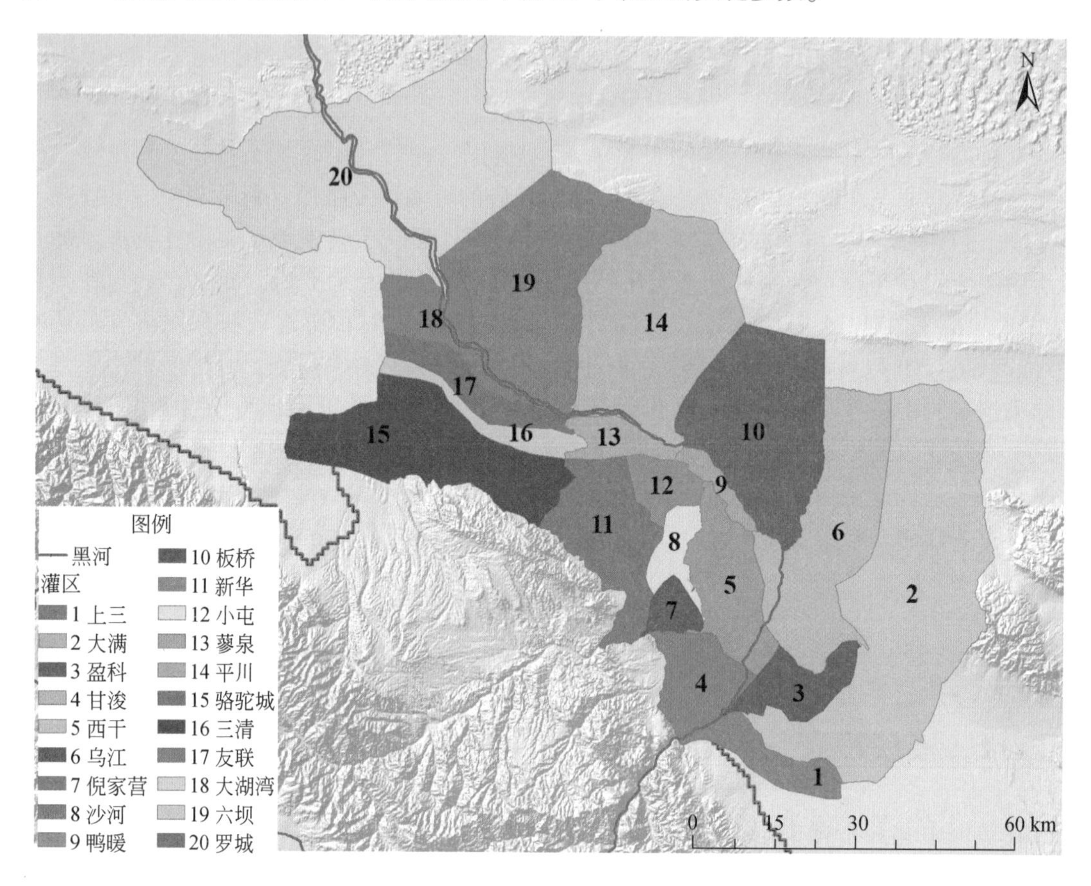


图 13-1　黑河中游灌区分布

**表 13-1　2000 ~ 2006 年黑河中游 20 个灌区的关键参数**

| 灌区编号 | 灌区名称 | IHRU 数量/个 | 总灌溉面积/$hm^2$ | 渠系水利用效率 | 年灌溉定额/mm |
|---|---|---|---|---|---|
| 1 | 上三 | 121 | 9 877 | 0. 50 | 648 |
| 2 | 大满 | 421 | 30 471 | 0. 64 | 740 |
| 3 | 盈科 | 184 | 15 957 | 0. 63 | 740 |
| 4 | 甘浚 | 129 | 8 186 | 0. 57 | 709 |
| 5 | 西干 | 293 | 22 752 | 0. 57 | 709 |
| 6 | 乌江 | 249 | 19 141 | 0. 60 | 679 |
| 7 | 倪家营 | 45 | 2 458 | 0. 70 | 740 |
| 8 | 沙河 | 78 | 4 826 | 0. 80 | 864 |
| 9 | 鸭暖 | 63 | 4 249 | 0. 63 | 864 |

续表

| 灌区编号 | 灌区名称 | IHRU 数量/个 | 总灌溉面积/hm$^2$ | 渠系水利用效率 | 年灌溉定额/mm |
| --- | --- | --- | --- | --- | --- |
| 10 | 板桥 | 111 | 7 242 | 0.61 | 864 |
| 11 | 新华 | 166 | 12 151 | 0.75 | 740 |
| 12 | 小屯 | 90 | 6 730 | 0.70 | 740 |
| 13 | 蓼泉 | 78 | 4 954 | 0.67 | 740 |
| 14 | 平川 | 105 | 7 164 | 0.66 | 802 |
| 15 | 骆驼城 | 173 | 9 853 | 0.60 | 725 |
| 16 | 三清 | 88 | 6 187 | 0.60 | 740 |
| 17 | 友联 | 134 | 10 126 | 0.62 | 802 |
| 18 | 大湖湾 | 109 | 5 937 | 0.60 | 802 |
| 19 | 六坝 | 49 | 2 888 | 0.66 | 740 |
| 20 | 罗城 | 173 | 9 853 | 0.57 | 740 |
| 总和/平均 | | 2 859 | 201 002 | 0.63 | 756 |

**表 13-2　2007 ~ 2010 年黑河中游 20 个灌区的关键参数**

| 灌区编号 | 灌区名称 | IHRU 数量/个 | 总灌溉面积/hm$^2$ | 渠系水利用效率 | 年灌溉定额/mm |
| --- | --- | --- | --- | --- | --- |
| 1 | 上三 | 125 | 10 315 | 0.50 | 648 |
| 2 | 大满 | 452 | 34 691 | 0.64 | 740 |
| 3 | 盈科 | 184 | 15 708 | 0.63 | 740 |
| 4 | 甘浚 | 135 | 8 282 | 0.57 | 709 |
| 5 | 西干 | 311 | 25 651 | 0.57 | 709 |
| 6 | 乌江 | 261 | 19 640 | 0.60 | 679 |
| 7 | 倪家营 | 47 | 2 609 | 0.70 | 740 |
| 8 | 沙河 | 89 | 5 559 | 0.80 | 864 |
| 9 | 鸭暖 | 64 | 5 062 | 0.63 | 864 |
| 10 | 板桥 | 109 | 7 729 | 0.61 | 864 |
| 11 | 新华 | 177 | 13 141 | 0.75 | 740 |
| 12 | 小屯 | 108 | 7 902 | 0.70 | 740 |
| 13 | 蓼泉 | 87 | 6 176 | 0.67 | 740 |
| 14 | 平川 | 102 | 7 235 | 0.66 | 802 |
| 15 | 骆驼城 | 207 | 13 564 | 0.60 | 725 |
| 16 | 三清 | 86 | 6 611 | 0.60 | 740 |
| 17 | 友联 | 136 | 10 790 | 0.62 | 802 |
| 18 | 大湖湾 | 105 | 6 324 | 0.60 | 802 |
| 19 | 六坝 | 49 | 3 051 | 0.66 | 740 |

续表

| 灌区编号 | 灌区名称 | IHRU 数量/个 | 总灌溉面积/hm² | 渠系水利用效率 | 年灌溉定额/mm |
|---|---|---|---|---|---|
| 20 | 罗城 | 150 | 6 941 | 0.57 | 740 |
| 总和/平均 | | 2 984 | 216 981 | 0.63 | 756 |

**表 13-3　2011～2015 年黑河中游 20 个灌区的关键参数**

| 灌区编号 | 灌区名称 | IHRU 数量/个 | 总灌溉面积/hm² | 渠系水利用效率 | 年灌溉定额/mm |
|---|---|---|---|---|---|
| 1 | 上三 | 124 | 10 080 | 0.50 | 648 |
| 2 | 大满 | 470 | 36 212 | 0.64 | 740 |
| 3 | 盈科 | 183 | 15 484 | 0.63 | 740 |
| 4 | 甘浚 | 131 | 8 473 | 0.57 | 709 |
| 5 | 西干 | 311 | 25 823 | 0.57 | 709 |
| 6 | 乌江 | 251 | 18 849 | 0.60 | 679 |
| 7 | 倪家营 | 50 | 2 705 | 0.70 | 740 |
| 8 | 沙河 | 89 | 5 583 | 0.80 | 864 |
| 9 | 鸭暖 | 65 | 5 307 | 0.63 | 864 |
| 10 | 板桥 | 119 | 8 410 | 0.61 | 864 |
| 11 | 新华 | 173 | 13 121 | 0.75 | 740 |
| 12 | 小屯 | 112 | 8 650 | 0.70 | 740 |
| 13 | 蓼泉 | 90 | 6 235 | 0.67 | 740 |
| 14 | 平川 | 110 | 7 707 | 0.66 | 802 |
| 15 | 骆驼城 | 212 | 14 166 | 0.60 | 725 |
| 16 | 三清 | 89 | 6 885 | 0.60 | 740 |
| 17 | 友联 | 135 | 10 756 | 0.62 | 802 |
| 18 | 大湖湾 | 109 | 6 527 | 0.60 | 802 |
| 19 | 六坝 | 53 | 3 301 | 0.66 | 740 |
| 20 | 罗城 | 155 | 7 504 | 0.57 | 740 |
| 总和/平均 | | 3 031 | 221 778 | 0.63 | 756 |

## 13.1.2　管理情景

本节重点关注生态环境约束对用水行为的影响，假设了两类管理情景进行模拟（表 13-4）。A 类情景代表地下水位约束，通过设定不同的地下水最大允许降深（groundwater level drawdown，GLD）体现。在黑河分水方案实施之初，中游地下水的开采缺乏监管，导致水位快速下降。近年来，当地政府开始对一些灌区的地下水抽水量进行计量，预计在不远的将来可实现对地下水开采的全面监管。A 类情景代表了抽水井的流量和水位都得到有效监管的情况：一旦抽水井所在位置的地下水位降深超过规定的最大值后，抽水井将被强制停止使用。A 类情景中环境流量约束功能（6.2 节）并未激活。利用 WRA 模块提供的地下水位降深约束功能（6.1.2 节），将 A1 ~ A5 情景中 GLD 分别设为 1m、2m、3m、4m 和 5m。A1 和 A5 分别为最严格和最宽松的地下水管理政策。为进行政策效果对比，引入了一个统计量——抽停率（stopped pumping ratio，SPR），其定义如下：

$$\mathrm{SPR}=\frac{\mathrm{DAY}_{\mathrm{stopped}}}{\mathrm{DAY}_{\mathrm{total}}} \tag{13-1}$$

式中，$\mathrm{DAY}_{\mathrm{stopped}}$为模拟期内 GLD 超过了其阈值而导致的地下水停止抽水天数；$\mathrm{DAY}_{\mathrm{total}}$为需要地下水灌溉的总灌溉天数。

B 类情景用于研究环境流量约束对中游用水行为及中游和下游生态水文过程的影响。本研究中的环境流量特指正义峡下泄量。B1 ~ B3 情景均激活了环境流量约束功能，通过使用逐日滚动修正方法来调节中游的引水量，使得下泄量满足分水曲线要求。在情景 B1 中，不使用 GLD 约束，即地下水抽水不受限制。在情景 B2 和 B3 中，GLD 分别等于 1m 和 5m。

**表 13-4　不同生态约束条件下的黑河中游水资源管理情景**　（单位：m）

| 情景类型 | 情景编号 | 环境流量管理约束 | 地下水最大允许降深 |
|---|---|---|---|
| 基准情景 | 基准情景 | 全线闭口 | — |
| 类型 A | A1 | — | 1 |
| | A2 | — | 2 |
| | A3 | — | 3 |
| | A4 | — | 4 |
| | A5 | — | 5 |
| 类型 B | B1 | 逐日滚动修正 | — |
| | B2 | 逐日滚动修正 | 5 |
| | B3 | 逐日滚动修正 | 1 |

### 13.1.3　模块验证

利用耦合了 WRA 模块的 HEIFLOW 模型模拟 2000 ~ 2015 年黑河中下游水文过程。模拟时段第一年即 2000 年为预热期，用来生成合理的初始土壤带和非饱和带含水量。以下分析均不含第一年的结果。图 13-2 显示了 20 个灌区内模型模拟结果与统计结果之间的对比。图 13-2（a）对比了地表水引水量的模拟值与实际统计值，模拟值与统计值之间的 $R^2$ 达到 0.97。图 13-2（b）对比了地下水抽水量的模拟值与实际统计值，模拟值与统计值之

间的 $R^2$ 达到0.96。由此可见，在灌区尺度上，模拟值与统计值吻合较好，表明模型能够准确反映灌溉用水量。

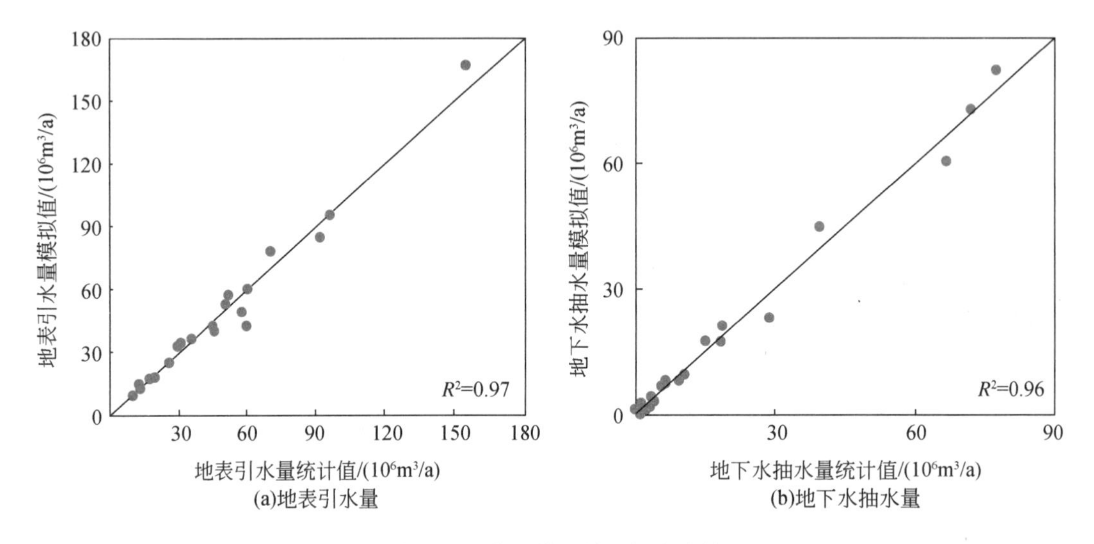


图 13-2　灌区尺度模型模拟结果与统计结果对比

图 13-3（a）进一步分析了灌区尺度的供水空间格局。有些灌区的供水主要依赖于地表引水，如上三灌区和大满灌区。而骆驼城灌区的供水主要依赖于地下水。总的来说，地表水引水、地下水抽水和天然降水分别占 20 个灌区总供水量的 67%、25% 和 8%，与前人研究一致（Liu et al., 2015）。图 13-3（b）显示了灌区尺度下渠道水量损失的空间分布。在大多数灌区，渠道水量损失主要为渠底渗漏，总体来看，渠底渗漏占渠道损失总量的 75%。事实上，WRA 模块也可以提供 HRU 尺度上的模拟结果，这也是该模块的一个优点，因为统计数据通常不包括这样的详细信息。

## 13.1.4　地下水位约束的影响

图 13-4 显示了类型 A 情景（2001～2015 年）下黑河中游的关键水平衡变量与地下水储量变化。可以看到，施加 GLD 约束管理会对水文循环产生很大的影响。在所有 A 类型情景下，地下水抽水量都会减少［图 13-4（a）］。情景 A1 代表最严格的管理，而情景 A5 代表最宽松的管理。基于 GLD 的地下水管理有助于恢复地下水储量［图 13-4（b）］。与基准情景相比，情景 A1 下的地下水储量得到了很大的恢复。然而，地下水抽水量减少后，灌溉水量也相应减少，进而导致蒸散发量的减少［图 13-4（c）］，而正义峡的下泄量会增加［图 13-4（d）］。总的来说，中游 GLD 管理越严格，地下水抽水量和蒸散量越少，向下游下泄量越大。

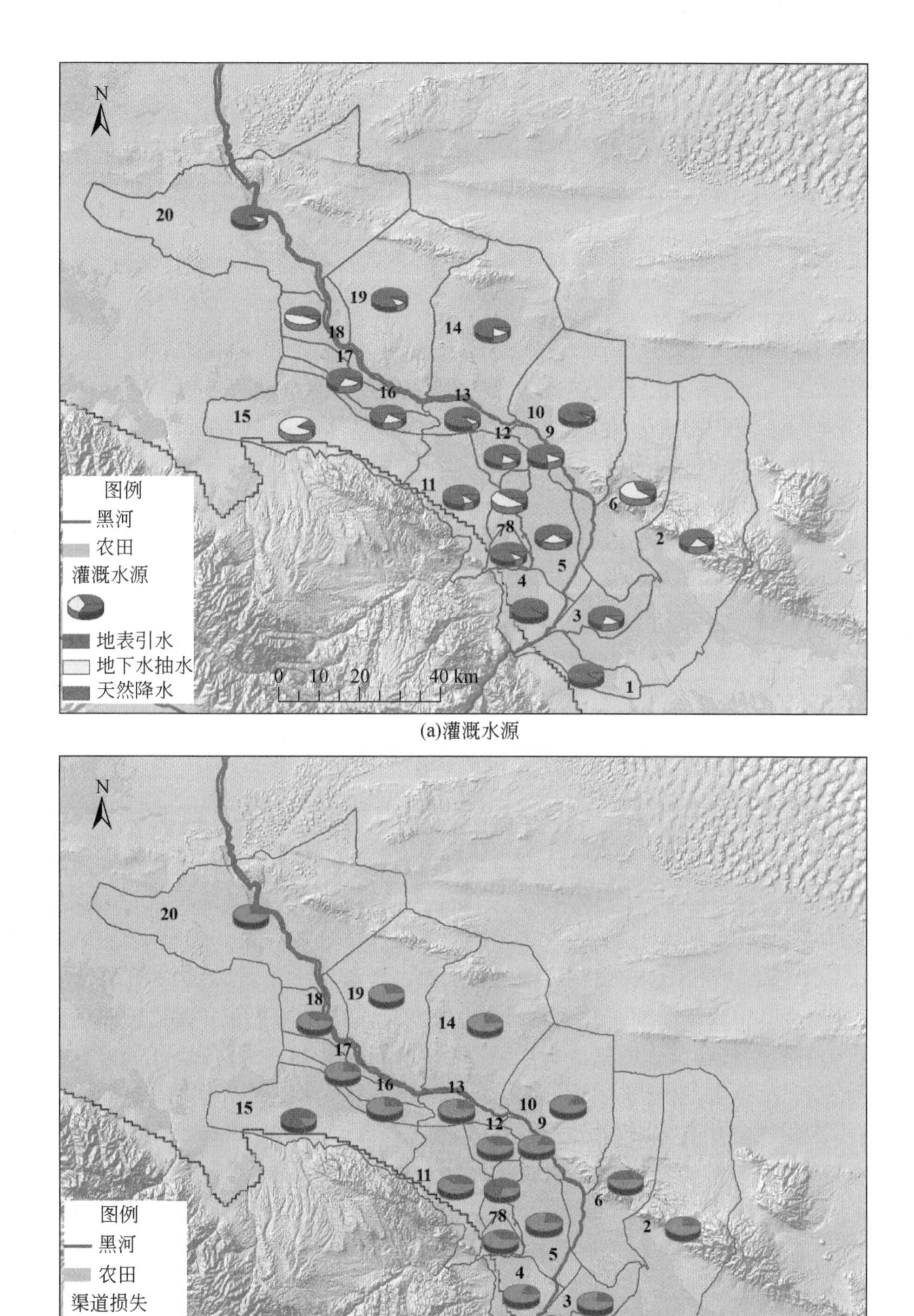


(a)灌溉水源

(b)渠系损失

图 13-3 灌区灌溉水源空间分布和灌区尺度渠道损失空间分布

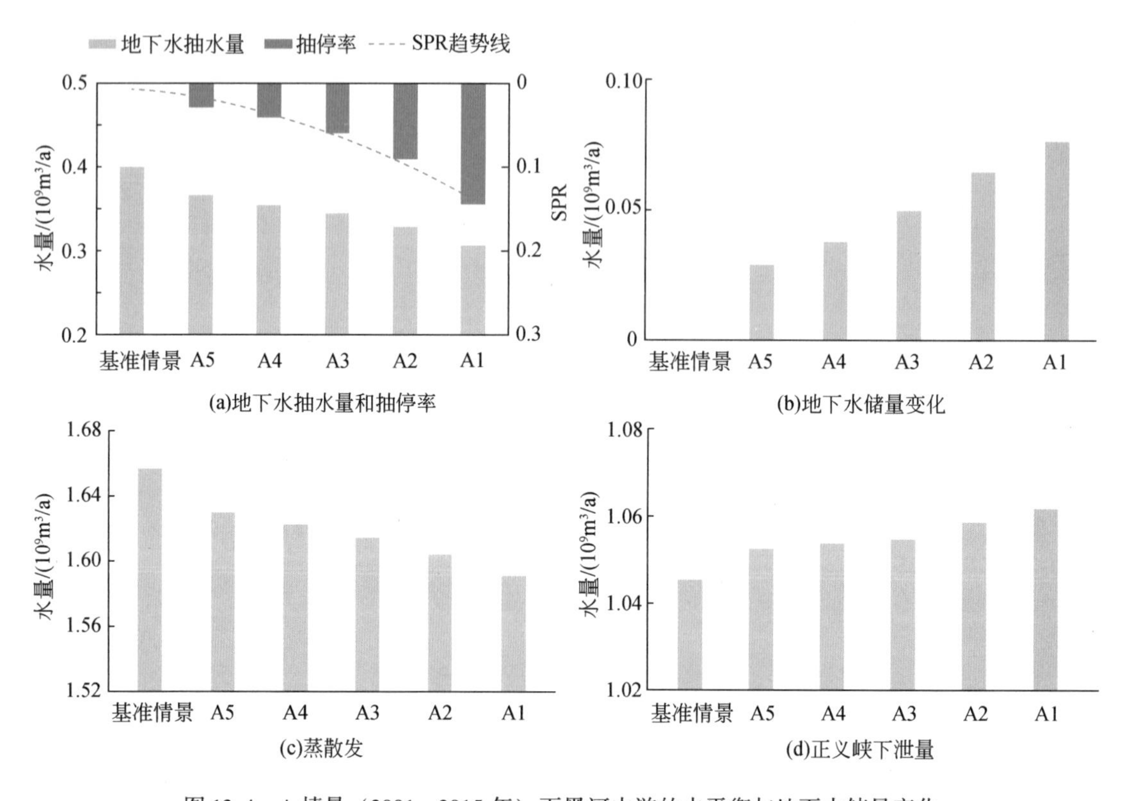


图 13-4　A 情景（2001～2015 年）下黑河中游的水平衡与地下水储量变化

图 13-4（a）比较了类型 A 五种情景的平均地下水 SPR。可以看出，随着地下水抽水限制的加强，SPR 逐渐增加。图 13-5 显示了情景 A1 和 A5 下中游灌区 SPR 的空间分布。地表水-地下水相互作用在很大程度上决定了 SPR 的空间变异性。如图 13-5（a）所示，灌区 6、9、13、18 和 20 中的大部分 SPR 等于零，这意味着在这些地区地下水抽水不受 GLD 约束的影响。根据先前的研究，流经这些灌区的河段有强烈的河流-地下水相互作用（Hu et al.，2016）。抽水后地下水位可迅速恢复，因此抽水不受 GLD 约束的限制。相比之下，灌区 8、11 和 15 的 SPR 大于 80%。这些灌区远离河流，地下水不能通过河流或土壤深层渗漏快速补给。因此，这些地区的地下水抽水对 GLD 约束非常敏感。在情景 A5 下，除灌区 15 外，大多数灌区的 SPR 等于零。这些地区的地下水抽水不再受 GLD 约束的影响。图 13-5 对水资源管理有两个重要的启示：首先，地下水管理政策存在一个阈值，低于这个阈值的政策，其效果有限；其次，地下水管理政策需因地而为，从而应对流域属性的空间异质性。

## 13.1.5　环境流量约束的影响

如何在中下游之间分配水资源以满足分水曲线要求是黑河流域水资源管理者关注的一个重要问题。为实现分水曲线目标，压缩中游地区的灌溉用水是不可避免的。然而，应该压缩多少灌溉用水仍然是一个问题。WRA 模块提供了一个有效的工具帮助回答这个问题。

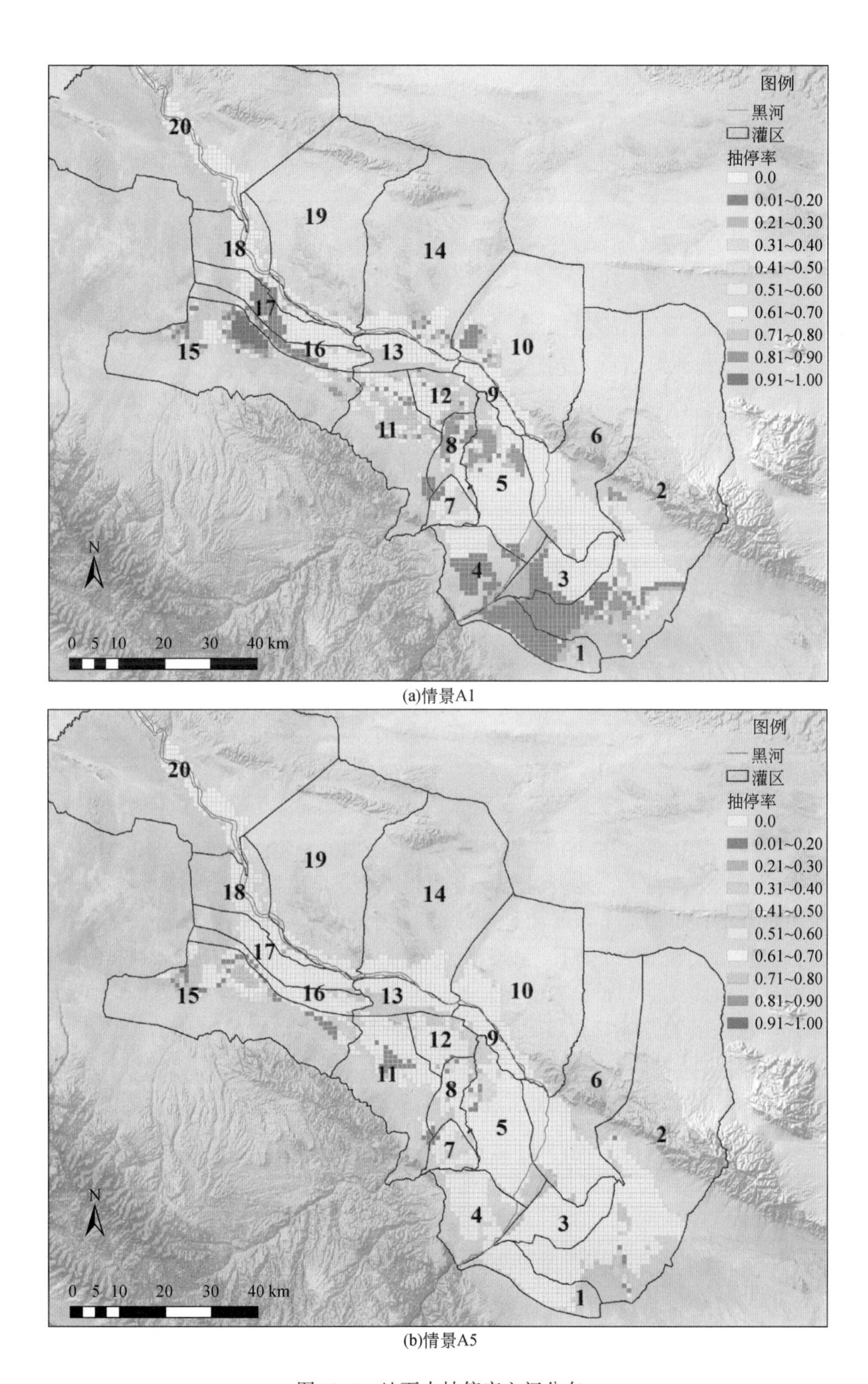


(a)情景A1

(b)情景A5

图 13-5 地下水抽停率空间分布

图 13-6 显示了 B1 情景下正义峡下泄量与观测值及分水曲线目标值对比。可以看出，在 B1 情景下，大多数年份正义峡的下泄量接近或超过分水曲线目标值。这就意味着，如果精细调控每日的引水量则分水曲线的目标是可以实现的。

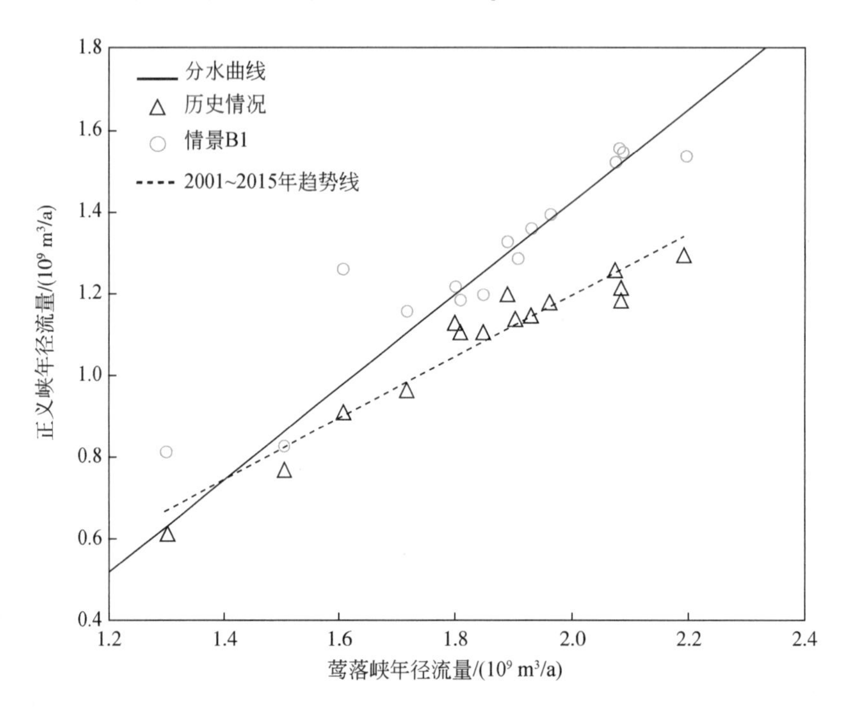


图 13-6　情景 B1 模拟结果与分水曲线对比

表 13-5 显示了 B1、B2 和 B3 情景下耦合模型模拟的关键水文变量。B1 情景的结果表明：为了实现分水方案目标，地表引水应比基准情景（即实际情况）减少约 21.85%。然而，减少引水以消耗更多地下水（由地下水储量变化表示）和作物产量减少（由农田蒸散发表示）为代价。在 B1 情景下，由于保持灌溉定额不变，不受地下水位下降限制时，中游地区的地下水抽水量增加了 7.04%，地下水储量减少了 43.37%。尽管地下水供应量有所增加，但总供水量仍减少了 15.94%，其结果是农田蒸散发减少 8.57%，正义峡下泄量增加了 22.47%，下游的农田蒸散发和地下水储量分别增加了 11.13% 和 15.28%，进入尾闾湖（居延海）的水量也大幅度地增加了 51.92%。

**表 13-5　B1、B2 和 B3 情景下关键水文变量模拟值**

| 水文过程 | 变量/$10^9$ m$^3$ | 基准情景 | 生态调水情景 | | | 变化百分比/% | | |
|---|---|---|---|---|---|---|---|---|
| | | | B1 | B2 | B3 | B1 | B2 | B3 |
| 农业水利用 | 黑河中游地表引水 | 1.547 | 1.209 | 1.211 | 1.214 | -21.85 | -21.72 | -21.53 |
| | 黑河中游地下水抽水 | 0.398 | 0.426 | 0.386 | 0.323 | 7.04 | -3.02 | -18.84 |
| | 黑河中游总供水量 | 1.945 | 1.635 | 1.597 | 1.537 | -15.94 | -17.89 | -20.98 |

续表

| 水文过程 | 变量/$10^9$ $m^3$ | 基准情景 | 生态调水情景 | | | 变化百分比/% | | |
|---|---|---|---|---|---|---|---|---|
| | | | B1 | B2 | B3 | B1 | B2 | B3 |
| 径流 | 正义峡下泄量 | 1.048 | 1.284 | 1.286 | 1.293 | 22.47 | 22.72 | 23.40 |
| | 居延海入湖量 | 0.068 | 0.104 | 0.105 | 0.106 | 51.92 | 53.15 | 55.65 |
| 地下水 | 中游储量变化 | -0.083 | -0.119 | -0.079 | -0.036 | -43.37 | 4.82 | 56.63 |
| | 下游储量变化 | 0.016 | 0.018 | 0.019 | 0.020 | 15.28 | 17.31 | 22.64 |
| 蒸散发 | 黑河中游农田蒸散发 | 1.656 | 1.514 | 1.481 | 1.440 | -8.57 | -10.57 | -13.04 |
| | 黑河下游农田蒸散发 | 1.117 | 1.241 | 1.243 | 1.246 | 11.13 | 11.28 | 11.58 |

在 B2 情景中，使用了更为宽松的地下水位下降限制。与基准情景相比，中游地下水抽水量减少 3.02%，中游地下水储量略有恢复（增加 4.82%）。B3 情景严格限制地下水开采，中游地下水开采量减少 18.84%。由于地下水抽水量的减少，中游地区的地下水储量得到了显著的恢复（增加了 56.63%）。与 B1 情景相比，农业供水减少，下泄量更多。总的来说，B3 情景提供了一个解决方案，既可以满足分水曲线的要求，也可以维持中游的地下水储量。

## 13.2 水资源管理政策组合

### 13.2.1 模块设置

本节利用启用 ABM 模块的 HEIFLOW 模型，分析多种水资源管理政策组合对中游水资源利用行为的调控效果和机制。黑河中下游 HEIFLOW 模型参数均保持不变，ABM 模块所使用的灌区基本参数同 13.1 节，包括灌区个数、各灌区内的 IHRU 分布以及 IHRU 的参数（如渠系水利用效率等），此处不再赘述。根据黑河流域水资源管理现状和需求，设定包含地表水资源费（$\varphi_{SW}$）、地下水资源费（$\varphi_{GW}$）、地下水位降深限制（$\xi$）和地下水超采惩罚力度（$\eta$）四种水资源管理措施的政策组合，综合评估在水资源管理政策约束下的黑河中游下泄量、地下水埋深、地表水使用量和地下水使用量等生态水文变量。其中地表水资源费 $\varphi_{SW}$ 设为 0.2 元/$m^3$。由于黑河流域尚未实施统一的地下水资源费政策，因此采用情景分析法，将地下水资源费 $\varphi_{GW}$ 设为 0～0.2 元/$m^3$。地下水位降深限制 $\xi$ 设为 0～10 m，相应地，地下水超采惩罚力度 $\eta$ 设为 0～0.2 元/(m · $m^3$)。

### 13.2.2 水资源管理政策对流域生态水文过程的影响

本节采用情景分析法，选取地下水资源费、地下水位降深限制、地下水超采惩罚力度三种水资源管理政策组合，综合评估流域水资源管理政策对黑河中游的地表水使用量、地下水开采量、地下水埋深以及黑河中游下泄量的影响。通过对黑河中游2001～2016年的模拟分析，在流域尺度上得到如下结果：

1）从水资源管理政策的总体效应来看，上述三种水资源管理政策均可以对黑河中游的水资源利用和流域水文过程产生明显的影响。其中，提高地下水资源费、加强地下水位限制、提高地下水超采惩罚力度均可以减少地下水的使用、提高地下水位、增加地表水使用量、降低中游河道下泄量（图13-7）。从不同管理政策的相互对比来看，三种水资源管理政策对水资源利用和流域水文过程的影响效果存在一定的差别。相对于地下水位降深限制和地下水超采惩罚力度而言，地下水资源费对地下水使用以及地下水位变化的影响更为显著。例如，通过地下水资源费的调控，地下水开采量的调控范围约为0.2亿$m^3$，对地下水埋深的影响可以达到0.9 m，而地下水位降深限制和地下水超采惩罚力度两种水资源管理政策对地下水开采量的影响范围约为0.1亿$m^3$，对地下水位的调控范围仅为0.4 m左右。然而，虽然地下水资源费对黑河中游水资源利用和地下水保护具有更为显著的影响，

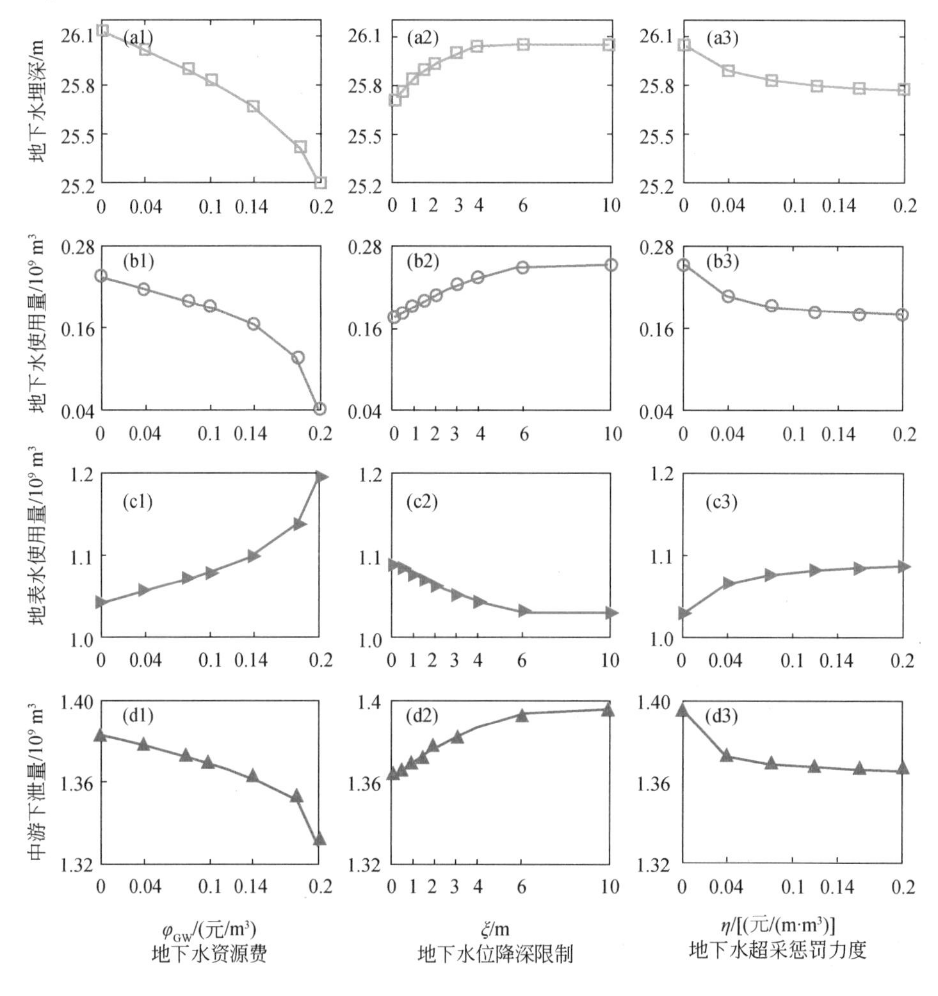


图13-7　水资源管理政策对黑河中游水文过程和水资源利用的影响

但是按每立方米计费的管理政策会造成农户用水成本增加，降低农户的经济收益，在政策实施上会有相应的困难。

2）流域管理政策的实施可以改变黑河中游和下游的需水矛盾。例如，提高地下水资源费虽然可以降低中游的地下水使用，抬升地下水位，改善中游生态环境，但是地下水使用成本的增加会造成地表水使用量的增加，减少河道下泄量，对下游的生态环境造成不利影响。中游农业用水和地下水保护与下游的生态用水需求存在天然的矛盾。针对这一矛盾，流域管理机构和相关决策部门需要评估与预判中游和下游用水需求各自的缓冲范围，通过资源管理政策的调控使两者的用水需求在缓冲区范围内均得到一定程度的满足，缓解中游农业用水和下游生态需水这一天然矛盾。

3）各项水资源管理政策对农业用水和流域水文过程的影响存在非线性关系，当政策力度进入非线性阈值范围内时，其影响力趋于变缓或增强。例如，当地下水资源费接近0.2 元/$m^3$，地下水和地表水的使用量以及中游下泄量对地下水资源费的调整较为敏感，而当地下水资源费较低时（如0.1 元/$m^3$），地下水资源费的调整对上述结果的影响较小（图 13-7）。针对这一非线性影响关系，流域管理机构和相关决策部门需要详细评估各个水资源管理政策影响力的非线性阈值范围，指导政策的调整。特别是当水管理政策对流域水文过程的影响进入非线性响应区时，需要科学细致地评估政策的微调对流域农业用水和生态环境的影响。

考虑到黑河中游包括多个农业灌区，各个灌区的农业结构、用水需求、基础设施以及水文地质等情况均存在差异，这些差异会造成各个灌区对水资源管理政策的响应存在一定的差别。因此，有必要具体分析和比较流域内部不同灌区对水资源政策响应的差异性。考虑到黑河中游面临着较为严峻的地下水过度开采造成的生态环境问题，本节选取地下水埋深这一关键性水文变量，评估流域尺度的水资源管理政策在多大程度上会影响各个灌区局部的水位变化（ΔDWT）。模型的模拟结果表明：

1）黑河中游灌区地下水位对水资源管理政策的响应存在较为明显的区域差异性（图 13-8）。其中，骆驼城、沙河、三清等灌区的地下水位受水资源管理政策的影响较大，骆驼城的地下水埋深的变化幅度接近 3.8 m；与之相比，鸭暖、罗城、乌江、蓼泉等灌区的地下水位受水资源管理政策的影响较小（地下水埋深变化不足 1 m）。

2）地下水埋深对水资源管理政策的响应呈现一定的空间变化规律，因此对不同的地区宜施行不同严格级别的管控力度。处于流域上游、距离河流较远的地区对水资源管理政策的响应更为明显，这从侧面反映出这些地区的地下水相对脆弱，更容易受到地下水过度开采而造成水位降低问题。因此，这些地区应该加强管理力度，执行更加严格的地下水监测和管控措施，避免因地下水超采造成生态环境问题。与之相比，距离河流较近的区域更容易得到河道径流补给，因此这些地区可适当放松地下水开采管控力度。

在某一项管理政策实施之后，其对流域水文过程的影响会随着时间累积而呈现不同的叠加效应。本节选取骆驼城、鸭暖、板桥三个灌区为典型研究区，以地下水位限制这一地下水资源管理政策为例，分析地下水埋深在不同力度的管理政策下的时间变化趋势（图 13-9）。模拟结果表明：

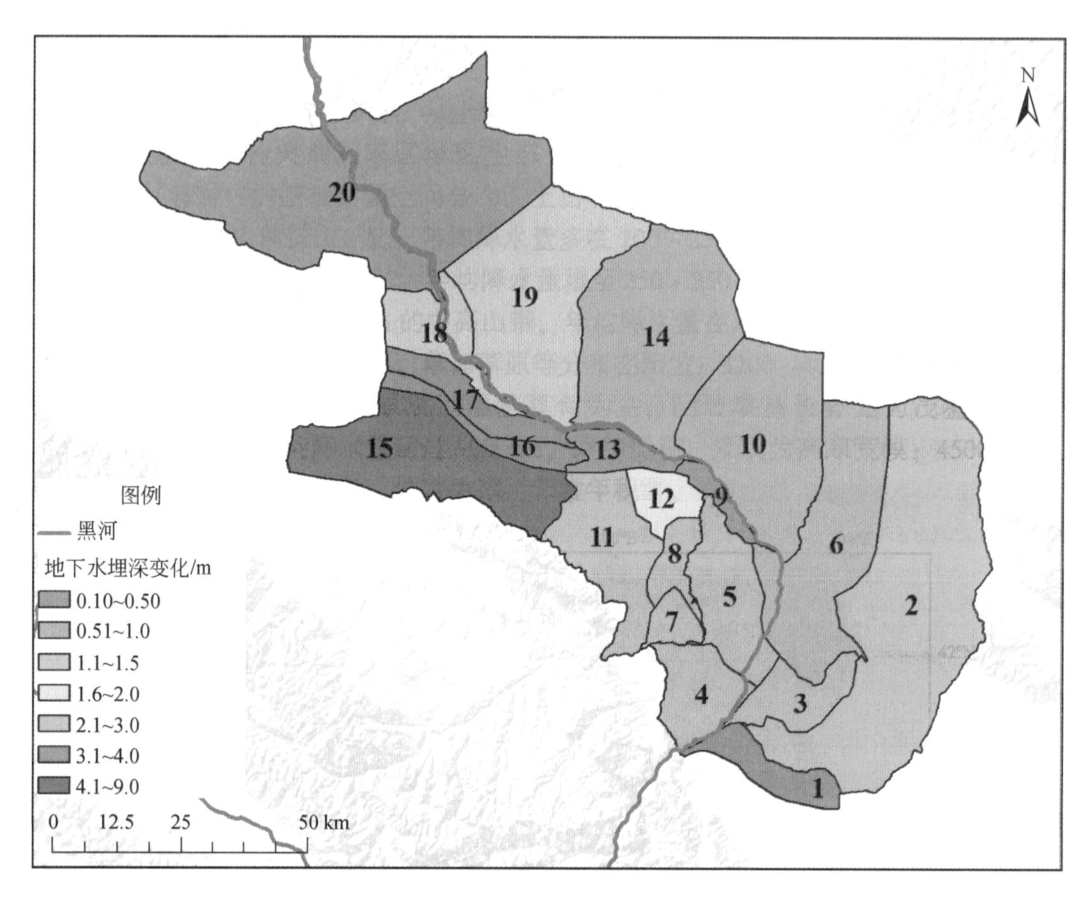


图 13-8　黑河中游灌区地下水埋深对水资源政策的空间差异性响应

1）地下水位对水资源管理政策的响应存在三种不同的特征。①以骆驼城灌区为代表，地下水位随着时间推移既可以显著升高也可以显著降低。该特征表明，如果管理得当，这些地区的地下水枯竭状况可以通过政策调控而得以明显改善；相反，如果对地下水超采不加限制，地下水枯竭状况会进一步严重恶化。②以板桥灌区为代表，地下水位呈现总体的波动下降趋势，但是其下降幅度受到水资源管理政策的影响。该特征表明，虽然这些地区的地下水枯竭状况会持续恶化，但是严格的管理措施可以减缓恶化幅度和速度。③以鸭暖灌区为代表，地下水位总体趋势基本平稳，且受水资源管理政策影响极小。地下水管制措施对水位影响极小，因此在这些地区可以适当放松地下水管制。

2）水资源管理政策对地下水位的影响不会立竿见影，会存在一定的政策响应时间。以骆驼城灌区为例，水资源管理政策实施之后的 2 ~ 3 年才会对地下水位产生较为明显的影响。因此，在实际的流域水资源管理工作中，如果涉及评估某一项水资源管理政策有效性，需要在响应时间之后才能有更为科学的判断，不宜在政策实施之后的短期内（1 ~ 2 年）就给予定论。

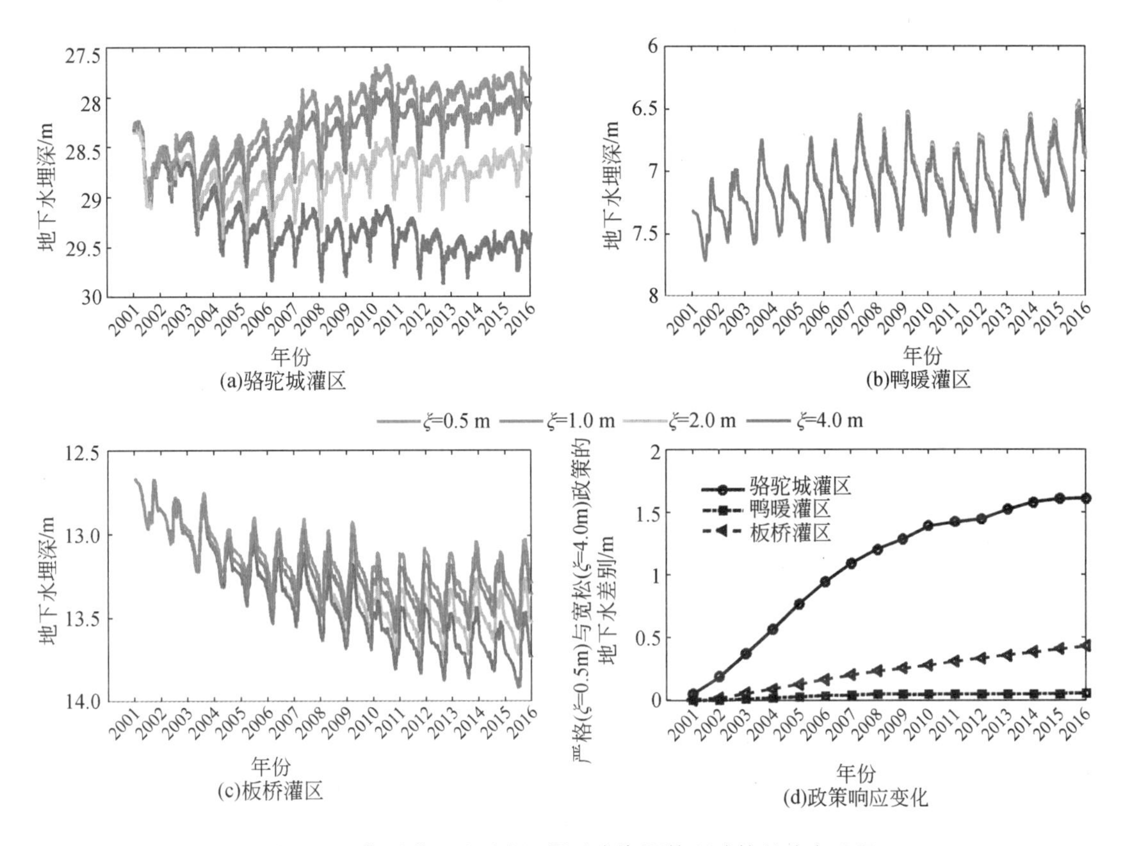


图 13-9 典型灌区地下水埋深对水资源管理政策的响应过程

# 13.3 黄藏寺水库调度研究

## 13.3.1 黄藏寺水库简介

黄藏寺水库是国务院批复的《黑河流域近期治理规划》安排的黑河干流水资源配置工程。该水库坝址位于黑河上游峡谷河段，左岸为甘肃省肃南裕固族自治县，右岸为青海省祁连县，上距青海省祁连县城约 19 km，下距黑河出山口莺落峡约 70 km（图 1-8）。黄藏寺水库已于 2016 年 3 月开工，预计于 2022 年完工。根据工程设计，黄藏寺水库拦河坝为碾压混凝土重力坝，最大坝高 123 m，坝顶长度 210 m。水库工程特性见表 13-6，其中正常蓄水位为 2628 m，死水位为 2580 m，汛期限制水位为 2628 m，最高蓄水位为 2629 m。水库总库容约为 4.06 亿 $m^3$，死库容为 0.61 亿 $m^3$，正常库容为 3.56 亿 $m^3$。

表 13-6　黄藏寺水库特性

| 特性 | 说明 | |
|---|---|---|
| 水文 | 坝址以上流域面积 | 7648 $km^2$ |
| | 年径流量 | $1.285\times10^9$ $m^3$ |
| | 年均流量 | 40.7 $m^3/s$ |
| | 最大实测流量 | 603 $m^3/s$ |
| 工程 | 最高蓄水位 | 2629 m |
| | 正常蓄水位 | 2628 m |
| | 汛期限制水位 | 2628 m |
| | 死水位 | 2580 m |
| | 正常蓄水位时水库面积 | 11.01$km^2$ |
| | 正常蓄水位时回水长度 | 13.5 km |
| | 总库容 | $0.406\times10^9$ $m^3$ |
| | 死库容 | $0.061\times10^9$ $m^3$ |
| | 正常库容 | $0.356\times10^9$ $m^3$ |
| | 最大泄流能力 | 2775 $m^3/s$ |

黄藏寺水库主要任务为合理调配中下游经济社会和生态用水、提高黑河水资源综合管理能力、兼顾发电等综合利用。工程建成后，将替代中游部分平原水库，缓解中游灌溉用水和下游生态用水之间的矛盾，保障国务院批准的当莺落峡多年平均来水 15.8 亿 $m^3$ 时，正义峡下泄水量 9.5 亿 $m^3$ 的目标实现。黄藏寺水库运行之后，将会极大改变莺落峡的天然径流过程，对中下游水循环过程也会有显著影响。本研究将采用 2000～2012 年历史数据来模拟黄藏寺水库的调度运行，得到经水库调节之后的莺落峡日径流过程。之后，采用基于 HEIFLOW 的黑河中下游地表水–地下水耦合模型，将调节之后的莺落峡日径流量输入模型，研究黄藏寺水库运行对中下游生态水文过程的影响。

## 13.3.2　黄藏寺水库调度模拟

### 1. 水库调度模拟方法

本研究采用调度曲线来模拟黄藏寺水库的调度过程。调度曲线由蓄水上限和蓄水下限组成（图 13-10）。其中蓄水上限为水库正常蓄水位，黄藏寺水库没有设置防洪库容，故蓄水上限全年保持不变。蓄水下限为水库死水位，在水库调度过程中水位不能低于死水位。根据调度曲线，设定了三个基本的水库调度规则，具体见表 13-7。表 13-7 中的生态调度是指为了满足下游的生态用水需求而实施的一种特殊调度。在实施生态调度时，水库将在短时间内集中向下游放水，同时禁止中游灌区从黑河干流引水。其目的是尽量保证有足够的水量能够达到黑河下游额济纳三角洲并补充尾闾湖。生态调度安排在每年的 4 月、

7 ~ 9 月实施，每次集中下泄时间 3 ~ 20 天。

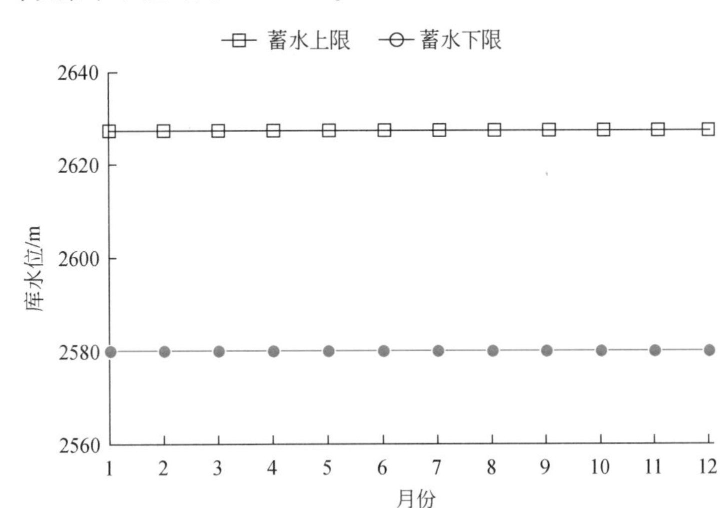


图 13-10　黄藏寺水库调度曲线

水库调度模拟基于水量平衡公式：

$$S_{t+1}=S_t+Q_t-R_t-A_te_t \tag{13-2}$$

式中，$S_t$ 为时段 $t$ 开始时的库容（$m^3$）；$Q_t$ 为时段 $t$ 内的入库水量（$m^3$）；$R_t$ 为时段 $t$ 内的出库水量（$m^3$）；$A_t$ 为时段 $t$ 开始时的水库面积（$m^2$）；$e_t$ 为时段 $t$ 内的水面蒸发量（m）。

**表 13-7　黄藏寺水库基本调度规则**

| 调度条件 | 调度规则 |
| --- | --- |
| 库水位>正常蓄水位 | 增加水库下泄量，使库水位不高于正常蓄水位 |
| 死水位<库水位≤正常蓄水位 | 如处于生态调度时期，实施生态调度，同时中游河道全线闭口；否则，调节水库下泄量以满足中游农业灌溉需求和河道基流需求 |
| 库水位≤死水位 | 停止水库下泄，直至库水位恢复至死水位 |

水库调度的模拟期为 2000 ~ 2012 年，时间步长为天。水库的日入库流量数据采用祁连站和扎马什克站日流量数据之和，水库水面蒸发量采用祁连站蒸发皿观测数据估算。将蒸发皿数据转换为水面蒸发量时，需乘以一个转换系数。根据类似地区研究，转换系数采用 0.7。水库出库水量同时考虑中游灌溉用水、下游生态用水需求和河道基流需求。其中，中游灌溉用水根据张掖市水务局水利年报估算；下游生态用水需求参考《黑河黄藏寺水利枢纽工程环境影响评价报告书》设定；河道基流仅考虑 12 月至次年 3 月，设为水库入库水量的 25%。

在估算经黄藏寺水库调节之后的莺落峡日径流过程时，还需考虑水库至莺落峡之间的区间入流量，计算方式如下：

$$Q_t^{\mathrm{YLX}}=R_t+L_t \quad \forall t \tag{13-3}$$

式中，$Q_t^{\mathrm{YLX}}$ 为莺落峡的日径流量；$L_t$ 为黄藏寺水库与莺落峡之间的日区间水量，$L_t$ 采用莺落峡天然径流量减去祁连站和扎马什克站流量之和。

本研究设计了四种调度方案（表 13-8）：A0 为基准方案，无集中下泄；A1 ~ A3 分别考虑三种集中下泄方式，三种方式的总下泄量相同，均为 5.06 亿 $m^3$，但总下泄天数不同，A1、A2 和 A3 的总下泄天数分别为 17 天、34 天和 51 天。A1 对应“大流量、短历时”，而 A3 对应“小流量、长历时”。

**表 13-8　黄藏寺水库调度方案**

| A0 | | A1 | |
|---|---|---|---|
| 时间 | 流量/($m^3$/s) | 时间 | 流量/($m^3$/s) |
| 无 | 无 | 4 月 1 ~ 5 日 | 324 |
| | | 7 月 10 ~ 12 日 | 318 |
| | | 8 月 10 ~ 12 日 | 315 |
| | | 9 月 10 ~ 15 日 | 390 |
| 无 | 无 | 总天数/天 | 17 |
| | | 平均流量/($m^3$/s) | 344.5 |
| | | 总水量/亿 $m^3$ | 5.06 |
| **A2** | | **A3** | |
| 时间 | 流量/($m^3$/s) | 时间 | 流量/($m^3$/s) |
| 4 月 1 ~ 10 日 | 162 | 4 月 1 ~ 15 日 | 108 |
| 7 月 10 ~ 15 日 | 159 | 7 月 10 ~ 18 日 | 106 |
| 8 月 10 ~ 15 日 | 158 | 8 月 10 ~ 18 日 | 105 |
| 9 月 10 ~ 21 日 | 195 | 9 月 10 ~ 27 日 | 130 |
| 总天数/天 | 34 | 总天数/天 | 51 |
| 平均流量/($m^3$/s) | 172.2 | 平均流量/($m^3$/s) | 114.8 |
| 总水量/亿 $m^3$ | 5.06 | 总水量/亿 $m^3$ | 5.06 |

### 2. 水库调度模拟结果

图 13-11 显示了四种调度情景下黄藏寺水库的多年平均库水位变化过程。A0 方案的库水位变化，体现出水库“两蓄两放”的总体运行特征：12 月至次年 4 月底，农业用水较少，水库蓄水位不断抬升；5 月初至 6 月底，中游处于灌溉用水高峰期，而同时期水库来水量较少，水库不断下泄以满足灌溉需求，库水位也相应下降并接近死水位，至此完成第一次“蓄水—放水”过程；7 月初至 10 月底为丰水期，入库水量大于灌溉用水需求，库水位不断上升，至 10 月中旬左右达到蓄水位最高值；进入 11 月后，为满足中游冬灌用水需求不断下泄水量，库水位也随之下降，至此完成第二次“蓄水—放水”过程。A1、A2 和 A3 方案由于在 4 月、7 ~ 9 月有集中下泄，库水位会相应的出现突然下降情况。与 A0 方案相比，A1、A2 和 A3 方案整体的库水位偏低，这些都是由集中下泄造成的。

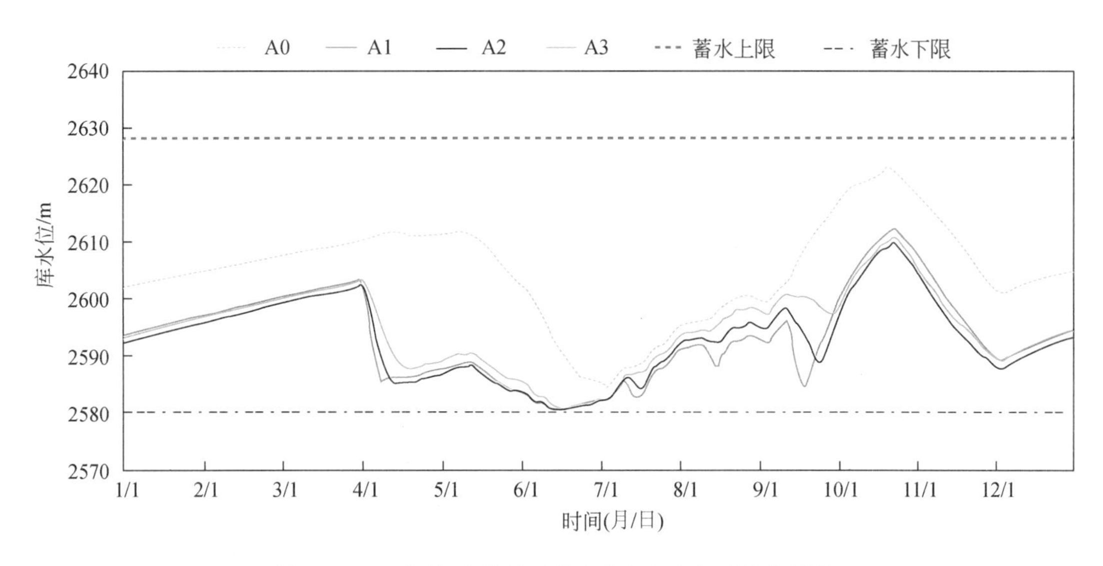


图 13-11　不同调度情景下黄藏寺水库多年平均水位线

### 3. 水库调度对中下游水循环的影响

使用地表水-地下水耦合模型模拟了不同水库调度方案下的中下游水循环。通过提取关键水文变量，分析不同调度方案对水文过程的影响。表 13-9 对比了不同调度方案下的水文变量值。

**表 13-9　不同水库调度方案下中下游关键水文变量**

| 水文过程 | 变量 | 水库调度方案 | | | |
|---|---|---|---|---|---|
| | | A0 | A1 | A2 | A3 |
| 农业用水 | 中游地表引水量/亿 $m^3$ | 16.72 | 14.83 | 14.02 | 13.36 |
| | 中游地下水抽取量/亿 $m^3$ | 4.05 | 4.05 | 4.05 | 4.05 |
| | 中游总供水量/亿 $m^3$ | 20.78 | 18.88 | 18.07 | 17.41 |
| | 灌溉用水保证率/% | 97.67 | 88.76 | 84.97 | 81.85 |
| 河道径流 | 正义峡年下泄量/亿 $m^3$ | 8.07 | 9.72 | 10.30 | 10.79 |
| | 东居延海入湖量/亿 $m^3$ | 0.33 | 0.61 | 0.68 | 0.74 |
| 河流-地下水交互 | 莺落峡—312 大桥渗漏量/亿 $m^3$ | 4.80 | 4.59 | 4.66 | 4.76 |
| | 312 大桥—正义峡出露量/亿 $m^3$ | -4.84 | -4.68 | -4.61 | -4.55 |
| | 正义峡—东居延海渗漏量/亿 $m^3$ | 5.18 | 5.53 | 5.69 | 5.83 |
| 地下水流动 | 中游面上补给/亿 $m^3$ | 4.61 | 4.62 | 4.00 | 3.89 |
| | 下游面上补给/亿 $m^3$ | 0.06 | 0.06 | 0.09 | 0.10 |
| | 中游地下水储量变化/亿 $m^3$ | -0.64 | -0.81 | -0.84 | -0.86 |
| | 下游地下水储量变化/亿 $m^3$ | 0.06 | 0.11 | 0.14 | 0.16 |

续表

| 水文过程 | 变量 | 水库调度方案 | | | |
|---|---|---|---|---|---|
| | | A0 | A1 | A2 | A3 |
| 蒸散发 | 中游蒸散发量/亿 $m^3$ | 15.66 | 15.64 | 14.58 | 14.33 |
| | 下游蒸散发量/亿 $m^3$ | 8.59 | 8.58 | 10.55 | 10.90 |

生态调度对农业用水具有直接影响，并会进一步影响水文过程。A0 方案中，通过水库调节可更好满足中游灌溉用水需求，中游用水保证率可达 97.67%，但是由于没有集中下泄操作，正义峡下泄量会显著减少。而在水库运行中考虑了集中下泄后，正义峡下泄量会增加，但中游灌溉用水保证率会降低。以 A3 方案为例，正义峡年下泄量可达 10.79 亿 $m^3$，但中游灌溉用水保证率最低为 81.85%。图 13-12 为不同调度情景下黑河中游灌区灌溉用水保证率。由图可看出，A0 ~ A3 方案黑河中游灌区的灌溉用水保证率不断降低。

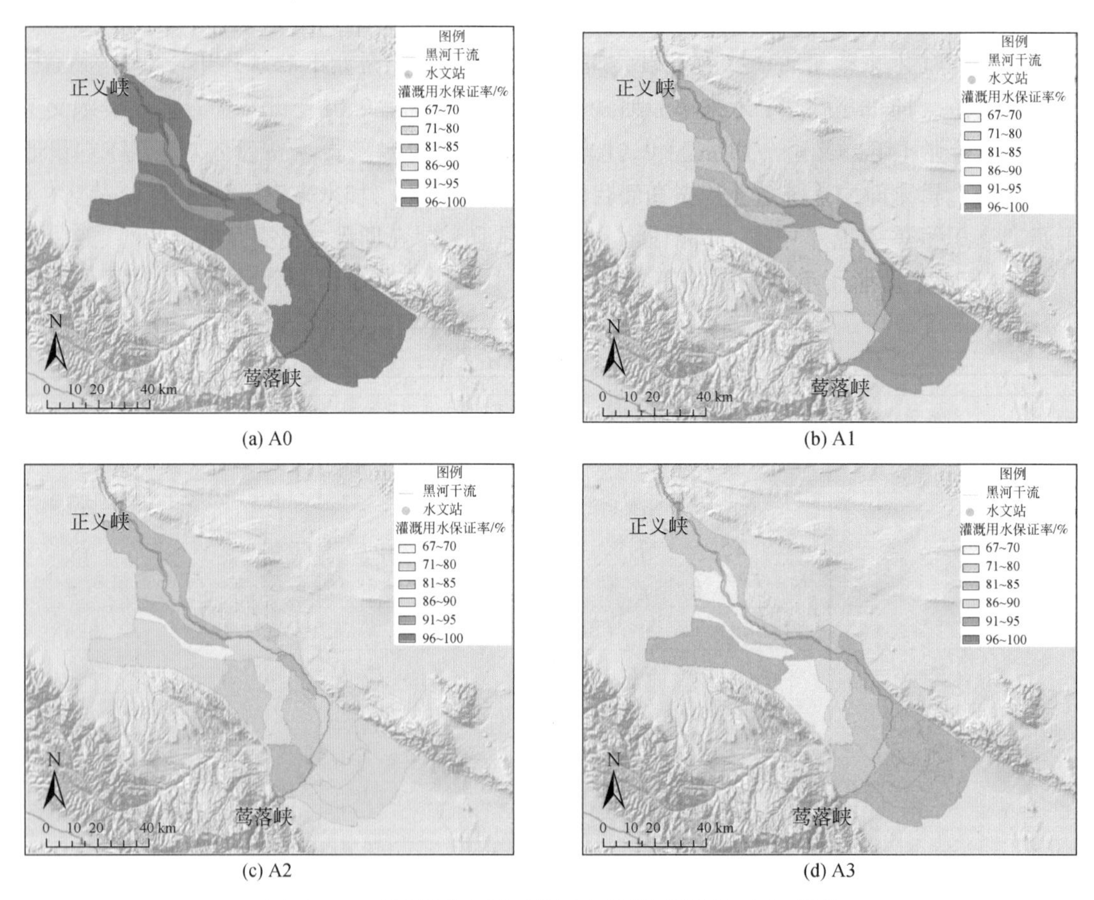


图 13-12　不同调度方案下黑河中游灌区灌溉用水保证率

正义峡下泄量对东居延海入湖量具有决定性作用。根据黑河流域分水方案，2000 ~ 2012 年正义峡年下泄量应达到 11.5 亿 $m^3$，但实际年下泄量不超 10.0 亿 $m^3$，黑河分水目标一直未能完全实现。由表 13-9 可以看出，A3 方案下正义峡下泄量最接近分水目标。这也意味着，黄藏寺水库集中下泄时采用“小流量、长历时”方法，对实现分水目标更为有利。对河流-地下水交互过程而言，“小流量、长历时”对补充地下水也更为有利。

在黑河中游，地下水面上补给主要来自农田灌溉后的深层渗漏。对比 A1 ~ A3 方案可以发现，地表引水量减少时，中游面上补给量也相应减少。由于中游抽取大量地下水，地下水储量总体呈下降趋势，而 A3 方案下地下水储量下降更快。对下游而言，由于正义峡下泄量增加，地下水补给量也呈增加趋势，下游地下水储量呈上升趋势，A3 方案的下游地下水储量上升最快。

蒸散发很大程度上取决于地表水供水量。A1 ~ A3 方案，中游总供水量不断减少，中游的蒸散发也相应减少。相反地，A3 方案中下游的蒸散发量最大，这是由于 A3 方案中正义峡下泄量最大。图 13-13 显示了不同调度方案下的下游蒸散发（ET）。

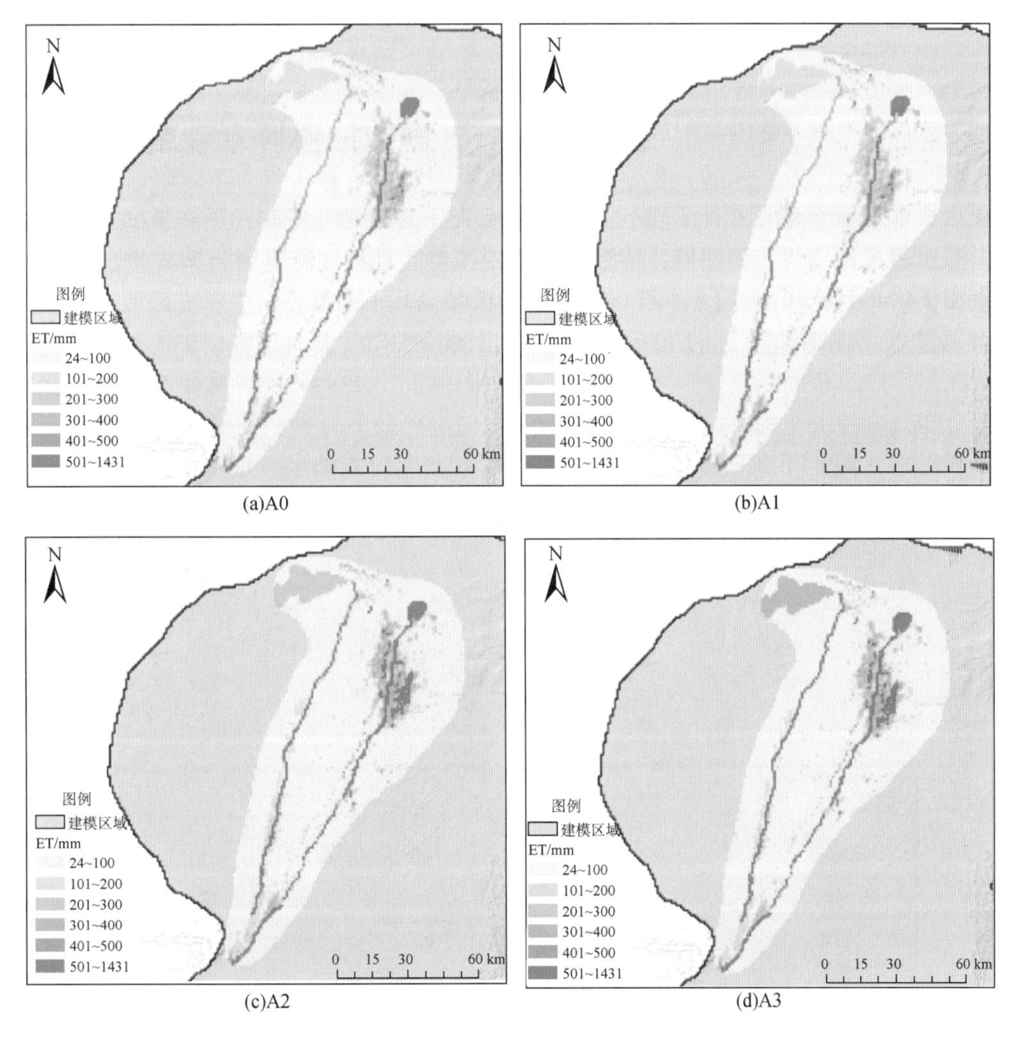


图 13-13　不同调度方案下下游 2001 ~ 2012 年的平均蒸散发（ET）

## 13.4 本章小结

本章基于黑河中下游整体 HEIFLOW 模型，探讨了利用政策工具和工程措施来缓解黑河流域农业与生态、中游与下游之间用水矛盾的可能性及路径，得出以下主要结论。

1）干旱和半干旱地区非常需要具有空间异质性和时间变化性的地下水管理策略，尤其是水文地质条件在空间上有着显著变化的区域。确定政策的阈值效应也至关重要，例如，在黑河流域，存在地下水管理策略阈值，低于该阈值时政策影响不显著。又如，管理政策需要在水安全（如地下水储量）、社会经济发展（如农业）和生态服务（如植被和湿地）之间保持适当的平衡。

2）水资源管理政策对生态水文过程的影响存在着非线性、区域差异性、时间滞后效应等特点。水资源管理政策到达某一阈值之后，其对生态水文过程的影响会明显增强或减弱，因此评估水资源政策影响力的阈值体系是流域管理的重要内容。另外，水文地质条件影响生态水文过程对水资源管理政策的响应，需要对流域水资源管理实施地域差异性的政策。例如，在地下水埋深较浅的区域，施行地下水位限制政策比收取地下水资源费更利于减少农户的地下水使用；反之，在地下水埋深较深的区域，收取地下水资源费可以更有效地减少地下水开采。最后，考虑到水资源管理政策对水文过程的影响具备一定的时间滞后效应，需要制定合理的窗口期来评估水资源管理政策的有效性。以骆驼城为例，水资源管理政策在 2 ~ 3 年后才会对地下水埋深产生较为明显的影响。

3）黄藏寺水库调度研究的主要结论包括：黄藏寺水库运行呈现“两蓄两放”的总体特征；在保持中游耕地规模情形下，通过实施生态调度，正义峡下泄量可接近黑河分水目标，但会降低中游农业用水保证率，中游地下水储量仍呈下降趋势，对中游湿地生态系统带来不利影响，而下游地下水储量和植被显著恢复，尾闾入湖水量增加；“小流量、长历时”的水库生态调度策略有利于实现黑河分水目标，同时有利于补充中下游地下水储量，但是会降低中游灌溉用水保证率。

# 第 14 章　展望大数据与人工智能时代

物理过程模型（process-based model）拥有明确的理论基础，体现严谨的因果关系，包含清晰的数学表述，也常被称为机理模型（mechanistic model）、“白箱”模型（white-box model）。构建并运用物理过程模型是地球科学领域经典的研究范式［图 14-1（a）］，本书介绍的生态水文模型 HEIFLOW 及其在黑河流域的应用即是这一经典范式下的产出。然而，随着研究对象愈来愈复杂，特别是在人类活动深度介入流域生态水文过程（见第 13 章）的情形下，经典范式的一些局限性也日益显现：首先，物理过程模型对数据的类型和质量有较为严格的要求（见第 8 章），流域研究经常遇到数据条件难以得到充分满足的情况；其次，流域水循环与生态环境过程高度复杂，尚存在许多理论盲点，现有物理过程模型高度简化了客观现实，故模拟结果具有显著不确定性（见第 9 章）；最后，复杂的物理过程模型对计算资源要求极高，但在实际管理应用中，往往需要大批量地运行复杂模型以完成管理决策（见第 11 章），因此面临计算能力的约束。这些局限性极大地限制了物理过程模型在过程解析和管理调控方面的作用发挥。

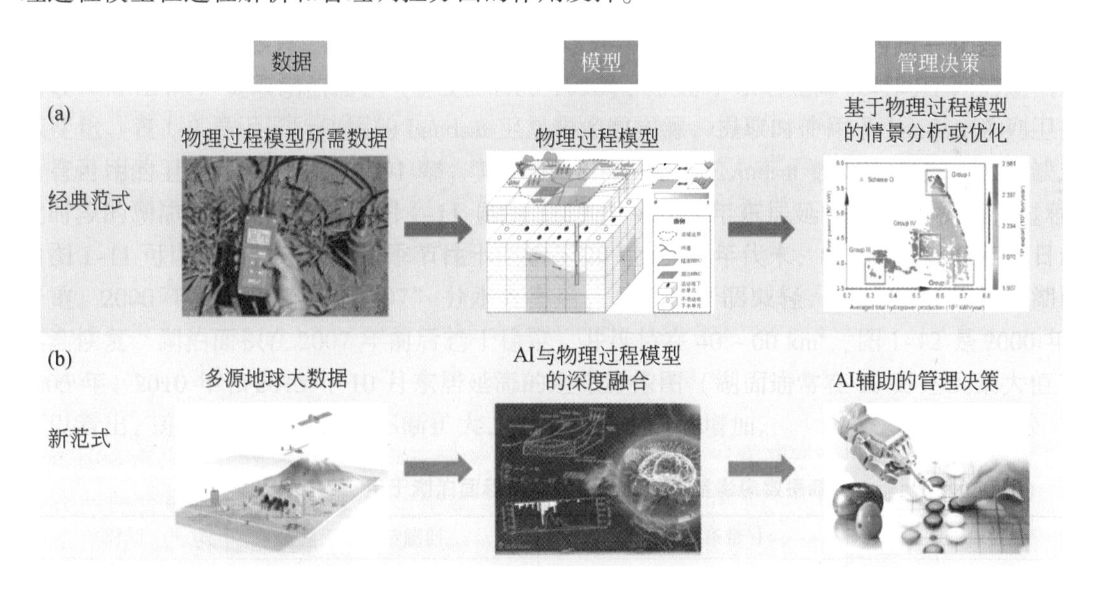


图 14-1　生态水文模拟的新旧研究范式对比

（a）以物理过程模型为核心的经典范式；（b）人工智能与传统方法相融合的新范式

近年来，大数据（big data）与人工智能（artificial intelligence，AI）的高速发展为各学科领域的理论与技术创新带来前所未有的机遇。虽然采用机器学习（machine learning）的方法建立数据驱动模型（data-driven model）已在水文模拟中十分普遍，总体而言，大数据和人工智能在流域生态水文研究中的应用还处于初级阶段，有大量未知领域等待探索。如何利用大数据和人工智能突破物理过程模型在水循环与生态环境过程解析及管理调控方面的局限性，将会是未来十年生态水文领域的重要研究主题之一。在“黑河计划”工作完成后的几年时间里，笔者积极探索人工智能与传统方法的融合，尝试突破基于物理过程模型的经典研究范式，逐渐构思形成如图 14-1（b）所示的研究新范式。以下，结合笔者课题组近期研究案例，从数据、模型和管理决策三个层面展示研究新范式，并展望大数据与人工智能时代的生态水文模拟。

## 14.1 数　　据

在传统生态水文观测手段和遥感观测技术之外，数据众包（data crowdsourcing）正逐渐成为生态水文大数据的新增长点（Zheng et al.，2018）。数据众包是指将数据收集任务分配到大量个体，从而在数据的数量和类型等方面突破传统数据收集方法的限制。在生态水文领域，利用监控摄像头、智能手机等非传统监测设备收集影像并从中提取环境信息的“机会感知”（opportunistic sensing）方法近年来引起关注，笔者也在降水监测的“机会感知”技术方面进行了创新。降水量（或降水强度）是流域研究与管理所需的最基础数据。雨量计、气象雷达、地球观测卫星等观测手段可提供不同时空分辨率和观测精度的降水数据，但由于成本、场地、卫星运行条件等因素限制，现有数据的时空覆盖度仍无法满足一些特定的需求，如城市街区尺度的精准雨洪模拟、偏远无测站地区的生态水文监控，等等。针对这一问题，笔者的课题组研究如何利用普通监控摄像对降水进行“机会感知”。运用人工智能中的计算机视觉（computer vision）技术对摄像头获取的降水视频进行雨纹自动识别和提取，并结合几何光学方法和雨滴谱特征分析技术，实现了降水强度的实时反演（Jiang et al.，2019）。野外现场实验证明，与以往利用专业相机进行降雨拍摄和识别的方法相比，新方法精度更高、更适用于现实场景，且仅需几百元的普通摄像头。新方法为高时空分辨率降雨大数据的获取开辟了全新的路径，美国地球物理学会（American Geophysical Union，AGU）在其会刊《地球与空间科学新闻》（Eos）的“焦点研究”（Research Spotlight）栏目中，以 *Ordinary Security Cameras Could Keep an Eye on Rainfall* 为题报道了这一成果。

随着环境大数据的不断发展，如何将大数据有效用于生态水文模拟研究成为一项全新的课题。笔者的课题组发展了利用人工智能进行多源生态水文数据降维与融合的新方法（Jiang et al.，2018）。该方法采用计算机视觉技术对输入数据场进行特征提取，在最大程度保留数据空间特征的情况下实现数据降维，并由机器学习算法完成多源时空数据的融合。该方法不但解决了高分辨率数据在数据驱动模拟中经常遇到的“维数灾难”问题，也突破了传统物理过程模型在输入数据类型方面的局限性，使许多原本不用作生态水文模型输入的时空大数据（如基于遥感反演的 LAI、ET、积雪分布等数据）成为潜在的输入数据。在黑河上游水文过程研究中发现，新方法可以灵活地融合不同结构和来源的时空数据，显著提升了人工神经网络（artificial neural network，ANN）在短期径流预报、长期水文情势模拟及无资料地区迁移学习（transfer learning）等方面的可靠性，且 ANN 的预测能力已超过了现有物理过程模型。

上述研究案例突破了生态水文数据采集、处理与融合的固有模式，并展示了大数据条件下基于相关关系（而非因果关系）精准预测生态水文变量的可行性和广阔前景。

## 14.2 模　　型

在水文模拟领域，深度学习（deep learning）作为人工智能技术的杰出代表，已在模拟精度方面逐渐超越经典物理过程模型，由此引发重大学术争议：激进一方认为，物理过程模型很快将退出水文模拟的历史舞台，深度学习将全面取而代之；传统一方则认为，现有案例尚不足以证明深度学习在水文模拟领域的普适性，深度学习的“黑箱”本质也使其无法在过程解析和理论探索方面做出贡献。2019 年，*Nature* 杂志发表 *Deep learning and process understanding for data-driven Earth system science* 观点论文（Reichstein et al.，2019），指出应寻找深度学习和物理过程模型相互融合的路径。循着这一思路，笔者课题组提出一种物理过程模型与深度学习共生融合的新方法。该方法将物理过程模型编码成一种特殊的神经网络结构，称为内嵌物理过程的循环神经网络（Physical process-wrapped Recurrent Neural Network，P-RNN），并将其植入深度学习模型。与经典循环神经网络（recurrent neural network，RNN）不同，P-RNN 的数学结构和参数具有明确物理意义，直接描述物理过程，从技术上实现了“让人工智能理解并运用地球科学知识”。

应用新方法，笔者课题组进一步发展了具备水文学理论知识的深度学习人工智能模型（简称混合人工智能模型），并利用美国本土 569 个流域的大数据进行径流模拟能力测试。研究结果表明：①在“学会”了经典水文模型后，混合人工智能模型获得了更高的模拟精度和更强大的跨流域迁移学习能力；②虽然仅用径流数据进行训练，但混合人工智能模型仍可准确模拟未经数据同化的水文过程，如积雪-融雪过程，证明具备了水文学理论知识的人工智能可以像人类一样进行推理演绎，而不仅仅是归纳。研究展示了人工智能与物理过程模型的共生融合——人工智能从物理过程模型处获得了严谨的推理能力，同时以其强大的数据学习能力弥补物理过程模型的理论盲点。这一成果开辟了人工智能用于水文模拟的全新路径，突破了水文领域关于深度学习和物理过程模型“非黑即白”的科学争论，已发表于 *Geophysical Research Letters*（Jiang et al.，2020）。国际著名水文学家、AGU 会士 Hoshin Gupta 评述这项工作：“我对这项工作的严谨性和成果印象极为深刻，并坚信这一方法及其后续的发展代表着地球科学的未来发展方向”。

## 14.3 管理决策

以物理过程模型为核心的经典范式在管理决策层面遇到计算成本和可靠性的双重瓶颈：一方面，流域管理决策通常依赖大量情景模拟，若采用蒙特卡罗模拟或启发式优化算法，所需模型运行次数可达上万次甚至更多，对于单次运行时间以小时乃至天计的复杂模型而言是难以承受的计算成本；另一方面，若用于模型率定的观测数据较少，物理过程模型的模拟结果将具有显著的不确定性，导致管理决策不可靠。近年来，人工智能的快速发展为最终解决这些局限性提供了新思路和新方法。在“黑河计划”研究中，笔者已进行了一些初步的探索。例如，本书第 9 章介绍了基于多项式混沌展开的复杂模型不确定性分析方法 PCM-VD 在黑河中游地表水-地下水耦合模拟中的应用。利用 PCM-VD，以低于传统方法至少 2 ~3 个数量级的计算成本完成了近万平方千米建模范围内 1km 分辨率、逐日、多目标变量的不确定性分析，显著提升了复杂模型用于水资源管理决策的可靠性。又如，本书第 11 章介绍了基于机器学习（支持向量机）实现代理建模优化的新算法 SOIM。在黑河中游地表水-地下水联合灌溉配比的空间优化研究中，SOIM 的应用使原本 PC 上需要数年完成的优化任务可在数天内完成，较传统方法降低计算成本至少 3 个数量级，从而为复杂流域模型用于现实管理扫除了关键障碍。

上述研究案例表明，通过运用人工智能技术，可以有效突破计算成本和可靠性的双重瓶颈，消除复杂流域模型与现实流域管理决策之间的“隔阂”。然而，这些案例仅仅是人工智能在流域管理决策中的“牛刀小试”，所用的人工智能技术还十分简单，人工智能辅助流域管理决策具有巨大的潜力和广阔的应用前景。2016 年，谷歌旗下 DeepMind 公司开发的 AlphaGo 人工智能程序战胜了专业围棋选手李世石，成为人工智能发展的里程碑事件，AlphaGo 的技术核心——基于蒙特卡罗树和深度神经网络的深度强化学习（deep reinforcement learning）（Silver et al.，2016）也因此受到人们的广泛关注。而 AlphaGo 的继任者 AlphaGo Zero（Silver et al.，2017）采用完全不基于人类经验的自学习算法，完胜 AlphaGo，又将人工智能的决策水平推进到一个崭新的高度。近年来，类似 AlphaGo 和 AlphaGo Zero 这样令人振奋的进展在人工智能领域不断涌现，笔者坚信这些新技术能在流域管理决策中发挥巨大的作用。为这些新技术找到适用的管理决策场景及相应的技术实现路径是极具吸引力和挑战性的工作，也代表着流域研究与管理的未来发展方向。

## 参考文献


白岩，朱高峰，张琨，等. 2015. 基于树干液流及涡动相关技术的葡萄冠层蒸腾及蒸散发特征研究. 生态学报，35（23）：7821-7831.

程国栋，肖洪浪，赵文智，等. 2009. 黑河流域水-生态-经济系统综合管理研究. 北京：科学出版社.

冯婧. 2014. 气候变化对黑河流域水资源系统的影响及综合应对. 上海：东华大学博士学位论文.

国家基础地理信息中心. 2013. 黑河流域水库分布数据集. 国家青藏高原科学数据中心.

胡兴林，肖洪浪，蓝永超 等. 2012. 黑河中上游段河道渗漏量计算方法的试验研究. 冰川冻土，34（2）：460-468.

胡玥，刘传琨，卢粤晗，等. 2014. 环境同位素在黑河流域水循环研究中的应用. 地球科学进展，29（10）：1158-1166.

贾仰文，王浩，严登华. 2006. 黑河流域水循环系统的分布式模拟（I）——模型开发与验证. 水利学报，37（5）：534-542.

蒋晓辉，董国涛. 2020. 黑河尾闾东居延海适宜水面面积研究. 西北大学学报（自然科学版），50（1）：39-48.

蒋晓辉，夏军，黄强，等. 2019. 黑河“97”分水方案适应性分析. 地理学报，74（1）：103-116.

雷志栋，杨诗秀. 1982. 非饱和土壤水一维流动的数值计算. 土壤学报，（2）：141-153.

李静. 2016. 黑河生态水文遥感试验：黑河流域植被物候数据集. 国家青藏高原科学数据中心. DOI：10. 3972/hiwater. 284. 2016. db. CSTR：18046. 11. hiwater. 284. 2016. db.

李晓媛，于德永. 2020. 蒸散发估算方法及其驱动力研究进展. 干旱区研究，37（1）：26-36.

李新，胡晓利，王建华. 2015. 张掖市土地利用/土地覆盖数据集（2007）. 国家青藏高原科学数据中心. DOI：10. 3972/heihe. 018. 2013. db. CSTR：18046. 11. heihe. 018. 2013. db.

李云玲，裴源生，秦大庸. 2005. 黑河下游河道渗漏规律研究. 自然资源学报，20（2）：195-199.

刘传琨，胡玥，刘杰，等. 2014. 基于温度信息的地表-地下水交互机制研究进展. 水文地质工程地质，41（5）：5-10，18.

马明国 . 2013a. 张掖灌溉渠系数据集. 国家青藏高原科学数据中心. DOI：10. 11888/Socioeco. tpdc. 270605. CSTR：18046. 11. Socioeco. tpdc. 270605.

马明国 . 2013b. 黑河中游水文断面测量数据集（2005）. 国家青藏高原科学数据中心. DOI：10. 3972/heihe. 017. 2013. db. CSTR：18046. 11. heihe. 017. 2013. db.

任理. 1990. 有限解析法在求解非饱和土壤水流问题中的应用. 水利学报，（10）：55-61.

任韶斐，陈亮，张婕，等. 2011. 遥感技术在东居延海水面面积监测中的应用. 人民黄河，33（12）：70-71，80.

王浩，贾仰文. 2016. 变化中的流域“自然-社会”二元水循环理论与研究方法. 水利学报，47（10）：1219-1226.

王建华. 2014. 黑河流域土地利用/土地覆被数据集（2011）. 国家青藏高原科学数据中心. DOI：10. 3972/heihe. 093. 2014. db. CSTR：18046. 11. heihe. 093. 2014. db.

王建华，刘纪远. 2013. 黑河流域土地利用/土地覆盖数据集（2000）. 国家青藏高原科学数据中心. DOI：10. 3972/heihe. 020. 2013. db. CSTR：18046. 11. heihe. 020. 2013. db.

王金平. 1989. 蒸发条件下层状土壤水分运动的数值模拟. 水利学报，（5）：49-54.

王伟民，郑一，Keller A A. 2010. 概率配点法在流域非点源污染不确定性分析中的应用. 农业环境科学学报，29（9）：1750-1756.

武选民，陈崇希，史生胜，等. 2003. 西北黑河额济纳盆地水资源管理研究——三维地下水流数值模拟. 地球科学——中国地质大学学报，28（5）：527-532.

仵彦卿，张应华，温小虎，等. 2010. 中国西北黑河流域水文循环与水资源模拟. 北京：科学出版社.

邢正锋，仲香梅，2016. 鸳鸯池水库库容淤积分析及防治措施. 甘肃水利水电技术，52（5）：44-47.

徐军亮，章异平. 2009. 春季侧柏树干边材液流的滞后效应分析. 水土保持研究，16（4）：109-112.

叶子飘，于强. 2009. 植物气孔导度的机理模型. 植物生态学报，33（4）：772-782.

张荷生，丁宏伟，魏余广，等. 2003. 河西走廊地下水勘察报告. 兰州：甘肃省地质调查局.

张应华，仵彦卿，乔茂云，2003. 黑河下游河床渗漏试验研究. 干旱区研究，20（4）：257-260.

张圆，贾贞贞，刘绍民，等. 2020. 遥感估算地表蒸散发真实性检验研究进展. 遥感学报，24（8）：975-999.

赵春，张勇勇，赵文智，等. 2020. 稳定同位素在干旱区水分传输过程的研究进展. 生态科学，39（5）：256-264.

Abbott M B，Bathurst J C，Cunge J A，et al. 1986. An introduction to the European Hydrological System-Systeme Hydrologique Europeen，"SHE"，1：History and philosophy of a physically-based，distributed modelling system. Journal of Hydrology，87（1-2）：45-59.

Ainsworth E A，Rogers A. 2007. The response of photosynthesis and stomatal conductance to rising [$CO_2$]：Mechanisms and environmental interactions. Plant，Cell and Environment，30（3）：258-270.

Alam M M，Bhutta M N. 2004. Comparative evaluation of canal seepage investigation techniques. Agricultural Water Management，66（1）：65-76.

Allen R G，Pereira L S，Raes D，et al. 1998. Crop evapotranspiration-Guidelines for computing crop water requirements-FAO Irrigation and drainage paper 56. FAO，Rome，300（9）：1-15.

Allen R G，Pereira L S，Howell T A，et al. 2011. Evapotranspiration information reporting：I. factors governing measurement accuracy. Agricultural Water Management，98（6）：899-920.

Almazán-Gómez M Á，Sánchez-Chóliz J，SarasaSarasa C. 2018. Environmental flow management：An analysis applied to the Ebro River Basin. Journal of Cleaner Production，182：838-851.

Ames D P，Horsburgh J S，Cao Y，et al. 2012. HydroDesktop：Web services-based software for hydrologic data discovery，download，visualization，and analysis. Environmental Modelling and Software，37：146-156.

An L. 2012. Modeling human decisions in coupled human and natural systems：Review of agent-based models. Ecological Modelling，229：25-36.

Anav A，Proietti C，Menut L，et al. 2018. Sensitivity of stomatal conductance to soil moisture：Implications for tropospheric ozone. Atmospheric Chemistry and Physics，18（8）：5747-5763.

Anderson M C，Norman J M，Diak G R，et al. 1997. A two-source time-integrated model for estimating surface fluxes using thermal infrared remote sensing. Remote Sensing of Environment，60（2）：195-216.

Baird A J，Wilby R L. 1998. Ecohydrology：Plants and Water in Terrestrial and Aquatic Environments. London：Routledge.

Ball J T，Woodrow I E，Berry J A. 1987. A Model Predicting Stomatal Conductance and its Contribution to the Control of Photosynthesis under Different Environmental Conditions//Progress in Photosynthesis Research：221-224.

Barnard J D. 1948. Heat units as a measure of canning crop maturity. The Canner，106（16）：28.

Beran B，Piasecki M. 2009. Engineering new paths to water data. Computers and Geosciences，35（4）：

753-760.

Berkelhammer M, Noone D C, Wong T E, et al. 2016. Convergent approaches to determine an ecosystem' s transpiration fraction. Global Biogeochemical Cycles, 30 (6): 933-951.

Bixio A C, Gambolati G, Paniconi C, et al. 2002. Modeling groundwater- surface water interactions including effects of morphogenetic depressions in the Chernobyl exclusion zone. Environmental Geology, 42 (2-3): 162-177.

Bonan G B, Lawrence P J, Oleson K W, et al. 2011. Improving canopy processes in the Community Land Model version 4 (CLM4) using global flux fields empirically inferred from FLUXNET data. Journal of Geophysical Research: Biogeosciences, 116 (G2): G02014.

Brennan D. 2006. Water policy reform in Australia: Lessons from the Victorian seasonal water market. Australian Journal of Agricultural and Resource Economics, 50 (3): 403-423.

Brooks R H, Corey A T. 1966. Properties of porous media affecting fluid flow. Journal of the Irrigation and Drainage Division, 92 (2): 61-88.

Burges C J C. 1998. A tutorial on Support Vector Machines for pattern recognition. Data Mining and Knowledge Discovery, 2 (2): 121-167.

Cai X, Wallington K, Shafiee-Jood M, et al. 2018. Understanding and managing the food-energy-water nexus - opportunities for water resources research. Advances in Water Resources, 111: 259-273.

Cammalleri C, Rallo G, Agnese C, et al. 2013. Combined use of eddy covariance and sap flow techniques for partition of et fluxes and water stress assessment in an irrigated olive orchard. Agricultural Water Management, 120: 89-97.

Camporese M, Paniconi C, Putti M, et al. 2010. Surface- subsurface flow modeling with path- based runoff routing, boundary condition-based coupling, and assimilation of multisource observation data. Water Resources Research, 46 (2): W02512.

Chen F, Yuan Y J, Wei W S, et al. 2011. Temperature reconstruction from tree-ring maximum latewood density of Qinghai spruce in middle Hexi Corridor, China. Theoretical and Applied Climatology, 107 (3-4): 633-643.

Cheng G, Li X, Zhao W, et al. 2014. Integrated study of the water-ecosystem-economy in the Heihe River Basin. National Science Review, 1 (3): 413-428.

Chiesi M, Maselli F, Moriondo M, et al. 2007. Application of BIOME-BGC to simulate Mediterranean forest processes. Ecological Modelling, 206 (1-2): 179-190.

Collatz G J, Ball J T, Grivet C, et al. 1991. Physiological and environmental regulation of stomatal conductance, photosynthesis and transpiration: a model that includes a laminar boundary layer. Agricultural and Forest Meteorology, 54 (2-4): 107-136.

Conrad O, Bechtel B, Bock M, et al. 2015. System for Automated Geoscientific Analyses (SAGA) v. 2. 1. 4. Geoscientific Model Development, 8 (7): 1991-2007.

Cowan I R, Farquhar G D. 1977. Stomatal function in relation to leaf metabolism and environment. Symposia of the Society for Experimental Biology, 31 (March): 471-505.

Dai C, Li H, Zhang D. 2014. Efficient and accurate global sensitivity analysis for reservoir simulations by use of probabilistic collocation method. SPE Journal, 19 (4): 621-635.

Dakhlaoui H, Bargaoui Z, Bárdossy A. 2012. Toward a more efficient calibration schema for HBV rainfall-runoff model. Journal of Hydrology, 444-445: 161-179.

Daley M J, Phillips N G. 2006. Interspecific variation in nighttime transpiration and stomatal conductance in a mixed New England deciduous forest. Tree Physiology, 26 (4): 411-419.

Day M E. 2000. Influence of temperature and leaf-to-air vapor pressure deficit on net photosynthesis and stomatal conductance in red spruce (Picea rubens). Tree Physiology, 20 (1): 57-63.

de Wit A, Boogaard H, Fumagalli D. 2019. 25 years of the WOFOST cropping systems model. Agricultural Systems, 168: 154-167.

DHI. 2005. DHI: MIKE SHE Technical Reference, Version 2005. DHI Water and Environment. Danish Hydraulic Institute, Denmark.

Dickinson W T, Whiteley H Q. 1970. Watershed areas contributing to runoff. International Association of Hydrologic Sciences Publication, 96: 16-26.

Dile Y T, Daggupati P, George C, et al. 2016. Introducing a new open source GIS user interface for the SWAT model. Environmental Modelling and Software, 85: 129-138.

Dorigo W, Wagner W, Albergel C, et al. 2017. ESA CCI soil moisture for improved earth system understanding: state-of-the art and future directions. Remote Sensing of Environment, 203: 185-215.

Du E, Tian Y, Cai X, et al. 2020. Exploring spatial heterogeneity and temporal dynamics of human hydrological interactions in large river basins with intensive agriculture: A tightly coupled, fully integrated modeling approach. Journal of Hydrology, 591: 125313.

Duan Q, Sorooshian S, Gupta V. 1992. Effective and efficient global optimization for conceptual rainfall-runoff models. Water Resources Research, 28 (4): 1015-1031.

Dubbert M, Piayda A, Cuntz M, et al. 2014. Stable oxygen isotope and flux partitioning demonstrates understory of an oak savanna contributes up to half of ecosystem carbon and water exchange. Frontiers in Plant Science, 5: 530.

Espinet A, Shoemaker C, Doughty C. 2013. Estimation of plume distribution for carbon sequestration using parameter estimation with limited monitoring data. Water Resources Research, 49 (7): 4442-4464.

Fan R E, Chen P H, Lin C J. 2005. Working set selection using the second order information for training SVM. Journal of Machine Learning Research, 6: 1889-1918.

Farmer D J, Foley D. 2009. The economy needs agent-based modelling. Nature, 460 (7256): 685-686.

Farquhar G D, Sharkey T D. 1982. Stomatal conductance and photosynthesis. Annual Review of Plant Physiology, 33 (1): 317-345.

Farquhar G D, von Caemmerer S, Berry J A. 1980. A biochemical model of photosynthetic $CO_2$ assimilation in leaves of $C_3$ species. Planta, 149 (1): 78-90.

Fatichi S, Pappas C. 2017. Constrained variability of modeled T: ET ratio across biomes. Geophysical Research Letters, 44 (13): 6795-6803.

Feng D P, Zheng Y, Mao Y X, et al. 2018. An integrated hydrological modeling approach for detection and attribution of climatic and human impacts on coastal water resources. Journal of Hydrology, 557: 305-320.

Feng Q, Cheng G D, Endo K N. 2001. Towards sustainable development of the environmentally degraded river Heihe basin, China. Hydrological Sciences Journal, 46 (5): 647-658.

Field C B, Barros V R, Mach K J, et al. 2014. Technical summary//Climate Change 2014: Impacts, Adaptation, and Vulnerability. Part A: Global and Sectoral Aspects. Contribution of Working Group II to the Fifth Assessment Report of the Intergovernmental Panel on Climate Change. Cambridge, United Kingdom and New York, NY, USA: Cambridge University Press.

Foley J A, Prentice I C, Ramankutty N, et al. 1996. An integrated biosphere model of land surface processes, terrestrial carbon balance, and vegetation dynamics. Global Biogeochemical Cycles, 10 (4): 603-628.

Gao B, Qin Y, Wang Y H, et al. 2016. Modeling Ecohydrological Processes and Spatial Patterns in the Upper Heihe Basin in China. Forests, 7 (1): 10.

Ghanem R G, Spanos P D. 1991. Stochastic finite elements-A spectral approach. New York: Springer.

Gilbert J M, Maxwell R M. 2017. Examining regional groundwater- surface water dynamics using an integrated hydrologic model of the San Joaquin River basin. Hydrology and Earth System Sciences, 21: 923-947.

Gong D, Kang S, Zhang L, et al. 2006. A two-dimensional model of root water uptake for single apple trees and its verification with sap flow and soil water content measurements. Agricultural Water Management, 83 (1-2): 119-129.

Good S P, Soderberg K, Guan K Y, et al. 2013. $\delta^2$H isotopic flux partitioning of evapotranspiration over a grass field following a water pulse and subsequent dry down. Water Resources Research, 50 (2): 1410-1432.

Gorelick S, Zheng C. 2015. Global change and the groundwater management challenge. Water Resources Research, 51 (5): 3031-3051.

Guo Q, Kelly M, Graham C H. 2005. Support vector machines for predicting distribution of Sudden Oak Death in California. Ecological Modelling, 182 (1): 75-90.

Guo Q, Feng Q, Li J. 2009. Environmental changes after ecological water conveyance in the lower reaches of Heihe River, northwest China. Environmental Geology, 58 (7): 1387-1396.

Guswa A J, Tetzlaff D, Selker J S, et al. 2020. Advancing ecohydrology in the 21st century: A convergence of opportunities. Ecohydrology, 13 (4): e2208.

Hamman J J, Nijssen B, Bohn T J, et al. 2018. The Variable Infiltration Capacity model version 5 (VIC-5): infrastructure improvements for new applications and reproducibility. Geoscientific Model Development, 11 (8): 3481-3496.

Han F, Zheng Y. 2016. Multiple-response Bayesian calibration of watershed water quality models with significant input and model structure errors. Advances in Water Resources, 88 (2016): 109-123.

Han F, Zheng Y, Tian Y, et al. 2021. Accounting for field-scale heterogeneity in the ecohydrological modeling of large arid river basins: strategies and relevance. Journal of Hydrology, 595: 126045.

Harbaugh A W. 2005. MODFLOW-2005, the U. S. Geological Survey Modular ground-water model: the ground-water flow process, USGS Techniques and Methods 6-A16.

Harou J J, Lund J R. 2008. Ending groundwater overdraft in hydrologic-economic systems. Hydrogeology Journal, 16 (6): 1039-1055.

Harvey J W, Wagner B J. 2000. Quantifying hydrologic interactions interactions between streams and their subsurface hyporheic zones. //Jones J B, Mulholland P J. Streams and Groundwaters San Diego: Academic Press: 9-10.

Hatch C E, Fisher A T, Revenaugh J S, et al. 2006. Quantifying surface water-groundwater interactions using time series analysis of streambed thermal records: Method development. Water Resources Research, 42 (10): W10410.

Hewlett J D, Nutter W L. 1970. The varying source area of streamflow from upland basins//Symposium on Interdisciplinary Aspects of Watershed Management. Montana: Montana State University, Bozeman.

Horsburgh J S, Tarboton D G, Maidment D R, et al. 2008. A relational model for environmental and water resources data. Water Resources Research, 44 (5): 570-575.

Horsburgh J S, Tarboton D G, Piasecki M, et al. 2009. An integrated system for publishing environmental observations data. Environmental Modelling and Software, 24 (8): 879-888.

Hrozencik R A, Manning D T, Suter J F, et al. 2017. The heterogeneous impacts of groundwater management policies in the Republican River basin of Colorado. Water Resources Research, 53 (12): 10757-10778.

Hu L T, Chen C X, Jiao J J, et al. 2007. Simulated groundwater interaction with rivers and springs in the Heihe river basin. Hydrological Processes, 21 (20): 2794-2806.

Hu L T, Xu Z X, Huang W D. 2016. Development of a river-groundwater interaction model and its application to a catchment in Northwestern China. Journal of Hydrology, 543: 483-500.

Istanbulluoglu E, Wang T, Wedin D A. 2012. Evaluation of ecohydrologic model parsimony at local and regional scales in a semiarid grassland ecosystem. Ecohydrology, 5 (1): 121-142.

Isukapalli S S, Roy A, Georgopoulos P G. 1998. Stochastic response surface methods (SRSMs) for uncertainty propagation: application to environmental and biological systems. Risk Analysis, 18 (3): 351-363.

Janssen M A, Ostrom E. 2006. Empirically based, agent-based models. Ecology and Society, 11 (2): 37.

Jarvis P G. 1976. The interpretation of the variations in leaf water potential and stomatal conductance found in canopies in the field. Philosophical Transactions of the Royal Society B: Biological Sciences, 273 (927): 593-610.

Ji X, Kang E, Chen R, et al. 2006. The impact of the development of water resources on environment in arid inland river basins of Hexi region, Northwestern China. Environmental Geology, 50 (6): 793-801.

Jiang S J, Babovic V, Zheng Y, et al. 2019. Advancing opportunistic sensing in hydrology: a novel approach to measuring rainfall with ordinary surveillance cameras. Water Resources Research, 55 (4): 3004-3027.

Jiang S J, Zheng Y, Babovic V, et al. 2018. A computer vision-based approach to fusing spatiotemporal data for hydrological modeling. Journal of Hydrology, 567: 25-40.

Jiang S J, Zheng Y, Solomatine D. 2020. Improving AI system awareness of geoscience knowledge: symbiotic integration of physical approaches and deep learning. Geophysical Research Letters, 46: e2020GL088229.

Joo J, Tian Y, Zheng C M, et al. 2018. An integrated modeling approach to study the surface water-groundwater interactions and influence of temporal damping effects on the hydrological cycle in the miho catchment in South Korea. Water, 10 (11): 1529.

Kalbus E, Reinstorf F, Schirmer M. 2006. Measuring methods for groundwater - surface water interactions: a review. Hydrology and Earth System Sciences, 10 (6): 873-887.

Kanemasu E T, Thurtell G W, Tanner B. 1969. Design, calibration and field use of a stomatal diffusion porometer. Plant Physiology, 44 (6): 881-885.

Ke Y, Leung L R, Huang M, et al. 2012. Development of high resolution land surface parameters for the Community Land Model. Geoscientific Model Development, 5 (6): 1341-1362.

Ke Y, Leung L R, Huang M, et al. 2013. Enhancing the representation of subgrid land surface characteristics in land surface models. Geoscientific Model Development, 6 (5): 1609-1622.

Kelliher F M, Leuning R, Raupach M R, et al. 1995. Maximum conductances for evaporation from global vegetation types. Agricultural and Forest Meteorology, 73 (1-2): 1-16.

Kendy E, Flessa K W, Schlatter K J, et al. 2017. Leveraging environmental flows to reform water management policy: Lessons learned from the 2014 Colorado River Delta pulse flow. Ecological Engineering, 106: 683-694.

Khakbaz B, Imam B, Hsu K, et al. 2012. From lumped to distributed via semi-distributed: Calibration strategies for semi-distributed hydrologic models. Journal of Hydrology, 418-419: 61-77.

Kinzli K D, Martinez M, Oad R, et al. 2010. Using an ADCP to determine canal seepage loss in an irrigation district. Agricultural Water Management, 97 (6): 801-810.

Kirby J M, Connor J, Ahmad M D, et al. 2014. Climate change and environmental water reallocation in the Murray-Darling basin: Impacts on flows, diversions and economic returns to irrigation. Journal of Hydrology, 518: 120-129.

Kollet S J, Maxwell R M. 2006. Integrated surface- groundwater flow modeling: A free- surface overland flow boundary condition in a parallel groundwater flow model. Advances in Water Resources, 29 (7): 945-958.

Kollet S J, Maxwell R M. 2008. Capturing the influence of groundwater dynamics on land surface processes using an integrated, distributed watershed model. Water Resources Research, 44 (2): W02402.

Konikow L F, Leake S A. 2014. Depletion and Capture: Revisiting "The Source of Water Derived from Wells". Groundwater, 52 (S1): 100-111.

Konings A G, Williams A P, Gentine P. 2017. Sensitivity of grassland productivity to aridity controlled by stomatal and xylem regulation. Nature Geoscience, 10 (4): 284-288.

Kool D, Agam N, Lazarovitch N, et al. 2014. A review of approaches for evapotranspiration partitioning. Agricultural and Forest Meteorology, 184: 56-70.

Kourtesis D, Paraskakis I. 2008. Web service discovery in the FUSION semantic registry. Business Information Systems, 7: 285-296.

Krysanova V, Arnold J G. 2008. Advances in ecohydrological modelling with SWAT—a review. Hydrological Sciences Journal, 53 (5): 939-947.

Kuczera G, Parent E, 1998. Monte Carlo assessment of parameter uncertainty in conceptual catchment models: the Metropolis algorithm. Journal of Hydrology, 211 (1-4): 69-85.

Lahtinen T J, Hämäläinen R P, Liesiö J. 2017. Portfolio decision analysis methods in environmental decision making. Environmental Modelling and Software, 94: 73-86.

Lane B A, Sandoval-Solis S, Stein E D, et al. 2018. Beyond metrics? the role of hydrologic baseline archetypes in environmental water management. Environmental Management, 62 (4): 678-693.

Lawrence D M, Fisher R A, Koven C D, et al. 2019. The Community Land Model version 5: description of new features, benchmarking, and impact of forcing uncertainty. Journal of Advances in Modeling Earth Systems, 11 (12): 4245-4287.

Leavesley G H, Lichty R W, Troutman B M, et al. 1983. Precipitation-Runoff Modeling System: user's manual, USGS Water-Resources Investigations Report: 83-4238.

Leuning R. 1995. A critical appraisal of a combined stomatal-photosynthesis model for $C_3$ plants. Plant, Cell and Environment, 18 (4): 339-355.

Li F F, Shoemaker C A, Qiu J, et al. 2015. Hierarchical multi-reservoir optimization modeling for real-world complexity with application to the Three Gorges system. Environmental Modelling and Software, 69 (C): 319-329.

Li H, Zhang D X. 2007. Probabilistic collocation method for flow in porous media: Comparisons with other stochastic methods. Water Resources Research, 43 (9): W09409.

Li H, Zhang D X. 2009. Efficient and accurate quantification of uncertainty for multiphase flow with the Probabilistic Collocation method. SPE Journal, 14 (4): 665-679.

Li Q, Ishidaira H. 2012. Development of a biosphere hydrological model considering vegetation dynamics and its evaluation at basin scale under climate change. Journal of Hydrology, 412-413: 3-13.

Li X M, Lu L, Yang W F, et al. 2012. Estimation of evapotranspiration in an arid region by remote sensing—A case study in the middle reaches of the Heihe River basin. International Journal of Applied Earth Observation and Geoinformation, 17: 85-93.

Li X, Cheng G, Liu S, et al. 2013. Heihe Watershed Allied Telemetry Experimental Research (HiWATER): Scientific Objectives and Experimental Design. Bulletin of the American Meteorological Society, 94 (8): 1145-1160.

Li X, Liu J, Zheng C, et al. 2016. Energy for water utilization in China and policy implications for integrated planning. International Journal of Water Resources Development, 32 (3): 477-494.

Li X, Zheng Y, Sun Z, et al. 2017a. An integrated ecohydrological modeling approach to exploring the dynamic interaction between groundwater and phreatophytes. Ecological Modelling, 365: 127-140.

Li X, Liu S M, Xiao Q, et al. 2017b. A multiscale dataset for understanding complex eco-hydrological processes in a heterogeneous oasis system. Scientific Data, 4: 170083.

Li X, Cheng G, Ge Y, et al. 2018. Hydrological cycle in the Heihe River basin and its implication for water resource management in endorheic basins. Journal of Geophysical Research: Atmospheres, 2 (123): 890-914.

Li X, Gentine P, Lin C, et al. 2019. A simple and objective method to partition evapotranspiration into transpiration and evaporation at eddy-covariance sites. Agricultural and Forest Meteorology, 265: 171-182.

Liang J M, Gong J H, Li W H. 2018. Applications and impacts of Google Earth: A decadal review (2006-2016). ISPRS-Journal of Photogrammetry and Remote Sensing, 146: 91-107.

Liang X, Lettenmaier D P, Wood E F, et al. 1994. A simple hydrologically based model of land surface water and energy fluxes for general circulation models. Journal of Geophysical Research: Atmospheres, 99 (D7): 14415-14428.

Liao Y R, Fan W J, Xu X R. 2013. Algorithm of leaf area index product for HJ-CCD over Heihe river basin//Proceedings of the 2013 IEEE International Geoscience and Remote Sensing Symposium. Melbourne, Australia: 169-172.

Lin C, Gentine P, Huang Y, et al. 2018. Diel ecosystem conductance response to vapor pressure deficit is suboptimal and independent of soil moisture. Agricultural and Forest Meteorology, 250-251: 24-34.

Lin Y S, Medlyn B E, Duursma R A, et al. 2015. Optimal stomatal behaviour around the world. Nature Climate Change, 5 (5): 459-464.

Liong S Y, Sivapragasam C. 2002. Flood stage forecasting with support vector machines. Journal of the American Water Resources Association, 38 (1): 173-186.

Liu S, Wang W, Mori M, et al. 2015. Estimating the evaporation from irrigation canals in northwestern China using the double-deck surface air layer model. Advances in Meteorology, 2016: 1-9.

Liu J G, Hull V, Godfray H C J, et al. 2018. Nexus approaches to global sustainable development. Nature Sustainability, 1 (9): 466-476.

Liu S M, Li X, Xu Z W, et al. 2018. The Heihe integrated observatory network: a basin-scale land surface processes observatory in China. Vadose Zone Journal, 17 (1): 1-21.

Lucas D D, Prinn R G. 2005. Parametric sensitivity and uncertainty analysis of dimethylsulfide oxidation in the clear-sky remote marine boundary layer. Atmospheric Chemistry and Physics, 5 (6): 1505-1525.

Ma Y, Song X F. 2019. Applying stable isotopes to determine seasonal variability in evapotranspiration partitioning of winter wheat for optimizing agricultural management practices. Science of the Total Environment, 654:

633-642.

Man J, Zhang J J, Wu L S, et al. 2018. ANOVA- based multi- fidelity probabilistic collocation method for uncertainty quantification. Advances in Water Resources, 122: 176-186.

Markstrom S L, Niswonger R G, Regan R S, et al. 2008. GSFLOW-coupled ground-water and surface-water flow model based on the integration of the Precipitation-Runoff Modeling System (PRMS) and the Modular Ground-Water Flow Model (MODFLOW-2005), U. S. Geological Survey Techniques and Methods 6-D1.

Marshall L, Nott D, Sharma A. 2004. A comparative study of Markov chain Monte Carlo methods for conceptual rainfall-runoff modeling. Water Resources Research, 40 (2).

Maurer E P, Wood A W, Adam J C, et al. 2002. A long-term hydrologically-based data set of land surface fluxes and states for the conterminous United States. Journal of Climate, 15 (22): 3237-3251.

Maxwell R M, Miller N L. 2005. Development of a coupled land surface and groundwater model. Journal of Hydrometeorology, 6 (3): 233-247.

Maxwell R M, Condon L E. 2016. Connections between groundwater flow and transpiration partitioning. Science, 353 (6297): 377-380.

Maxwell R M, Condon L E, Kollet S J. 2015. A high-resolution simulation of groundwater and surface water over most of the continental US with the integrated hydrologic model ParFlow v3. Geoscientific Model Development, 8 (3): 923-937.

McDonnell J J, Bonell M, Stewart M K, et al. 1990. Deuterium variations in storm rainfall: implication for stream hydrograph separation. Water Resources Research, 26 (3): 455-458.

McFeeters S K. 1996. The use of the Normalized Difference Water Index (NDWI) in the delineation of open water features. International Journal of Remote Sensing, 17 (7): 1425-1432.

Mckay M D, Beckman R J, Conover W J. 1979. A comparison of three methods for selecting values of input variables in the analysis of output from a computer code. Technometrics, 21 (2): 239-245.

McMichael C E, Hope A S, Loaiciga H A. 2006. Distributed hydrological modelling in California semi- arid shrublands: MIKE SHE model calibration and uncertainty estimation. Journal of Hydrology, 317 (3-4): 307-324.

Medlyn B E, Duursma R A, Eamus D, et al. 2011. Reconciling the optimal and empirical approaches to modelling stomatal conductance. Global Change Biology, 17 (6): 2134-2144.

Medlyn B E, de Kauwe M G, Lin Y S, et al. 2017. How do leaf and ecosystem measures of water-use efficiency compare? New Phytologist, 216 (3): 758-770.

Menció A, Mas-Pla J. 2010. Influence of groundwater exploitation on the ecological status of streams in a Mediterranean system (Selva Basin, NE Spain), Ecological Indicators, 10 (5): 915-926.

Meredith E, Blais N. 2019. Quantifying irrigation recharge sources using groundwater modeling. Agricultural Water Management, 214: 9-16.

Mohammadi A, Rizi A P, Abbasi N. 2019. Field measurement and analysis of water losses at the main and tertiary levels of irrigation canals: Varamin Irrigation Scheme, Iran. Global Ecology and Conservation, 18: e00646.

Monsi M, Saeki T. 1953. Uber den Lichtfaktor in den Pflanzen-gesellschaften und seine Bedeutung fur die Stoff-produktion. The Journal of Japanese Botany, 14: 22-52.

Montanari A, Young G, Savenije H H G, et al. 2013. "Panta Rhei—Everything Flows": Change in hydrology and society—The IAHS Scientific Decade 2013-2022. Hydrological Sciences Journal, 58 (6): 1256-1275.

Monteith J, Unsworth M. 2007. Principles of Environmental Physics. New York: Academic Press.

Mott K A. 2009. Opinion: Stomatal responses to light and $CO_2$ depend on the mesophyll. Plant, Cell and Environment, 32 (11): 1479-1486.

Murdoch L C, Kelly S E. 2003. Factors affecting the performance of conventional seepage meters, Water Resources Research, 39 (6): 1163.

Nalder I A, Wein R W. 1998. Spatial interpolation of climatic normals: test of a new method in the Canadian boreal forest. Agricultural and Forest Meteorology, 92 (4): 211-225.

Neitsch S, Arnold J, Kiniry J, et al. 2011. Soil and Water Assessment Tool Theoretical Documentation Version 2009. Texas: Texas Water Resources Institute: 1-647.

Niswonger R G, Prudic D E, Regan R S. 2006. Documentation of the Unsaturated-Zone Flow (UZF1) Package for modeling unsaturated flow between the land surface and the water table with MODFLOW-2005. U. S. Geological Survey Techniques and Methods 6-A19.

Niu G Y, Yang Z L, Mitchell K E, et al. 2011. The community Noah land surface model with multiparameterization options (Noah-MP): 1. Model description and evaluation with local-scale measurements. Journal of Geophysical Research: Atmospheres, 116: D12109.

Niu G Y, Paniconi C, Troch P A, et al. 2014. An integrated modelling framework of catchment-scale ecohydrological processes: 1. Model description and tests over an energy-limited watershed. Ecohydrology, 72 (2): 427-439.

Noël P H, Cai X. 2017. On the role of individuals in models of coupled human and natural systems: Lessons from a case study in the Republican River basin. Environmental Modelling and Software, 92: 1-16.

Norman J M, Kustas W P, Humes K S. 1995. Source approach for estimating soil and vegetation energy fluxes in observations of directional radiometric surface temperature. Agricultural and Forest Meteorology, 77 (3-4): 263-293.

Novick K A, Ficklin D L, Stoy P C, et al. 2016. The increasing importance of atmospheric demand for ecosystem water and carbon fluxes. Nature Climate Change, 6 (11): 1023-1027.

Oleson K W, Lawrence D M, Bonan G B, et al. 2013. Technical description of version 4. 5 of the Community Land Model (CLM). NO. NCAR/TN-5003+STR.

Pan P Z, Su F S, Chen H J, et al. 2015. Uncertainty analysis of rock failure behaviour using an integration of the probabilistic collocation method and elasto-plastic cellular automaton. Acta Mechanica Solida Sinica, 28 (5): 536-555.

Penman H L. 1948. Natural evporation from open water, bare soil and grass. The Royal Society, 193 (1032): 120-145.

Phenix B D, Dinaro J L, Tatang M A, et al. 1998. Incorporation of parametric uncertainty into complex kinetic mechanisms: Application to hydrogen oxidation in supercritical water. Combustion and Flame, 112 (1-2): 132-146.

Phillips E E. 1950. Heat summation theory as applied to canning crops. The Canner, 27: 13-15.

Quan Q, Zhang F, Tian D, et al. 2018. Transpiration dominates ecosystem water-use efficiency in response to warming in an alpine meadow. Journal of Geophysical Research: Biogeosciences, 123 (2): 453-462.

Regis R G, Shoemaker C A. 2007. A stochastic radial basis function method for the global optimization of expensive functions. INFORMS Journal on Computing, 19 (4): 485-664.

Regis R G, Shoemaker C A. 2013. Combining radial basis function surrogates and dynamic coordinate search in high-dimensional expensive black-box optimization. Engineering Optimization, 45 (5): 529-555.

Reichstein M, Camps-Valls G, Stevens B, et al. 2019. Deep learning and process understanding for data-driven Earth system science. Nature, 566: 195-204.

Rossman L A. 2009. Storm Water Management Model User's Manual Version 5.0. U.S.. Environmental Protection Agency, EPA/600/R-05/040.

Rothausen S G S A, Conway D. 2011. Greenhouse-gas emissions from energy use in the water sector. Nature Climate Change, 1 (4): 210-219.

Running S W, Hunt J E R. 1993. Generalization of a forest ecosystem process model for other biomes, BIOME-BGC, and an application for global-scale models//Scaling Physiological Processes: Leaf to Globe.

Running S W, Coughlan J C. 1988. A general model of forest ecosystem processes for regional applications I. Hydrologic balance, canopy gas exchange and primary production processes. Ecological Modelling, 42 (2): 125-154.

Scanlon T M, Sahu P. 2008. On the correlation structure of water vapor and carbon dioxide in the atmospheric surface layer: A basis for flux partitioning. Water Resources Research, 44 (10): 1-15.

Scanlon T M, Kustas W P. 2010. Partitioning carbon dioxide and water vapor fluxes using correlation analysis. Agricultural and Forest Meteorology, 150 (1): 89-99.

Schaphoff S, von Bloh W, Rammig A, et al. 2018. LPJmL4-A dynamic global vegetation model with managed land-Part 1: Model description. Geoscientific Model Development, 11 (4): 1343-1375.

Shangguan W, Dai Y, Liu B, et al. 2013. A China data set of soil properties for land surface modeling. Journal of Advances in Modeling Earth Systems, 5 (2): 212-224.

Sharkey T D, Raschke K. 1981. Separation and measurement of direct and indirect effects of light on stomata. Plant Physiology, 68 (1): 33-40.

Sharpley A N, Williams J R. 1990. EPIC: The erosion/productivity impact calculator—1. Model documentation. U.S. Department of Agriculture technical bulletin.

Sheffield J, Wood E F. 2007. Characteristics of global and regional drought, 1950-2000: Analysis of soil moisture data from off-line simulation of the terrestrial hydrologic cycle. Journal of Geophysical Research: Atmospheres, 112: D17115.

Shi L, Yang J, Zhang D, et al. 2009. Probabilistic collocation method for unconfined flow in heterogeneous media. Journal of Hydrology, 365 (1-2): 4-10.

Shuttleworth W J, Wallace J S. 1985. Evaporation from sparse crops - an energy combination theory. Quarterly Journal of the Royal Meteorological Society, 111 (469): 839-855.

Simunek J, Sejna M, Saito H, et al. 2009. The HYDRUS-1D software package for simulating the one-dimensional movement of water, heat, and multiple solutes in variably-saturated media. Version 4.08. California: University of California Riverside: 332.

Silver D, Huang A, Maddison C J, et al. 2016. Mastering the game of Go with deep neural networks and tree search. Nature, 529: 484-489.

Silver D, Schrittwieser J, Simonyan K, et al. 2017. Mastering the game of Go without human knowledge. Nature, 550: 354-359.

Sitch S, Smith B, Prentice I C, et al. 2003. Evaluation of ecosystem dynamics, plant geography and terrestrial carbon cycling in the LPJ dynamic global vegetation model. Global Change Biology, 9 (2): 161-185.

Sivapalan M, Savenije H H G, Blöschl G. 2012. Socio-hydrology: A new science of people and water. Hydrological Processes, 26 (8): 1270-1276.

Smith B, Prentice I C, Sykes M T. 2001. Representation of vegetation dynamics in the modelling of terrestrial ecosystems: Comparing two contrasting approaches within European climate space. Global Ecology and Biogeography, 10 (6): 621-637.

Smith R E. 1983. Approximate soil water movement by kinematic characteristics. Soil Science Society of America Journal, 47 (1): 3-8.

Sorokine A. 2007. Implementation of a parallel high-performance visualization technique in GRASS GIS. Computers and Geosciences, 33 (5): 685-695.

Stein M. 1987. Large sample properties of simulations using Latin hypercube sampling. Technometrics, 29 (2): 143-151.

Stockle C O, Kiniry J R. 1990. Variability in crop radiation- use efficiency associated with vapor- pressure deficit. Field Crops Research, 25 (3-4): 171-181.

Stockle C O, Williams J R, Rosenberg N J, et al. 1992. A method for estimating the direct and climatic effects of rising atmospheric carbon dioxide on growth and yield of crops: Part I—Modification of the EPIC model for climate change analysis. Agricultural Systems, 38 (3): 225-238.

Sulman B N, Roman D T, Yi K, et al. 2016. High atmospheric demand for water can limit forest carbon uptake and transpiration as severely as dry soil. Geophysical Research Letters, 43 (18): 9686-9695.

Sun Z, Zheng Y, Li X, et al. 2018. The nexus of water, ecosystems, and agriculture in endorheic river basins: A system analysis based on integrated ecohydrological modeling. Water Resources Research, 54 (10): 7534-7556.

Tatang M A, Pan W, Prinn R G, et al. 1997. An efficient method for parametric uncertainty analysis of numerical geophysical models. Journal of Geophysical Research: Atmospheres, 102 (D18): 21925-21932.

Tesemma Z K, Wei Y, Peel M C, et al. 2015. The effect of year-to-year variability of leaf area index on variable infiltration capacity model performance and simulation of runoff. Advances in Water Resources, 83: 310-322.

Thompson J R, Sørenson H R, Gavin H, et al. 2004. Application of the coupled MIKE SHE/MIKE 11 modelling system to a lowland wet grassland in southeast England. Journal of Hydrology, 293 (1-4): 151-179.

Thoms, M C, Parsons M. 2003. Identifying spatial and temporal patterns in the hydrological character of the Condamine-Balonne river, Australia, using multivariate statistics. River Research and Applications, 19 (5-6): 443-457.

Thornton P E, Law B E, Gholz H L, et al. 2002. Modeling and measuring the effects of disturbance history and climate on carbon and water budgets in evergreen needleleaf forests. Agricultural and Forest Meteorology, 113 (1-4): 185-222.

Tian Y, Zheng Y, Wu B, et al. 2015. Modeling surface water- groundwater interaction in arid and semi- arid regions with intensive agriculture. Environmental Modelling and Software, 63: 170-184.

Tian Y, Zheng Y, Han F, et al. 2018. A comprehensive graphical modeling platform designed for integrated hydrological simulation. Environmental Modelling and Software, 108: 154-173.

Ueyama M, Ichii K, Hirata R, et al. 2010. Simulating carbon and water cycles of larch forests in East Asia by the BIOME-BGC model with AsiaFlux data. Biogeosciences, 7 (3): 959-977.

van Genuchten M T. 1987. A numerical model for water and solute movement in and below the root zone. Research Resport. US Salinity Laboratory, Riverside, CA.

Vereecken H, Pachepsky Y, Bogena H, et al. 2019. Upscaling issues in ecohydrological observations//Li X, Vereecken H. Observation and measurement of ecohydrological processes. New York: Springer: 435-454.

Villadsen J, Michelsen M L. 1978. Solution of differential equation models by polynomial approximation. Englewood Cliffs, New Jersey: Prentice-Hall.

Wang J, Rothausen S, Conway D, et al. 2012. China's water-energy nexus: Greenhouse-gas emissions from groundwater use for agriculture. Environmental Research Letters, 7 (1): 014035.

Wang L, D'Odorico P, Evans J P, et al. 2012. Dryland ecohydrology and climate change: critical issues and technical advances. Hydrology and Earth System Sciences, 16 (8): 2585-2603.

Wang P, Yamanaka T, Li X Y, et al. 2015. Partitioning evapotranspiration in a temperate grassland ecosystem: Numerical modeling with isotopic tracers. Agricultural and Forest Meteorology, 208: 16-31.

Wang Q, Watanabe M, Ouyang Z. 2005. Simulation of water and carbon fluxes using BIOME-BGC model over crops in China. Agricultural and Forest Meteorology, 131 (3-4): 209-224.

Wang S. 2011. Evaluation of water stress impact on the parameter values in stomatal conductance models using tower flux measurement of a boreal aspen forest. Journal of Hydrometeorology, 13 (1): 239-254.

Wei Z W, Lee X H, Wen X F, et al. 2018. Evapotranspiration partitioning for three agro-ecosystems with contrasting moisture conditions: a comparison of an isotope method and a two-source model calculation. Agricultural and Forest Meteorology, 252: 296-310.

Wen X, Wu Y, Su J, et al. 2005. Hydrochemical characteristics and salinity of groundwater in the Ejina Basin, Northwestern China. Environmental Geology, 48 (6): 665-675.

Were A, Villagarcía L, Domingo F, et al. 2008. Aggregating spatial heterogeneity in a bush vegetation patch in semi-arid SE Spain: A multi-layer model versus a single-layer model. Journal of Hydrology, 349 (1-2): 156-167.

Whitney K, Vivoni E R, Farmer J D, et al. 2015. Using an Ecohydrology Model to Explore the Role of Biological Soil Crusts on Soil Hydrologic Conditions at the Canyonlands Research Station, Utah. Arizona State University, Masters Thesis.

Woessner W W. 2000. Stream and fluvial plain ground water interactions: rescaling hydrogeologic thought. Groundwater, 38 (3): 423-429.

Wu B, Yan N, Xiong J, et al., 2012. Validation of ETWatch using field measurements at diverse landscapes: A case study in Hai basin of China. Journal of Hydrology, 436-437: 67-80.

Wu B, Zheng Y, Tian Y, et al., 2014. Systematic assessment of the uncertainty in integrated surface water-groundwater modeling based on the probabilistic collocation method. Water Resources Research, 50 (7): 5848-5865.

Wu B, Zheng Y, Wu X, et al. 2015. Optimizing water resources management in large river basins with integrated surface water-groundwater modeling: a surrogate-based approach. Water Resources Research, 51 (4): 2153-2173.

Wu X, Zheng Y, Wu B, et al. 2016. Optimizing conjunctive use of surface water and groundwater for irrigation to address human-nature water conflicts: A surrogate modeling approach. Agricultural Water Management, 163: 380-392.

Wu Y Q, Wen X H, Zhang Y. 2004. Analysis of the exchange of groundwater and river water by using Radon-222 in the middle Heihe basin of northwestern China. Environmental Geology, 45 (5): 647-653.

Wullschleger S D, Gunderson C A, Hanson P J, et al. 2002. Sensitivity of stomatal and canopy conductance to elevated $CO_2$ concentration- Interacting variables and perspectives of scale. New Phytologist, 153 (3): 485-496.

Xiong Z, Yan X D. 2013. Building a high- resolution regional climate model for the Heihe River Basin and simulating precipitation over this region. Chinese Science Bulletin, 58 (36): 4670-4678.

Xiong Z, Fu C, Yan X. 2009. Regional integrated environmental model system and its simulation of East Asia summer monsoon. Chinese Science Bulletin, 54 (22): 4253-4261.

Xiu D B, Karniadakis G E. 2002. The Wiener- Askey polynomial chaos for stochastic differential equations. SIAM Journal on Scientific Computing, 24 (2): 619-644.

Xu J, Liu X, Yang S, et al. 2017. Modeling rice evapotranspiration under water- saving irrigation by calibrating canopy resistance model parameters in the Penman- Monteith equation. Agricultural Water Management, 182: 55-66.

Xu L, Xie Z H. 2001. A new surface runoff parameterization with subgrid- scale soil heterogeneity for land surface models. Advances in Water Resources, 24 (9-10): 1173-1193.

Xue J, Gui D, Lei J, et al. 2017. A hybrid Bayesian network approach for trade-offs between environmental flows and agricultural water using dynamic discretization. Advances in Water Resources, 110: 445-458.

Yang Z, Zhou Y, Wenninger J, et al. 2017. Groundwater and surface- water interactions and impacts of human activities in the Hailiutu catchment, northwest China. Hydrogeology Journal, 25 (5): 1341-1355.

Yao Y Y, Zheng C M, Tian Y, et al. 2015. Numerical modeling of regional groundwater flow in the Heihe River Basin, China: Advances and new insights. Science China Earth Sciences, 58 (1): 3-15.

Yates D, Sieber J, Purkey D, et al. 2005. WEAP21- A demand- , priority- , and preference- driven water planning model. Part 1: Model characteristics. Water International, 30 (4): 487-500.

Yuan H, Dai Y, Xiao Z, et al. 2011. Reprocessing the MODIS Leaf Area Index products for land surface and climate modelling. Remote Sensing of Environment, 115 (5): 1171-1187.

Zhang Q Q, Chai J R, Xu Z G, et al. 2017. Investigation of irrigation canal seepage losses through use of four different methods in Hetao irrigation district, China. Journal of Hydrologic Engineering, 22 (3): 05016035.

Zhang X, Srinivasan R, van Liew M. 2009. Approximating SWAT model using artificial neural network and Support Vector Machine. Journal of the American Water Resources Association, 45 (2): 460-474.

Zhang Y C, Yu J J, Wang P, et al. 2011. Vegetation responses to integrated water management in the Ejina basin, northwest China. Hydrological Processes, 25 (22): 3448-3461.

Zhang Z, Wang S, Sun G, et al. 2008. Evaluation of the MIKE SHE model for application in the Loess Plateau, China. Journal of the American Water Resources Association, 44 (5): 1108-1120.

Zheng Y, Keller A A. 2007. Uncertainty assessment in watershed- scale water quality modeling and management: 2. Management objectives constrained analysis of uncertainty (MOCAU). Water Resources Research, 43 (8): W08408.

Zheng Y, Wang W M, Han F, et al. 2011. Uncertainty assessment for watershed water quality modeling: A Probabilistic Collocation Method based approach. Advances in Water Resources, 34 (7): 887-898.

Zheng Y, Tian Y, Du E, et al. 2020. Addressing the water conflict between agriculture and ecosystems under environmental flow regulation: An integrated modeling study. Environmental Modelling and Software, 134: 104874.

Zheng F F, Tao R L, Maier H R, et al. 2018. Crowdsourcing methods for data collection in geophysics: State of the art, issues, and future directions. Reviews of Geophysics, 56 (4): 698-740.

Zhou S, Yu B, Zhang Y, et al. 2016. Partitioning evapotranspiration based on the concept of underlying water use efficiency. Water Resources Research, 52 (2): 1160-1175.

Zhu G F, Li X, Su Y H, et al. 2010. Parameterization of a coupled $CO_2$ and $H_2O$ gas exchange model at the leaf scale of Populus euphratica. Hydrology and Earth System Sciences, 14 (3): 419-431.

Zhu G F, Li X, Su Y H, et al. 2011. Seasonal fluctuations and temperature dependence in photosynthetic parameters and stomatal conductance at the leaf scale of Populus euphratica Oliv. Tree Physiology, 31 (2): 178-195.

# 索 引